Lust an der Natur

D1872434

SERIE PIPER
Band 550

Zu diesem Buch

Die Lust an der Natur ist vermutlich so alt wie die Natur selbst, wenn wir annehmen, daß auch die Natur Lust an ihrem Dasein empfindet. Die Lust an der Natur diente als Antriebskraft für Dichter, Schriftsteller, Philosophen, Maler, Musiker und Wissenschaftler.

Dieses Buch – es setzt die Reihe der erfolgreichen Lesebücher (Lust am Denken, Lust an der Musik, Lust am Lesen) fort – versammelt Naturgedichte und Texte von Naturforschern. Eines ist Dichtern und Forschern gemeinsam: Sie suchen nach ihrer Herkunft, nach etwas Gültigem, Bleibendem, in dem sie sich wiederfinden und aufgehoben wissen.

Bei den literarischen Beiträgen dieses Bandes nimmt die deutsche Dichtung den größten Teil ein, bei den ausländischen Gedichten dominieren die russische und die romanische Literatur. Beispiele aus der östlichen Lyrik ermöglichen reizvolle Vergleiche.

Die Erkundung der belebten Natur hat im Programm des Piper Verlages seit über dreißig Jahren einen besonderen Platz. Es begann mit erzählenden Tierbüchern, führte zur damals noch jungen vergleichenden Verhaltensforschung und schließlich zu den revolutionären Ergebnissen der Biochemie und Molekularbiologie. Wichtige Texte dokumentieren diesen Weg.

Dieses Buch kann sicher nicht die Aufgabe haben, Lust an der Natur zu wecken – das muß die Natur selbst tun. Es kann aber die Leser wieder sensibler machen für die unendlich vielfältigen Vorgänge in der Natur.

Renate Böhme, geboren 1927 in Aue (Erzgebirge), 1945–1951 Studium der Germanistik und Kunstgeschichte an der Universität Leipzig, 1952–1959 Museumstätigkeit in Ost-Berlin, seit 1959 Verlagslektorin in München.

Katrin Meschkowski, geboren 1943 in Steinhagen, lebte 1945–1981 in Berlin, Studium der Germanistik, Romanistik und Psychologie, 1972–1981 als Lehrerin tätig, lebt seit 1982 als Malerin und freie Lektorin in München.

Lust an der Natur

Ein Lesebuch
aus Literatur und Wissenschaft

Herausgegeben von Renate Böhme
und Katrin Meschkowski

Piper
München Zürich

In der Serie Piper liegen außerdem vor:
Lust am Denken (250)
Lust an der Musik (350)
Lust am Lesen (450)
Lust am Reisen (650)

ISBN 3-492-10550-5
Originalausgabe
September 1986
2. Auflage, 31.–38. Tausend März 1988
© R. Piper GmbH & Co. KG, München 1986
Umschlag: Federico Luci,
unter Verwendung des Gemäldes »La berge« von
Henri Matisse (© VGBild-Kunst, Bonn/SPADEM, Paris, 1986)
Gesamtherstellung: Clausen & Bosse, Leck
Printed in Germany

Inhalt

VORWORT

Wär nicht das Auge sonnenhaft,
Die Sonne könnt es nie erblicken;
Läg nicht in uns des Gottes eigne Kraft,
Wie könnt uns Göttliches entzücken?
Johann Wolfgang von Goethe

Die Lust an der Natur ist vermutlich so alt wie die Natur selbst, wenn wir annehmen, daß auch die Natur – Tiere, Pflanzen, Sterne und Steine – Lust an ihrem Dasein empfindet. Könnte nicht auch die Sonne entzückt sein, ja Lust empfinden an sich selbst und an der von ihr beschienenen Natur? Ob auch ein Granitblock oder ein Regenwurm ein solches Entzücken empfinden? Vieles spricht dafür. Ist es nicht so, daß wir an manchen Frühlingstagen den Eindruck haben, die gesamte Natur strotze von Lust und Schönheit, von Leben und Freude? Nun, das sind menschliche Kategorien, Wörter – und erst dem Menschen blieb es vorbehalten, seinem Entzücken an der Natur mit Worten Ausdruck zu verleihen. Er kann sagen: ›Wie schön!‹, und er kann fragen: ›Warum ist das so schön?‹. Er kann sagen: ›Wie schrecklich ist das, was heute mit der Natur geschieht‹, und er kann fragen: ›Wie können wir das Schreckliche verhindern?‹

Die Lust an der Natur hat – wie die Religiosität – den Geist des Menschen immer beschäftigt, sie diente als Antriebskraft für Dichter, Schriftsteller, Philosophen, Maler, Musiker und Wissenschaftler. Dabei ist allen eines gemeinsam. Sie suchen nach ihrer Herkunft, nach etwas Gültigem, Bleibendem, in dem sie sich wiederfinden und aufgehoben wissen.

Das von Goethe sonnenhaft genannte Auge – und Goethe war Dichter *und* Forscher – kann die Sonne und all das, was sie in unserer Natur hervorgebracht hat, erblicken. Der zum Auge gehörige Geist kann Dichtung und Wissenschaft hervorbringen, er kann aber darüber hinaus auch die Zerstörung der Natur durch den Menschen erkennen. Wenn Ludwig Fels in seinem Gedicht »Landschaftsnarben« die »selbsternannten Verwalter der Erde« anklagt, daß sie ihre Erde zerstören, wenn Joachim Illies von einer »asketischen Bescheidung gegenüber den Gesetzen der Natur als Rettung aus der ökologischen Krise« spricht, mahnen sie uns, unsere geistige Haltung zu revidieren, nicht Herrscher über die Natur sein zu wollen.

Die Natur erleben, ihre vielfältigen Lebensformen beobachten und erforschen, sie geistig durchdringen, sie als sensibles dynamisches System erfassen, ihre geschichtliche Entwicklung nachvollziehen, sie bewahren und schützen – all dies schließt der Begriff »Natur« im biologischen Sinne ein. Erkundung und Erforschung der belebten Natur haben im Programm des Piper Verlages seit mehr als dreißig Jahren einen besonderen Platz. Dieser Weg begann mit Paul Eippers vielgelesenen Tierbüchern und führte zur damals noch jungen Disziplin der vergleichenden Verhaltensforschung, zu den revolutionären Entdekkungen der modernen Biochemie und Molekularbiologie bis hin zur evolutionären Erkenntnistheorie. (Die im naturwissenschaftlichen Sinne unbelebte und die kosmische Natur wurden in dieser Anthologie nicht berücksichtigt.)

Konrad Lorenz sagte einmal: »Der Mensch wird um so tiefer und nachhaltiger von der lebendigen Wirklichkeit der Natur bewegt werden, je mehr er über sie weiß. Es gibt keinen guten und erfolgreichen Biologen, der nicht aus inniger Freude an den Schönheiten der lebendigen Kreatur zu seinem Lebensberufe gelangt wäre und dem das Wissen, das ihm aus diesem Berufe zuwuchs, nicht auch wieder die Freude an Natur und Arbeit vertieft hätte.« Die in diesem Band vereinigten Forscher haben eines gemeinsam, so verschieden ihr Sachgebiet sein mag. Ihr Forschen und ihr Streben nach neuen Erkenntnissen ist geprägt vom Impuls des persönlichen Erlebens. Im besten Sinne bieten sie Wissenschaft aus erster Hand, und viele von ihnen besitzen die Gabe, sie anschaulich zu schildern und damit dem Leser wirklich nahezubringen.

Auf die zu den meisten wissenschaftlichen Beiträgen gehörigen Anmerkungen wurde ebenso verzichtet wie auf die Fotografien, die vor allem die ethologischen Werke ergänzen.

Bei den literarischen Beiträgen dominieren unter den ausländischen Literaturen die russische und die romanische, die traditionell im Verlagsprogramm eine große Rolle spielen. Im Vergleich zur europäischen Lyrik zeigen die chinesischen und japanischen Gedichte in ihrer stillen Zurückgenommenheit besonders deutlich, wie verschiedenartig Natur erlebt und sprachlich vermittelt werden kann. Man vergleiche einmal das unterschiedliche Erleben des Herbstes bei Li Tai-Bo und Trakl oder betrachte das Verhältnis von Liebe und Natur bei Ishikawa Takuboku und Friedrich Hölderlin. Den größten Anteil nimmt die deutsche Dichtung ein. In der älteren Abteilung wurde dabei auch auf solche Autoren zurückgegriffen, die im Verlagsprogramm bisher keine Rolle gespielt haben. Da in der Lyrikreihe der Serie Piper viele dieser Autoren in den nächsten Jahren Berücksichtigung finden sollen, erschien dies als legitim.

Dieses Buch kann sicher nicht die Aufgabe haben, Lust an der Natur zu wecken, das muß die Natur selbst tun; es kann aber den Leser wieder sensibler und aufnahmefähiger machen für die unendlich vielfältigen Vorgänge in der Natur und ihre so unterschiedliche Rezeption durch den Menschen.

München, April 1986

Renate Böhme
Katrin Meschkowski

[illegible] und [illegible]
[illegible]
[illegible]
[illegible]
[illegible]
[illegible]
[illegible] der [illegible]
[illegible]
[illegible]
[illegible] Abbildung [illegible]
[illegible]
[illegible]
[illegible]
[illegible]

[illegible] die Natur [illegible]
[illegible] der Natur [illegible]
[illegible]

[illegible]

I NATURERLEBNIS · FREUNDSCHAFT MIT TIEREN

Hans Cloos

Die Erde und wir

Erde, schöner, runder, farbiger Stern, der du uns fest und sicher durch die Räume der Leere und des Todes dahinträgst, und deckst gnädig mit Luft und Wasser den schwarzen Abgrund, drehst uns der Sonne zu, daß wir warm und satt würden, daß wir mit offenen Augen über deine Fluren wandern und deine Herrlichkeit schauen, und drehst uns wieder fort von der allzu Glühenden, daß wir in Dunkel und Kühle ausruhen möchten von des Lebens Hitze und täglicher Last.

Heute ist Menschenzeit. Wir sind es, die leben und um Leben kämpfen, die anderes Leben mehren oder mindern, um das eigene zu füttern. Tausend andere Zeiten waren vor uns, tausende werden nach uns sein. Tausend und aber tausend Mal hat dieselbe alte geduldige Erde ihr wachsendes Leben der wärmenden Sonne hingehalten, daß es gedeihe und sich wandle, daß es zergehe und neuem und anders geartetem Raum Licht und Nahrung überlasse. Ruhelos wie des Meeres bewegliche Flut hat sie selbst sich gewandelt, hat Länder aus Meeren gehoben und Berge getürmt, die zerfallenden wieder hinabgeworfen ins Meer.

Heute aber ist Menschenzeit. Heut ist der Erkenntnis festlicher Tag. Seit Urbeginn zum allerersten Male sieht und versteht unser Stern Erde sich selbst. Eine Jahrmilliarde lang ist er blind und stumm dahingerollt. Diesen ungeheuren Zeitvorrat hat er verbraucht, um aus Pflanze und Tier über ein Millionenheer unfertiger Versuche hinaus das Organ zu bilden, durch das der Stern sich selber erkennen wird. Eine Jahrmilliarde lang hat der Geduldige Dokumente gehäuft und mit Zeichen und Bildern beschrieben; so lange lagen sie unbeachtet und ungenützt. Heute endlich werden sie wach, weil ein Wecker kommt und sie aufschlägt. Ewig Zerstreutes wird gesammelt, nie Gelesenes gedeutet; Steine beginnen zu reden, weil ein Ohr ist, das sie hört; Ruhendes, längst Erstarrtes wird Bewegung. Schichten werden Geschichte, und vom Zauberschlaf der Ewigkeit erlöst steigt aus dem schwarzen Schacht der Vergangenheit des Lebens bunter, endloser Reigen ans Licht der Gegenwart.

Heute ist Menschentag! Wir sind es, die über die Länder wandern, aufrechten Ganges und den Blick in die Weite gerichtet. Wir verharren vor den Felsen der Ufer und Gipfel und stehen an den Fenstern, die in die Tiefe zeigen, und wir entziffern zum allerersten Male das Tagebuch, das unser Stern von seinem Leben hinterlassen hat. Wir lesen mit geübten Sinnen und deuten das Gelesene mit dem geschulten Werkzeug des Denkens, übersetzen in Menschensprache die Sprache der Erde und vermehren die schon so reiche und bunte Oberfläche der Gegenwart um die unerschöpfliche Fülle der Erdvergangenheit.

So zu tun, den gebahnten Weg der Erkenntnis zu finden, ist jedem gegeben, der sich die Mühe nimmt, wenn ihn auch keiner ganz zu Ende gehen wird.

Aber da ist, nicht allen zugänglich, noch ein anderer, ein innerer Weg und führt vom Unbewußten in uns selbst zum Unwägbaren und Unsichtbaren in der irdischen Umgebung. Sind wir doch selber Kinder jenes bunt aus der Tiefe quellenden Reigens, ist es doch unser Herz und unser Leben, das auch in jenen schlägt, und unseres Körpers Stoff, der in den Bergen und Tälern um uns steigt und fällt. Dieser andere Weg ist es, der den Künstler mit der Welt verbindet. Wer ihn betritt, schaut die Schönheit, hört die Musik der Erde.

Was ist Schönheit der Landschaft? Ist es nicht unbewußte Einsicht in die innere Ordnung der Erde, in den Rhythmus ihrer Wiederholungen, in die Harmonie der Flächen und Linien, in das ausgewogene Maß des Zusammenspiels ihrer Teile, empfunden von einem Wesen, das selbst Teil und Kind der gleichen Natur und also innerlich unterworfen ist den gleichen Ordnungen, die es außerhalb seiner selbst antrifft? Unser Glück im Anschauen der Natur, wächst es nicht aus dem Zusammenklang der zum Schwingen erregten Saiten unserer Seele mit der Musik der Erde?

Wenn uns gemalte Gebirge auf alten Bildern nicht behagen, so doch deshalb, weil zwischen ihnen und uns jene Harmonie nicht da ist. Wenn uns der technisch gestaute Seespiegel im Dunkel der Wälder weniger anspricht als einer der Seen, die die Natur selbst in verlassene Gletschertäler oder vulkanische

Krater gebettet hat, so ist es die künstliche Störung eines in Jahrtausenden herangereiften Gleichgewichts, die uns befremdet.

Aber wenn wir voller Glück und Erfüllung ruhen in der Betrachtung eines klar gestuften, durch keinen technischen Einschnitt gebrochenen Bergumrisses, einer freien, in leichten Wellen pulsierenden Ebene, einer weit geöffneten Fernsicht mit Flüssen, die sich, in keinen Damm gebunden, silbern um Hügel und Wälder winden, so ruhen wir in der großen erfüllten Ordnung der Erde.

Und dann kann es wohl geschehen, daß die schöne Ruhe in eine noch schönere, beglückendere Bewegung übergeht, daß Linien zu steigen und zu fallen scheinen, daß Flächen wogen und schwingen und daß sich das form- und farbenreiche Bild leise wandelt in eine tonreiche Molodie. Dann wird Faltung – jene schon längst in Stein gebremste – aus tiefer Vorzeit neu lebendig. Ihre runden Wogen steigen auf und nieder, rhythmisch, in den Takten eines Wanderliedes. Dann stehen dampfende Vulkanriesen in gerader Reihe wie eine kosmische Orgel, auf der der Atem der Erde seine brausende Weise bläst. Granitene Dome in der Wüste, die breitgewölbten Schilde des Felsengebirges werden zu Instrumenten eines Glockenspiels, das nur auf den Anschlag des Erdbebens wartet, damit seine, alle menschlichen Klänge übertönende Symphonie erwache und in den Weltraum hinausklinge. Und der seltsam rhythmische Wechsel der Schichten aus den Meeren der Vorzeit: dick und dünn, hell und dunkel, hart und weich, viel tausendmal einander ablösend, er wird zum ruhelosen Tremolo im Erzählerton der irdischen Geschichte!

Paul Eipper

Mein Schatten-Elch

Unsere Begegnung ist schon lange her, wohl zwanzig Jahre. Und wenn ich bei der Wahrheit bleiben will, muß ich gestehen, daß mir von jenem Elch überhaupt nichts deutlich wurde, seine Größe nicht, nicht Geweihform, Alter und Geschlecht.

Obgleich ich nun in der Zwischenzeit viele Elche genau beobachten konnte, in der freien Natur und in menschlicher Hege; trotzdem ich bei meinen späteren Pirschgängen (besser gesagt: bei Kutschwagen- und Schlittenpirsch) manchmal fast in Tuchfühlung kam mit den ›schwarzen Hirschen‹ des Nordens – dieser Schatten-Elch bleibt als mein erstes Erlebnis seiner Art besonders stark verwurzelt in mir. Es war zugleich auch mein erstes Eindringen in jene urhaften Wälder, wie sie heutzutage bei uns wahrscheinlich nur noch in Ostpreußen oder in Skandinavien vorkommen.

An einem heißen, hellen Juli-Vorabend ging ich mit meinem Gastgeber quer über eine Wiese, die erst vor wenigen Jahren aus dem Wald herausgerodet worden war. Wir Menschen trugen hohe Röhrenstiefel, der Mücken wegen, die sommers in dieser Gegend Panther an Blutgier übertrafen. Doch mein Auge freute sich; zwischen den dünnen, harten Gräsern wucherte eine vielfarbige Pflanzenwelt: Klee, Ginster, allerlei Blumen, klein und schön, Disteln und immer wieder hohe, schlanke Binsen, gespitzte Lanzen.

Langsam, mit qualmender Pfeife, pirschen wir durch dic üppige Wildnis, durch das grünbunte Blütenmeer, das sich in leichter Dünung hebt und senkt, als atme es im Rhythmus seines Wogens. Meine Füße sind erdhafter beschäftigt; gar zu oft stolpern sie über einen Baumstumpf und zeigen mir so immer wieder, daß die Blumenwiese vor kurzem noch ein Teil des großen Waldes gewesen ist. Da steht auch zur Linken, frei im Feld, eine machtvolle Eiche; vierhundert Jahre hat sie sicher schon erlebt. Ihr Stamm wuchtet breit und senkrecht empor, spaltet sich dann ungefähr in Menschenhöhe. Zunächst bleiben die Zwillinge – parallel gestellt – noch unter der gemeinsamen Rindenhaut; plötzlich klaffen sie auseinander und bilden eine herrlich weite, stolze Blätterkrone.

Milchiger Nebel kocht und quirlt während der nächsten halben Stunde aus dem Wiesenland, und just im rechten Augenblick erreichen wir die geschlossene Baumregion, tauchen ein in den hohen, wechselvollen Wald. Hier trocken-kahles Stangenholz mit weiter Durchsicht; dort ineinandergewachsen viele Birken, Buchen, auch einige Fichten, die sich bis zur Erde in ihre grünen Nadelmäntel einhüllen. Wilde Rosenbüsche als Unterwuchs; große, blaue Glockenblumen und da und dort eine Walderdbeere, die unmittelbar über dem Grund aufleuchtet, ein roter Tupfen, klein nur, doch beglückend schön!

Es dauert auf diese Weise lang, bis wir im Gebiet der verborgenen Waldseen eingetroffen sind. Nun aber liegt der erste vor uns, milchiggrün; seine Oberfläche ist völlig zugewebt von kleinsten Wasserpflanzen. Ich habe kaum die Vorstellung einer Flüssigkeit; unter der Grünspandecke gärt wohl giftiger Brei, lauert der Tod. Dennoch wachsen ein paar Bäume mitten aus dem Tümpel; sie sind unbegreiflich gesund mit ihren dichtbelaubten Zweigen.

Der Waldgrund wellt sich zu kleinen Höhen und Senken; üppiges Gras treibt aus der feuchten Erde, und in halber Höhe des Hangs entdecke ich von ungefähr ein dunkles, rundes Loch, die Röhrenmündung eines Dachsbaus am Mooshügel. Wir legen uns hinter das benachbarte Gebüsch, sind gut im Wind und schauen stumm hinab zu dem zweiten Waldsee, der sich drunten in der nächsten Senke schwarz und moorig eingebettet hat. Aus seinem Wasser greifen schimmelübersponnene, kahle Äste wie Knochenfinger in den Abend, Gerippe, völlig unbewegt. Immer stärker empfinde ich diese Drohung gegen alles Lebendige; doch plötzlich fährt ein Schnauben in die lähmende Stille, und kaum zehn Sekunden später schiebt sich ganz vorsichtig ein langer, weißgrauer Tierkopf aus dem Höhlenloch; ich sehe deutlich die charakteristischen schwarzen Streifen an der Schnauze: Dachs!

Schon ist er wieder verschwunden, taucht aber sogleich – und diesmal in ganzer Körperlänge – auf, ein feister, alter Bursche. Gut, daß wir über ihm kauern; er wittert sehr vorsichtig nach allen Seiten und trollt dann beruhigt den Hang hinunter. Am See hängt er die Lippen ins Wasser, schlürft und trinkt, putzt sich, scharrt mit den Klauen und findet wohl auch einen guten Bissen. Er schmatzt und bummelt zufrieden in gemächlichen Zickzackgängen davon, ohne unsere Menschengegenwart zu ahnen.

Ich blicke erfreut hinüber zu meinem Kameraden, der sich just hochrichtet. »Das war nicht schlecht. Aber es wird noch besser, wenn wir Glück haben. Bloß jetzt behutsam gehen; nicht husten, leise atmen!«

Gottlob schwärmen hier die Mücken weniger als draußen zwischen Wiese und Wald; das Stummsein gelingt mir schon, nicht aber die vollkommen geräuschlose Pirsch. Denn das Unterholz schließt sich mehr und mehr; eigentlich zaudere ich bei jedem Schritt, weil überall und kaum erkennbar Reisig am Boden liegt. In immer kürzeren Abständen treffen wir auf Wassergräben, die neue Tümpel und Seen verbinden; da heißt es oft: mit kühnem Sprung (aber geräuschlos!) hinüber auf die andere Seite. Noch schlimmer sind die sogenannten Brücken; hier halbverfaulte Bohlen, natürlich ohne Geländer; dort ein quergelegter, glitschiger Baumstamm! Wirklich mit innerer Verzweiflung balanciere ich dahin; nur das Glück kann meinem Unvermögen helfen. Ich höre schon den entsetzlichen Lärm, wenn meine Füße doch einen Fehltritt machen sollten!

Zum Teufel mit der Angst; es muß und wird ein jedes Mal gelingen! Wir sind nun mitten in einem alten Eichenbestand; Wege gibt es längst nicht mehr, auch keine Pirschsteige. Dafür entdecken meine Augen schon wieder einen See, in dessen dunkel glänzender Oberfläche ein zartes Birkenbäumchen sich spiegelt. Hauch der Schönheit; er macht die stumme Wildnis froh!

Da – quakendes Lärmen in der Luft! Ich schrecke zusammen; Ohr-Überrumpelung! Mein Ostpreußen-Freund zeigt westwärts: »Enten!« Wie Torpedos schießen sie heran, kreuzen immer wieder mit klatschenden Flügelschlägen unseren Weg, kommen bald von links, dann von rechts über die Bäume geflogen. »Sie haben Junge am Seeufer, wollen uns von den Nestern weglocken«, erklärt der Kamerad und schreitet unbekümmert vorwärts. Dabei sucht sein Blick dauernd hin und her am Boden, und nach einer Viertelstunde, als längst wieder lautloses Schweigen herrscht im Wald, bückt sich mit jähem Ruck der naturvertraute Mann. Er winkt mir; seine Augen leuchten.

Groß wie eine Menschenhand zeichnet sich ein Trittsiegel ab im weichen Moorgrund: »Elch!«

Es war nur ein Flüstern; aber mir ging es heiß und kalt über den Rücken, und vor Erwartungsfreude zitterten meine Beine.

– Ein Elch zog hier, wirklich ein Elch? Nach den Eindrucksrändern der Fährte zu urteilen vor gar nicht langer Zeit!

Werde ich ihn heute sehen, hier in diesem dichten Wald? Soll sich endlich doch der Kindertraum erfüllen, das Bild zur Wirklichkeit werden, das mir mein schwäbischer Großvater in einem alten Holzschnittbuch gezeigt hat – der ›schwarze Elenhirsch mit Bart und Riesenschaufeln‹?

Wir zwei Freunde pirschen und tasten uns nun ganz langsam kreuz und quer weiter, folgen geräuschlos der Spur, die jenes große Tier vor kurzem eingeprägt hat. Es dunkelt schon beträchtlich; aber noch einmal schieben sich die Stämme, Büsche und Kronen auseinander: eine Lichtung öffnet sich, sanft abfallend bis zu einem neuen See, zu einem friedlich hellen. Wenn ich mich nicht irre, huscht irgendwo ein letztes Leuchten über den klaren Wasserspiegel rechts von uns.

Mein Forstmann hat zu solch empfindungsvoller Schau jetzt keine Zeit. Er prüft mit angefeuchtetem Finger den Wind; sein Fernglas durchsucht nach allen Seiten das Gelände, und dann legt er sich hinter einen großen, grünbemoosten Stein. Nur seine Hände sprechen und die Mienen des Gesichts; stumm sollen wir verharren, bis es sich entscheidet, ob die alte Sehnsucht in mir zur Erfüllung kommt.

Die Uhr am Handgelenk zeigt die neunte Abendstunde; kaum begreifbar träge kriecht der fahle Leuchtzeiger im Kreis; dennoch fallen auch jetzt die Sekunden im Gleichmaß zur Ewigkeit.

Meine Augen suchen einen Halt in der gegenständlichen Welt; sie schauen hinüber zu der Buche, die am andern Ufer herrlich hoch und weit nach oben ragt. Einer der Äste drängt vielleicht vier Meter steil hinauf zum fahlen Firmament und neigt sich dann mählich herunter auf den See, eine schöne Schwingung grünbelaubter Zweige. Sie werden im letzten Teil der Kurve braun und kahl, tauchen unter und sterben einen nassen Tod.

Da springt die Wirklichkeit mit siegender Kraft zwischen meine Gedanken; aus der Dunkelheit kommt das Geräusch knackender Äste, fern noch, jetzt nah und näher; es ist, als dröhne nun der ganze Wald vom schon verschatteten Hintergrund her.

Und plötzlich wuchtet ins fahle Zwielicht der Seehalde ein schweres, großes Tier, rotbraun, fast schwarz, mit hohen Beinen, die weißlich schimmern über dem dunklen Moorboden. Immer größer, immer beispielloser wird für mich die Erscheinung: ein Gespenst trollt an uns vorbei, ein Walddämon mit vorgestrecktem, langem Schädel! Vielleicht sehe ich noch den Umriß einer hängenden Oberlippe, die Zackung zweier großer Ohren, das Geweih, ehe die Vision sich auflöst und schon wieder verschwunden ist in Busch und Baum und Nacht...

Das war der Elch, mein erster, geisterhafter Schatten-Elch!

Konrad Lorenz

Das Gänsekind Martina

Heute war der große Tag. Neunundzwanzig Tage lang hatte ich auf meinen zwanzig kostbaren Wildganseiern gebrütet. Das heißt, selbst gebrütet hatte ich nur die letzten zwei Tage, die vorher hatte ich mich auf eine dicke, weiße Hausgans und eine ebenso dicke und weiße Truthenne verlassen, die das viel lieber und sachgemäßer taten als ich. Erst für die beiden letzten Tage also hatte ich der Truthenne die zehn mattweißen Eier weggenommen und in meinen Brutapparat gelegt. (Die Hausgans mußte mit ihren zehn selbst fertig werden.) Ich wollte nämlich das Schlüpfen der Kinder genau überwachen. Und nun war es so weit.

Wichtige Dinge müssen in so einem Wildgansei vor sich gehen. Legt man das Ohr daran, hört man es drinnen knacken und murksen, und jetzt, ja jetzt hörst du ganz deutlich ein leises, süß flötendes »Piep«. Erst eine Stunde später hat das Ei ein Loch, und in diesem Loch sieht man das erste, was vom neuen Vogel zu sehen ist: die Nasenspitze mit dem darauf sitzenden Eizahn. Die Bewegung des Kopfes, mit welcher der Eizahn von innen her gegen die Eihülle gedrückt wird, bewirkt nicht nur ein Aufknacken der Schale, sondern hat auch eine Bewegung

des zusammengerollt darin liegenden Vögelchens zur Folge, das sich auf diese Weise langsam und ruckweise um die Längsachse des Eies dreht. Der Eizahn bewegt sich also auf einem »Parallelkreise« innen an der Eischale entlang und bricht auf dieser Linie eine zusammenhängende Reihe von Lücken, bis schließlich, wenn der Kreis geschlossen ist, das ganze stumpfe Ende der Eischale von einer Streckbewegung des Halses abgehoben werden kann.

Mühselig und langsam befreit sich der lange Hals, der das schwere Köpfchen noch nicht frei zu tragen vermag. Noch bleibt auch der Nacken steif abwärts gekrümmt in der embryonalen Stellung, in der er entstanden ist und die er innegehabt hat, seit er überhaupt existierte. Weitere Stunden dauert es, bis die Gelenke sich strecken und geschmeidig werden, die Muskeln erstarken und die Organe des Labyrinths funktionieren, die das Gleichgewicht erhalten, bis es für die kleine Gans erstmalig ein Oben und ein Unten gibt und das Kind seinen Kopf frei und aufrecht tragen kann.

Das nasse Etwas, das hier aus der Schale kriecht, sieht unglaublich häßlich und geradezu bedauernswert aus, vor allem aber nässer, als es wirklich ist. Fühlt man es nämlich an, so spürt man es nur feucht. Der Eindruck, das armselige Federkleidchen sei naß und verklebt, entsteht dadurch, daß jede Daunenfeder noch eng zusammengefaltet in einer hauchdünnen Hülle steckt. Sie ist in dieser Form nicht dicker als ein Haar. Alle diese Feder-Härchen aber sind untereinander von der eiweißreichen Flüssigkeit der Eihülle zu Strähnen zusammengeklebt, so daß sie in der Eihülle ein Mindestmaß an Raum einnehmen.

Trocknen diese Federhüllen, zerfallen sie zu Staub und geben die eingeschlossenen Daunen frei. Diese selbst trocknen also genaugenommen nicht, sie sind von vornherein trocken, da die Hüllen sie umschließen und so gegen die Flüssigkeit des Eies schützen. Das Platzen der Federhülsen wird natürlich durch die Bewegungen des frischgeschlüpften Jungvogels gefördert und beschleunigt, der sich »gegen den Strich« an Geschwistern und dem Bauchgefieder der brütenden Mutter reibt. Fehlt diese Reibung, wie bei meiner ersten, im Brutkasten geschlüpften Graugans, bleiben die Federhülsen länger als gewöhnlich erhalten. In einem solchen Falle kann man ein überraschendes kleines Zauberkunststück vorführen. Man nimmt das Vögelchen in die eine, einen gefetteten Wattebausch in die andere Hand und streicht nun sanft mit der Watte *gegen* den Federstrich über den Jungvogel hin. Dabei zerfallen die brüchigen Federhülsen in feinste, Haarschuppen ähnliche Teilchen, das Gänschen aber verwandelt sich in zauberhafter Weise: Wo der Wattebausch entlangstreicht, steht ein dichter Wald duftig feiner, goldig graugrüner Daunen auf, und in wenigen Sekunden hat man statt des nackten, feucht verklebten, kleinen Untiers einen süßen runden Daunenball in Händen, der gut doppelt so voluminös ist als vorher.

Meine erste kleine Graugans war also auf der Welt, und ich wartete, bis sie unterm elektrischen Heizkissen, das den wärmenden Bauch der Mama ersetzten mußte, so weit erstarkt war, daß sie den Kopf aufrecht zu tragen und ein paar Schrittchen zu gehen imstande war.

Den Kopf schief gestellt, sah sie mit großem, dunklen Auge zu mir empor. Mit *einem* Auge, denn wie die meisten Vögel fixiert auch die Graugans, will sie etwas ganz genau sehen, einäugig. Lange, sehr lange sah mich nun das Gänsekind an. Und als ich eine Bewegung machte und ein kurzes Wort sprach, löste sich mit einem Male die gespannte Aufmerksamkeit, und die winzige Gans *grüßte*: Mit weit vorgestrecktem Hals und durchgedrücktem Nacken sagte sie sehr schnell und vielsilbig den graugänsischen Stimmfühlungslaut, der beim kleinen Küken wie ein feines, eifriges Wispern klingt. Sie grüßte genau, aber auch schon haargenau, wie eine erwachsene Graugans und wie sie es noch tausende Male in ihrem Leben tun wird. Sie grüßte aber auch so, als *hätte* sie schon tausendmal in genau derselben Weise gegrüßt. Selbst der beste Kenner dieser Zeremonie hätte ihr nicht ansehen können, daß sie es soeben zum allerersten Male in ihrem Gänseleben tat. Noch wußte ich nicht, welch schwere Verpflichtung ich damit auf mich genommen hatte, daß ich der Musterung des dunklen Äugleins standgehalten und mit einem unbedachten Wort die erste Begrüßungszeremonie ausgelöst hatte.

Ich wollte nämlich die von der Truthenne ausgebrüteten Gänseküken nach dem Schlüpfen der erwähnten Hausgans anvertrauen, die zwar nur zehn Eier ausbrüten, aber sehr wohl zwanzig Gänschen führen konnte. Als mein Küken »fertig« war, waren eben unter der Hausgans drei weitere geschlüpft. Ich trug mein Kind in den Garten, wo die dicke Weiße in der Hundehütte saß, aus der sie den rechtmäßigen Besitzer, Wolfi den Ersten, rücksichtslos vertrieben hatte. Ich steckte mein Gänsekind tief unter den weichen warmen Bauch der Alten und war überzeugt, das Meinige getan zu haben. Aber da blieb wohl noch viel zu lernen.

Es dauerte ein paar Minuten, während deren ich in beglückter Meditation vor dem Gänsenest sitzen blieb, da ertönte unter der Weißen hervor, wie fragend, ein leises Wispern: Wiwiwiwiwi? Sachlich und beruhigend antwortete die alte Gans mit demselben Stimmfühlungslaut, nur in ihrer Tonlage: Gangangangang. Doch anstatt sich daraufhin zu beruhigen, wie jedes vernünftige Gänsekind getan hätte, kam meines rasch unter dem wärmenden Gefieder hervorgekrochen, sah mit einem Auge empor, der Pflegemutter ins Gesicht und – lief laut weinend von ihr weg: Pfühp ... pfühp ... pfühp ... So etwa klingt das »Pfeifen des Verlassenseins« der kleinen Graugans, das allen Jungen nestflüchtender Vögel in irgendeiner Form zu eigen ist.

Hoch aufgerichtet, ununterbrochen laut pfeifend stand das arme Kind auf halbem Wege zwischen der Gans und mir. Da machte ich eine kleine Bewegung – und schon war das Weinen gestillt, und das Kind kam, mit lang vorgestrecktem Halse, eifrigst grüßend auf mich zu: Wiwiwiwiwi ... Das war gewiß rührend, aber ich hatte nicht die Absicht, Gänsemutter zu spielen. Ich packte also das Kind, steckte es wieder tief unter den Bauch der Alten und lief davon. Ich kam keine zehn Schritte weit, da hörte ich schon hinter mir: Pfühp... pfühp... pfühp..., und das arme Kind kam verzweifelt gelaufen. *Stehen* konnte es noch nicht, nur auf den Fersen sitzen, auch bei langsamem Gehen war es noch recht unsicher und wackelig. Aber unter dem Druck der Not hatte es doch schon die Bewegungsweise des schußartigen, sehr schnellen Laufens in seiner Gewalt. Bei manchen Hühnervögeln ist dieselbe merkwürdige und doch zweckmäßige Reihenfolge im Heranreifen verschiedener Bewegungsweisen noch ausgesprochener. Vor allem kleine Rebhühner und Fasane können viel früher laufen als langsam gehen oder stillstehen.

Es hätte einen Stein rühren können, wie das arme Kind mit überschnappendem Stimmchen weinend hinter mir herkam, stolpernd und sich überkugelnd, aber mit erstaunlicher Geschwindigkeit und einer Entschlossenheit, deren Bedeutung nicht mißzuverstehen war: Ich, nicht die weiße Hausgans, sei ihm Mutter! Seufzend schulterte ich mein Kreuzchen und trug es ins Haus zurück. Obwohl es damals nur hundert Gramm wog, wußte ich sehr genau, wie schwer es zu tragen sein würde, wie viel ehrliche Arbeit und wieviel Zeit es kosten würde, es würdig zu tragen.

Ich tat, als hätte ich die kleine Gans adoptiert, nicht sie mich. Das Gänsekind erhielt in feierlicher Taufe den Namen Martina.

Der Rest des Tages verging mir, wie er eben einer Gänsemutter zu vergehen pflegt. Wir gingen auf eine Wiese zartes junges Gras weiden, und es gelang mir, mein Kind davon zu überzeugen, daß gehacktes Ei mit Brennesseln ein gutes Essen ist. Und dem Kinde seinerseits gelang es, mir überzeugend beizubringen, daß es, wenigstens vorläufig, völlig ausgeschlossen sei, auch nur eine Minute von ihm wegzugehen und es alleinzulassen. Es geriet nämlich dann sofort in eine so verzweifelte Angst und weinte so herzzerreißend, daß ich nach einigen Versuchen klein beigab und ein Umhängekörbchen baute, in welchem ich es dauernd bei mir tragen konnte. Schlief das Kind, war es mir wenigstens möglich, mich in der Zwischenzeit frei zu bewegen.

Es schlief nie lange in einem Zuge durch, was mir während des ersten Tages nicht weiter auffiel. Wohl aber während der Nacht. Für die Nacht hatte ich meinem Gänsekind eine wunderbare elektrisch gewärmte Wiege bereitgestellt, die schon manchen Nestflüchterkindern die wärmende Mutterbrust ersetzt hatte. Als ich ziemlich spät abends meine kleine Martina unter das Wärmekissen schob, sagte sie sofort zufrieden das sehr rasche Wispern, das bei jungen Gänsen Ausdruck der Einschlafstimmung ist und wie »Wirrrrrr« klingt. Ich stellte die Kiste mit der Wärmewiege in eine Ecke des Zimmers und kroch selbst ins Bett. Eben als ich daran war einzuschlafen, hörte ich, wie Martina leise und verschlafen noch einmal »Wirrrrrr« sagte. Ich rührte mich nicht. Da kam, etwas lauter und wie fragend, der Stimmfühlungslaut: Wiwiwiwi? Selma Lagerlöf, deren herrliches Buch vom kleinen Nils Holgersson meine Kindheit so sehr beeinflußt hat, trifft die Bedeutung des Stimmfühlungslautes mit genialer Einfühlung, wenn sie ihn mit »Hier bin ich, wo bist du?« übersetzt. Wiwiwiwiwi? – Hier bin ich, wo bist du? Ich antwortete immer noch nicht, wühlte mich tiefer in die Kissen und hoffte inständig, daß das Kind wieder einschlafen würde: Aber nein. Wiwiwi – noch Stimmfühlungslaut, jedoch mit einer bedrohlichen Beigabe vom Pfeifen des Verlassenseins, hier bin ich – wo bist du? mit herabgezogenen Mundwinkeln und nach außen gerollter Unterlippe, das heißt bei der Gans mit lang aufgerichtetem Hälschen und gesträubtem Kopfgefieder. Und im nächsten Augenblick ging es los, scharf und durchdringend: Pfühp ... pfühp ... Ich mußte heraus aus dem Bett und hinüber zur Kiste. Martina empfing mich beglückt und grüßend: Wiwiwiwiwi. Es wollte kein Ende nehmen vor Erleichterung darüber, daß sie nicht mehr in Nacht und Nebel allein war. Ich schob sie sanft unter das Wärmekissen: Wirrrr, wirrrr. Sie entschlummerte sofort und programmgemäß. Ich tat das gleiche. Aber nach kaum einer Stunde, etwa um halb elf, kam aufs neue das fragende Wiwiwiwiwi, und der eben geschilderte Vorgang wiederholte sich getreulich. Und um viertel vor zwölf noch einmal. Und um ein Uhr wieder. Da raffte ich mich um viertel vor drei zu einer durchgreifenden Veränderung der Versuchsanordnung auf. Ich packte die Wiege und stellte sie in Griffweite neben das Kopfende meines Bettes. Als um halb vier Uhr voraussagegemäß wieder das fragende »Hier bin ich – wo bist du?« kam, antwortete ich in gebrochenem Graugänsisch: Gangangang und klopfte ein wenig auf das Heizkissen. Wirrrr, sagte Martina, ich schlafe schon, gute Nacht. Ich habe es bald gelernt, ohne aufzuwachen, gangangang zu sagen. Ich glaube, ich würde heute noch so antworten, wenn ich fest schlafe und jemand sagt leise zu mir: Wiwiwiwiwi?

Am frühen Morgen allerdings, als es hell wurde, nützte auch mein Gangangang und Beklopfen des Kissens nichts mehr. Martina merkte bei Tageslicht, daß das Kissen nicht ich sei, wollte zu mir und weinte. Was tun, wenn das reizende, heißgeliebte Menschenkindchen um halb fünf Uhr früh plärrt? Ganz richtig, du holst es mit einem Griff zu dir ins Bett mit der leisen Bitte zum Himmel, der Engel da möge wenigstens noch eine Viertelstunde ruhig weiterschlafen. Und er tut es auch. Und du schläfst genießerisch wieder ein und schlummerst, bis, ja, bis es an deiner Seite feucht und kühl wird ... Diese nachteiligen Folgen traten bei meiner kleinen Martina *nie* ein. Solange eine junge Gans sich nämlich im Seelenzustand des »Bei-der-Mutter-untergekrochen-Seins« befindet, ist sie verläßlich zimmerrein. Wacht sie jedoch auf und will aufstehen, dann muß man sie allerdings schleunigst aus dem Bett entfernen.

Martina war überhaupt ein wunderbar braves Kind. Daß sie nicht einen Augenblick allein sein konnte, war nicht Eigensinn. Man muß bedenken, daß es für einen derartigen Jungvogel normalerweise in freier Wildbahn den sicheren Tod bedeutet, wenn er Mutter und Geschwister verliert. Es ist biologisch sinnvoll, daß ein solches verlorenes Schäfchen weder an Essen noch an Trinken oder Schlafen denkt, sondern jeden Funken Energie, bis zur völligen Erschöpfung, für Hilferufe aufwendet, die es vielleicht die Mutter wiederfinden lassen.

Hat man mehrere junge Wildgänse, die aneinander einen gewissen Anschluß haben, so gelingt es bei einiger Strenge, sie allmählich ans Alleinsein zu gewöhnen. Ein einzelnes Tier dagegen würde sich buchstäblich zu Tode weinen.

Diese tief instinktmäßige Abneigung gegen das Alleinsein band Martina fest an meine Person. Martina folgte mir überallhin und war vollkommen zufrieden, wenn ich am Schreibtisch arbeitete und sie sich unter meinem Sessel hinlegen durfte. Sie war gar nicht lästig; es genügte ihr, wenn ich mit einem unartikulierten Grunzen antwortete, sooft sie mit ihrem Stimmfühlungslaut anfragte, ob ich noch da und am Leben sei. Am Tage tat sie das alle paar Minuten, nachts etwa jede Stunde. Ich möchte den Menschen kennen, oder besser, ich möchte ihn *nicht* kennenlernen, den die Anhänglichkeit eines derartigen Gänsekindes nicht entzückte und rührte: wie solch ein lebendes Riesen-Salweidekätzchen gemessenen Schrittes, mit der allen Gänsen eigenen drolligen Würde hinter dir herwandelt oder, gehst du zu schnell, angestrengt und mit weit ausgebreiteten Flügelärmchen nachgerannt kommt. Rührend, wenn auch zugleich nervensägend wie das »Rabäääh« des menschlichen Säuglings, ist das Pfeifen des Verlassenseins, das sofort ertönt, gehst du auch nur einen Augenblick aus dem Zimmer; noch rührender und ohne Nervensäge, die aufgeregte Freude, erscheinst du wieder, die intensive Begrüßung, die nicht enden will. Das Schönste an der zärtlichen Anhänglichkeit eines Gänsekindes aber ist, daß man mit dem Tier ins Freie gehen kann und in völlig natürlicher Umgebung und dennoch in engstem Kontakt mit dem wilden, undomestizierten Lebewesen zusammensein und es beobachten kann.

Da ich Martina zuliebe ja sowieso Gänsemutter spielen mußte, versuchte ich erst gar nicht, die weiteren neun Gänschen, die innerhalb der beiden folgenden Tage unter der Truthenne schlüpften, der Hausgans unterzuschieben, wie ich ursprünglich beabsichtigt hatte. Zehn kleine Graugänse verlangen nicht mehr, sondern weniger Zeit vom Pfleger als eine einzelne, und zwar deshalb, weil es bei ihnen weniger kritisch ist, sie alleinzulassen.

Merkwürdigerweise fand Martina an diese neun keinen geschwisterlichen Anschluß, obwohl sie untertags, vor allem auf gemeinsamen Spaziergängen, viel mit ihnen zusammenkam. Sie wurde zwar von diesen Gänschen nach anfänglichen Kämpfen als Geschwisterchen betrachtet, machte sich aber ihrerseits wenig aus ihnen, vermißte sie jedenfalls in keiner Weise, wenn sie nicht da waren, und fand sich jederzeit bereit, mit mir allein von den anderen fortzugehen. Obwohl die neun, genau wie

Martina, mich als Gänsemutter betrachteten, hielten sie untereinander ebenso fest zusammen, wie sie an meine Person gebunden waren. Das heißt, sie waren nur glücklich und ruhig, wenn sie erstens untereinander und zweitens mit mir beisammen waren. Anfangs versuchte ich, nur zwei oder drei von ihnen zusätzlich zu Martina auf meine Spaziergänge mitzunehmen. Da ich zu rascherer Überwindung weiter Strecken, beispielsweise der Dorfstraße, die zur Donau führt, die Gänschen einfach in einen Korb steckte und so mittrug, und da außerdem für die beabsichtigten Beobachtungen drei oder vier Tiere völlig ausreichten, wäre es mir willkommen gewesen, die Mehrzahl der Kinder daheimlassen zu können. Das war aber nicht möglich, da eine solche, von der Geschwisterschar getrennte Minderheit dauernd unruhig und ängstlich war, trotz meiner Anwesenheit immer etwas zum Pfeifen des Verlassenseins neigte, immer wieder stehenblieb und nicht recht mitkommen wollte. Diese Reaktion auf das Fehlen von Geschwistern war weniger persönlich als mengenmäßig. Nahm ich die Mehrzahl mit und ließ nur zwei oder drei zu Hause, so folgten sie anstandslos und waren ruhig. Aber dann weinten sich daheim die Zurückgelassenen halb zu Tode. Ich mußte also auf meine Ausflüge entweder Martina allein oder alle zehn Gänsekinder mitnehmen. Als ich im übernächsten Jahr wieder eine Kükenschar zahm aufzog, nahm ich, gewitzigt, von Anfang an nur vier Kinder in meine Obhut.

Unglaublich viel Zeit habe ich in jenem ersten Gänsesommer mit meinen zehn Kindern verbracht, und unglaublich viel habe ich von ihnen gelernt. Glückliche Wissenschaft, in der ein wesentlicher Teil der Forschung darin besteht, daß man nackt und wild in Gesellschaft einer Schar Wildgänse in den Donau-Auen herumkriecht und schwimmt. Ich bin ein sehr fauler Mensch, so faul, daß ich ein viel besserer Beobachter als Experimentator bin. Wirklich arbeite ich eigentlich nur unter dem Zwange schwerster kantischer kategorischer Imperative, durchaus entgegen meiner natürlichen Neigung. Das Herrliche an einem solchen rein beobachtenden Leben und Arbeiten mit wildlebenden Tieren ist, daß die Tiere selbst so wundervoll faul sind. Die blödsinnige Arbeitshast des modernen Zivilisationsmenschen, dem sogar die Zeit fehlt, eine wirkliche Kultur zu haben, ist dem Tiere völlig fremd. Selbst Biene und Ameise, diese Sinnbilder des Fleißes, verbringen den weitaus größten Teil des Tages im dolce far niente, nur *sieht* man sie dann nicht, diese Heuchler, weil sie in ihrem Bau sitzen, sobald sie nicht an der Arbeit sind. Und Tiere lassen sich nicht drängen. Will man Wildgänse kennenlernen, muß man mit ihnen leben, und will man mit ihnen leben, muß man sich ihrem Lebenstempo anpassen. Ein Mensch, der nicht von Natur mit einer gottgewollten Faulheit ausgestattet ist, *kann* das gar nicht. Ein konstitutionell tätiger, fleißiger Mensch würde wahnsinnig werden, mutete man ihm zu, einen Sommer lang als Gans unter Gänsen zu leben, wie ich es (mit Unterbrechungen) getan habe. Mindestens die Hälfte des Tages liegen die Wildgänse still und verdauen. Von der anderen Hälfte brauchen sie zum Weiden, gering gerechnet, drei Viertel. Die zwischen Perioden des Weidens und Verdauens eingestreuten Zeiten jener Tätigkeiten, auf deren Beobachtung es ankommt, machen zusammengerechnet höchstens ein Achtel der wach verbrachten Tageszeit aus. Wildgänse wären stinklangweilige Viecher, wenn das, was sie in diesem Achtel des Tages tun, nicht so interessant wäre.

Eberhard Trumler

Meine »Urhunde«: Die Elchhunde und die Dingos

Es erheitert mich immer wieder, wenn ich beobachte, wie ein Auto, das in schneller Fahrt die etwa hundert Meter entfernte Straße entlangkommt, plötzlich anhält und im Rückwärtsgang zurückfährt, um schließlich zögernd in den zu den Zwingern führenden Weg einzubiegen. Ich weiß dann, daß es sich um Fremde handelt, die sich auf diese wenig bekannte neue Straße verirrt haben. Meist wird am ersten Zwinger gehalten, die Leute steigen aus und stehen dann sichtlich ratlos vor den Hunden. Diese Ratlosigkeit wächst, wenn sie sich weiteren Zwingern zuwenden. Manche besteigen nach einer Weile kopfschüttelnd wieder ihren Wagen, andere wollen es genau wissen und kommen fragen. »Bittschön – was sind das für Hunde – oder sind das Füchse?«

Wenn ich es erklärt habe, kommt unweigerlich die nächste Frage: »Kann man so ein Tier kaufen?« Meine Antwort ist zu meinem eigenen Bedauern ein Nein. Die Frager bedanken sich dann freundlich und schütteln auch den Kopf, aber erst, wenn sie im Wagen sitzen. Sie schütteln ihn nun nicht, weil sie mit den Hunden nichts anfangen können, sondern über den Verrückten, der Hunde züchtet, mit denen man nichts anfangen kann.

Dabei kann man in Wahrheit sehr viel mit ihnen anfangen, so viel, daß auch dieses Buch noch lange nicht alles enthält, was es hierüber zu sagen gäbe. Der Leser erwartet, daß ich vom Verhalten des Hundes berichte, deswegen muß ich viele andere Dinge, die nicht minder interessant wären, weglassen. Soweit sie mit dem Verhalten in Verbindung zu bringen sind, werde ich ohnedies einige andere Dinge am Rande streifen. Ich will nun meine »Urhunde« erst einmal vorstellen.

Ich entschloß mich zum Erwerb der Elchhündin Binna, als ich einiges über die Geschichte dieser Tiere erfahren hatte. Sie sollen nämlich nach dem Zeugnis der skandinavischen Kynologen in ihrer heutigen Form schon vor einigen tausend Jahren gezüchtet worden sein. Ausgangsform soll ein nordischer Torfspitz gewesen sein, wie man seine Überreste am Ladogasee gefunden hat, in Lagerstätten, die mindestens 6000 Jahre alt sind. Zu dieser Zeit waren derartige Hunde schon weit verbreitet; sie bewachten auch die Pfahlbausiedlungen der Schweizer Seen.

Meine Binna entstammt also einem uralten Hundegeschlecht und verkörpert bis zu einem gewissen Grad einen steinzeitlichen Hundetyp. Gerade das war es, was mich bewog, mich mit dieser Hunderasse näher zu befassen; diese Rasse war auch keinen »Modeströmungen« unterworfen wie so viele unserer Rassehunde. Somit hatte ich ein Haustier, das in seinen Erbanlagen von alters her unverändert und einheitlich ist. Natürlich kann der Fachmann Unterschiede zwischen den Elchhunden sehen, aber sie sind geringfügig; ich möchte meinen, sie sind

Die graue Elchhündin Binna aus Norwegen.

nicht größer als die Unterschiede in einem Rudel blutsverwandter Wölfe.

Natürlich sind Elchhunde Haushunde im vollen Sinn des Wortes. Rassehunde sogar, sorgsam gezüchtet unter der Zuchtauslese des Menschen, und das während einiger Jahrtausende. – Kann ich nun bei solchen Hunden, bei denen man auf den Ausstellungen sogar darauf achtet, daß die dicht und lang behaarte Rute genau auf der Mittellinie der Kuppe eingerollt getragen wird, noch ein Urverhalten erwarten?

Vielleicht ist diese Frage zu beantworten, wenn man einmal überlegt, wofür und auf welche Weise der Elchhund gezüchtet wird. Denken wir zunächst daran, daß alle Skandinavier überaus hundefreundliche Menschen mit sehr viel Sinn für Natur sind. In den wenigen Großstädten aber hält sich kaum ein

Mensch einen Elchhund – wozu auch? Der Hundeverstand des Nordländers gewährleistet dem Elchhund das Heim, das ihm gemäß ist: die Gutshöfe auf dem Lande, ob groß oder klein, sind seine Wohnstatt. In Oslo oder in Stockholm erkennt man die Hundefreudigkeit daran, daß es hier alle Rassen der Welt in oft ganz hervorragenden Spitzentieren zu sehen gibt. Um Elchhunde zu sehen, muß man schon hinaus in die Fjorde und Fjelle, in die endlosen Fichtenwälder mit den birkenumstandenen Mooren dazwischen; also in den Lebensraum des Elchs.

Für die Jagd auf diese Riesenhirsche mit den Ramsköpfen und den spitzenbewehrten Schaufeln wird der Elchhund seit Urzeiten gezüchtet und gehalten. Diese stattlichen Elche sind ein ungemein schwer aufzuspürendes Wild, das es geschickt versteht, sich jedem Verfolger zu entziehen. Ohne den Elchhund hätte die Elchjagd wenig Aussicht auf Erfolg. Er zieht unermüdlich mit tiefer Nase auf den Elchwechseln dahin, unterscheidet alte von frischen, »heißen« Fährten und findet schließlich seinen Elch, und wenn er drei Tage lang ohne Rast und Ruh auf der Fährte bleiben muß. Elchwechsel führen über Stock und Stein, bald die steilen Felskuppen hinan, bald hinab durch das Moor; es ist für den Jäger eine beachtliche Strapaze, seinem ungeduldigen Hund zu folgen. Er zieht mit aller Kraft an der langen Leine, die Nase dicht am Boden. Sobald sich die Erregung des Elchhundes deutlich zu steigern beginnt, wird die Leine losgeklinkt. Nun stiebt er los, um das nahe Wild zu stellen. Es ist nahezu unfaßlich, wie so ein halbmeter hoher Hund es fertigbringt, einen derart wehrhaften Zweimeterriesen am Ort festzubannen, bis der Jäger heran ist und seine Büchse in Anschlag bringt. Laut bellend umkreist der Elchhund den Hirsch, der bei aller Gewandtheit nicht dazu kommt, seine mehrendigen Schaufeln einzusetzen.

Das ist Leistung. Sie steht an der Spitze aller Ausleseprinzipien der Elchhundezucht. Je mehr Elche ein Hund gestellt hat, um so bekannter ist sein Name und um so mehr wird er zur Zucht herangezogen. Diese ganze Arbeit auf der Elchjagd ist aber ein Stück Urverhalten des Hundes: Genauso ziehen Wölfe auf der Elchfährte, um in gemeinsamer Aktion den Elch zu stellen und zu töten. Ein Wolf, dessen Nase hierfür nicht gut genug ist oder der den Strapazen langer Verfolgung nicht gewachsen ist, wird in der Natur genauso aus der Zucht ausscheiden wie ein Elchhund. Wie wir noch sehen werden, lernen die Jungwölfe die Raffinessen der Jagd von den Alttieren. So ist das auch bei den Elchhunden, denn die Ausbildung der unerfahrenen wird den alten, erfahrenen Artgenossen überlassen. Ein Junghund, der zu dumm oder zu träge ist, um zu lernen, scheidet ebenso aus, wie ein Wolf ausscheiden würde, der hier versagte.

So sorgt die Elchhundezucht allein seit Urzeiten dafür, daß nur instinktsichere, gesunde, kluge und widerstandsfähige Tiere zur Fortpflanzung kommen. Damit ist aber auch gewährleistet, daß zumindest sehr viel vom alten Hundeverhalten unverändert blieb.

Meine Binna ist blind und taub, wenn sie auf einer Spur oder Fährte dahinzieht – ich kann mir die Lunge aus dem Leib schreien, sie reagiert nicht darauf. Warum auch – es wäre doch widersinnig, auf die Beute zu verzichten. Aber wenn sie das verfolgte Wild gestellt hat, dann ist der Fall für sie erledigt. Da es keinen Leitwolf gibt, der die Beute reißt, und keinen Jäger, der schießt, kehrt sie um und geht nach Hause. Töten kann sie das Wild nicht. Ich nehme an, daß das Reißen von größerem Wild bei Wölfen kein angeborenes Instinktverhalten ist, sondern gelernt werden muß. In diesem Fall hätten wir beim Elchhund also keinen Instinktausfall, sondern nur eine »Bildungslücke«. Was hingegen sicher angeboren ist, ist das Erbeuten von Kleintieren, wie etwa Mäusen. Hier ist Binna sehr erfolgreich; nach Mäusen zu graben ist ihr ein wahres Vergnügen.

Mit meiner Elchhündin Binna hatte ich begonnen, Verhaltensbeobachtungen an Hunden zu machen. Als mir dann von Alfred Seitz zwei Dingowelpen angeboten wurden, überlegte ich nicht lange, sondern griff zu. So kamen der Rüde Aboriginal und seine Schwester Suki zu mir ins Haus.

Dingos, die wilden Hunde Australiens, sind ganz sicher ein uraltes Geschlecht. Man nimmt an, daß diese gelben Hunde vor acht- bis zehntausend Jahren mit den heutigen Ureinwohnern (den Aboriginals, wie der weiße Australier sie nennt) nach dem fünften Kontinent gekommen sind. Wahrscheinlich ist Südostasien die Urheimat dieses Steinzeit-Hundes. Von dort kam er über Neuguinea nach Australien.

In Neuguinea gibt es in einzelnen Gebieten Papua-Hunde, die man auf den ersten Blick für echte Dingos halten könnte. Thomas Schultze-Westrum, der viele Forschungen in jenen Gegenden durchgeführt hat, zeigte mir eine Reihe von Farbaufnahmen solcher dingoähnlicher Haushunde. Man wird sie seiner Meinung nach nicht mehr lange finden, denn für die Papuas sind Europäerhunde begehrenswerter als ihre gewohnten Dorfhunde, die meist undefinierbare Mischlinge sind. Neben jenen sehr zahmen Papua-Hunden gibt es dort aber auch frei lebende »Wildhunde«. 1955 hat ein Beamter der australischen Regierung namens Hallstrom ein Pärchen derartiger Hunde in den Zoo von Sydney gebracht. Der australische Zoologe Troughton meinte, daß es echte Wildhunde, etwa gleich Wolf oder Schakal, seien, und gab ihnen den wissenschaftlichen Namen *Canis hallstromi*. Es stellte sich aber bald heraus, daß es sich hier um nichts anderes handeln kann als um eine Sonderform des Dingos.

Diese beiden Tiere züchteten im Zoo von Sydney fleißig. Jungtiere von ihnen kamen dann in den Zoo von San Diego. Sie hatten 1962 Junge, von denen ein Paar in den Haustiergarten des Instituts für Haustierkunde der Universität Kiel gelangte und dort 1964 vier männliche und drei weibliche Nachkommen brachte. Einer dieser Rüden war Luxl, der Stammvater meiner Dingos.

Soweit ich das nach dem Aussehen von Luxl sowie einigen Fotos anderer Tiere dieser Linie beurteilen kann, unterscheidet sich der wildlebende Dingo Neuguineas vom australischen Dingo zunächst dadurch, daß er etwas kleiner ist. Luxl hatte eine Schulterhöhe von 40,5 cm, entsprach damit etwa einem Beagle, Bedlington Terrier oder kräftigen Großspitz. Er war also ein verhältnismäßig kleiner Hund. Als wir ihn einmal mit der Elchhündin Binna verheiraten wollten, plagte er sich ganz schrecklich ab, ohne es zu schaffen – er war für die etwa 47 cm hohe Binna einfach zu klein. Ich möchte sagen, daß der Neuguinea-Dingo die Bergwaldform des Dingos darstellt, wofür die ziemlich niedrigen Läufe sprechen, der weit fuchsartigere

Aboriginal, mein erster Dingorüde.

Kopf und das längere Fell. Australische Dingos sind schlank, hochläufig, schmalköpfig und viel windhundähnlicher. Ein wesentlicher Unterschied findet sich auch in der buschigen Ringelrute des Hallstrom-Dingos im Vergleich zur schlanken Säbelrute der Australier. Vom Leben des Neuguinea-Dingos wissen wir nichts. Von den australischen Dingos aber können wir mit Sicherheit sagen, daß sie, seit sie den Boden des kleinsten Kontinents betreten haben, gleich Wölfen ein freies, ungebundenes Wildleben führen. Sie unterliegen bis heute der natürlichen Auslese, und kein Mensch bestimmt, welcher Rüde und welche Hündin züchten dürfen.

Sie besitzen aber auch eine ganze Reihe von Merkmalen, die man gewöhnlich nur bei echten Haustieren antrifft. Es gibt keinen einzigen Vertreter der Hundeartigen – der Gattung *Canis* ebensowenig wie der anderen Gattungen dieser Familie – mit Säbelrute, also einer normalerweise senkrecht hochgestellten, am Ende kopfwärts geneigten Rute. Sie tritt nur bei Haushunden auf, und beim Dingo. Der Hallstrom-Dingo aus Neuguinea hat sogar eine Ringelrute wie ein Spitz. Außerdem besitzen die Dingos alle weiße »Abzeichen«, vor allem weiße Pfoten, einen weißen Brustfleck – der sich bis auf den Bauch erstrecken kann – und eine weiße Schwanzspitze. Oft genug sind an Kehle, Kinn und sogar am vorderen Nasenrücken derartige weiße Stellen im Fell. Auch das sind Haustiermerkmale; aber ich werde noch darauf zurückkommen, daß solche »Haustiermerkmale« gelegentlich auch in der freien Natur auftreten können.

Der Dingo hat jedenfalls über sehr lange Zeiten hin als wildlebender, vom Menschen völlig unbeeinflußter Hund gelebt, er war der natürlichen Auslese unterworfen, und so können wir mit Fug und Recht annehmen, daß sein angestammtes Verhaltensinventar vollständiger ist als bei jedem anderen Haushund. So bleibt die Frage: Was hat der Dingo mit unseren Haushunden zu tun?

Wenn die Forscher, die sich damit befaßt haben, es richtig sehen, dann hat der Dingo sehr viel mit unseren Haushunden zu tun. Manche behaupten sogar, daß alle unsere Haushunde vom Dingo abstammen oder doch wesentlich von ihm beeinflußt wurden. So hat man, um nur ein interessantes Beispiel zu erwähnen, im Senckenberg-Moor bei Frankfurt am Main zusammen mit dem Skelett eines Auerochsen die Knochen samt Schädel eines Hundes gefunden, der als Haushund eingeschätzt wurde. Eine Datierung der Lagerstätte ergab ein Alter von rund 11000 Jahren! Der Untersucher, Robert Mertens, wies auf die erstaunliche Ähnlichkeit der Knochen und des Schädels mit denen des Dingos hin und war seiner Sache sicher, daß es sich um keinen Wolf handeln könne. Das war 1936, und man hat in der Zwischenzeit wohl Zweifel an der Datierung gezogen, nicht aber an der Dingoähnlichkeit; so soll der Fund »nur« 9–10000 Jahre alt sein, aber ich denke, auf die paar Jährchen kommt es nun auch nicht mehr an! Damit hätten wir hier nicht nur einen der ältesten Haushunde, die wir kennen, vor uns, sondern dazu noch einen dingoartigen Hund, und da kaum anzunehmen ist, daß Dingos von ihrer asiatischen Urheimat nach Deutschland gelaufen sind, muß sie der Mensch irgendwie dahin gebracht haben. Genau, wie die Ureinwohner Australiens zu jener Zeit den Dingo nach Australien brachten.

Max A. Zoll

Mein Freund Toni

Mein Freund Toni war ein toller Knabe!

Als ich ihn im Sommer 1934, bei einem meiner ersten Besuche in Hellabrunn, zum erstenmal sah, war er gerade aus Sumatra angekommen und ein elendes, halbverhungertes Orang-Utan-Baby. Er erholte sich aber bald, wurde kräftig und stark, und wir erlebten mit ihm die erstaunlichsten Dinge. Ganz in seinem Element war er erst, als er zwei Jahre nach seiner Ankunft, zusammen mit vier anderen Orang-Utans, die Kinderstube der Menschenaffen-Station beziehen durfte. Hier fanden die jungen Menschenaffen einen von Heinz Heck für sie ganz neu erfundenen Komfort. Ein großes Schlafzimmer hatte für jeden eine eigene Schlafkabine, in der man sich, warm und doch gut durchlüftet, auf federnden Drahtmatratzen, dicken Strohsäcken mit gemütlichen Decken behaglich zur Ruhe betten konnte. Alle Affenkinder taten das auch gleich in der ersten Nacht mit Begeisterung – nur Toni nicht. Er schlief lieber in einem alten, ausgedienten Autoreifen, den er vorher sorgfältig mit einer Wolldecke auspolsterte. Darauf wickelte er sich in eine zweite Wolldecke ein und rollte sich in diesem »Nest« wie eine Ginsterkatze zusammen. Großzügig verzichtete er auf den Luxus der Schlafkabine und stieg abends geradezu mit Wohlbehagen in seinen alten Gummireifen. Das angeerbte Nestbauen saß tief und festgeprägt in ihm; er gab ihm nach und schlief lieber nach rechter Orangart im Rundbett als in der von Menschen erfundenen europäischen Schlafkammer. Auch mit der Hygiene hatte er es nicht so sehr. Daß er sie als Schutz gegen die in Europa nur so herumwimmelnden Viren und Bakterien brauchte, das konnte Toni schließlich nicht ahnen. Jedenfalls bohrte er mit der Zahnbürste viel lieber in seiner Nase, als daß er sich mit ihrem eigentlichen Verwendungszweck beschäftigt hätte. Er gedieh prächtig und nahm innerhalb kurzer Zeit zwanzig Kilo zu. Auf seinem nackten Bauch sproß ein Wald brandroter Haare, und mit seinen Körperkräften wußte er allerlei anzufangen. Er bewegte sich in seiner neuen europäischen Umwelt mit einer geradezu unwahrscheinlichen Sicherheit. Toni kam auf die unglaublichsten Einfälle, die uns immer wieder staunen ließen. Ludwig Heck schrieb vor vierzig Jahren: »Der asiatische Menschenaffe, der Orang-Utan von Sumatra und Borneo, ist ein ausgesprochenes, einseitiges und ausschließliches Baumtier, das für gewöhnlich kaum auf die Erde herunterkommt, sondern sich nur auf den Urwaldbäumen seiner Heimat aufhält ...« Toni gab sich alle Mühe, diese Behauptung des Geheimrats zu erschüttern. Er bewegte sich nämlich mit Vorliebe auf dem Erdboden und ging dabei sogar oft aufrecht, in einer tadellosen Haltung. Niemand hatte ihm das beigebracht. Er sah uns nur einmal lange nachdenklich hinterher, als wir von ihm fortgingen, und übte dann unermüdlich, bis er die Kunst des menschlichen Gehens erlernt hatte. Ja, Toni konnte schließlich sogar einen einwandfreien Handstand machen, mit kerzengerade durchgedrückten Ellenbogen seiner überlangen Kletterarme. Dies ist für einen Orang-Utan sehr schwierig, und ich habe es seitdem nie wieder gesehen.

Der Urwaldknabe Toni lernte bei uns noch viele Dinge, die in seiner europafernen Urwaldheimat unbekannt sind. Barbara Harrisson, die sich zusammen mit ihrem Mann im Sarawak-Distrikt um den Schutz und die Erhaltung der Orangs sehr verdient gemacht hat, sagt: »Seiner Veranlagung nach hat der Orang nicht das Bedürfnis, etwas nachzuahmen. Er will vielmehr erforschen. Er will täglich neue Bäume ›kennenlernen‹, oder, ersatzweise, im Käfig alles auseinandernehmen.« Unser Orang Toni war geradezu besessen, Dinge zu tun, nachzumachen, die er einmal bei Menschen gesehen hatte – und vor allem, wenn sie ihm verboten waren. Man konnte Zehn gegen Eins wetten, daß Toni einen Unfug, bei dem man ihn gerade erwischt und für den man ihm den Hintern versohlt hatte, sofort wieder tat, wenn man den Rücken wandte. Die Leiterin unserer Menschenaffen-Station, Winifred Felce, hatte mit Toni eine wahre Engelsgeduld. Wenn sie die Rasselbande von Orangs mittags bei der Fütterung gerade soweit hatte, daß sie brav um den großen runden Tisch saßen, so dauerte es garantiert nur wenige Minuten, bis der Dickkopf Toni wieder aufstand und ihr herausfordernd in die Augen glotzte. »Ob sie wohl recht schön schimpft?« Winifred schimpfte nicht. Sie hatte den Schlaumeier längst durchschaut. Er tat immer nur das, was er nicht sollte. Nur das machte ihm Spaß. Wenn man auf eine Frechheit nicht einging, ließ er sie von selber sein. Außerdem hatten Prügel bei Toni gar keinen Zweck. Er machte den Buckel krumm, spannte die festen Muskeln an und ließ die Menschenhand ruhig zupatschen. Das tat der Hand mehr weh als ihm. Also wurde Toni nicht geprügelt, sondern seinem Dickkopf wurde eine noch größere Sturheit entgegengesetzt. Toni kam trotzdem noch zu seinem Vergnügen.

An heißen Sommertagen stellten wir den Menschenaffen auf ihrem Spielplatz eine Wasserwanne auf, um den sonneungewohnten Urwaldkindern eine Abkühlung zu verschaffen. Die Schimpansen saßen dann etwas schüchtern auf dem Wannenrand und tauchten nur zögernd die Zehenspitzen in das Wasser. Sobald Toni die wassergefüllte Wanne entdeckte, stelzte er eilends heran, aufrechtgehend wie ein Mensch; das tat er immer, wenn er Eindruck machen wollte. Die Schimpansen verdrückten sich dann sehr schnell, denn Toni war ein rechter Grobian, wenn es darauf ankam, seinen Willen durchzusetzen.

Eines Sommertags brachten die Wärter wieder die Badewanne auf den Affenspielplatz. Toni kam und jagte die Schimpansenkinder mit einer lässigen Handbewegung davon, so wie unsereins die Fliegen vom Honigbrot wedelt. Was hat er nun wieder vor? dachten wir. Da versuchte Toni die Wanne anzuheben. Das war nicht einfach, aber Toni, eigensinnig wie er war, schaffte es schließlich doch. Er kippte die zentnerschwere Wanne um und ließ das Wasser ablaufen. Dann stürzte er das Zinkgefäß vollends um und kroch darunter. Er hob die Wanne mit dem Buckel an und schlich nun auf allen Vieren wie eine eisengepanzerte Riesenschildkröte mit der Wanne über sich davon. Er stieg sogar die steilen und hohen Stufen des Absperrgrabens langsam hinunter und wieder herauf. Es sah unheimlich aus, als diese wandelnde Wanne wie von Zauberkraft bewegt dahinwackelte. Diesen neuen Zeitvertreib hütete Toni eifersüchtig. Wenn der Wärter den Lausebengel zur Ordnung rief, hangelte der geborene Kletterer auf die Turnleiter und zog die schwere Zinkwanne hinter sich her, bis auf die höchsten Sprossen hinauf. Dem Wärter blieb nichts anderes übrig, als drunten zu stehen und hinaufzuschimpfen. Hinterherzuklettern wagte er nicht mehr, seitdem er das Blechding einmal aus sechs Meter Höhe »um ein Haar« auf den Kopf bekommen hätte.

Die Schimpansen ärgerten sich nicht wenig, wenn Toni mit der Wanne davonwackelte. Sie stießen laute Wutschreie aus. Mitunter sprangen sie auch auf die Wanne zu und trommelten mit zornig hämmernden Fäusten einen Protestmarsch auf den Wannenboden, daß es nur so schepperte. Toni aber ließ sich nicht einschüchtern, und mehr als einmal hat er blitzschnell unter der Wanne hervorgelangt und sich einen der schwarzen Trommler geschnappt. Dann gab es wütende Hiebe und Püffe. So führte Toni unter den jungen Menschenaffen ein ziemlich strenges Regiment. Wenn Toni besonders guter Laune war, turnte er. Ganz für sich allein ging er dann in der großen Turnhalle an die Kletterwand und machte dort akrobatische Übungen, um die ihn mancher Olympiakämpfer beneidet hätte. Orangs springen nicht gern, obwohl sie doch meistens auf Bäumen leben. Sie halten es mehr mit der Bedächtigkeit und lassen einen sichernden Astgriff erst los, wenn der andere weitreichende Arm einen neuen Halt gefunden hat. Toni war auch hier anders als seine Artgenossen. Mutig setzte er sich in Schwung und ließ sich dann zwei, drei Meter frei durch die Luft fliegen, um krachend auf dem Boden zu landen. Als Heinz Heck in der Affenturnhalle ein sich zwischen zwei Lagern drehendes großes Rhönrad montieren ließ, war Toni selbstverständlich der erste, der dieses neue Spielzeug ausprobieren mußte. Er wußte natürlich nicht, wie dieses Ding eigentlich funktionierte, und kam ganz alleine darauf, wie man damit spielen konnte. Zuerst setzte er das Rad in Bewegung und drehte es immer schneller. Aber er hatte auch den Mut, es wieder abzubremsen. Schließlich kletterte er in das Rad hinein, stellte sich darin auf, genauso, wie Menschen sich in einem Rhönrad verklemmen. Darauf schob und wakkelte der Orang so lange hin und her, bis er genug Schwung hatte, um das Rad zum Drehen zu bringen. Er rollte rundum und hatte so ganz für sich die Methode herausgefunden, wie man sich in einem Rad stehend um dessen Achse drehen kann.

II VON LI TAI-BO BIS ZU NAKAJIMA TOSHI · CHINESISCHE UND JAPANISCHE GEDICHTE

1 Chinesische Gedichte der Tang-Zeit

Li Tai-Bo

GRÜNE WASSER

Herbstlich helles Leuchten überm See.
Einer treibt dahin, sich Schwanenlaub zu brechen.
Lotos lächeln, möchten mit ihm sprechen –
Dem im Boote bricht das Herz vor Weh.

VORM WEIN

Von Osten streift ein Frühlingswind
uns wie im Vorübergehen,
Daß im Pokal, auf dem grünen Wein,
winzige Wellen entstehen.

Da sind die Blüten, von Wirbelgewalt
entführt, zu Boden gegangen.
Mein schönes Mädchen ist trunken bald
mit ihren geröteten Wangen.

Am blauen Gaden der Pfirsichbaum,
weißt du, wie lange der blüht?
Ein zitterndes Leuchten ist es, ein Traum,
er täuscht uns nur und entflieht.

Komm, auf zum Tanz!
Die Sonne verglüht!

Wer nie voll drängenden Lebens war
und toll war in jungen Tagen,

Der wird vergebens, wenn erst das Haar
weiß ist, seufzen und klagen!

AUS DEN GESÄNGEN VON DER HERBSTBUCHT

Dreitausend Klafter lang die weißen Haare,
  Als mäßen sie den Gram.

Weiß nicht, woher in meinen blanken Spiegel
  Des Herbstes Rauhreif kam.

SELBSTVERGESSEN

Vor mir der Wein. Ich spürte kaum
  das Nahn der Dunkelheit.
Von niederfallendem Blütenflaum
  war mein Gewand beschneit.

Da stand ich auf und stieg den Bach
  entlang in Trunkenheit.
Der Mond ... – kein Vogel war mehr wach;
  die Menschen waren weit.

ZUR NACHT

Vor meinem Bette lag
  vom Mond ein heller Schein.
Es war mir fast, als sei
  es Reif am dunklen Rain.

Da hob ich meinen Kopf,
  sah in den Mond gebannt
Und senkte ihn: Mein Sinn
  ging in mein Heimatland.

AM BERGE GING-TING-SCHAN

Da flogen Vögel hoch
  am Himmel und flogen fort.
Da zog eine Wolke still
  und einsam zum fernen Ort.

Da waren wir beide allein
  und sahen einander an,
Und wurden nicht müde dabei:
  ich und der Ging-ting-schan.

Wang We

ALS GEGENGABE

O Lebens Neige, nur noch lichte Stille.
Der tausend Dinge ledig ward das Herz.
Nun ließ von allem, was ich sann, der Wille;
Gelassen geh den Weg ich wälderwärts.

Ein Wind aus Arven bläst des Gürtels Band,
Und auf dem Saitenspiele glüht der Mond.
Du fragst, ob sich das Leben lohnt –
O horch: das Lied des Fischers überm Sand –

IM HIRSCHHAGEN

Am öden Berg – kein Mensch ist rings zu sehn.
Zuweilen hört man Menschenstimmen bloß.
Ein Abendstrahl dringt in den tiefen Wald:
Da liegt er leuchtend auf dem grünen Moos.

HÜTTE IM BAMBUSHAIN

Im Bambusdickicht saß ich ganz allein.
Ich schlug die Laute, summte dann und wann.
Kein Mensch vermutete mich dort im Hain,
Und nur der Mond kam nah und schien mich an.

Du Fu

STROPHE

Ein grüner Fluß, den Vögel weiß durchziehn.
Und Berge schimmern blau und Blüten glühn.

Ich spüre wieder, daß ein Frühling – war.
Wann darf ich heim, sag wann, in welchem Jahr?

AUF DEM TURM

Ich hörte früher oft
  vom großen Dung-ting-See.
Nun ist es, daß ich selbst
  vor seinen Wassern steh.

Ich sehe das Land Wu
  sich fern im Osten breiten;
Ich spür das ganze All
  schwebend im Gang der Zeiten.

Li Schang-Yin

AN DIE ZIKADE

Nach Edlem steht dein Sinn;
  darum wirst du nur selten satt.
Ach, daß auch deine Stimme
  vergebens sich erhoben hat!

Zur fünften Stunde klagst
  du leise noch, dann wird es still.
Grün prangt allein der Baum,
  den kein Gefühl bewegen will.

Arm bin ich, subaltern,
  ein Treibholz, irr umhergeschwemmt:
In meinem alten Garten
  wuchert das Unkraut ungehemmt.

Ich danke dir, mein Freund,
  hast einen guten Rat gegeben!
Auch ich will nun daheim,
  dem Treiben fern, in Reinheit leben.

IN EINER REGENNACHT NACH NORDEN GESANDT

Du fragst, wann ich nach Hause käme;
  ich aber weiß: noch gibts kein Wann.
Im Berg von Ba fällt über Nacht der Regen,
  des Herbstes Teiche schwellen an.

Einst aber werden wir zusammen
  die Kerze putzen neben deinem Pfühl
Und plaudern, wie das war, als nächtens
  im Berg von Ba der Regen fiel.

OHNE NAMEN

So schwer schon wars, wenn wir einander sahen;
da wir getrennt, ists noch einmal so schwer.
Der Frühlingswind ist ohne Kraft vergangen,
die bunten Blumen blühn nicht mehr.

Die Seidenraupe stirbt: erst dann
sind auch vollendet ihre seidenen Strähnen;
Erst wenn die Kerze ausgebrannt,
sind auch getrocknet ihre Tränen.

O Gram des Morgens, wenn im Spiegel
die dunkle Wolke meiner Haare schwindet,
Bis dann zur Nacht mein summender Gesang
fröstelnd des Mondes Glanz empfindet.

Indes: Zum Paradiese kann der Weg
von hier nicht unermeßlich sein.
Du, blauer Vogel, bitte,
wirf einen Blick für mich hinein!

Liu Dsung-Yüan

FLUSS IM SCHNEE

Nun ist erstarrt der Vögel scheuer Flug
auf allen Fluren.
Verweht von Schnee auf allen Wegen sind
der Menschen Spuren.

Ein alter Mann allein, in seinem Kahn,
mit dichtem Schilfbehang und weitem Hut,
Sitzt einsam noch und angelt
in der verschneiten Flut.

Liu Schen-Hü

TITEL UNBEKANNT

Mein Weg verliert sich fern in weißen Wolken;
Der Frühling steigt die grüne Schlucht hinauf.
Da treiben Blüten uns im Bach entgegen,
Ihr Duften folgt des langen Wassers Lauf.

Das Tor, so still, dicht an des Berges Pfade,
Und unter Weiden mein Studiergehäus.
Vom Schattenwerk zerstreut der Sonne Strahlen,
Auf meinem Kleide, leuchtend, spielt ihr Weiß.

Tsui Lu

EIN ALTER SCHLOSSPARK

Grasüberdeckte Steige;
das Schellengeläut verklang.
Tief neigen Bäume sich
zu den fröstelnden Hallen.

Der Mond geht einsam auf
und sinkt einsam dahin.
Kein Mensch mehr lehnt
am Jadegeländer.

Ma Dai

HERBSTBLEIBE AM UFER DES BA

Im Tal des Ba – verklungen Sturm und Regen.
Wildgänse fliehn – die Dunkelheit begann.
Fallendes Laub – Baum eines fremden Landes.
Die Lampe fahl – einsam zur Nacht der Mann.

Leer nun sein Garten – Tau tropft hell hernieder.
Verwaist die Mauer – Mönche nebenan.
Das Sommerhaus – längst ward es Heim und Bleibe.
Das Leben endet – und du weißt nicht wann.

Li Schö

AUFSTIEG INS GEBIRGE

Im Dämmer lag ich bis tief in den Tag,
 von trunkenen Träumen umfangen;
Da hört ich sagen: Der Frühling verrann –!
 bin auf, in die Berge gegangen.

Traf einen Mönch im Bambushain;
 wir saßen, verplaudernd die Stunden.
So hab ich im vagen Fluten der Welt
 ein Weilchen Muße gefunden.

2 Japanische Gedichte

Kaiserin von Nijo

DIE GEFRORENEN TRÄNEN DER NACHTIGALL

Nun kam der Frühling.
Noch deckt der Schnee die Lande,
Doch bald schon tauen
Vom Nachtigallenauge
Die Tränen, die gefroren.

Yamabe No Akahito

STRANDBILD

An Wakas Küste
Bespült die Flut die Schroffen
Mit hohen Wellen,
Und rings in grauen Binsen
Ertönt der Schrei des Kranichs.

BLÜTENSCHNEE

Dem Liebsten wollt' ich
Der Pflaumenbäume Blüten
Lustwandelnd zeigen,
Da fiel der Schnee – nun zweifl' ich,
Was Flocken sind, was Blüten.

Staatsrat (Chunagon) Yakamochi

DER WINTER NAHT

Seh' ich die Elstern
Ihr Brückchen schlagen über
Den Strom des Himmels,
Und schimmert rings der Rauhreif,
Sind tiefer schon die Nächte.

Saka-No-Ue-No Korenori

VERÄNDERLICHKEIT

Im Morgengrauen
Betracht' ich kaum die Scheibe
Des Dämmermondes, –
Da hüllt schon Silberschneefall
Die Häuser von Yoshino!

Sarumaru Tayu

HERBST

Wenn du das Schreien
Des Hirsches hörst, der rauschend
In tiefer Bergschlucht
Durch Ahorngluten schreitet,
So ist der Herbst gekommen.

Anonymer Dichter

HERBSTAHNUNG

Wenn nun der Herbst naht,
So streift der Wind am Fuße
Der kahlen Föhre
Das Flügelglas des Grillchens,
Des Zirpen bald erstorben.

Beispiele von Nachdichtungen

ABENDSTIMMUNG AM TAMA-GAWA

Nun kam der Abend.
Am Tama-Fluß bei Noda
In Michinokus
Gefilden streicht der Seewind,
Es tönt der Möwe Lockruf.

ABENDSTIMMUNG BEI AKASHI

Akashis Ufer –
Wie rinnt des Mondes Silber
In Meereswellen!
Wie tönt in Seewinds Sausen
Der Möwen lautes Weinen!

Anonymus

DER KUCKUCK

Der Frühlingskuckuck
Muß wohl die Himmelswolke
Vor allem lieben!
Wie hörten sonst wir rufen
Ihn aus der fernen Wolke?

Kaneko Kun-En

PFIRSICHBLÜTEN

Die Pfirsichblüten
sind ganz wie du,
so wollt ich sagen.
Ich sagte nur: Wie schön …
bewundernd verstummt.

Daigobô Toshio

SANFTER WIND

Gelöscht das elektrische Licht –
in der mondklaren Nacht
sah man den sanften Wind
in den Bäumen des Gartens,
sah den leisesten Hauch.

Yosano Tekkan

DER METEOR

Wer denkt daran:
ein Augenblick des Glanzes
ward ihm zuteil,
dem Stein
dort im Museumswinkel.

GRÄSER

Wäre den Gräsern
auf den Fluren
Sprache verliehn,
wären da Tränen,
würden Gedichte sein.

Onoe Saishû

FRÖSCHE

Als einer rief,
gab einer Antwort;
haben am Ende rings
in der mondklaren Nacht
die Frösche begonnen ihr Schrei'n.

Yosano Akiko

EIN VOGEL

Ein Vogel kam,
gleich einem kleinen Mädchen,
nahm sein Bad
in einer Wasserlache,
herbstbaumbeschattet . . .

Ishikawa Takuboku

LIEBE

Wie wenn in weichem,
hoch sich türmendem Schnee
die brennenden Wangen
tief man eingräbt:
so will ich spüren die Liebe.

Shimazaki Tôson

DIE MÖWE

Wogen-geboren, wogen-begraben,
weit auf den Meeren der Leidenschaft, eine Möwe.
Brecher der Liebe türmen dröhnend sich auf:
Träume zu knüpfen, ach kein Verweilen.

Und im Erschrecken der dunklen Flut,
im strömenden Hingehn und Wiederkehrn,
ist unserm Blick entschwunden des Vogels Kielspur.
Wogen-getragen, noch schwebend im Schlaf, eine Möwe.

KLEINES LIED

Das unerschöpflich rinnt,
Wasser des jungen Jahrs
möcht ich mit dir schöpfen
an jenem Quell.

Das keinen Durst kennt,
Wasser des jungen Jahrs
möcht ich mit dir trinken
an jenem Quell.

Will im Wasser des jungen Jahrs
mich selbst auflösen,
um heiß zum Herzen des Frühlings
emporzuschäumen.

Will im Wasser des jungen Jahrs
mich selbst auflösen,
um hinzufluten mit dir
im Schatten der Blumen.

Kyoboku-No-Jo

BLÜTENSCHNEE

Wem mag mißfallen
Das Blütenschneegestöber
Der frühen Pflaume!

Matsuo Basho

HERBSTSTIMMUNG

Auf totem Aste
Hält rasche Rast der Rab' am herbstlich
Verglomm'nen Abend.

Masa-Oka Shiki

Du ruderst hinaus.
Dann, draußen, hinter den Nebeln,
das Meer – so weit ...

Von Insel zu Insel
werden die Lichter entzündet
über dem Frühlingsmeer.

Am kleinen Theater
die Fahne ward ganz durchnäßt
vom Frühlingsregen.

Lotos blüht
in einem Teich: einsame
Bahnstation.

Welch süße Kühle –
Im Fenster einer Steinlaterne
das Meer . . .

Die Stundenblume –
noch während ich sie male,
dahingewelkt.

Schwellende,
schwellende – fallende
Blätter des Mohn.

Naitô Meisetsu

Oh, dieser Frühling!
Der seinen Drachen steigen ließ,
kam nicht mehr.

Die Menschen aus der Stadt,
in ihren Händen rotes Ahornlaub –:
heimwärts der Dampfzug.

Ishijima Kijirô

Ein Karpfen treibt; eine
Kastanie fällt: die Wasserringe
schlagen zusammen.

Nakajima Toshi

Erster Schnee.
»Unbefugten
ist der Zutritt verboten!«

III ABENTEUER VERHALTENSFORSCHUNG

1 Grundlagen der Ethologie

Antal Festetics
Konrad Lorenz und die Anfänge einer neuen Wissenschaft

Mit Konrad Lorenz ist eine neue Wissenschaft entstanden. Wo nun stehen wir heute – 100 Jahre nach Darwins Tod und 50 Jahre, nachdem Lorenz seine ersten ethologischen Arbeiten veröffentlicht hat?

In den USA fand noch 1983 ein »Affenprozeß« statt. Ein Lehrer wurde verurteilt, weil er in seiner Schulklasse Evolutionslehre unterrichtet hatte. Doch »Darwin hat recht gesehen«, wie Konrad Lorenz eines seiner Bücher betitelt hat, in dem der Verhaltensforscher die alten Thesen seines großen Vorgängers mit neuen Befunden bestätigt. Charles Darwin – ein Vorläufer der Ethologie? Ganz gewiß, denn er hat seine Theorie, die Selektion sei der Motor des Gestaltwandels, auch auf das Verhalten bezogen und sogar ein Buch unter dem Titel »Der Ausdruck der Gemütsbewegungen bei den Menschen und den Tieren« geschrieben.

Ein Jahrhundert nach Erscheinen von Darwins Hauptwerken »Die Entstehung der Arten« und »Die Abstammung des Menschen« platzte nun die zweite »Bombe«. Konrad Lorenz veröffentlichte Anfang der sechziger Jahre seine Aggressionslehre, und die Verhaltensforschung bot weltanschaulichen Sprengstoff dadurch, daß sie ihre an Tieren gewonnenen Erkenntnisse auf den Menschen übertrug. »Der Weg zum Verständnis des Menschen führt genau ebenso über das Verständnis des Tieres, wie ohne Zweifel der Weg zur Entstehung des Menschen über das Tier geführt hat.« Mit diesen Worten hatte Lorenz sein Anliegen bereits 1947 begründet. Fragestellung und Methodik einer *vergleichenden* Forschung, wie sie seit

Darwin in allen anderen biologischen Disziplinen längst selbstverständlich geworden war, kamen erst mit Lorenz zur systematischen Anwendung auf das Verhalten von Tieren und Menschen.

Aber warum diese Verspätung? Weil der seit René Descartes geführte Glaubenskrieg »Verhalten vererbt oder erlernt« bzw. »Psychologie mit oder ohne Seele« zwischen Mechanisten und Vitalisten Darwin noch ein halbes Jahrhundert überlebt hat. Zu den erstgenannten gehörten unter den Psychologen die *Behavioristen,* die behaupteten, alles Verhalten sei *nur* bedingte Reaktion und daher ausschließlich durch das Milieu bestimmt. Sie ließen angeborenes Verhalten und subjektives Erleben nicht gelten. Auf den als Versuchstier gefesselten Pawlowschen Hund der *Reflexologen* folgte nun symbolisch eine »Fesselung« des Geistes im Dressurkäfig für Ratten durch die pseudodemokratische Doktrin, der Mensch sei ein unbegrenzt modifizierbares Produkt seiner Umgebung. Ein typischer Auswuchs dieser von James Watson begründeten Schule ist die Vision des Harvard-Professors Frederic Skinner in »Jenseits von Freiheit und Würde«, wie er sein Buch 1973 bezeichnenderweise betitelt hat: Die Erde müßte in ein großes Rattenlaborsanatorium verwandelt und der Mensch müßte in eine »Skinner-Box« gesetzt werden, um ihm unerwünschtes Verhalten durch Strafreize abdressieren und erwünschtes über Belohnung andressieren zu können.

Der Behaviorismus kam dem Machtstreben milieutheoretisch ausgerichteter Pädagogen und Menschenmassen manipulierender Politiker sehr entgegen. Konrad Lorenz bekämpfte ihn wortgewandt und warf den Behavioristen weniger das vor, was sie taten, sondern vielmehr das, was sie *nicht* taten, nämlich der Ratte nicht nur Strafreize zu verabreichen, sondern ihr auch die Möglichkeit zu geben, das natürliche Verhalten, also auch ihre angeborenen Fähigkeiten zu entfalten.

Er führte allerdings einen »Zweifrontenkrieg«. Denn auf der anderen Seite standen die »Purposivisten«, wie die Amerikaner William McDougall oder Edward Tolman, und behaupteten, das Tier würde in seinem Verhalten zweckgerichtet, von einem außernatürlichen Faktor getrieben. Der Holländer Jan

Bierens de Haan schrieb in seiner Kritik an Konrad Lorenz' Ethologie noch 1940: »Wir betrachten den Instinkt, aber wir erklären ihn nicht.« Das vielversprechende Feld der angeborenen Verhaltensweisen von Tieren, die Beschreibung von Verhaltensinventaren oder »Ethogrammen« in der Beziehung zum natürlichen Lebensraum blieb als Niemandsland zwischen diesen Fronten zweier dogmatischer Lehren unbeackert liegen.

Erst mit Konrad Lorenz änderte sich die Sitation. »Es ist eine undankbare Aufgabe ...«, schrieb er 1935, »einer herrschenden Meinung entgegenzutreten, aber ich erachte es als Pflicht, sich nicht durch Autorität beeinflussen zu lassen«, und wandte sich zunächst, wie er 1950 rückblickend feststellt, »... jener kindlichsten und doch wissenschaftlichsten Arbeit (zu) ..., die darin besteht, in voraussetzungsloser Beobachtung tierischen Verhaltens ganz einfach nachzusehen, was es alles gibt!« Die behavioristischen Dogmen muß er heute noch bekämpfen, mit den Vitalisten aber, die im allgemeinen die besseren Tierkenner waren, hat er keine Probleme mehr.

Ein Vitalist war der baltische Privatgelehrte Jakob von Uexküll, der noch eine »prästabilierte Harmonie« zwischen Organismus und Umwelt annahm, als erster jedoch sah, was Konrad Lorenz später, in den dreißiger Jahren, definiert und im Experiment bestätigt hat: das »angeborene Schema« mit »Auslöser« und »Schlüsselreiz«. Uexküll wurde zu einem Vorläufer der Verhaltensforschung, und Lorenz betrachtete ihn als einen seiner Lehrer. Der zweiunddreißigjährige Österreicher widmete seine bahnbrechende Abhandlung »Der Kumpan in der Umwelt des Vogels« 1935 dem baltischen Baron zum 70. Geburtstag. Obwohl Instinkthandlungen noch als Kettenreflexe deutend, erkannte Lorenz in dieser Arbeit schon die *Spontaneität* von Instinkthandlungen, den »Angeborenen Auslöser-Mechanismus« (AAM), der die Instinktbewegung in Gang setzt, und die Trennbarkeit von Funktionskreisen wie Eltern-, Kind-, Sozial-, Geschwister- und Sexual*kumpan*.

Sein wichtigstes Ergebnis war jedoch das, was vierzig Jahre später in der Begründung für die Verleihung des Nobelpreises an Konrad Lorenz an erster Stelle genannt wurde: die Entdekkung der *Prägung* als einen besonderen Vorgang des Lernens

»ohne Belohnung«, aber auch ohne Vergessen, auf eine kurze sensible Phase beschränkt, also gewissermaßen die »Liebe auf den ersten Blick«.

Die wissenschaftshistorisch bedeutsamste Begegnung im Werdegang von Konrad Lorenz fand am 12. Februar 1937 spätnachts in der Kneipe des Berliner Harnackhauses statt. Vorausgegangen war ein Vortrag von Lorenz über das Verhalten seiner Altenberger Dohlen, Nachtreiher, Stockenten und vieler anderer freifliegender Vögel vor der »Kaiser-Wilhelm-Gesellschaft zur Förderung der Wissenschaften«. Seine Frau Gretl saß in der letzten Reihe neben einem ihr unbekannten jungen Mann, der während des Referats wiederholt vor sich hinmurmelte: »Das stimmt! Menschenskind, das stimmt!« Als jedoch Lorenz in seinem Schlußwort instinktives Verhalten als Ergebnis von Kettenreflexen darstellte, verdeckte Frau Lorenz' Nachbar sein Gesicht mit den Händen und stöhnte: »Idiot! Idiot!« Es war der Physiologe und spätere Direktorskollege von Konrad Lorenz, Erich von Holst.

Der Naturphilosoph und gefürchtete Kritiker seiner Kollegen Max Hartmann fragte die Zuhörer abschließend, »... ob Ihnen allen klargeworden ist, daß mit dem Weg, den Herr Lorenz beschreibt, ein Feld der induktiven Naturforschung zugänglich gemacht ist, das bisher ausschließlich Tummelplatz unfruchtbarer geisteswissenschaftlicher Spekulationen war«.

Und Konrad Lorenz hatte nachher, spätnachts in der Kneipe, sein entscheidendes »Aha-Erlebnis«: Erich von Holst benötigte nur zehn Minuten, um ihn von der Unhaltbarkeit der Reflextheorie für immer zu überzeugen! Das Zusammentreffen Lorenz–Holst brachte die Duplizität einer großen Entdekkung zutage. Was der Verhaltensforscher rein nach Beobachtung seines zahmen Stares, über den noch zu berichten sein wird, intuitiv richtig deutete, hat der Nervenphysiologe im Rückenmark-Experiment mit Aalen nachgewiesen: die reizunabhängige *Spontaneität* angeborenen Verhaltens. Was der Ethologe »Instinkt« nannte, war für den Physiologen der »zentralnervöse Automatismus«. Erich von Holst und Nikolaas Tinbergen wurden in der Verhaltensforschung zu den kongenialen Partnern von Lorenz.

Erich von Holst
Vom Wesen des tierischen Lebens

Wer ein modernes biologisches oder physiologisches Lehrbuch in die Hand nimmt, um dort eine bündige Antwort zu finden auf die Frage, worin eigentlich das »Wesen des tierischen Lebens« besteht, der wird das Buch wohl bald aus der Hand legen, baß enttäuscht darüber, daß doch die Wissenschaft uns immer Steine statt Brot bietet. Denn nirgends findet er die Frage nach dem »Wesen« des Lebens überhaupt gestellt. Statt dessen sieht er sich überschüttet von einer Unzahl von Einzeltatsachen, Beziehungen, Gesetzen, die ein wenig gewaltsam unter Überschriften wie »Der Stoffwechsel«, »Die Reizerscheinungen«, »Entwicklung und Wachstum« usw. geordnet sind. Es ist, als hätte die Biologie, die ja doch die Lehre vom Leben sein soll, verstrickt in eine endlose Fülle von Erscheinungen, längst ihre ursprüngliche Aufgabe vergessen, nämlich zu erkennen, was eigentlich Leben überhaupt und was tierisches Leben, im Unterschied zum menschlichen, seinem Wesen nach bedeutet.

Würde der Fragende sich nicht an ein totes Buch, sondern an einen lebenden Biologen wenden, dann könnte er wohl folgende Antwort hören: »Mein Lieber, das, was Sie suchen, kann Ihnen überhaupt keine Wissenschaft geben. Denn Ihnen würde jede Schilderung der Lebensvorgänge, aber auch jeder Versuch einer begrifflichen Abgrenzung des Lebendigen leer und tot erscheinen neben dem, was Sie selbst hinter diesem Wort ahnen oder spüren. Das Reich, zu dem Sie den Schlüssel suchen, ist nicht von unserer Welt. *Der* wäre Ihr Mann, dem es gelänge, jene unbestimmten Gefühle, jene halbbewußten Gedanken ans Licht zu ziehen, die Ihnen beim Worte »Leben« auftauchen, Gebilde, die nicht (wie Sie glauben) die beobachtete Natur, sondern die schöpferische Kraft Ihrer eigenen Seele hervorzaubert. Das vermöchte vielleicht ein Philosoph, sicherlich ein Weiser, am gewissesten ein begnadeter Dichter. Der Naturwissenschaftler, der Biologe, ist viel bescheidener. Er begnügt sich damit, die Natur zu beobachten, zu messen und im Reiche der äußeren Wahrnehmung eine Ordnung nach Regeln der Vernunft zu schaffen. Er kennt zwar wie kein zweiter die Lebewesen und die Lebensvorgänge, aber »das Wesen« des Lebens schlechthin, das kennt er nicht. Dieses Wort hat für ihn keinen wissenschaftlichen, sondern allein einen philosophischen, einen metaphysischen Sinn. Seit Galilei vor mehr als zehn Generationen es ablehnte, über das Wesen der Schwerkraft zu spintisieren, und kurzerhand begann, die Bewegung der fallenden Körper messend zu verfolgen und so die Fallgesetze zu entdecken, seitdem hat diese nüchterne Denkart den menschlichen Geist Jahr um Jahr mit neuen Erkenntnissen bereichert und schließlich uns Menschen eine Macht über unsere Umwelt und über uns selbst gegeben, die – einer edleren Menschheit würdig wäre.«

So etwa antwortet der Biologe. Der Frager aber wendet sich vielleicht gelangweilt hinweg. Vielleicht auch – doch das ist der seltenere Fall – beginnt er aufzuhorchen und weiterzufragen. Und da geht ihm allmählich ein Licht auf, daß unser menschlicher Geist in mehreren Reichen zu Hause ist, daß er mehrere »Sprachen« sprechen kann, deren jede nur sinnvoll ist, solange sie sich rein erhält von einer Vermengung mit den anderen. Er erkennt, daß sie alle, etwa die Sprache der Wissenschaft, der Kunst, der Philosophie, der Religion, ihren besonderen menschlichen Lebensbereich ausfüllen und daß folglich eine sogenannte naturwissenschaftliche oder biologische »Weltanschauung« schon deshalb ein Unsinn ist, weil die Naturwissenschaft ja nur *eine* unserer Geisteskammern legitim bewohnt.

Und so versteht er denn auch, warum die Biologie auf Fragen stumm bleibt, die nicht in ihrer Sprache ertönen. Fragen wir aber, statt nach dem Wesen tierischen Lebens, schlicht und bescheiden nach den Lebenserscheinungen, worin sich die übrige Tierwelt von der Tierart *Homo sapiens* unterscheidet, so erhebt die Biologie ihre Stimme, und wir vernehmen etwa dieses:

Im Stoffwechsel, in den Reizerscheinungen, in Entwicklung und Wachstum findet sich nirgends ein nennenswerter Trennungsstrich zwischen Mensch und Tier, auch nicht im Bau des Leibes. Allein, sobald wir zum Tun und Lassen, zum Verhalten kommen, scheint sich eine Kluft aufzutun zwischen der übrigen Tierwelt und dem Menschen: dem Pulverpavian (wie Morgenstern ihn nannte), dem Tier, das lügen, das Selbstmord begehen kann, dem Tier, das Geschichte hat – alles Definitionen, die sich auf sein besonderes Verhalten gründen.

Am umfassendsten kennzeichnet den Menschen wohl seine Geschichte, er ist das *traditionsgebundene Lebewesen.* Das Verhalten des Einzelnen wird nicht Schritt für Schritt von seinen Erbanlagen vorgezeichnet; dafür aber wird es bis ins Detail bestimmt von der geschichtlichen Entwicklung, in der er steht. Sein Denken und Handeln nimmt in anderen Kulturen andere Formen an. Es wandelt sich schnell mit geschichtlichen Katastrophen, ohne daß dabei etwa seine Erbmasse sich ändert, die ja lediglich festlegt, daß er von Natur aus ein Denk- und Lernwesen, ein Traditionswesen, also (der Möglichkeit nach wenigstens) ein Kulturwesen ist.

Wir Menschen pflegen dies für die große *Freiheit* zu halten, die uns vor allen Tieren auszeichnet. Mit tierischen Augen gesehen, kann man es ebenso gut einen unerträglichen *Zwang* heißen. Denn: im Ablauf einer langen Kindheit und Jugend, wo jede Möglichkeit zu kritischer Abwehr noch fehlt, wird uns, angefangen mit Sprache und Sitte bis hinauf zu Weltanschauung und Religion, ein ungeheurer Verhaltenskodex auf- und eingeprägt! Und es ist dann Sache des Einzelnen, ob er wohlig in diesem Strome mitschwimmt oder ob er verzweifelt versucht, sich daraus zu befreien. Die träge Überlieferung wirkt unerbittlich durch die Masse der Mitlebenden auf jeden ein und hält ihn mit eisernen Klauen gefangen. Von solchem Joch ist die Tierwelt frei, die, durch keine Tradition gefesselt, nur den inneren Antrieben und Hemmungen folgend, in paradiesischer Ungebundenheit dahinlebt. Nun, ein solches Urteil aus tierischem Gesichtswinkel wäre gewiß ebenso einseitig wie unser menschlicher Freiheitswahn. Es handelt sich bei Mensch und Tier nicht um *verschiedene Grade ein und derselben Freiheit,* sondern um *verschiedene Formen des Gebundenseins*! Wir Menschen – Gewohnheitstiere, die wir sind – können unser Leben nicht führen ohne die zahlreichen Hilfen, die wir unseren Vorfahren verdanken. Was sie schufen, eignen wir uns lernend an. Und auf diesem Fundament des Überlieferten bauen wir weiter am gemeinsamen Bauwerk unserer Kultur.

Wie aber machen es die Tiere, daß sie ohne diese Hilfen überhaupt leben können, wie regelt sich bei ihnen die Beziehung zu Umwelt, Familie, sozialem Verband? Gibt es doch bei ihnen sogar hochentwickelte Staaten mit planvoller Aufteilung der Arbeit! – Eines ist gewiß: daß die beliebten Vergleiche zwischen Menschen- und Tierstaaten im wichtigsten Punkte schief sind. Was bei uns jeder Einzelne immer neu an Wissen und Können von außen her erwerben muß, ist bei staatenbildenden Tieren, etwa den Bienen, bereits im Erbmaterial verankert und tritt im Laufe eines allmählichen Reifungsvorganges von innen her spontan zutage. So macht jede Biene während ihres Lebens alle ihr vorbestimmten Berufe nacheinander durch, das Aufpäppeln der jungen Larven, das Wabenbauen, das Nahrungsherbeischaffen usw.; und die Teilung der Arbeit im Bienenstock entsteht allein durch das verschiedene Alter seiner Insassen. Diese komplizierten Handlungsfolgen werden dabei keineswegs starr, wie in blindem Gehorsam gegen ein inneres Kommando, ausgeführt, sondern sie können sich der wechselnden äußeren Situation so anpassen, daß selbst grobe Störungen noch reparierbar bleiben. Werden z. B. alle jüngeren wabenbauenden Bienen weggefangen, dann beginnt nach kurzer Zeit der Unruhe und scheinbaren »Ratlosigkeit« ein Teil der alten, im Stadium der Nahrungssuche stehenden Stockinsassen sich erneut dem Wabenbau zuzuwenden.

Die Summe solcher, uns oft wunderbar erscheinender Leistungen pflegt man seit langem mit einem berühmten Wort zu bezeichnen, das – ein Asyl unserer Unwissenheit, ein Deus ex machina – den Schein einer Erklärung bietet, mit dem Wort *»Instinkt«*. Zu sagen, was der Biologe von diesem Ausdruck »Instinkt« hält, hieße das gleiche wiederholen, was schon vom »Leben« gesagt wurde: »*Den* Instinkt« und sein »inneres Wesen« kennt der Biologe nicht, das ist für ihn ein metaphysischer Begriff, über den Naturphilosophen spekulieren mögen. Doch kennt er eine Fülle von mannigfachen Trieb- oder meinetwegen Instinkt*handlungen* (also beobachtbarem Tun) im Tierreich. Und genauso wie weiland Galilei, unbekümmert um das unerklärliche Wesen der Schwerkraft, vom schiefen Turm zu Pisa seine Kugeln herabfallen ließ, um die Gesetze des Falles zu erkennen, so muß auch der Biologe, ausgehend von einfachen Triebhandlungen, die schwierigeren Gesetze des tierischen Verhaltens zu erkennen suchen.

Skizzieren wir den Weg solcher Forschung durch einige Beispiele, und zwar von Tieren, die gleich uns einen familiären Zusammenhalt besitzen, wo also der Unterschied zum menschlichen Verhaltensmechanismus deutlich werden muß.

Wie erfahren Jungtiere, wer ihnen Freund und Feind ist? Eben ausgeschlüpfte Küken des Wildfasans verhalten sich bereits richtig beim Herannahen feindlicher Raubtiere. Das geht so zu, daß die Alte, der sie folgen, zwei verschiedene Warnlaute hat. Der eine ertönt, wenn sie einen Bodenfeind, etwa einen Fuchs, sieht; und auf diesen Laut reagieren die Kleinen prompt mit Hinaufklettern ins nächstbeste Gebüsch. Der andere Warnlaut, den die Mutter beim Annahen eines Raubvogels hören läßt, veranlaßt die Küken ebenso sicher, sich unter Gras und Kraut unbewegt versteckt zu halten. Nehmen wir uns die Freiheit, dieses Beispiel in psychologischen Ausdrücken zu beschreiben, so müssen wir wohl sagen: die Jungen haben gleichsam ein »angeborenes Wissen« von der Bedeutung jener zwei Warnlaute. Daß es so etwas gibt, darf uns im Grunde nicht mehr wundern als die allbekannte Tatsache, daß auch wir selbst ganz ungelernt etwa beim Heranfliegen eines kleinen Körpers die Augenlider schließen oder beim Hineingeraten von Staub in die Luftröhre husten – kurz, daß auch wir eine Menge Dinge tun, »als wüßten« wir um deren Nutzen. Hier, bei uns, handelt es sich in solchen Fällen um ein unbewußtes – richtiger: ein unbedachtes – Tun. Ob und wieweit das bei Tieren ebenso ist und ob es bei ihnen etwas unserem Bewußtsein Vergleichbares überhaupt gibt, entzieht sich jeder Prüfung. Auch »das Bewußtsein« ist darum für den Verhaltensforscher ein metaphysischer Begriff, den er beiseite läßt.

Prüfbar dagegen ist die Frage, was alles eigentlich von Geburt an ungelernt sozusagen »gewußt« werden kann. Die Türkenente, die ein Stockentenküken klagen hört, kommt herbei und verteidigt es wie ihr eigenes Kind. Ist es aber befreit, so mißhandelt und vertreibt sie es sogleich. Dieser Widerspruch im Verhalten erklärt sich damit, daß die Befreiungsreaktion der Alten vom Notruf des Kleinen ausgelöst wird, der bei beiden Entenarten gleich klingt. Die Betreuung aber wird von der Färbung des Kleinen ausgelöst, die bei Türken- und Stockentenkindern verschieden ist! Es scheint, daß die Ente nicht ein Vorstellungsbild vom Kinde als einem Ganzen besitzt, sondern bestimmte Merkmale des Kleinen bestimmte Tätigkeiten der Mutter veranlassen. Ihr richtiges Gesamtverhalten rührt dann daher, daß das Kind alle nötigen auslösenden Merkmale auf sich vereinigt. So ist es tatsächlich; und diese von Geburt ab »gekannten« Verhaltensauslöser sind stets einfache, doch charakteristische Formen, Farben, Töne oder Bewegungen.

Man kann das feststellen, indem man ein Tier ganz isoliert für sich aufzieht, als »Kaspar Hauser« gleichsam, der nie seinesgleichen zu sehen bekommt, und nun durch vereinfachte Nachbildungen, durch Attrappen des Artgenossen prüft, was so ein verhaltensauslösendes Ersatzbild besitzen muß, um eine bestimmte Triebhandlung hervorzulocken.

Junge, unerfahrene Wildhühner suchen Deckung im Gebüsch, wenn am Himmel eine künstliche Raubvogelattrappe in Form eines schwarzen Kreuzes naht; eine runde Scheibe oder ein Rechteck irritiert sie nicht. Junge Amseln und Stare, die sich mit aufgesperrten Rachen ihren futterbringenden Eltern entgegenstrecken, sperren, künstlich ausgebrütet, genau ebenso eine flache runde Pappscheibe an, doch muß diese einen kleinen seitlichen Buckel oder exzentrischen Fleck (der den Kopf des Elterntieres markiert) haben und etwas bewegt werden, sonst löst sie kein Sperren aus. – Noch bescheidener ist das angeborene »Wissen« der Grauganskûken von ihren Eltern. Wenn die jungen Gänslein aus dem Ei schlüpfen, wird ihnen der erste größere Gegenstand, der sich bewegt, zum Elter. Wohnt also nur ein menschlicher Pfleger dem Schlüpfakt bei, so folgen sie in Zukunft allein ihm, mögen die wirklichen Eltern sie noch so sehr locken. Sie sind auf den Menschen geprägt.

Es wäre verfehlt, in allen diesen Fällen die Einfachheit des erforderlichen Auslösereizes etwa mit geringer Sehtüchtigkeit der Jungtiere erklären zu wollen; sie ist vielmehr allein ein Zeichen für die Sparsamkeit dieses durch Vererbung übertragenen Quasi-Wissens. Im Laufe der Jugendentwicklung pflegt sich dann das Bild des Artgenossen durch dazukommende Erfahrung immer mehr anzureichern. Das kann schließlich soweit gehen, daß in einer Kolonie von Möwen, die uns alle gleich erscheinen, Eltern und erwachsene Junge einander unter Tausenden persönlich herauskennen.

Viele Besonderheiten von Form und Farbe finden jetzt ihre biologische Erklärung darin, daß sie als angeborene Auslösereize für bestimmte Handlungen dienen. Im Frühjahr umtänzelt unser Dompfaff mit einem Zweiglein im Schnabel seine Auserwählte und macht dabei durch Sichstrecken und Federspreizen seine rote Brust so lang und breit, wie es ihm überhaupt möglich ist. Und je mehr leuchtendes Rot er so seiner Liebsten präsentiert, um so größer wird seine Chance, erhört zu werden. Solches »Imponiergehaben« ist bei tierischen Brautwerbern weit verbreitet und fordert den Kenner zu manchem Vergleich mit unserer männlichen Jugend heraus.

Wenden wir unseren Blick vom handlungsauslösenden Reiz zur *Triebhandlung* selbst, so erweist auch sie sich bei genauerer Betrachtung als angeborenes Verhaltenselement. Die Meinung, daß die Vögel das Fliegen erlernen, daß ihr Nesterbau sich durch Übung vervollkommnet, hat sich nicht bestätigt. Der Schein eines Dazulernens wird oft durch innere Reifungsprozesse vorgetäuscht. Die Jungtaube mit zeitweise zusammengebundenen Flügeln fliegt nach einigen Tagen um ebenso viel besser wie ihre Geschwister, die inzwischen ungehindert flattern konnten. Die Tiere *erlernen nicht* ihr *Tun,* so wie wir Menschen das Sprechen und andere Fertigkeiten des Körpers und besonders der Hände erlernen müssen. Wenn die Tiere etwas lernen, so ist es die *Anwendung* ihres angeborenen Könnens auf dieses oder jenes Objekt. Hier hat ihre Natur vielfach Platz für persönliche Erfahrungen gleichsam frei gehalten. Die Raben z. B. tragen zunächst alles Mögliche und Unmögliche als Nistmaterial herbei, um es mit stereotyper Schiebebewegung im Astwerk zu verankern. Allmählich erst lernen sie, daß Zweige dabei bald festsitzen, Scherben aber immer wieder herausfallen, und bringen später nur noch das Brauchbare heran und lassen Untaugliches liegen.

Ein altbekanntes Merkmal aller solcher Triebhandlungen ist

die Vehemenz, mit der sie zur Betätigung drängen. Man könnte glauben, diese rührte aus der Einsicht, die das Tier in die Nützlichkeit seines Tuns (für sich selbst oder für die Nachkommenschaft) besitzt. Doch dem ist nicht so; sondern diese Handlungen werden offenbar um ihrer selbst willen, um ihres Ablaufs willen, angestrebt. Ebensowenig wie ein verliebter Jüngling sich vergegenwärtigt, daß sein Tun auf die Erhaltung des Menschengeschlechtes abzielt, sowenig jagt der im Walde freigelassene Hund etwa, um nicht zu verhungern, sondern er jagt zunächst einmal, um zu jagen. Zahme Antilopen in Gehegen, wo ihnen nie eine Gefahr entgegentritt, stürmen ab und zu ohne jeden äußeren Grund davon, nur um ihrem aufgestauten Fluchttrieb zu frönen; und der mit Futter wohlversehene Star fängt in einem bestimmt fliegenfreien Zimmer »imaginäre Fliegen« und schluckt sie mit Behagen. Die Triebhandlung hat also eine emotionelle Grundlage; und wenn ihre normale Auslösung fehlt, dann entlädt sie sich gleichsam ins Leere, damit beweisend, daß wohl ein Bedürfnis, nicht aber ein Bewußtsein des Zwecks vorhanden war.– So versteht es sich auch, wenn allein gehaltene Tiere sich regelrecht in ihren Pfleger oder in dessen Hand verlieben; sie sehen, wie Lorenz sagt, »mit diesem Trank im Leibe, Helenen in jedem Weibe« – wobei dieser Trank hier freilich nichts ist als die bittere Medizin erzwungener Enthaltsamkeit.

So werden die Tiere durch ein wohlabgewogenes System angeborener Auslösereize, Verhaltensakte und eingefügter Lernbereitschaften sicher durchs Leben geleitet. Dieses Gleichgewicht wird erst dort gestört, wo der Mensch hineingreift: bei den domestizierten Haustieren. Hier, unter dem Zwang einer Auslese allein zum menschlichen Nutzen, also meist in Richtung auf Fettleibigkeit, auf Fügsamkeit, auf Fortpflanzungsdrang, finden wir Auswüchse und Verfallserscheinungen. Unser Huhn, das neben dem frisch gelegten Ei befriedigt gackert, bietet ein Beispiel eines solchen Verfalls. Sein wilder Vorfahre, das Bankivahuhn, schleicht nach der Eiablage zunächst still davon und gackert – das ist der Warnlaut vor dem Bodenfeind – an *anderer* Stelle, so etwaige Feinde vom Neste weglockend. Beim Haushuhn ist diese Handlungsfolge durch den Ausfall eines Gliedes (des Davonschleichens) ins Sinnlose verkehrt.

Auch die Wahllosigkeit und massive Übersteigerung des Geschlechtstriebs ist typisches Domestikationsprodukt. Bei Wildformen leitet ein oft umständliches Zeremoniell angeborener Verhaltensformen und ein mitunter langer Brautstand jenen letzten Akt ein, den Schopenhauer den »Knalleffekt« nannte. Es muß einmal gesagt werden, zur Ehrenrettung der natürlichen Natur, daß – sei es im Haustierhof, sei es bei uns Menschen – die mancherlei Ausschweifungen, die man »tierisch« oder »viehisch« zu nennen pflegt, richtiger »menschlich-allzumenschlich« heißen sollten.

So erhebt sich am Schluß der angstvolle Verdacht, daß auch wir zivilisierte Menschen im Begriff sind, Opfer unserer Selbstdomestikation zu werden. Haben wir nicht – abgesehen vom heiklen Thema des Zusammenlebens der Geschlechter – auch sonst noch, z. B. im sozialen Zusammenleben, Ausfälle an *angeborenen* Spielregeln zu beklagen? Im Wolfsrudel, wo es (wie überall) Rangkämpfe gibt, bietet der unterlegene Partner dem Gegner seine verletzlichste Stelle, den Hals mit der Schlagader, dar – und der Sieger läßt den Besiegten augenblicklich los. So galt es auch bei mittelalterlichen Ritterkämpfen als edel, wenn der Sieger den Unterlegenen aufstehen hieß und ihm half, seine Wunden zu verbinden. Wie steht es damit heute in unserem Zeitalter des Massenmenschen? Ist es noch Erziehung oder bereits Unnatur, daß solches Verhalten uns höchstens noch auf dem Sportplatz regelmäßig begegnet? – Die Frage muß offen bleiben, hier ist nicht mehr der Zoologe zuständig, der Soziologe hat das Wort. Sollte dessen Urteil eines Tages unsere Ahnung bestätigen, so wird freilich kein »Zurück zur Natur!« das wiederbringen, was einmal unserem Erbschatz entfiel. Im Gegenteil, dieser Ruf würde mit Sicherheit im angedeuteten Sinne des Viehischen, will sagen des domestiziert Entarteten, mißverstanden werden, das ja gerade das zu Bekämpfende ist. Die *Vernunft* also wird auf andere Wege sinnen müssen, das Verlorene zu ersetzen und das Chaos menschlichen sozialen Verfalls durch ein immer festeres und allgemeingültigeres System *überlieferter* Spielregeln von uns abzuwenden – so freilich die Kluft zwischen Tier und Mensch immer mehr vergrößernd und uns von dem Paradiese tierischer Unschuld und Reuelosigkeit immer weiter entfernend. An die Stelle des natürlich gewollten und gedankenlos gekonnten Zusammenspiels der Individuen tritt (im Kleinen wie im Riesenhaften) die *allesverschlingende Politik.*

Konrad Lorenz
Die Anpassung als Wissenserwerb

Organische Systeme unterscheiden sich von den erwähnten anorganischen in einem wesentlichen Punkte: Sie verdanken ihre Fähigkeit zum Energieerwerb bestimmten, oft hochkomplizierten *Strukturen* ihres Körpers. Die Strukturen sind von den Lebewesen im Laufe ihrer Stammesgeschichte oder Phylogenese ausgebildet worden, und zwar durch einen Vorgang, der sie zum Gewinnen und Speichern von Energie besonders geeignet macht.

Dank alter Erkenntnisse von Charles Darwin und neuer Ergebnisse der Biochemie können wir uns heute bestimmte und wahrscheinlich zutreffende Vorstellungen über die Vorgänge machen, durch welche die Zweckmäßigkeit organischer Strukturen zustande kommt. Der Bauplan jeder Art von Lebewesen ist in den Doppelschräubchen der Nukleinsäure-Kettenmoleküle niedergelegt, »codiert« in der Reihenfolge der Nukleotide. Dieser Code wird bei jeder Zellteilung dadurch redupliziert, daß der Doppelfaden des Nukleinsäure-Moleküls in zwei Hälften zerfällt, deren jede sich alsbald dadurch wieder zu einem Doppelfaden ergänzt, daß er freie Nukleotide »zusammensucht« und in jener Reihenfolge an sich bindet, die der des abgespaltenen Halbfadens entspricht. So entsteht aufs neue je ein Doppelfaden, der aus einem alten und einem komplementären neuen Anteil zusammengesetzt ist. Die erbliche Kontinuität beruht also auf einer materiellen Kontinuität, jedoch, wie Weidel sagt, »mit der Einschränkung, daß es eine bestimmte, materiegebundene *Struktur* ist, die von Generation zu Generation weitergegeben wird«. Bei der Weitergabe, d. h. bei der Reduplikation der Nukleinsäurefäden, passieren manchmal »kleine Fehler«, was zur Folge hat, daß der Code der neugebildeten Doppelschraubenhälfte in kleinen Einzelheiten von dem der vorgegebenen abweicht. Dies nennt man eine *Mutation* des Gens.

Bei allen Lebewesen, die echte Zellkerne besitzen, den sogenannten Karioten, zu denen alle höheren Tiere und Pflanzen zählen, sind die Gene zu größeren Baueinheiten, den Chromosomen, zusammengefaßt. Diese sind in jedem Zellkern, jeder Körperzelle in *Paaren* vorhanden. In jedem Chromosom eines solchen Paares aber sind gleiche oder einander entsprechende Gene in annähernd gleicher Reihenfolge angeordnet. Vor der geschlechtlichen Fortpflanzung werden in der sogenannten Reduktions- oder Reifeteilung die Chromosomenpaare getrennt, so daß die befruchtungsreifen Fortpflanzungszellen nur einen halben Satz von Chromosomen besitzen, was man als den haploiden Zustand bezeichnet. Bei der Befruchtung finden sich die Chromosomen wieder zu Paaren zusammen, in denen je ein Partner vom mütterlichen und einer vom väterlichen Elternteil stammt. Hierdurch sowie durch besondere an den Chromosomen sich abspielende Vorgänge kann es zu Neukombinationen von Erbanlagen kommen. Die hier in äußerster Kürze und Vereinfachung skizzierten Vorgänge der Mutation und Neukombination von Erbanlagen haben zur Folge, daß das äußere Erscheinungsbild höherer Organismen, der sogenannte Phänotypus, nie völlig invariant ist.

Häufigkeit und Ausmaß dieser Veränderungen sind so bemessen, daß sie die Überlebensfähigkeit der Art nicht durch die Produktion lebensunfähiger Monstrositäten gefährden, aber sie wirken sich keineswegs immer zum Vorteil der betroffenen Individuen aus – im Gegenteil: Da alle diese kleinen und kleinsten Veränderungen, die durch Mutation und Neukombination von Erbanlagen verursacht werden, *völlig ungerichtet* vor sich gehen, haben sie in den allermeisten Fällen eine Verminderung der Aussichten zur Folge, die das betreffende Individuum auf Energiegewinn und Überleben hat. Nur in seltenen Ausnahmefällen – aber gerade auf sie kommt es hier an – setzt eine Mutation oder Neukombination von Erbanlagen einen Organismus in den Stand, seine Umwelt *besser* auszunutzen, als seine Vorfahren es konnten. Dies aber bedeutet immer, daß das neue Wesen irgendeiner Gegebenheit seiner Umwelt »besser gerecht wird«, wodurch sich seine Aussichten auf Energiegewinn vermehren oder die Wahrscheinlichkeit des Energieverlustes vermindert wird. In gleichem Maße steigen die Überlebens- und Fortpflanzungsaussichten des begünstigten Organismus und sinken die seiner nicht in gleicher Weise neuausgestatteten Brüder, die durch die Konkurrenz zum Aussterben verurteilt sind. Den Vorgang dieser natürlichen Auslese nennt man *Selektion,* die durch ihn bewirkte Veränderung der Lebewesen *Anpassung.*

Durch seine Einsicht in das Wesen dieser beiden Vorgänge ist der Biologe zu der Bildung zweier Begriffe gezwungen, die dem Physiker wie dem Chemiker fremd sind. Der erste dieser beiden Begriffe ist derjenige der *arterhaltenden Zweckmäßigkeit* oder *Teleonomie.* Da durch die Selektion Strukturen »herausgezüchtet« werden, die eine bestimmte arterhaltende Funktion besonders gut erfüllen, sehen sie im Enderfolg so aus, als wären sie von einem weise voraussehenden und klug planenden Geist zu eben diesem Zwecke erschaffen. (Dieser Eindruck ist, wie in Parenthese vermerkt sei, gar nicht ganz abwegig: Auch der planende Menschengeist verdankt seine Fähigkeiten Vorgängen, die, wie wir noch in diesem Kapitel besprechen werden, den im Genom sich abspielenden wesensverwandt sind.)

Schlechterdings *alle* komplexen Strukturen sämtlicher Organismen sind unter dem Selektionsdruck bestimmter arterhaltender Leistungen entstanden. Wenn der Biologe auf eine Struktur stößt, deren Funktion er nicht kennt, ist es für ihn selbstverständliche Pflicht zu fragen, worin ihre Leistung bestehe. Wenn wir z. B. fragen: »Wozu hat die Katze spitze, krumme Krallen?« – und darauf antworten: »zum Mäusefangen«, so sind Frage und Antwort Kurzfassungen für das Stellen und die Lösung eines Problems. Colin Pittendrigh hat die Frage nach dem Arterhaltungswert die *teleonomische* genannt, in der Hoffnung, durch diese Wortneubildung die Teleonomie so weit von der Teleologie abzurücken, wie die Astronomie von der Astrologie geschieden ist.

Der zweite Begriff, den unsere Kenntnis des Anpassungsgeschehens uns anzuführen zwingt, ist der des *Wissens.* Schon im Worte »anpassen« steckt implizite die Annahme, daß durch diesen Vorgang eine Entsprechung zwischen dem Angepaßten und dem, woran es sich anpaßt, hergestellt wird. Dasjenige, was das lebende System auf diese Weise von der äußeren Realität erfährt, was es »aufgeprägt« oder »eingeprägt« bekommt, ist *Information über* die betreffenden Gegebenheiten der Außenwelt. Information heißt wörtlich Einprägung!

Wenn ich nun dieses Wort im Sinne der Umgangssprache gebrauche, könnte dies deshalb zu Mißverständnissen führen, weil die Informationstheoretiker mit ihm einen anderen, um sehr viel weiteren Begriff verbinden. Sie abstrahieren mit Absicht von der semantischen Ebene, d. h. von dem Bedeutungsgehalt der Information, und erst recht von der arterhaltenden Relevanz, die dieser Inhalt für den Organismus haben kann. Man kann daher in der Terminologie der Informationstheorie nicht, wie wir es in der Umgangssprache tun, von »Information über etwas« sprechen. Wenn ich im folgenden von der aller Anpassung zugrunde liegenden Information rede, so meine ich damit immer den in der Umgangssprache üblichen Begriff, eine Information also, die für ihren Empfänger oder Besitzer Sinn und Zweck hat. Für Erwerb und Besitz solcher Art von Information gibt es aber auch zwei gute deutsche Wörter: die heißen *Erkennen* und *Wissen.* Ich will im folgenden diese Ausdrücke nicht für solche kognitive Ausdrücke verwenden, die sich, wie z. B. der Informationserwerb des Genoms oder reflektorische Leistungen niederer Tiere, tief unter der Ebene des Bewußtseins abspielen, sondern in solchen Fällen von Information sprechen oder das Wort Wissen in Anführungszeichen setzen.

Dem an Informationstheorie interessierten Leser sei gesagt, daß man, wie B. Hassenstein gezeigt hat, den hier mit dem Wort Information gemeinten Begriff auch in der Terminologie der Informationstheoretiker definieren könnte. Man müßte dann etwa sagen, Anpassung sei ein Anwachsen der zwischen dem Organismus und seiner Umwelt bestehenden Transinformation. Dieses Anwachsen werde durch Prozesse innerhalb des Organismus bewirkt, ohne daß sich dabei die Umwelt merklich verändert. Man könnte dieses Geschehen als einen

Spezialfall der Entstehung einer Korrespondenz im Sinne Meyer-Epplers* auffassen, die allerdings insofern asymmetrisch oder einseitig zu denken wäre, als sie ausschließlich durch Veränderungen in dem einen der beiden zur Korrespondenz gebrachten Systeme hervorgebracht wird. Wie man sieht, eignet sich die Ausdrucksweise der Informationstheorie nur wenig für die Beschreibung von Lebensvorgängen.

Der Wissensgewinn, den das Genom durch sein Probieren und Beibehalten des am besten Passenden erzielt, hat die schon in den ›Erkenntnistheoretischen Prolegomena‹ erwähnte Folge, daß *im* lebenden System eine *Abbildung* der realen Außenwelt entsteht. Donald MacKay hat für diese Art des »Wissens« den Terminus »abbildende Information« geprägt. Das so entstehende Bild einer Umweltgegebenheit ist sozusagen ein *Negativ* der Wirklichkeit, vergleichbar dem Gipsabguß einer Münze. Jakob von Uexküll sagt in seiner schönen bilderreichen Sprache, der Organismus stehe in einem »contrapunktlichen« Verhältnis zu seiner Umwelt. Wie schon erwähnt, besteht ein solches Bildverhältnis zwischen Organismus und Wirklichkeit schon auf der Ebene des Körperbaus, der »Morphogenese«, man denke an die Sonnenhaftigkeit des Auges oder an die Wellenbewegung der Fischflosse. Strukturen dieser Art, die ihre wundervolle Zweckmäßigkeit ihrem Gehalt an anpassender Information verdanken, dienen aufs beste dem Energiehaushalt des betreffenden Organismus und ermöglichen es ihm, auch schwer erschließbare Energiequellen auszunutzen.

Die Methode des Genoms, das pausenlos seine Experimente anstellt, deren Ergebnisse mit der Wirklichkeit konfrontiert und das Passende beibehält, unterscheidet sich nur in einem Punkte – und nicht einmal in einem sehr wesentlichen – von derjenigen, die vom Menschen in seinem wissenschaftlichen Erkenntnisstreben angewandt wird: Das Genom lernt nur aus seinen Erfolgen, der forschende Mensch aber auch aus seinen Irrtümern! Auch der nach Erkenntnis strebende Mensch geht so vor, daß er eine in seinem Inneren vorgefundene Vorstellung,

* Zitiert nach Norbert Bischof.

eine in seinem Denken entstandene Hypothese mit der Außenwelt konfrontiert und »nachschaut, ob sie paßt«.

Donald T. Campbell hat in seiner Abhandlung ›Pattern Matching as Essential in Distal Knowing‹ überzeugend dargetan, wie der Großteil aller Erkenntnis, vom einfachen Wiedererkennen eines Gegenstandes bis zur Verifikation einer wissenschaftlichen Hypothese, durch eben diesen Vorgang zustande kommt. Der Ausdruck »pattern matching« ist eine harte Nuß für den Übersetzer. Es ist in Psychologie und Verhaltenslehre üblich geworden, »pattern« mit Muster zu übersetzen, man spricht von Bewegungs- und Verhaltensmustern, was meinem Sprachgefühl zuwiderläuft, dcnn die mit dem englischen und dem deutschen Wort verbundenen Begriffsinhalte decken sich keineswegs vollkommen. »Pattern« heißt, neben der Bedeutung von Muster, auch Anordnung, Konfiguration, niemals aber Muster im Sinne von Beispiel, wie etwa im Worte Musterkollektion. Muster in diesem Sinne heißt auf englisch »sample«. Ähnlich schwer ist das Verbum »matching« zu übersetzen. Es bedeutet ein vergleichendes, ja abmessendes Gegenüberstellen mit der deutlichen Nebenbedeutung, daß dieser Vergleich dem Feststellen und Herausheben von Unterschieden dient, wie dies bei jedem Wettbewerb, beim »Match« zweier Fußballmannschaften oder zweier Boxer der Fall ist. Der Ausdruck »pattern matching« ist eine völlig ungekünstelte, der Umgangssprache entnommene und vollkommen zutreffende Bezeichnung für den in Rede stehenden Erkenntnisvorgang, wenn auch leider unübersetzbar.

Nur eine Anordnung, eine »Konfiguration«, die aus mehreren Sinnesdaten und den zwischen ihnen bestehenden Wechselbeziehungen gebildet ist, kann dem in Rede stehenden Vorgang des »pattern matching« dienen. Eine einzelne punktförmige Sinnesmeldung kann dies deshalb nicht, weil sie immer vieldeutig ist. Einen einzelnen Stern, der durch eine kleine Lücke in der Wolkendecke scheint, vermag man nicht zu benennen; erst wenn ein Stück klaren blauen Himmels größer wird und man auf ihm mehrere Sterne in ihrer räumlichen Beziehung zueinander sieht, ist man in der Lage, dieses Muster mit einem bestimmten Teil der bekannten Sternenkarte zur

Deckung zu bringen, mit ihm zu identifizieren. Nun kann man auch jenen zuerst gesehenen Stern benennen, wofern es ein Fixstern ist. Sollte es ein Planet sein, so bedarf man einer ganzen Menge weiteren Wissens über ein »Sternenmuster« höherer, zeitlicher Ordnung, um aus der »Konstellation« auf seine Identität schließen zu können.

Norbert Bischof
Synchronisation und Dominanz

Der Kampf der Kapitäne

In seiner Ethologievorlesung pflegte Konrad Lorenz eine Parabel zu verwenden, die ursprünglich von Julian Huxley stammt. Ein Lebewesen, so heißt es da, sei einem Schiff zu vergleichen, das viele Kapitäne hat. Diese Kapitäne, die verschiedenen Antriebe nämlich, streiten sich ständig darum, wer das Schiff steuern darf. Dabei gelingt es immer dem jeweils Stärksten von ihnen, die Kommandobrücke zu erklimmen; die übrigen müssen weichen. Aber Steuern strengt an, und die anderen gehen sich unterdessen in der Kantine stärken; alsbald ist also das Kräfteverhältnis verschoben, und der Kapitän, der eben noch das Ruder in der Hand hatte, muß einem anderen Platz machen.

Dieses Gleichnis entspricht dem Alles-oder-Nichts-Prinzip bei der Entscheidung von Triebkonflikten, von dem wir festgestellt haben, daß es die vernünftigste Strategie sein dürfte, wenn sich die momentan aktuellen Triebziele nicht miteinander vereinbaren lassen.

Gleichwohl ist Lorenz später von diesem Denkmodell abgerückt. Es handle sich, meinte er, nur um einen Spezialfall, der vielleicht besonders auffällig, aber nicht einmal sehr häufig sei. In Wirklichkeit kämen noch ganz andere Formen von Wechselwirkung zwischen Motiven vor.

An dieser Kritik ist nun sicher richtig, daß keineswegs *alle* Antriebshandlungen miteinander unvereinbar sein müssen.

Atmen und Trinken behindern einander, Atmen und schnell Laufen aber nicht. Sich am Fell der Mutter anklammern und zugleich urinieren wäre dysfunktionell; einen Rivalen animponieren und dabei Urin lassen paßt jedoch durchaus zusammen und ist bei manchen Tierarten sogar obligatorisch gekoppelt.

Aber es waren gar nicht in erster Linie solche Fälle, die Lorenz interessierten. Die Unzulänglichkeit der Huxleyschen Parabel schien ihm vor allem dort offenbar zu werden, wo Antriebe sich miteinander mischen, die als echte Antagonisten anzusprechen sind, da der eine zu einem bestimmten Ziel hin, der andere von demselben Ziel wegstrebt. Am häufigsten exemplifizierte er dies am Beispiel von Flucht und Aggression.

Es lohnt sich, einen Moment über dieses Thema nachzudenken. Wir müssen hier zwei Ebenen unterscheiden. Zum einen können sich antagonistische Antriebe manchmal wirklich überlagern, und das heißt, eben weil sie entgegengesetzte Vorzeichen haben, gegenseitig aufheben. In jedem Annäherungs-Vermeidungs-Konflikt kann es vorkommen, daß das Individuum auf halbem Wege wie angewurzelt dasteht, weder zum Herankommen noch zum Weglaufen fähig. Zwei starke Kapitäne liegen dann im Clinch, das Steuerrad pendelt frei im Wind. Zuweilen huscht ein pfiffiger Schiffsjunge herbei und übernimmt es für ein paar Sekunden, bis man ihn mit Ohrfeigen wieder von der Kommandobrücke jagt: So entstehen die bekannten »Übersprungshandlungen« – man kratzt sich am Kopf, gähnt, zupft geistesabwesend eine Wollfussel vom Tischtuch, während man fieberhaft über eine ganz andere, viel wichtigere Entscheidung nachdenkt.

Wenn antagonistische Verhaltensprogramme einander blokkieren, so wird das dem Organismus freilich in der Regel ebenso schaden wie die Unentschlossenheit von Buridans Esel, der bekanntlich genau in der Mitte zwischen zwei Heuhaufen verhungerte (möglicherweise gähnend). Solche Pattsituationen sind dysfunktionell, auch wenn sie nicht so drastisch enden wie in dieser Fabel. Sie treten ein, weil sie sich offenbar nicht immer vermeiden lassen, aber man wird davon ausgehen dürfen, daß die Natur, wenn irgend möglich, effizientere Konfliktlösungsstrategien vorzieht.

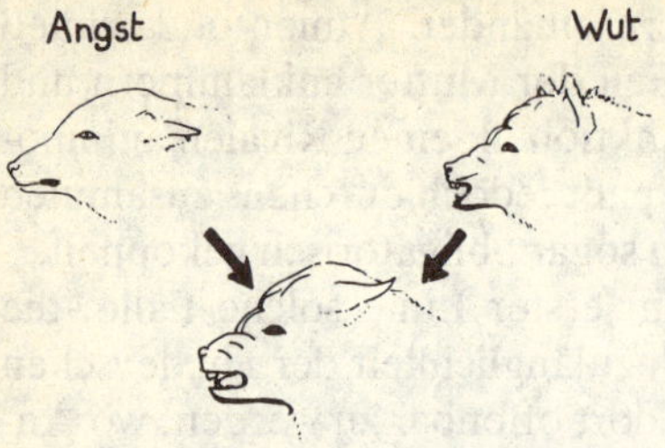

Etwas anders liegen die Dinge nun aber auf einer zweiten Ebene von »Antriebsmischung«, an die Lorenz wohl in erster Linie denkt. Es gibt eine von ihm selbst gezeichnete Serie von Konterfeis seiner Chow-Hündin Susi, die in mehreren Veröffentlichungen auftaucht und darstellt, wie sich in der Gesichtsmimik des Tieres Wut und Angst in verschiedenen Graden überlagern. Was hier und in vergleichbaren Fällen aber gemischt wird, sind in Wirklichkeit gar nicht Antriebshandlungen, sondern *Ausdrucksbewegungen.*

Ausdruck und Emotion

Um zu verstehen, was es mit diesen für eine Bewandtnis hat, müssen wir zu einem Problem der Allgemeinen Motivationstheorie zurückkehren, das wir bereits gestreift, aber noch nicht diskutiert haben. Es handelt sich um die Frage nach dem Verhältnis zwischen Antrieben und Gefühlen.

Gefühle, Affekte, Stimmungen sind die Weise, in der ein Subjekt seine Antriebe erlebt. Diese Definition ist jedoch nicht ganz ausreichend, wir müssen sie präzisieren. Wenn ich über die Straße gehe und plötzlich zu rennen beginne, weil sich ein Auto nähert, so handle ich fluchtmotiviert; aber ich spüre dabei keine Angst. Diese stellt sich indessen sogleich ein, wenn irgendein Umstand mich am Weglaufen *hindert*!

Emotionen wären demnach Signale, die mir einen Antrieb dann bewußt machen, wenn er sein Ziel nicht ohne weiteres erreichen kann. Häufig liegt das Hindernis dabei in mir selbst: Es besteht in anderen Motiven, die mit dem gerade auszuführenden konkurrieren. Im Gleichnis Julian Huxleys ausgedrückt: Die Emotionen sind der Lärm, den die Kapitäne machen, wenn sie sich um den Platz auf der Kommandobrücke streiten.

Auch das Ausdrucksverhalten hat etwas mit nicht zustande gekommenen Antriebshandlungen zu tun. Schon Darwin hat gesehen, daß es meist in der Intentionsbewegung eines schwächeren Antriebes besteht, den spurlos zu unterdrücken einem stärkeren nicht ganz gelungen ist. Ausdruck und Gefühl erscheinen, so betrachtet, als zwei Seiten derselben Sache. Das emotionale Palaver an Bord des Schiffes ist gar kein undifferenzierter Lärm: Die von der Brücke verwiesenen Kapitäne erzählen jedem, der es hören will, wohin sie das Boot gesteuert hätten. Dabei gestikulieren sie wild mit den Händen und machen imaginäre Ruderbewegungen. Den Kurs beeinflussen sie dadurch kein bißchen; wer aber das Schiff mit dem Fernglas beobachtet, erfährt eine ganze Menge darüber, mit welchen Manövern in nächster Zeit zu rechnen sein könnte.

Im Klartext: Die Ausdrucksbewegung gleicht im Innervationsmuster einer Antriebshandlung, verläuft aber mit geringerer Intensität und ohne sich auf ein Zielobjekt zu beziehen. Von der vollen Bewegungskoordination ist nur noch ein Rudiment übrig, das gar nicht in der Lage wäre, mechanisch-kausal auf die Umwelt einzuwirken. Eine in ein Gespräch eingestreute abwehrende Handbewegung wäre längst nicht kräftig genug, um einen ernsthaft auf mich eindringenden Gegner wegzuschieben; gefletschte Zähne sind nur ein erster Schritt in der zum Zubeißen führenden Handlungskette und tun als solche noch niemandem weh: Ausdrucksbewegungen brauchen nicht, wie Antriebshandlungen, eine Sachleistung zu erbringen. Daher können sie einander auch gar nicht in die Quere kommen, wenn sie sich mischen und überlagern.

Das bedeutet aber nicht, daß der Gefühlsausdruck nur ein irrelevantes Abfallprodukt wäre. Die Evolution läßt ein solches Potential nicht brachliegen; sie hat sich seiner bemächtigt und es der interindividuellen *Kommunikation* dienstbar gemacht.

Das wird besonders dort offenkundig, wo die rudimentäre Erbkoordination, die dem Ausdrucksverhalten zugrunde liegt, im Interesse besserer Erkennbarkeit genetisch umgestaltet erscheint. Meist geschieht das durch mimische Übertreibung oder rhythmische Wiederholung. Die Ethologen sprechen hier von stammesgeschichtlicher *Ritualisation*: Lachen und Weinen sind Beispiele dafür aus dem Bereich des menschlichen Verhaltens.

Im allgemeinen ist immer nur ein kleiner Teil des Ausdrucksgeschehens durch Ritualisierung überformt; das meiste von dem, was sich in einem Tier an Motivdynamik abspielt, huscht beiläufig und in schwächsten Andeutungen über das mimische Feld. Immerhin – wer recht zu sehen verstände, dem würde wohl nicht die geringste Nuance im Wechselspiel der Stimmungen eines Organismus verborgen bleiben, und wir haben Grund zu der Annahme, daß Tiere für das Ausdrucksverhalten ihrer Artgenossen ein äußerst feines Sensorium besitzen.

Unerläßlich ist eine solche Ausstattung jedenfalls, wenn eine Chance bestehen soll, daß Lebewesen sich zeitüberdauernd zu *sozialen Gebilden* zusammenschließen. Wenn viele Schiffe einen Flottenverband formen und einen gemeinsamen Kurs fahren sollen, dann müssen sich nicht mehr allein die Kapitäne an Bord jedes einzelnen Schiffes zusammenraufen; die Auseinandersetzung hat nun über den gesamten Verband hinweg zu erfolgen. Und zwar genügt es nicht, den jeweils de facto eingeschlagenen Kurs der Nachbarschiffe zu beobachten; man muß auch sehen können, was die übrigen Kapitäne wollen, die gerade nicht zum Zuge kommen.

Wenn sich die Handlungskeime und Antriebsrudimente der Gruppenmitglieder nicht ausdrücken würden, wüßte man über den Partner immer nur soviel, wie sein manifestes Antriebshandeln verrät, das heißt, man wäre nur über sein momentan stärkstes Motiv informiert, und das auch erst von dem Moment an, da es sich ohnehin anschickt, vollendete Tatsachen zu schaffen. Ausdrucksverstehen ermöglicht demgegenüber auch die Abschätzung *künftigen* Verhaltens. Die zurückgelegten Ohren des Pferdes, das noch eben meinem Befehl gehorcht, warnen mich, daß der Gehorsam nur um den Preis einer zwar noch unterdrückten, aber vielleicht bald ausbruchsbereiten Feindseligkeit zu erringen war, daß unser Rangverhältnis also noch nicht ausgemacht ist und ich besser auf der Hut bleibe.

Ohne ein Gespür für das Spektrum der motivationalen Gesamtlage wäre ein Leben in Gruppen wohl kaum möglich. Dabei muß sich zur *Kommunikation* aber noch ein effizientes *Management* der vielfältigen Einzelwünsche gesellen. Das ist keine triviale Aufgabe: Eine Gruppe selbständiger Individuen zu koordinieren, deren Interessen sich immer nur partiell dekken können, ist eine andere Sache als Ordnung in die Antriebe eines einzelnen Organismus zu bringen. Wir werden anschließend auf die Probleme eingehen, die dabei zu lösen waren. Es wird sich zeigen, daß sich hier vor allem zwei Koordinationsstrategien entwickelt haben; man kann sie durch die Ausdrücke »Synchronisation« und »Dominanz« kennzeichnen.

Zwei einfache Beispiele

Auf einer Wiese weidet ein Grauganspaar. Ohne erkennbare Mühewaltung bleiben die beiden Tiere dabei in wechselseitiger Reichweite. Vielleicht hängt das mit den dauernd ausgetauschten leisen Stimmfühlungslauten zusammen, vielleicht genügt auch schon die optische Kontrolle. Manchmal ist es der eine, der dem anderen zu einem Büschel Löwenzahn vorangeht, manchmal bestimmt der andere die Richtung; in beiden Fällen grast sich der zweite alsbald wieder an den Vorangegangenen heran, wie von einem unsichtbaren Band gezogen. Über dem Ganzen liegt eine Atmosphäre gelassener Selbstverständlichkeit.

Nach einiger Zeit aber tritt im Verhalten des Männchens eine Veränderung ein. Seine Lautäußerungen wandeln ihren Charakter, sie werden lauter, rhythmischer: einsilbige gutturale Laute, markant hervorgestoßen, zunächst vereinzelt, allmählich dichter aufeinanderfolgend, drängender. Auch seine Körperhaltung verändert sich: Der Hals wird hochgenommen, als drohte eine ungeortete Gefahr, der Schnabel zuckt immer wieder kurz und heftig hin und her, wie um Reste einer übelschmeckenden Nahrung abzuschütteln. Das Weibchen grast währenddessen ruhig weiter, antwortet nur mit dem normalen Stimmfühlungslaut. Daraufhin beruhigt sich der Partner etwas und nimmt den Hals wieder herunter, frißt aber nicht. Und lange hält er es auch nicht aus; bald fängt er wieder an, und noch ein drittes und viertes Mal. Dann hat er sie endlich so weit: Sie beginnt, in seine kurzen Laute einzufallen. Auch sie nimmt jetzt den Hals hoch und schüttelt den Schnabel. Und die Frequenz des gemeinsamen Lautstakkatos wird immer rascher, immer regelmäßiger, die Tiere nehmen die Schwingen aus den Taschen und sind im nächsten Moment abgeflogen, wobei jene Lautäußerung, der »Fortgehlaut«, gleitend in den Kontaktschrei fliegender Gänse übergeht.

Eine Bande von Mantelpavianen kehrt von der täglichen Nahrungssuche zum Schlaffelsen zurück. Einer der Haremhalter wandert an der Spitze seiner vier Weibchen. Gelegentlich blickt er, ohne stehenzubleiben, über die Schulter zurück. Ein Weibchen seines Harems ist auf dem Weg etwas über Gebühr zurückgeblieben. Er richtet ihr sein Gesicht voll zu und zieht kurz die Brauen hoch; seine Augenpartie blitzt drohend auf. Das Weibchen beschleunigt daraufhin sogleich die Gangart; der Marsch geht weiter. Aber dann bleibt sie wieder zurück, und diesmal reißt ihm die Geduld: Er jagt auf sie zu, stürzt sich auf sie und beißt sie in den Nacken. Dann geht er ruhig weiter, und sie schließt, in offensichtlich hohem Angstzustand, ganz dicht bei ihm auf, für den gesamten Rest des Heimweges.

Zwei ganz verschiedene Szenen, beide aber mit vergleichbarem Effekt; als Ergebnis jedesmal zwei Tiere, die sich in enger Koordination von einem Ort zum anderen bewegen. Das erste Beispiel illustriert »Synchronisation«, das letztere »Dominanz«. Versuchen wir, uns das Wesentliche an jeder der beiden Situationen zu verdeutlichen.

In beiden Fällen war es das Männchen, das seinen »Willen« durchsetzte. Aber im Fall der Graugänse war das nur zufällig so. Ebensogut hätte seine Partnerin darauf »bestehen« können, daß weitergegrast wird, oder sie hätte umgekehrt diejenige sein können, die zuerst in Abflugstimmung gerät und ihrerseits das Männchen mitreißt. Entscheidend ist hier nicht, von *wem* ein Verhaltensimpuls ausgeht, sondern, wie *stark* dieser Impuls motiviert ist. Die Motive aller beteiligten Individuen wetteifern gewissermaßen ohne Ansehen der Person; die »Flugstimmung« des Männchens kämpft mit der »Weidestimmung« des Weibchens, jede versucht sich dem jeweiligen Partner mitzuteilen, ihn »anzustecken«, und schließlich gewinnt derjenige Antrieb, der sich *überindividuell* als der momentan stärkste erweist.

Im Beispiel mit den Pavianen ist es anders. Hier kommt es nicht auf die relative Kraft der Motive als solche an: Wie stark auch immer die Beweggründe sind, die das Weibchen zu einer langsameren Gangart veranlassen möchten, wie viel oder wie wenig es dem Mann wirklich darauf ankommt, gerade in diesem und in keinem anderen Tempo zu wandern – *er* bekommt seinen Willen. Ein Motiv bestimmt das Gruppenverhalten hier nicht wegen seiner Stärke, sondern weil es das Motiv eines bestimmten, ausgezeichneten Gruppenmitglieds ist.

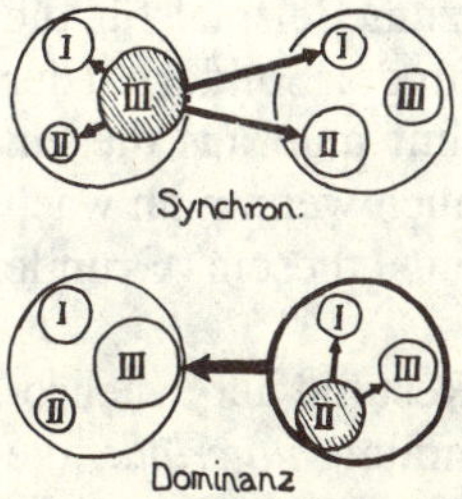

Das nebenstehende Diagramm versucht den eben herausgearbeiteten Unterschied formal zu verdeutlichen. Die beiden großen Kreisscheiben stellen Individuen dar, die kleinen Kreise drei Antriebe, durch römische Ziffern unterschieden. Je größer der Kreis gezeichnet ist, um so stärker sei der betreffende Antrieb. Die Pfeile symbolisieren Hemmung. Der jeweilige »Sieger« unter den Antrieben, also derjenige, welcher letztlich das Verhalten *beider* Individuen bestimmt, ist schraffiert.

Wie unerläßlich es ist, über die Stimmungslage der anderen Gruppenmitglieder einigermaßen vollständig informiert zu sein, erhellt besonders für den Fall, den wir als »Synchronisation« bezeichnet haben. Denn wenn die verschiedenen Motivkräfte mehrerer Individuen untereinander eine Prioritätenliste aushandeln sollen, so wie dies normalerweise im Innern eines Einzelnen geschieht, dann muß zwischen den beteiligten Individuen ein Informationsfeld aufgespannt werden, das die Qualität und Stärke von Stimmungen überträgt, bevor sie sich im zielgerichteten Handeln manifestieren. Hierfür eben dient das Ausdrucksgeschehen, mit oder ohne ritualisierte Überformung. Synchronisierte Gruppen, zum Beispiel monogame Paare, zeichnen sich demgemäß dadurch aus, daß jeder Beteiligte nicht nur von sich aus ständig einen Strom kommunikativer Signale an den Partner gelangen läßt, sondern seine Empfangsorgane auch dauernd diesem zugewandt hält.

Synchronisation ist ohne Zweifel ein sehr anspruchsvolles Verfahren des Konflikt-Managements. Das Beispiel der beiden Graugänse kennzeichnet dabei noch die niedrigste Organisationsstufe dieser Strategie. Man bezeichnet sie als »Stimmungsübertragung« oder »Gefühlsansteckung«. Das Ergebnis der Synchronisation besteht in diesem Falle darin, daß alle Beteiligten schließlich *dasselbe tun.* Dies gilt zum Beispiel für die gemeinsame Lokomotion, übrigens auch für den Sonderfall der gemeinsamen Ruhe – wahrscheinlich gähnt man aus diesem Grunde, sowohl wenn man müde ist als auch wenn man wach wird, und wahrscheinlich ist Gähnen aus diesem Grunde ansteckend!

Komplizierter schon wird es, wenn das Resultat der Synchronisation darin besteht, daß einer die Handlung *unterläßt,* die der andere gerade ausführt. Dieser Fall tritt dort ein, wo man den Kumpan in Ruhe zu Ende fressen läßt, was er sich gefangen oder aufgelesen hat, oder wo man darauf verzichtet, ihm sein Weibchen abspenstig zu machen, obwohl man der Stärkere wäre, schließlich auch bei gewissen Formen von Arbeitsteilung, etwa zwischen Nestwache und Futtereintragen, wo es eben darauf ankommt, daß nicht beide Partner im gleichen Moment dasselbe tun wollen.

Am anspruchsvollsten wird die Aufgabe der Antriebssynchronisation dann, wenn die Handlungsmotive der Partner *komplementär* ineinandergreifen sollen. Die höchsten auf tierischer Stufe erreichbaren Leistungen dieser Kategorie werden wohl im Zusammenhang mit der kollektiven Jagd bei Wölfen, Geparden und einigen anderen Raubtieren, aber auch bei Schimpansen, erreicht. Hier geht es darum, in Anpassung an die je wechselnde Situation Teilfunktionen im Rahmen übergeordneter Handlungsgestalten zu übernehmen, zum Beispiel der Beute den Weg abzuschneiden, während der Partner sie verfolgt. Die kognitiven Werkzeuge, die nötig waren, um solche Synchronisationsleistungen zu ermöglichen, sind wahrscheinlich der Kristallisationskern für die Evolution des Menschen gewesen.

Der kleine König

Verglichen mit den Spitzenleistungen tierischer Verhaltenssynchronisation nimmt sich das andere Verfahren sozialer Interessenkoordinierung, die Dominanzmethode, erheblich simpler aus. Allerdings auch nur auf den ersten Blick.

Relativ einfach geht es in der Tat in einem Spezialfall zu, der übrigens selten in die Erwägungen zu unserem Thema einbezogen wird, obwohl er strukturell durchaus dazugehört. Dominanz, so sagten wir, soll dadurch gekennzeichnet sein, daß nicht die relative Stärke, sondern der Träger eines Motives ausschlaggebend dafür ist, ob es sich manifestieren kann. Ein klarer Fall für die privilegierte Behandlung eines Individuums in einer Gruppe liegt nun vor, wenn es um *Brutpflege* geht.

Wenn etwa der sprichwörtliche Besucher vom Mars irdische Eltern beobachten würde, die sich mit ihrem Kind abgeben, so gewönne er, vor allem bei Naturvölkern, ohne Zweifel den Eindruck, das kleine Wesen sei eine höchst einflußreiche Persönlichkeit. Während nämlich für jede synchronisierte Partnerschaft ein ausgewogenes Verhältnis zwischen der Bereitschaft besteht, Ausdruckssignale zu senden und zu empfangen, stoßen wir hier auf eine nicht zu übersehende Asymmetrie: Das Kind sendet pausenlos expressive Signale, kümmert sich aber herzlich wenig um das, was sich da auf seiten der Eltern an Stimmungen ausdrücken mag – »primären Narzißmus« nennen das die Psychoanalytiker. Die Eltern, auf der anderen Seite, wenden der kleinen Hauptperson eigentlich ständig ihre Aufmerksamkeit zu; ihr Verhalten reflektiert demgemäß in weit größerem Maße die Stimmungslage des Kindes als etwa umgekehrt.

Der biologische Sinn dieser Form von »Dominanz« liegt auf der Hand. Das Kind ist noch gar nicht in der Lage, seine Antriebe selbst in die Tat umzusetzen; bei den Eltern wiederum hat die Sippenselektion dafür gesorgt, daß sie in der Regel bereit sind, auch starke persönliche Antriebe zurückzustellen, wenn das Kind seinerseits Bedürfnisse anmeldet. Der Leser möge mir verzeihen, wenn ich an dieser Stelle nicht auf die Meinung einiger »Psychohistoriker« eingehe, derzufolge Kinderliebe eine zivilisatorische Errungenschaft der Neuzeit sei. Eltern, die ihre eigenen Kinder planmäßig umbrächten oder verkommen ließen, hätten bereits nach wenigen Generationen Platz gemacht für die Nachkommen anderer, die ihre Pflegemotivation nicht so leicht unterdrücken konnten.

Das sind funktionale Argumente. Werfen wir auch einen Blick auf die Nahursachen: Wie erreicht es das Kind, daß die Erwachsenen ihm Vorrang gewähren?

Ein wichtiger Faktor ist die *körperliche Erscheinung*. Konrad Lorenz war wohl der erste, der unter der Bezeichnung »Kindchenschema« zusammengestellt hat, welche Merkmale uns geneigt machen, einem kleinen Artgenossen Privilegien einzuräumen, die wir uns normalerweise nicht ohne Gegenwehr abtrotzen lassen würden. Pausbäckig sollte ein solches Wesen sein und möglichst große Augen haben; das Gesicht sollte höchstens die untere Hälfte des Kopfes einnehmen und von einem mächtigen Hirnschädel überwölbt sein. Kopf und Extremitäten müssen proportional zum Rumpf deutlich vergrößert erscheinen. Hinzu kommen dann noch eine etwas tollpatschige, »treidelnde« Bewegungsweise, hohe Stimmlage und, vor allem in der Kopfpartie, eine bestimmte Duftnote. All das ist wiederholt dargestellt worden und inzwischen allgemein bekannt.

Entsprechendes gibt es auch bei vielen Tieren: Bei Mantelpavianen sind die Kinder beispielsweise schwarz, und solange sie so aussehen, genießen sie Narrenfreiheit. Infantilen Pinseläffchen fehlen die weißen Haarbüschel, Bleß- und Streifengänse zeigen vor der ersten Mauser noch nicht die durch den Artnamen angedeutete Gesichtszeichnung. Von Bedeutung sind in all diesen Fällen auch dic Kleinheit, die besondere Stimmlage sowie Wachstumsallometrien, die denen unserer eigenen Kinder so ähnlich sind, daß uns die meisten Säuger-, ja Wirbeltierjungen als »herzig« oder »süß« erscheinen.

Abgesehen von der Physiognomie, stehen dem Kind aber auch noch spezifische *Verhaltenssignale* zur Verfügung, die es im Bedarfsfall aussenden kann, um sich die Kooperation adulter Gruppenmitglieder zu sichern. Junge Weißbüscheläffchen haben zum Beispiel einen Quäklaut, mit dem sie sich erwachsenen Geschwistern oder den Eltern nähern, um ihnen das schon zu Munde geführte Futter buchstäblich »vor der Nase« wegzufressen. Auch bei anderen Tierarten sind Bettellaute oder -gesten bei der Futterübergabe recht häufig. Junge Wildgänse zeigen durch einen zarten Triller an, daß sie müde sind oder frieren und jedenfalls gehudert werden möchten.

Sehr verbreitet sind quer über die Artengrenzen hinweg besondere Lautäußerungen, mit denen das Kind meldet, daß es sich *gefährdet* fühlt. Dabei wird oft genauer differenziert, ob das Kind den Kontakt zur Gruppe verloren hat, ob ihm körperlich unwohl ist oder ob es von einem Raubfeind gefaßt worden ist. Die Reaktion der Eltern oder auch der gesamten Gruppe auf solche Vokalisationen, die wegen ihrer offensichtlichen

Analogie zu entsprechenden Signalen beim Menschen als »Weinlaute« bezeichnet werden, kann sehr dramatisch sein. Mancher Tierpfleger weiß davon ein Lied zu singen, der bei dem Versuch, etwa einem irgendwo eingeklemmten Affenkind zu helfen, dessen Angstschrei auslöste und daraufhin blitzartig die gesamte Gruppe im Genick hatte.

Verhaltenssignale, die den Wünschen des Senders gruppenverbindliche Priorität dadurch sichern, daß sie ihn als brutpflegebedürftig und -berechtigt ausweisen, sollen nachfolgend als *»supplikative«* Gebärden bezeichnet werden. Sie wären von geringerem theoretischen Interesse, wenn sich ausschließlich Kinder ihrer bedienen würden. Das ist jedoch nicht so: Auch erwachsene Gruppenmitglieder verwenden, schon auf tierischer Stufe, unter bestimmten Bedingungen supplikative Gesten, um ihre Absichten durchzusetzen. Hiermit sind interessante Probleme verbunden, die wir indessen erst würdigen können, wenn wir auch den zweiten, wichtigeren Fall einer Dominanzlösung von Antriebskonflikten in der Gruppe erörtert haben. Ich meine das Phänomen, das die Ethologen mit dem Wort »Rangordnung« kennzeichnen.

Bernhard Hassenstein

Erkunden, Neugierde, Spielen

Erkunden aus eigenem Antrieb, Neugierverhalten und Spielen bilden eine eigene, selbständige Gruppe von untereinander verwandten Verhaltensweisen. Bei vielen höher organisierten Säugetieren und auch beim Menschen ist ein ganzer Lebensabschnitt vorwiegend diesen Verhaltensweisen gewidmet: die Entwicklungsphase zwischen der frühen Kindheit und dem Erreichen des Erwachsenenalters.

Erkunden, Neugierverhalten und Spielen stehen zueinander in einem ähnlichen Verhältnis wie unregelmäßiges Suchen, gerichtete Annäherung und Endhandlung: *Erkunden* ist Herumstreifen und Wahrnehmen dessen, dem das Lebewesen begegnet; *Neugierverhalten* heißt *gerichtetes Aufsuchen* und Untersuchen von Gegebenheiten, die auffällig und unbekannt sind; beim *Spielen* schließlich liegt die Vielfalt im *Verhalten,* sei es beim Bewegungsspiel, beim Spiel mit Gegenständen oder mit Partnern.

Erkunden

Unregelmäßiges *Suchen* kommt als erster Teil des *Appetenzverhaltens* vor. Es kann mit dem *Kennenlernen* des beim Suchen durchstreiften Gebietes, also einem *Lernprozeß,* einhergehen und dadurch den Charakter des *Erkundens* bekommen. Die Impulse zu diesem Verhalten liefern in diesem Fall die Antriebe zur Nahrungsaufnahme, zur sexuellen Partnersuche usw.

Doch gibt es auch ein Erkunden aus *eigenem* Antrieb. Hierfür drei Beispiele: Versetzt man ein Säugetier, z. B. einen Dachs, in eine fremde Umgebung, so wird er vielfach zunächst vom Erkundungsverhalten völlig beherrscht; das Tier geht erst dann zur Nahrungsaufnahme oder zum Spielen mit seinem menschlichen Partner über, wenn es seine neue Umgebung genau kennengelernt hat. – Will man Goldhamster dressieren, z. B. um ihre Sinnesleistungen kennenzulernen, so ist die wirksamste Belohnung: sie gleich nach jeder »richtigen« Wahl auf einer Tischplatte zwischen den Klötzchen eines Baukastens herumlaufen, also ihrem Drang, Unbekanntes zu erkunden, folgen zu lassen. – Haben Ratten ein verwickeltes Gangsystem (ein Labyrinth), ohne daß sie belohnt wurden, kennengelernt, so lernen sie später einen belohnten Weg darin schneller; sie hatten also zuvor ohne Belohnung aus eigenem Antrieb bereits Informationen aufgenommen und gespeichert, die sie jetzt anwenden können (latentes Lernen).

Das Erkunden geht vielfach auf besondere, artgemäße Weise vor sich: Hunde beschnuppern, Eichhörnchen benagen die Gegenstände ihrer Umgebung, um die für sie wichtigen Merkmale kennenzulernen; junge Schimpansen berühren neue Gegenstände bevorzugt mit den Händen und führen sie an die Lippen.

Neugierverhalten

Macht sich in einer an sich bekannten Umgebung etwas Neues bemerkbar, so kann es, falls es nicht abschreckend wirkt, bei den Vertretern mancher Tierarten ein *gezieltes* Erkunden auslösen, das man in Parallele zu dem entsprechenden menschlichen Antrieb *Neugierverhalten* nennt. Hierfür drei Beispiele:

Ein junger, von Menschen aufgezogener Wolf fand an jedem Morgen eine Schale mit Wasser zum Trinken vor. Eines Tages war, als er trinken wollte, zum erstenmal in seinem Leben im Wassernapf Eis, und er betastete es mit seiner Pfote. Gleich darauf wurde Wasser zum Trinken darübergeschüttet. Der Wolf begann aber daraufhin nicht, wie sonst, sofort zu trinken, sondern steckte erst wieder die Pfote hinein und untersuchte das Eis abermals. Hier setzte sich also die Neugierde gegen eine andere (wenn auch vielleicht nur schwach aktivierte) Verhaltenstendenz durch. – Eine nicht hungrige Maus findet einen Nahrungsbrocken; sie untersucht ihn, prüft seinen Geschmack, läßt ihn dann aber liegen (vielleicht um ihn bei Hunger wieder zu suchen und zu verzehren). – Die Neugierreaktion tritt bei Schimpansen so zuverlässig ein, daß man darauf eine Methode gründete, ihr visuelles Unterscheidungsvermögen zu untersuchen: Erkennen Schimpansen an einem ihnen vorgelegten Gegenstand, der einem schon bekannten ähnelt, einen Unterschied, so untersuchen sie ihn neugierig; bemerken sie keinen Unterschied, so bleiben sie gleichgültig (»oddity method«).

Spielen

Erkunden und Neugierverhalten gehen fließend ins Spielen über, vor allem sofern ein neugiererregender Gegenstand oder ein Partner irgend etwas mit sich machen läßt oder wenn auf ein eigenes Verhaltenselement irgendwelche Reaktionen aus der Umwelt folgen. Das Spielen umschließt angeborenes und erlerntes Verhalten. Es umfaßt so viele Handlungsvariationen wie sonst keine Verhaltensweise, und es kann Elemente aus allen übrigen Verhaltensbereichen enthalten. Manche angeborenen Verhaltensweisen erscheinen, wenn sie im Spiel vorkommen, in etwas abgewandelter Form; diese Änderungen sind dann von der Art, daß sie das betreffende Verhalten zu einem geeigneten Bestandteil des Spielens machen.

Daß das Spielen den Schwerpunkt einer Phase der Jugendentwicklung ausmacht, wird in Abschnitt III B 5 ausführlich beschrieben, vor allem am Beispiel junger Löwen. Die folgende Zusammenstellung von Verhaltenselementen des Spielens ist darauf angelegt zu zeigen, inwiefern die innere Organisation des Spielverhaltens dem biologischen Ziel dient, anwendbare Erfahrung zu gewinnen. Dabei folge ich im wesentlichen der Schweizer Verhaltensforscherin M. Meyer-Holzapfel. Mchrere Beispiele stammen von jungen Wölfen, die von dem amerikanischen Ehepaar L. und F. Crisler in der Tundra Alaskas, dem natürlichen Lebensraum der Wölfe, aufgezogen und beobachtet wurden; diese Tiere hatten zuvor niemals erwachsene Wölfe gesehen.

Spiel-Appetenz. Es gibt ein speziell auf Spielen gerichtetes *Appetenzverhalten* sowie besondere Gesten der Spielaufforderung (manche angeboren, andere erlernt). Zootiere betteln um Spiel mit dem Wärter. Jeder Hundekenner weiß von seinem Hund, welche Gebärden bei ihm der Spielaufforderung dienen. Tiermütter, z. B. die Löwin, fordern ihre Jungen zum Spielen auf (und umgekehrt).

Angeborene Anteile des Spielens. Als angeboren lassen sich bei spielenden jungen Löwen *Anschleichen* und *gezieltes Anspringen* des Beutetiers (= Spielpartners) erkennen; es entwikkelt sich schon zu Zeiten, wo es noch nicht bei den Erwachsenen beobachtet und durch Nachahmen erlernt werden kann. Im Verfolgungsspiel jagen sich junge Eichhörnchen gegenseitig wie bei »ernster« Flucht derart, daß das fliehende Tier stets die Sicht-Deckung vor dem Verfolger, z. B. hinter einem Baumstamm, zu erlangen sucht. Junge Robben verfügen über Spielelemente, die sonst nur bei Landraubtieren vorkommen. Das hängt sicherlich damit zusammen, daß die Robben stammesgeschichtlich aus Landraubtieren hervorgegangen sind; von ihnen dürften auch die Spielhandlungen noch herstammen. Sie sind mit Sicherheit genetisch vererbt: Nachahmung ist hier ausgeschlossen, weil die erwachsenen Tiere keinerlei Vorbild für diese Spiele liefern.

Angeborene Verhaltenselemente im Spiel vor dem Reifen der zugehörigen Bereitschaft. Im Spiel von Tierjungen kommen Teilhandlungen aus Verhaltensbereichen vor (z. B. aus dem Beutefang- und Sexualverhalten), für welche die inneren Bedingungen erst im Erwachsenenalter voll ausreifen. Ein Beispiel: Ein älteres Löwenjunges, das im Spiel schon Beutefanghandlungen ausführte, fand zufällig eine neugeborene Gazelle, die nicht flüchtete. Der kleine Löwe faßte sie am Nacken und schüttelte sie, zeigte damit also das angeborene Verhaltenselement »Totschütteln«. Hatte er »Blut geleckt«? Würde er zum Ernstverhalten übergehen und die Beute zerreißen? Nein, er trug sie zu den anderen Jungtieren und forderte diese mit Schwanzschlagen zur spielerischen Verfolgung auf! Das Tier hatte also zwar »Beutefang« am passenden Gegenstand ausgeführt, aber die zum Ernstfall gehörigen weiteren Verhaltensweisen wie Töten, Zerreißen und Nahrungsaufnahme blieben aus. Die beim erwachsenen Tier für den Beutefang zuständige Bereitschaft war also nicht aktiviert, und zwar sicherlich darum, weil sie noch gar nicht ausgereift war. Die kleine Gazelle wurde nicht als Beute, sondern als Spielobjekt behandelt.

Im Spiel abgewandelte angeborene Verhaltenselemente. Angeborenes Verhalten offenbart sich im Rahmen des Spielens bisweilen in abgewandelter Form: Angriffs- und Kampfverhalten sind dahingehend abgeändert, daß die Spielpartner einander nicht verletzen. Hierher gehören die »Beißhemmung« des spielenden Hundes und die eingezogenen Krallen beim Prankenschlag spielender Löwen. Durch die Abwandlung der verletzenden angeborenen Verhaltenselemente werden die Verhaltensweisen des Beutefangs im sozialen Spiel durchführbar; denn jetzt können Spielpartner die Rolle von Beutetieren spielen, ohne dabei gefährdet zu werden. Nur das Töten der Beute kann durch spielerische Erfahrung mit Artgenossen nicht vervollkommnet werden.

Im Spiel abgewandelte innere Faktoren (Valenz, Dynamik). Wenn angeborenes Verhalten im Spiel vorkommt, so können seine inneren verhaltenssteuernden Bedingungen andere funktionelle Eigenschaften aufweisen. Das ist beim Verfolgungsspiel augenfällig: Im Ernstfall versucht der Verfolgte, dem Gegner zu entkommen; wenn das gelungen ist, erlischt die Fluchtbereitschaft mehr oder weniger bald. Im Spiel dagegen läuft der Flüchtende zwar mit aller Kraft; wenn aber der Partner von der Verfolgung abläßt, so versucht er ihn zu erneuter Verfolgung anzureizen. Der Verfolger wird also nicht gemieden, sondern geradezu gesucht. Seine Valenz hat im Ernstfall und im Spiel das »umgekehrte Vorzeichen«. Durch die spielbedingte Umkehrung des Vorzeichens der Valenz des Verfolgers wandelt sich das Fluchtverhalten zum *Spiel zwischen Partnern,* die trotz des Fliehens räumlich zusammenbleiben und das Spiel beliebig lange fortsetzen können. Dazu kommt, daß die Rollen des Verfolgers und des Fliehenden oft sprunghaft wechseln; hierin liegt eine für das Spielen kennzeichnende Dynamik, die dem Ernstverhalten nicht zukommt.

Offenheit des Spiels für Anreize jeder Art. Bei besonders spielbegabten Tierarten kann fast jedweder Sinneseindruck, insbesondere wenn er auffällig und für das Lebewesen neu ist, spielerisches Verhalten anregen: Einer der von den Crislers aufgezogenen jungen Wölfe blieb während eines Spaziergangs lange bei einer frisch aufgeblühten roten Blüte stehen, streifte mit der Nase darüber und berührte sie mit der Pfote. Die von dem Zoologen Gustav Kramer freifliegend gehaltenen Kolkraben »beschäftigten sich« mit den verschiedensten Dingen: Sie jagten einer Bachstelze nach, hoben blaue Papierschnitzel auf, stahlen eine Pfeife aus dem Zimmer oder zerrissen Windeln, die zum Trocknen aufgehängt waren. Vielleicht kommen sogar alle Wahrnehmungen, die überhaupt von Sinnesorganen gemacht werden können, als Anreize für das Spielen in Frage, einschließlich der Rückmeldungen aus dem eigenen Körper über besondere Haltungen und Bewegungen, z. B. bei Bewegungsspielen.

Umweltreaktionen veranlassen Wiederholen der Spielhandlungen. Spielverhalten neigt schon von sich aus zur Wiederholung von Einzelhandlungen (»Funktionslust«). Das steigert sich noch, sobald die Gegenstände oder Partner auf eine Spielhandlung in irgendeiner Weise *reagieren,* wenn also ein besonderer Laut entsteht, das Spielobjekt einen besonderen Anblick bietet oder der Spielpartner etwas Auffälliges tut. Reaktionen der Umwelt wirken gleichsam als »Belohnung«. So gefiel sich eine Großstadt-Taube darin, Nägel aus einem Kasten auf einer Baustelle zu nehmen und sie in ein metallenes Regen-Fallrohr fallen zu lassen, wo sie klirrende Töne verursachten. Hiermit hängt auch zusammen, daß das Spielen eines Partners seine Altersgenossen zum Mitspielen anregt; Spielen ist »ansteckend«. – Das spielbedingte Reagieren auf jedwedes Geschehnis, das auf irgendeine eigene Aktivität folgt, und die Art dieses Reagierens, nämlich das Wiederholen des soeben durchgeführten eigenen Verhaltens, lassen die Lebewesen gesetzmäßige Konsequenzen ihres eigenen Verhaltens kennenlernen. In diesem angeborenen Funktionsprinzip ist eine Verfahrensregel des naturwissenschaftlichen Experimentierens vorweggenommen: Allein das *Wiederholen* von Experimenten befähigt dazu, zufälliges Zusammentreffen von gesetzmäßigen Beziehungen zu unterscheiden.

Spielbedingte Tendenz zum Abwechseln und zum Abwandeln von Spielhandlungen. Zugleich neigt Spielverhalten aber auch zum häufigen Wechseln und zum Abwandeln des Verhaltens gegenüber Gegenständen oder Spielpartnern. Dabei geht der Übergang von einer Verhaltensweise zu einer anderen, vielleicht sogar entgegengesetzten, z. B. von Flucht zur Verfolgung und umgekehrt, im Spiel anders, und zwar viel schneller vor sich als im Ernstfall. Körperbewegungen werden, vor allem bei Affen und Menschenaffen, in so vielfältiger Weise abgewandelt, wie das motorisch nur irgend möglich ist (Klettern, Purzelbäume). Auch die uns schon bekannten jungen Wölfe zeigten besonders vielfältige *Bewegungsspiele*: Abhänge hinauf- und hinunterlaufen; Purzelbäume vornüber, rückwärts und seitlich; ein Jungtier faßte ein anderes mit dem Fang am Hinterbein, legte sich auf die Flanke und ließ sich einige Meter weit mitschleifen. Kennzeichnend für das Spielen der *Schimpansen* ist es, daß sie mit einem neu in ihren Bereich gelangten Gegenstand zunächst alles tun, was ihnen motorisch möglich ist, vom Prüfen mit den Zähnen bis zum Reiben an der eigenen Haut oder am Untergrund. Ein Schimpanse, der einen Bleistift erhielt, fand auf diese Weise, daß dieser beim Reiben Farbe abgab. Dieser unerwartete Effekt führte ihn zu einer neuen Richtung seines Spiels: Er bemalte die ganze Umgebung und versuchte, auch sich selbst schwarz zu färben.

Erlernte und erfundene Spiele, Spielmoden. Als *erlernt* offenbaren sich vor allem solche Spiele, die ein Tier neu »erfindet« und dann lange Zeit als »Mode« beibehält. Bei mehreren Tierarten (Gemsen, Fischottern, Dachsen) wurde beobachtet, daß sie steile Abhänge im Schnee herunterrutschen oder eine Schlitterbahn auf Eis benutzen, beides in dauernder Wiederholung. Seelöwen warfen – auch in freier Natur – Steinchen in die Luft und fingen sie wieder auf. Von den beiden zusammen aufgezogenen jungen Wölfen begann oft der eine zu graben, blickte zum Spielgefährten, ob er zusähe, wühlte dann betont heftig weiter, hielt inne und schnüffelte, als ob er einer Maus auf der Spur wäre; er tat dies so lange, bis der andere herbeikam, um zu sehen, was er habe. Dieses Spiel – einmal »erfunden« – wurde in der Folge lange Zeit häufig wiederholt.

Schwache Durchsetzungsfähigkeit gegen andere Verhaltenstendenzen. Die drei zusammengehörenden Verhaltensweisen Erkunden, Neugierverhalten und Spielen besitzen wie sonstiges Verhalten die Fähigkeit, sich gegen andere Verhaltenstendenzen durchzusetzen; doch ist diese Durchsetzungsfähigkeit im allgemeinen nur schwach im Vergleich zu allen anderen Bereitschaften, die ja in der Regel *aktuellen* biologischen Bedürfnissen dienen. Ein Beispiel, in dem sich eine Spielhandlung doch gegen wenn auch geringfügige Angst durchsetzte, stammt wieder von einem der jungen Wölfe: Er trat zufällig auf einen stäubenden Bovist, sprang zunächst erschreckt zurück, ging aber vorsichtig gleich wieder heran und patschte mit der Pfote noch einmal darauf. – Wenn aber wirkliche Furcht aufkommt, wird jedes Erkunden, Spielen und spielerische Nachahmen sofort unterdrückt.

Nachahmen im Rahmen des Spielens. Im Rahmen des Spielens besteht bei höheren Säugetieren die Tendenz, Wahrgenommenes (Akustisches und Visuelles) nachzuahmen, vor allem das Verhalten der Elterntiere. Die spielerische Tendenz, das Verhalten von Artgenossen *nachzuahmen,* dabei also

Wahrgenommenes in eigenes Verhalten zu übersetzen und es dabei zugleich zu lernen, gesellt der Weitergabe von genetischer Information die biologische Basis für das Tradieren erworbener Information hinzu.

Irenäus Eibl-Eibesfeldt
Bindetriebe

Der Zusammenschluß einer Gruppe von Tieren zum Verband setzt nicht nur die Existenz bandstiftender und aggressionsbeschwichtigender Verhaltensweisen voraus, sondern auch den Antrieb, diese Mittel einzusetzen, ganz allgemein eine Appetenz des Einzeltieres nach der Nähe des Artgenossen, also das Bedürfnis, diese Nähe zu suchen und zu erhalten. Das gilt bereits für Tiere, die in offenen Verbänden leben.

Als Taucher ist man immer wieder von den Fischschwärmen beeindruckt. Wenn Tausende silbriger Leiber aus dem tiefen Blau des Meeres auftauchen, einen lautlos umströmen und wieder in die Ferne der Meeresabgründe entschwinden, dann ist das ein unvergeßliches Erlebnis. Ich habe viele Stunden mit der Beobachtung von Schwarmfischen zugebracht, und dabei fiel mir besonders das starke Anschlußbedürfnis dieser Fische auf. Vom Schwarm abgesprengte Einzelfische suchten, geradezu panikartig hin- und herschießend, den Anschluß an den Schwarm. Befanden sie sich wieder zwischen den anderen, dann waren sie ganz ruhig und verhielten sich sozial indifferent. Sie suchten nur die Nähe der anderen, nahmen aber keinen weiteren Bezug aufeinander *. Schwarmfische verhalten sich also im allgemeinen so, als wäre der Artgenosse eine Zuflucht vor Gefahr.

Schutzsuche ist nun in der Tat eines der mächtigen Motive für den Anschluß an den Artgenossen, vielleicht eines der ältesten.

---

* Es gibt auch Fische, die in kleineren Schwärmen leben und die dann ihre Schwarmgenossen individuell kennen. Das sind jedoch Ausnahmen.

Die Fluchtschwelle des Schwarmfisches ist wesentlich niedriger, wenn er allein ist, als wenn er im Schwarme schwimmt.

Höhere Wirbeltiere suchen zunächst bei der Mutter Zuflucht. Das gilt für Hühner ebenso wie für Menschen. Bei Pavianen sucht das Junge in den ersten Lebensmonaten immer die Mutter auf, später Schutz auch bei anderen ranghohen Erwachsenen. Meist ist das ranghöchste Männchen Fluchtziel, interessanterweise selbst dann, wenn es die Flucht auslöste. Findet sich kein Ranghoher, dann können zwei Jungtiere oder zwei Erwachsene sich zueinander flüchten und einander umklammern. Allein gelassen, umklammert sich ein ängstliches Äffchen sogar selbst. Ursprünglich ist das Fluchtziel aber immer die Mutter; an sie klammert sich das Äffchen an und saugt bisweilen auch zur Beruhigung an ihrer Brust (Abb. 1). Die Fluchtschwelle steigt dann deutlich an. Was eben noch Flucht auslöste, wird nunmehr von der sicheren Position aus interessiert betrachtet. Die beruhigende Wirkung der Mutter läßt sich auch durch Attrappen erzielen. Isoliert aufgezogene Rhesus-Äffchen flüchten, wenn man sie ängstigt, auf ein mit Stoff bespanntcs Drahtgestell und klammern sich dort fest. Menschenkinder beruhigen sich, wenn man ihnen einen Schnuller gibt, und sie halten zum Einschlafen gerne weiche Gegenstände wie Teddybären oder Wolldeckchen in der Hand. Meist schreit ein Säugling, wenn er abgelegt wird; er beruhigt sich sogleich, wenn man ihn aufnimmt. Sobald das Kind krabbeln oder laufen kann, strebt es, wenn es durch irgend etwas beunruhigt ist, zur Mutter und klammert sich an ihr fest (Abb. 2 und 3).

In all diesen Fällen können wir eine von der Fluchtstimmung aktivierte Appetenz nach Geborgenheit feststellen. Was für die Maus das Mauseloch und für den Korallenfisch die Deckung im Riff ist, ist in jenen Fällen der Artgenosse. Er bietet Deckung und Schutz und gewinnt damit gewissermaßen Heimvalenz. Das ist ganz sicher eine Wurzel des Kontaktstrebens. Der Artgenosse wird zum Fluchtziel, seine Nähe bedeutet Geborgenheit. Daher gelingt es, über eine Angstmotivierung die Bindung an ein Gruppenmitglied zu festigen. Hess berichtete, daß Entenküken der Mutter um so enger auffolgen, je stärker man sie durch elektrische Reize dafür bestraft. Wenn ein Mantelpavianweib-

1. Eine Wurzel menschlichen Kontaktstrebens ist die Schutzsuche bei der Mutter. Ängstliche Säuglinge bergen sich an der Brust der Mutter und saugen zu ihrer Beruhigung oder nehmen nur die Brustwarze in den Mund, wie in unseren Abbildungen das Rhesus-Affenkind und das Neger-Baby. Nach Aufnahmen des Verfassers.

chen seinem Männchen nicht nachfolgt, läuft das Männchen zum Weibchen und beißt es kräftig in den Nacken; daraufhin folgt es ihm wieder. Oft genügt es auch, daß das Männchen das Weibchen drohend anstarrt. Auch beim Menschen festigt Angst die Gruppenbindung, und das wird ja politisch ausgenützt.

Wahrscheinlich ist die Bindung über den Fluchttrieb sehr alt, denn sie wirkt bereits im offenen anonymen Verband. Der Anschluß des Kindes an die Mutter dürfte ursprünglich so motiviert sein. Die Bindung ist instinktiv und nicht erst sekundär über die Fütterung erworben, wie gelegentlich behauptet wird. Kinder, die in Kinderkrippen aufwachsen, schließen sich Gleichaltrigen an und suchen beieinander Schutz, obgleich sie einander nie füttern. Die Rhesus-Äffchen klammern sich bei Angst an einer Stoffattrappe fest und nicht an einem Drahtge-

2. Ängstliche suchen beieinander Schutz. Das jüngere Sonjo-Kind (rechts) klammert sich an dem älteren Geschwisterchen fest, und dieses umfängt es seinerseits schützend. Darunter: Rhesus-Affenmutter mit älterem Jungen. Der Kontakt mit der Mutter beruhigt. Nach Aufnahmen des Verfassers.

stell, obwohl dort ihr Milchfläschchen befestigt ist, das sie zum Trinken aufsuchen.

Die Bindung der Mutter an ihr Kind ist dagegen vom Brutpflegetrieb motiviert. Das Kind stellt für die Mutter nicht den Artgenossen mit Heimvalenz dar, sondern ist primär ein Betreuungsobjekt. Bei allen Säugern senden die Jungtiere bestimmte Signale aus, die Betreuung auslösen. Sie können geruchlich, akustisch oder optisch sein, wobei innerhalb der Primaten optische Kindchensignale zunehmend an Bedeutung gewinnen. Junge Paviane haben bis zum sechsten Lebensmonat ein schwarzes Fell. Das schwarze Fell löst Beistand und freundliches Interesse bei den Erwachsenen aus. Sogar alte Männchen nehmen so ein Junges, um es zu säubern, und stehen ihm bei, wenn es angegriffen wird. Auch junge Meerkatzen besitzen eine Fellfarbe, die von der der Erwachsenen abweicht.

3. Die beruhigende Wirkung des körperlichen Kontaktes bleibt bis ins Erwachsenenleben erhalten. Ein etwa vierjähriges Schimpansenweibchen, unter der Hand eines Männchens geborgen (nach einer Aufnahme von J. und H. van Lawick-Goodall). – Ein Pärchen. Nach einer Aufnahme des Verfassers.

Männchen der grünen Meerkatze greifen sogar Menschen an, die sich an einem solchen Jungtier vergreifen. Dagegen reagieren sie nicht mit Beistand, wenn ein schon ausgefärbtes Junges oder eine erwachsene Meerkatze gefangen werden. Die dunkelbraunen Brillenlanguren haben als Babies ein fast goldgelbes Fell. Solange sie so gefärbt sind, werden sie von allen Weibchen betreut.* Schimpansenbabies besitzen ein weißes Fellbüschel am Rumpfende, das beim Präsentieren besonders auffällig ist. Die Kindchensignale des Menschen erörterten wir bereits.

Oft zeigt die Mutter ein ausgesprochenes Hüteverhalten.

* Die durch das Jugendkleid der Languren bewirkte Angriffshemmung wirkt jedoch nicht auf gruppenfremde Männchen. Erobert ein Männchen die Führung in einer Langurengruppe, dann tötet es bisweilen alle Jungtiere, schont aber jene, die nach der Gruppenübernahme geboren werden, obgleich sie ebensowenig von ihm abstammen. Dieses mörderische Verhalten ist allerdings bisher nur von einem Forscher beobachtet worden.

Paviane halten ihr Kleines bei den ersten Exkursionen am Schwanze fest und holen es bei Gefahr sofort zu sich. Die Weibchen der Menschenaffen überwachen ebenso die Ausflüge ihrer Kinder, und sie holen sie zurück, wenn sie sich zu weit entfernen. Auch hier handelt es sich um echtes Hüteverhalten, das übrigens gelegentlich auch im Verkehr der Erwachsenen untereinander beobachtet werden kann. Galápagos-Seelöwen holen Weibchen, die sich von ihrem Harem entfernen, mit der gleichen Technik zum Ufer zurück, mit der sie Jungtiere, die sich zu weit ins Meer wagten, ins Seichte drängen. Gesellige Vögel zeigen auch Hüteverhalten. Ob es vom Brutpflegeverhalten abzuleiten ist, müßte erst festgestellt werden. Lorenz beschrieb, wie Dohlen von Gruppenmitgliedern in den Verband zurückgeholt werden. Als sich 1929 eine Gruppe von Dohlen und Krähen in der Nähe seiner Dohlenkolonie niederließ, mengten sich die flüggen Jungtiere dieses Jahres unter die Fremden, so daß Gefahr bestand, sie würden in dieser Wanderschar aufgehen, wenn diese abflog. Zwei alte Männchen der Kolonie holten jedoch die Jungvögel im Verlaufe einiger Stunden einzeln zurück, indem sie mit gefächertem Schwanz von hinten knapp über sie hinwegflogen und den Fluglockruf äußerten.

Die Bindung der Mutter an ihr Kind ist sehr häufig – aber nicht immer – individualisiert, daß heißt, die Mütter erkennen ihre eigenen Jungen individuell. Das gilt vor allem für Mütter, die ihre Jungen führen und über eine längere Zeit betreuen. Bei solchen Tieren ist es sicher nicht zweckmäßig, wenn eine Mutter nicht zwischen fremden und eigenen Jungen unterscheidet und unterschiedslos Junge annimmt, denn das könnte dazu führen, daß ein Weibchen zu viele Junge um sich sammelt, die es zuletzt gar nicht mehr nähren und betreuen könnte. Hier liegt zweifellos ein Selektionsdruck vor, der die Ausbildung individualisierter Beziehungen fördert. Fremde Jungtiere werden von den Müttern oft heftig angegriffen. Seelöwenweibchen packen fremde Jungtiere, die bei ihnen saugen wollen, oft recht derb und schleudern sie zur Seite. Graugänse greifen fremde Gössel an, und Silbermöwen bringen fremde Junge, die sich in ihr Gebiet verirrten, sogar um. In diesen Fällen hemmt nur die Bekanntheit Aggressionen. Dieses Muster: Bekannt =

Freund, Fremd = Feind bestimmt in der Regel auch das Zusammenleben der Erwachsenen. Einander Fremde haben daher bei der Paarbildung große Schwierigkeiten. Die Silbermöwen und Lachmöwen müssen anfangs immer beschwichtigen. Die Lachmöwen zum Beispiel, die in beiden Geschlechtern eine aggressionsauslösende schwarze Gesichtsmaske haben, dürfen einander zu Beginn der Paarbildung nie voll von vorne ansehen. Sie müssen das aggressionsauslösende Signal durch ein besonders betontes Wegwenden des Kopfes (»head flagging«) verbergen und können sich anfangs nur aus den Augenwinkeln betrachten. Sobald sie einander jedoch persönlich kennen, brauchen sie dergleichen nicht mehr zu tun. Auf die aggressionshemmende Wirkung persönlicher Bekanntschaft beim Menschen wiesen wir bereits hin. Das persönliche Band entstand wahrscheinlich in den meisten Fällen Hand in Hand mit der Entwicklung der Brutpflege.

Konrad Lorenz sieht noch einen anderen Ursprung des individualisierten Bandes. Er meint, daß die Freundschaft, der Zusammenschluß zweier oder mehrerer Individuen zu einer Verteidigungsgemeinschaft, der Ausgangspunkt der Entwicklung individualisierter Beziehungen war. »Das persönliche Band der Liebe«, so schreibt er, »entstand zweifellos in vielen Fällen aus der intraspezifischen Aggression, in mehreren bekannten auf dem Wege der Ritualisierung eines neu orientierten Angriffs oder Drohens.« Dieser Deutung liegt die Beobachtung zugrunde, daß bei vielen Tieren Verhaltensweisen des Drohens die Bindung an den Partner stärken und als Grußriten Verwendung finden. Der afrikanische Juwelenfisch bedroht einen Rivalen, indem er heranschwimmt, plötzlich genau neben ihm anhält, imponiert und den Schwanzschlag ausführt. Begrüßt er sein Weibchen, dann zeigt er das gleiche Verhalten, mit einem Unterschied: Er führt den Schwanzschlag und das Imponieren im Vorüberschwimmen aus. Die Orientierung ist also eine andere, und es wird auf diese Weise symbolisiert, daß die Gattin nicht Gegenstand des Angriffs ist. Verpaarte Graugänse begrüßen einander mit dem »Triumphgeschrei«, wobei die Hälse aneinander vorbeidrohen. Man droht gewissermaßen gemeinsam gegen einen Dritten, was die Partner verbindet. Bei der Graugans verbindet das Triumphgeschrei aber nicht nur die Ehepaare, sondern der aggressive Ritus ist generell zum bandstiftenden geworden, der Gruppen befreundeter Individuen zusammenhält. Graugänse stiften auch beim Werben über die Aggression das Band zum Ehepartner. Ein Ganter greift zunächst wirklich oder zum Schein irgendeinen Artgenossen oder auch den am Ufer stehenden Menschen an, kehrt dann zu seiner Auserwählten zurück und grüßt mit Triumphgeschrei. Das wiederholt er so lange, bis seine Erwählte darauf eingeht und auch Triumph schreit. Scheinangriffe auf irgendeinen Nachbarn und nachfolgendes Triumphgeschrei mit dem Partner festigen später das Band.

Männliche Rhesus-Affen, die einen Freund gewinnen wollen, halten sich zunächst einmal in dessen Nähe auf. Sie versuchen, sich durch Lauseanträge anzubiedern. Darüber hinaus greifen sie vorbeiziehende Affen ganz unvermittelt an, das heißt, sie versuchen ihren prospektiven Freund zu einer gemeinsamen Aktion mitzureißen, was gelegentlich gelingt. Und haben die beiden einmal gemeinsam jemanden verprügelt, dann sind sie gute Freunde. Beim Menschen finden wir Vergleichbares.

Die Beobachtungen an Graugänsen führten Lorenz zu der Annahme, daß die Liebe ein Kind der Aggression sei. Dafür spricht seiner Meinung nach auch die Tatsache, daß die intraspezifische Aggression um Millionen Jahre älter ist als die persönliche Freundschaft und Liebe. »Es hat durch lange Epochen der Erdgeschichte Tiere gegeben, die ganz sicher außerordentlich böse und aggressiv waren. Fast alle Reptilien, die wir heute kennen, sind es, und es ist nicht anzunehmen, daß die der Vorzeit es weniger waren. Ein persönliches Band aber kennen wir nur bei Knochenfischen, Vögeln und Säugern, bei Gruppen also, von denen keine vor dem späteren Erdmittelalter auftauchte. Es gibt also sehr wohl intraspezifische Aggression ohne ihren Gegenspieler, die Liebe, aber es gibt umgekehrt *keine Liebe ohne Aggression.*«

An dieser Tatsache ist nun sicher nicht zu zweifeln. Aber in allen Fällen, in denen die das Band festigende Funktion umorientierter Aggression nachgewiesen wurde, war eine individualisierte Bindung bereits Voraussetzung für diese Wirkung. Lorenz betont, daß es zum Wesen dieser besonderen Art von Befriedungszeremonie gehöre, »daß jeder der Bundesgenossen sie nur mit dem anderen und nicht mit einem beliebigen Individuum seiner Art ausführen kann«. Man kann ferner feststellen, daß es zwar keine Freundschaft ohne Aggression gibt, aber, von seltenen Ausnahmen abgesehen, auch keine Freundschaft ohne Brutpflege. Mir ist ferner kein Fall bekannt, daß sich Tiere allein über die Aggression, ohne gleichzeitige Brutpflege zusammengeschlossen hätten. Dies, ebenso wie die Tatsache, daß die Wirksamkeit eines Drohgrußes bei Tieren stets ein Band voraussetzt, scheint darauf hinzuweisen, daß die Liebe zumeist nicht primär ein Kind der Aggression ist, sondern wohl mit der Entwicklung der Brutpflege entstand. Brutpflege beinhaltet Brutverteidigung; und da die Gruppe als erweiterte Familie angesehen werden kann, ist die Gruppenverteidigung mit ihren starken Emotionen wohl aus der Brutverteidigung und Familienverteidigung abzuleiten. Gemeinsame Brutverteidigung bzw. Gruppenverteidigung bindet. Von den nicht brutpflegenden Tieren, wie etwa den Reptilien oder Amphibien, kennen wir keine Gruppenverteidigung und keine Kampfpartnerschaften. Ihre Aggression ist in diesem Punkte von jener der brutpflegenden Arten deutlich unterschieden.

Die Brutpflege dagegen bedingt sehr früh individuelle Partnerschaften und individualisierte Jungenbetreuung und bietet damit die Voraussetzungen für ein differenzierteres Gesellschaftsleben. Mir ist kein Landwirbeltier bekannt, das sich zu gemeinsamen Tätigkeiten wie Jagd oder Kampf zusammenschließt, dabei ein persönliches Band zu anderen Artgenossen stiftet und das nachweislich in seiner Ahnenkette keine brutpflegenden Formen aufzuweisen hat. Sekundär kann so ein Zusammenschluß durchaus seine eigene Motivation bekommen. Das soll nach Tiger zum Beispiel für den Zusammenschluß des Menschenmannes zu Männergruppen gelten.

Eine starke Motivation zur Kontaktsuche resultiert aus dem Geschlechtstrieb. Dieser Trieb ist mindestens so alt wie die Aggression, vielleicht sogar älter, denn er bewegt bereits die Einzeller. Es liegt daher nahe zu fragen, ob nicht auch über den

Geschlechtstrieb eine dauerhafte Bindung zum Artgenossen hergestellt werden kann. Interessanterweise ist dies seltener der Fall, als man erwarten würde. Eine solche Ausnahme ist der Mensch. Gesellige Tiere verwenden zwar Riten aus dem sexuellen Repertoire zur Beschwichtigung, aber eine Dauerbindung über den Sexualtrieb wird eigentlich nur beim Menschen und bei einigen Affen hergestellt, und sie ist sicher sekundär und zusätzlich zur Festigung des Bandes entwickelt worden.

Unsere eingangs gestellte Frage nach den »Bindungstrieben« können wir nunmehr folgendermaßen beantworten: Bei Wirbeltieren lassen sich zwci Hauptwurzeln der Geselligkeit nachweisen. Einmal wird das Kontaktstreben über den Fluchttrieb motiviert. Der Artgenosse ist Fluchtziel; man findet in seiner Nähe Geborgenheit, er hat Heimvalenz. Das ist bereits bei Schwarmfischen so und gilt bis hinauf zu den höheren Primaten. Eine zweite Motivationswurzel ist der Brutpflegetrieb. Er bindet die Eltern ans Kind und eignet sich offenbar ausgezeichnet dazu, das Band zwischen Erwachsenen zu festigen. Wir wiesen darauf hin, daß nur brutpflegende Tiere exklusive Verbände bilden. Nur sie konnten über die Aggressionsbarriere hinweg ein Band stiften. Und sie tun es alle mit Verhaltensweisen der Betreuung, die dem Brutpflegebereich entstammen, und unter Nützung kindlicher Signale, die solche aktivieren.

Die Aggression festigt ein Band nur sekundär, und diese Funktion (»Kampfgemeinschaft«) ist wohl über die Jungen- und Familienverteidigung entwickelt worden. Primär und ausschließlich über die Aggression ist meines Wissens kein Wirbeltier mit seinem Artgenossen verbunden. Auch die individualisierte Beziehung – die Liebe – entwickelte sich primär aus der Brutpflegebeziehung. Der Sexualtrieb ist nur ein recht selten benütztes Mittel der Bindung, spielt aber bei uns Menschen in dieser Hinsicht eine große Rolle. Obgleich er einer der ältesten Antriebe ist, hat er interessanterweise nicht zur Entwicklung dauerhafter individualisierter Bindungen Anstoß gegeben, von einigen seltenen Ausnahmen abgesehen. Die Liebe wurzelt nicht in der Sexualität, bedient sich ihrer jedoch zur sekundären Stärkung des Bandes.

Otto Koenig

Augenattrappen bei Tieren

Die stammesgeschichtliche Entstehung von Augenzeichnungen ist, wie allgemein angenommen wird, auf ursprünglich diffuse Punkt- und Strichmuster als Ausgangsformen zurückzuführen. Wie rasch und beinahe zielgerade sich Körperfärbungen adaptieren können, zeigt der ursprünglich heller Birkenrinde angepaßte englische Birkenspinner *Biston betularia,* der durch Industrieverrußung der Bäume seine Tarnung verlor und von Feinden stark dezimiert wurde. Gleichzeitig erhielten sporadisch auftretende schwarze Mutationen, die bislang von Feinden leicht erbeutet worden waren, guten Schutz. Innerhalb weniger Jahrzehnte bildeten sich schwarze Populationen. Von der die Sahara bewohnenden Wüstenlerche *Alauda deserti* gibt es zwei Rassen, eine nach Art anderer Wüstentiere sandfarbene und eine schwarze, die nur auf schwarzem Vulkangestein vorkommt. Mit dessen geologischem Alter von ungefähr 4000 Jahren kennt man auch den Zeitraum, in dem die dunkle Form entstanden und reinerbig geworden ist. Berücksichtigt muß dabei freilich werden, daß hier nicht zeitabsolut in Jahren, sondern zeitrelativ in Generationen zu rechnen ist. Für Wüstenlerchen bedeuten 4000 Jahre ebenso viele Geschlechterfolgen, für Birkenspinner bis zu 12000, für den Menschen aber nur 200.

Außer abschreckenden Augenflecken gibt es umorientierende, die das Hinterende des Tieres als Kopf erscheinen lassen, wodurch sich der Freßfeind auf die umgekehrte Fluchtrichtung seiner Beute einstellt und danebengreift. Nach E. Curio (1965) bildet der südamerikanische Zipfelfalter *Thecla togarna* mittels Augen- und Fühlerattrappen an den Hinterflügeln ein überzeugendes »Verkehrtgesicht«, auf das der Blick durch eine Streifenzeichnung auf den Flügeln richtiggehend hingelenkt wird. Die thailändische Langkopfzirpe hält ihren mit dunklen Augenpunkten versehenen Hinterkörper schräg nach oben, während der unauffällige echte Kopf am tieferen Ende einem Abdomen gleicht. Auch bei Fischen sind Verkehrtzeichnungen

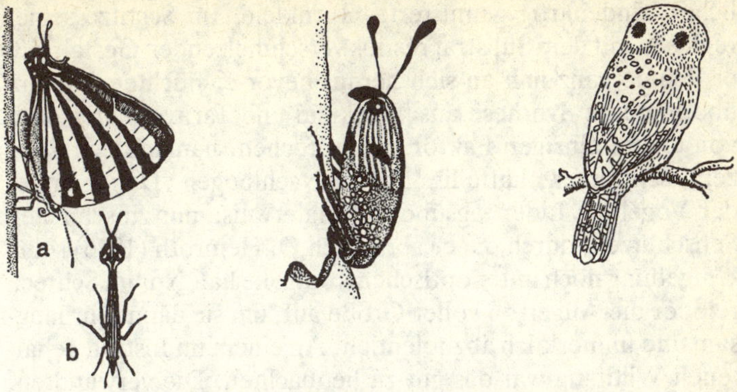

Abb. 1 »Falscher Kopf« (aufwärts zeigend) bei Zipfelfaltern. a Thecla togarna *(Südamerika). b* Thecla linus *(Trinidad).*
Abb. 2 »Falscher Kopf« (aufwärts zeigend) bei der thailändischen Langkopfzirpe.
Abb. 3 Augenflecke auf dem Hinterkopf des afrikanischen Perlkauzes Glaucidium perlatum.

häufig, dank deren sie dem meist kopfseits »vorhaltend« angreifenden Räuber entkommen können. Ähnlich dürfte sich übrigens das seitliche Davonlaufen des Taschenkrebses auswirken. Eine interessante Verkehrtzeichnung ist das sogenannte Occipitalgesicht der Sperlingskäuze *(Glaucidium)* und des Buntfalken *(Falco sparverius)* in Gestalt zweier großer Augenflecken im Nacken (E. Schütz 1957, W. M. Clay 1953), die bei abgewandtem Kopf ein Augenpaar vortäuschen. Bei im Institut gepflegten Exemplaren wurde deutlich, daß man sich trotz Kenntnis des Tricks, zumindest für einen Moment, immer wieder hinters Licht führen läßt. Der Gesichtseindruck ist einfach zwingend.

Ein Gegenstück zur Herausstellung von Augenattrappen ist das Verstecken echter Augenpaare durch tarnende Muster, etwa bei manchen Fischen. Auch die dunklen Ziliarstreifen vieler Vögel scheinen diesem Zweck zu dienen. Eine andere Methode benutzt der Ziegenmelker *(Caprimulgus europaeus)*. Als nachtlebender Flugjäger, der tagsüber ganz offen auf flachem Untergrund schläft und Bodenbrüter ist, besitzt er ein bräunliches, rindenartig gemustertes Tarnkleid. Im Schutze seiner reglosen mit dem Substrat restlos verschmelzenden Gestalt läßt er Feinde ganz nah an sich heran, bevor er flüchtet. Die unüberbietbare Synthese aus Tarnkleid und Tarnverhalten wird von einem einzigen Faktor durchbrochen, nämlich den glänzend schwarzen, auffällig großen Nachtaugen. Daher öffnet der Vogel die Lider tagsüber normalerweise nur zu schmalen Sehschlitzen, durch die er aber nach O. Heinroth (1926) seine Umgebung noch unter optischer Kontrolle hat. Nur im Schreck reißt er die Augen zu voller Größe auf, um sie dann sehr langsam und unmerklich abzublenden. An einem im Institut gehaltenen Wildfang war das gut zu beobachten. Die verwandten, senkrecht auf Pfählen hockenden und in dieser Schutzstellung auch brütenden Schwalme zeigen auf Fotos fast immer Tarnblinzeln. Eine Parallelerscheinung ist der ebenfalls hervorragend getarnte steppenbewohnende Triel, der während des Brütens die großen gelben Augen nur spaltbreit offenläßt. Ähnlich machen es Eulen in Schreckstellung. Im Prinzip nichts anderes tut der Freilandforscher, der sich durch Augenschließen für Tiere unauffälliger macht.

Die Verwendung von Augenflecken ist im Tierreich so verbreitet, daß man mitunter geneigt war, darin eine reine Luxusbildung oder »Hypertelie« zu erblicken (vgl. B. M. Klein 1947), die im »blinden Spiel« der Natur entstanden ist. Tatsächlich gibt es Fälle, die aufs erste unerklärlich scheinen, so etwa die auf dem Rückenpanzer der Weichschildkröte *Trionyx hurum* und zum Verwechseln ähnlich bei Plattfischen vorkommende Vieraugenzeichnung oder das ausgeprägte Augenornament der Stachelaale (vgl. W. Wickler 1968). Diese Unterwassertiere liegen nämlich zumindest tagsüber vergraben im Sand oder Schlamm, und man fragt, was die Augenattrappen dort bewirken sollen. Im Fortpflanzungsgeschehen dürften sie kaum von Bedeutung sein. Ich halte es für wahrscheinlich, daß verschiedene im Schlamm wühlende Futtersucher durch die plötzliche Konfrontation mit Augenpaaren abgeschreckt werden sollen, wofür auch spricht, daß kleine und somit gefährdetere Jugendformen intensiver gezeichnet sind als die Erwachsenen.

Ähnlich erklären sich vermutlich zwei Beobachtungen aus

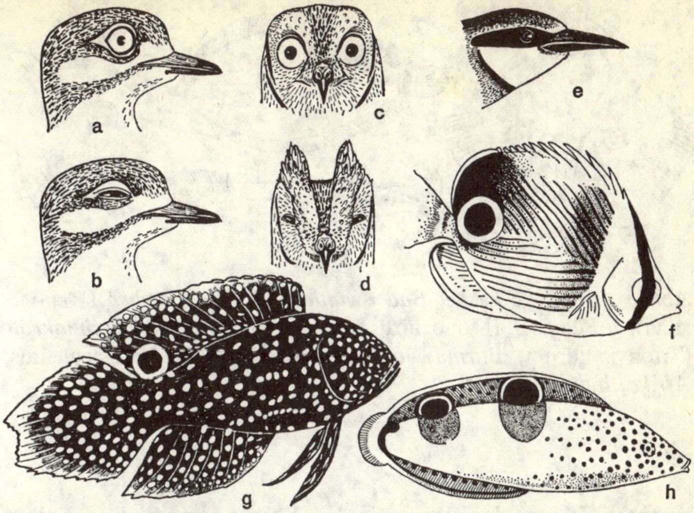

Abb. 4 Augentarnung und Augenflecke. a + b Triel (Burhinus oedicnemus) *mit offenen und bei Gefahr »abgeblendeten« Augen. c + d Dasselbe bei der Zwergohreule* (Otus scops). *e Ziliarstreifen beim Bienenfresser* (Merops apiaster). *f Korallenfisch* (Chaetodon guttatissimus, *Indischer Ozean*), *Auge »gelöscht«, Augenfleck am Hinterkörper. g Mirakelfisch* (Calloplesiops altivelis, *Indischer Ozean*), *Auge durch Tupfenmuster aufgelöst, Augenfleck oberhalb der Schwanzwurzel. h Spiegelfleck-Lippfisch* (Coris angulata, *Indischer Ozean*), *Auge durch Tupfenmuster aufgelöst, Augenfleck auf der Rückenpartie.*

dem Wilhelminenberger Institut. Die eine betrifft den israelischen Nektarvogel *Cinnyris oseae,* bei dem das Männchen auffallend weiße, tagsüber im Brustgefieder versteckte Flügelbüge besitzt, die der Vogel entblößt und wie zwei Augen nach vorn leuchten läßt, wenn er als kleine schwarze Kugel schläft. Als ich dies zum erstenmal sah, dachte ich ernstlich an den Kopf eines Kleinsäugers. Die andere Beobachtung bezieht sich auf den Kugelfisch *Tetraodon palembangensis,* der in Schlafstellung durch seitliches Anlegen der Schwanzflosse schwarze, wie Augen aus dem Wasserpflanzendickicht hervorlugende Rundflecke präsentiert. Freilich wird sich ein Freßfeind auf Dauer nicht irreführen lassen, aber oft mag schon ein kurzes über-

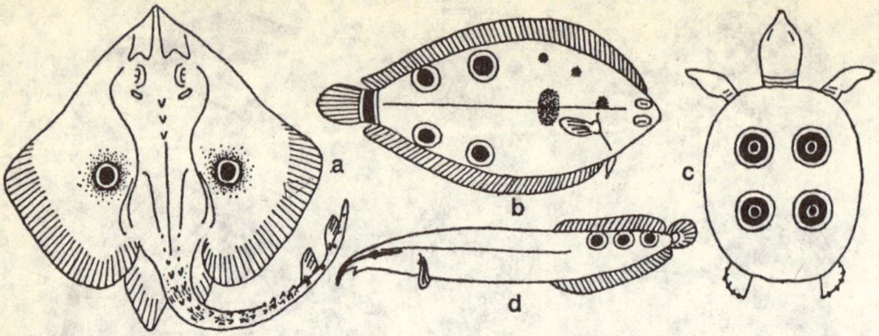

Abb. 5 Augenflecke bei Bodenwühlern. a Texas-Rochen (Raja texana). *b Plattfisch* (Monochirus quadriocellatus). *c Weichschildkröte* (Trionyx hurum, *Burma*). *d Stachelaal* (Macrognathus aculeatus, *Afrika, Indien*).

raschtes Zögern dem Beutetier die Flucht ermöglichen. Selbst bei scheinbar geringer Erfolgsquote kann sich die Herausdifferenzierung solcher Strukturen im Sinne der Arterhaltung »lohnen«. Wahrscheinlich werden sich noch manche zur Zeit ungeklärte Augenflecke bei Tieren unter Berücksichtigung zugehöriger Stellungen und Verhaltensweisen als situationsspezifisch wichtige Signale erweisen.

Gelegentlich wurde versucht, Augenflecke als eine Art »Raubtiermimikry« zu deuten, die dem Angreifer das Gesicht eines speziellen Feindes vortäuscht. So glaubte E. B. Poulton (1881, 1924) im Augenmuster der *Chaerocampa*-Raupe die Nachahmung der Kobra-Brillenzeichnung und im Kopffortsatz südamerikanischer Leuchtzikaden *(Laternia*-Arten) die Imitation eines Alligatorkopfes zu erkennen. A. Weismann (1913) wiederum sah in der Schreckstellung des Abendpfauenauges *Smerinthus ocellatus* die Nachbildung eines Raubtiergesichtes. Solche schon von F. Steiniger (1938b) abgelehnte Überlegungen sind, sofern nicht in Sonderfällen eine sehr enge Direktverschränkung nachzuweisen ist, absolut müßig. Derart naive Anthropomorphismen bieten berechtigte Angriffspunkte für Gegner einer extremen Mimikry-Theorie (F. Heikertinger 1954, A. Jacobi 1913 u. a.), die freilich ebenfalls auf falschem

Wege sind, weil sie das Prinzip des angeborenen Auslösemechanismus und der Attrappensichtigkeit, mittels deren das Lebewesen aus gestaltlichen Ganzheiten einzelne Wirkfaktoren herausfiltert und in arttypischer Weise beantwortet, teils außer acht lassen, teils gar nicht kennen. Im Bereich elementaren Drohverhaltens gibt es gerade wegen der intraspezifischen Bedeutung für gewöhnlich keine Spezialisation. Das Augenfleckprinzip ist ein weithin offenes System mit großer Funktionsbreite, in das selbstverständlich auch der Mensch einbezogen ist, denn zu Beginn des Primatenstammes waren lange Ahnenreihen als Kleintier- und Insektenfresser tätig, auf deren Erbgut das unsere aufbaut. [...]

Zusammenfassend kann gesagt werden, daß der bei Wirbeltieren offenbar durchgehend vorhandene angeborene Auslösemechanismus für die Gestalt des Auges von verschiedensten Lebewesen durch Ausbildung abschreckender oder sozial orientierender Augenattrappen »ausgenützt« wurde. Speziell gegen Feinde gerichtete Augenflecke, die den Erbeutungsprozeß verhindern und die Art vor der genetischen Ausmerzung schützen sollen, zeigen vielfach einen starken Trend zur Naturalistik. Die Konsequenz des Selektionsdruckes in Richtung »überzeugender« Augenmuster wird besonders deutlich aus der bereits erwähnten Tatsache, daß Glanzeffekte von Landtieren oft sehr geschickt »nachgeahmt« werden, von Wassertieren entsprechend der Beschaffenheit ihres Lebensraumes aber nicht. Wie die aus diversen Tierklassen stammenden Beispiele zeigen, erfährt die quer durch das Tierreich generell einheitliche Augenproblematik auch eine weitgehend einheitliche biotechnische Bewältigung. Der Mensch als phylogenetisch gewachsenes, den biologischen Gesetzen unterworfenes Lebewesen, als zoologisch-systematischer Stammbaumpartikel unter Millionen, hatte weder Möglichkeit noch Veranlassung, aus dieser durchgehenden Gesetzlichkeit auszubrechen. Als Jäger, der Beutetiere orten, als Gejagter, der Feinde erkennen, und als Kumpan unter Kumpanen, der verstehen und verstanden werden muß, kommt er um die Spielregeln des Augensignalsystems nicht herum. Das einzige, was ihn von seinem zahlenmäßig unüberschaubar großen Verwandtschafts- und Ahnenkreis abhebt, ist die Tatsache, daß er sich als höchst leistungsfähiges Werkzeugtier das Attrappenauge gleichsam als »Waffe« selbst schafft und es dann zwar organanalog, aber organunabhängig verwendet. Es ist ihm nicht phylogenetisch gewachsen, sondern er zeichnet, malt, schnitzt und formt es mit seinen Händen, wie er es braucht. Dadurch aber wird dieses Instrument vor allem im magischen Bereich, wo der Feind kein ökologisch integrierter, sondern ein ganz oder teilweise erfundener und daher außerhalb des natürlichen Selektionsprozesses stehender Faktor ist, viel stärker variiert als die Abschreck- und Ablenkaugen bei Tieren. R. Riedl (1975) zeigt anhand erfundener Tierfiguren von Hieronymus Bosch, wie weit der Gestaltungsspielraum biologischer Strukturen, die auf dem Weg menschlicher Phantasie aus der realen Abhängigkeitsordnung (»Interdependenz«) gelöst wurden, letztlich gehen kann. Im Falle der Augenzeichen resultiert daraus eine Fülle sehr eigenwillig wirkender, über den ganzen breiten Attrappenfächer menschlicher Wahrnehmung dahinwuchernder Variationen in Form von Amuletten, Symbolzeichen und Ornamenten, die aber sämtliche von Tieren bekannten Möglichkeiten des Dämpfens, Versteckens oder Betonens der Augengestalt bis hin zur raffinierten Imitation miteinschließen. Ohne Kenntnis der Bedeutung von Augen und Augenattrappen im Tierreich sind die komplizierten »magischen Waffengarnituren« des Menschen jedenfalls nicht zu verstehen.

2 Das Tier in seiner Welt: Feldforschung

Hans W. Fricke
Die Geschichte von Odonus

Im Unterwassernaturschutzpark von Eilat am Roten Meer schwamm ich im Herbst 1969 täglich eine bestimmte Riffstrecke ab, um die Standorte vorher markierter Fische zu kontrollieren. Durch die regelmäßige Arbeit im selben, überschaubaren Gebiet lernte ich viele Fische persönlich kennen. Manchmal wartete ich sogar an einer bestimmten Stelle, bis ich den einen oder anderen Fisch gesehen hatte; erst dann schwamm ich weiter. Das geschah sicherlich unbewußt; Konrad Lorenz würde mein Verhalten ritualisiert nennen. Auf diese Weise lernte ich auch Odonus kennen, einen großen dunkelblauen Drückerfisch mit wissenschaftlichem Namen *Balistes fuscus*, manche sagen auch *Pseudobalistes fuscus*. Diese Art sieht einer anderen Drückerfischart, *Odonus niger*, täuschend ähnlich. Anfänglich verwechselte ich sie beide. Der Name Odonus gefiel mir jedoch so gut, daß ich ihn auch später für dieses eine bestimmte Tier beibehielt. Odonus zeigte mir viel Neues und lehrte mich, daß Verhaltensforscher längst nicht alles über Fische wissen und das Staunen auf keinen Fall verlernen sollten.

Ich erkannte Odonus an den Augen und der besonders gewölbten Stirnpartie. Anfangs war er sehr scheu und traute sich nicht an mich heran. Distanzen lassen sich leicht durch Futter überwinden! Sehr schnell hatte er mitbekommen, daß dieses komische schwarze Wesen mit den merkwürdigen spinnenartigen Gliedmaßen, einem einzelnen Zyklopenauge vor dem Gesicht und dem gelben, zylindrischen Körper auf dem Rücken, das in Abständen riesige Mengen von Luftblasen erzeugte und dazu noch schauerlichen Lärm machte, Futter bedeutet. Aus der Sicht des Fisches eine vollkommen abartige Erscheinung, eine Reizsituation, die normalerweise wilde Flucht auslösen würde, wenn dieses äußerlich so gefährliche Wesen nicht täglich Seeigel mitbrächte – die Leib- und Magenspeise eines Drückerfisches.

Manchmal schwamm Odonus wie ein treuer Dackel hinter mir her. Allerdings mußte ich ihn immer wieder füttern. Er wurde immer listiger, tauchte an den unmöglichsten Stellen plötzlich auf und störte meine Arbeit erheblich, weil er häufig Fische vertrieb, die ich gerade beobachtete. Manchmal bin ich wütend auf ihn zugeschwommen und piekte ihn mit meinem Schreibstift in die Seite. Odonus lugte jedoch bald wieder mit seinen großen Augen hinter einer Koralle hervor und wartete auf ein freundliches Zeichen von mir – auf einen Seeigel. Ich fragte mich, ob Odonus auch ohne meine Hilfe den Seeigel erbeuten könnte, und setzte eines Tages einen Seeigel einfach auf den Grund. Etwas Unglaubliches geschah! Odonus blies den Seeigel so kräftig an, daß er bereits nach kaum fünf Sekunden umgefallen war. Dann zielte er geschickt auf die Mundseite und stürzte sich mit Vehemenz auf den Körper. Die Zähne knirschten, als der kalkige Seeigelkörper zerbrach. Odonus fraß die Innereien seiner Beute auf. Zurück blieben Stachelreste, kreisförmig am Boden verteilt, so wie ich sie früher auch in anderen Riffen gesehen hatte. Ein Zufall löste das alte Geheimnis.

Der Seeigel war durch das Anblasen umgekippt, und die verletzbare Mundseite kam nach oben zu liegen. Das Blasen hatte ich bei Odonus schon früher beobachtet, wenn er im Sand nach Futter suchte. Regelmäßig blies er dabei mit einem kräftigen Wasserstrahl aus seinem Maul verdeckte Nahrung frei. Muscheln, Krebse oder Schnecken kamen zum Vorschein. Der Wasserstrahl war so stark, daß der Sand in der ganzen Umgebung aufwallte. Diese Jagdmethode von Odonus hatte mich schon immer beeindruckt. Ich konnte mir deshalb nicht vorstellen, daß es nur das abartige Verhalten eines einzelnen, verrückten Fisches sein sollte.

In meinem Beobachtungsgebiet waren noch drei andere, sehr scheue *Balistes fuscus* ansässig. Als ich ihnen in respektabler Entfernung Seeigel auf den Boden setzte, dauerte es ebenfalls nur wenige Sekunden, bis diese tödlich verletzt waren.

Eines Tages folgte ich Odonus über fünf Stunden und wechselte sogar unter Wasser das Tauchgerät aus, um ihn ständig unter Kontrolle zu halten. Würde er auch unter ungestörten Bedingungen Jagd auf Seeigel machen? Anfangs hatte ich Odonus mit einem Seeigel gefüttert, den er nicht sofort erledigen konnte. Mit unglaublicher Ausdauer blies er den Seeigel an, um ihn nach vielen Mühen endlich aufs Kreuz zu legen. Ein anderes Mal blies er innerhalb von 20 Minuten einen Seeigel 106mal an, biß dann zweimal zu und mußte schließlich noch 18mal blasen, um ihn endlich zu töten. Der Kopf von Odonus war voller Stacheln und Stichwunden. Die vielen vergeblichen Versuche waren eine arge Geduldsprobe!

Ich beobachtete, daß Odonus auch versteckt sitzende Seeigel erbeutete. Gelang es nicht, sie aus ihrem Unterschlupf zu befreien, fraß er ihnen stückweise die Stacheln ab. Wenn die Stacheln langsam kürzer und kräftiger wurden, packte er den Seeigel fest daran und zog ihn aus dem Versteck heraus. Glückte ihm das nicht, zerbrach er sorgfältig die Stacheln mit dem Maul, bis er den Seeigelkörper von oben auffressen konnte. Mit diesem differenzierten Verhalten konnte Odonus sogar Seeigel erbeuten, die in schwer erreichbaren Verstecken sitzen.

Nach fünf Stunden tauchte ich, zitternd vor Kälte, aber glücklich aus dem Riff auf. Odonus fraß auch unter ungestörten Bedingungen Seeigel.

Irenäus Eibl-Eibesfeldt

Das Turnier der Drachen

Gemütlich tuckerte der Außenbordmotor, die Seele unseres kleinen Beibootes. Mit diesem Geräusch verbinde ich die Erinnerung an die schönsten Stunden der »Xarifa«-Expedition. Kein Wunder, daß ich den Klang noch heute im Ohr habe und daß er wie ein Leitmotiv alle meine Erinnerungsbilder begleitet.

Wir hielten genau auf Fernandina zu. Unwirtlich ragte der Vulkankoloß vor uns aus der See, ein massiger, von schwarzen Lavaflüssen gezeichneter, 1600 Meter hoher Kegel. Je näher wir kamen, desto wüster, aber auch faszinierender schien diese

Insel. Wir fuhren auf der Suche nach einem geeigneten Landeplatz die Küste entlang. Über viele Hunderte von Metern hatte sich frische Lava ins Meer ergossen. Zackig und rauh bildete sie Bänke und Klippen, die unter dem dröhnenden Schlag immer neuer Wellenfronten erzitterten. Wer in diesen Sog geriet, war verloren, so wie jenes Thunfischerboot, das unweit von hier an der Küste lag.

Hinter der Küste dehnte sich, soweit wir sahen, eine Lavawüste, aus der nur selten ein Kaktus emporwuchs. Es sah aus, als hätte es Scherben geregnet!

Bei Punta Espinosa fanden wir endlich eine Landestelle. Um ein paar nadelspitze Klippen herum ging es in eine ausgedehnte Bucht mit ruhigerem Wasser. Mangroven wuchsen hier in kleinen Gruppen, und an einer Stelle sah ich sogar eine Strecke sandigen Strandes, auf dem sich faul ein Seelöwe wälzte.

Wir hielten vor einer großen Lavaplatte, deren Oberfläche gerunzelt war wie die Haut eines Elefanten. Die Lava war im zähen Fluß erstarrt.

Ein Sprung, und ich glaubte mich um Jahrtausende versetzt, zurück in jenes Zeitalter, in dem auf unserer Erde noch die Drachen herrschten. Vor mir und weiter rechts auf einem Felsriegel, der ins Meer hinausragte, lagen buchstäblich Hunderte etwa einen Meter langer Echsen auf dem schwarzen Fels. Neben- und übereinander ruhten sie regungslos in der Sonnenglut, nur den kurzschnauzigen, mit Hornschildern gepanzerten Kopf wachsam erhoben. Langsam, unwillkürlich den Atem anhaltend, pirschte ich mich näher. Aber diese Vorsicht war gar nicht notwendig. Ich konnte ohne weiteres näher gehen. Nur diejenigen, die gerade auf meinem Weg lagen, krochen unmutig mit dem Kopf nickend zur Seite. Schließlich hatte ich einen günstigen Platz mitten unter den Meerechsen gefunden, einen Sitz aus schwarzer Lava. Er war so heiß, daß ich ihn kaum anfassen konnte, aber mit meiner Provianttasche als Unterlage war es dann auszuhalten. Die Meerechsen schienen durch meine Anwesenheit kaum gestört. Sie hielten mich wohl für einen Verwandten der Seelöwen, und so durfte ich ihr Treiben aus nächster Nähe belauschen.

Das Wasser fiel gerade, und als die ersten mit Tang bewachsenen Felsen freilagen, verließen die Echsen eine nach der anderen den Sonnplatz. Ohne Hast ließen sie sich ins Wasser gleiten und schwammen mit langsamen Ruderschlägen zu den grünbewachsenen Felsen hinaus. Mit dem Glas konnte ich sehen, wie sie die Algen abweideten. Sie bissen abwechselnd mit der rechten und linken Kieferseite, genau wie ein Hund, der einen Knochen abnagt. Die so auffällig steil abgestutzte Schnauze eignete sich vorzüglich zum Abweiden des kurzen Bewuchses. Es war lange Zeit ungeklärt, wie die Meerechsen und andere meeresbewohnende Tiere das mit dem Meerwasser aufgenommene Salz wieder ausscheiden. Bekanntlich geht der Schiffbrüchige zugrunde, wenn er Meerwasser trinkt, denn die Niere des Menschen ist nicht imstande, die im Seewasser enthaltenen Salze auszuscheiden. Die Meerechsen aber nehmen mit ihrer Nahrung große Mengen an Seewasser auf, ohne daß es ihnen schadet. Erst kürzlich hat man herausgefunden, daß die Echsen jederseits vor dem Auge eine große Salzdrüse besitzen, deren Ausführungsgang sich in die Nasenhöhle öffnet. Diese Salzdrüse scheidet eine Flüssigkeit ab, deren Salzkonzentration höher ist als die des Meerwassers. Die Salzlösung wird in Form feiner Tropfen aus den Nasenlöchern ausgestoßen. [...]

Die Meerechsen hier waren besonders kräftig und wesentlich dunkler als jene, die ich auf Osborn und Hood (Española) kennengelernt hatte. Keine einzige war bunt. Später stellte ich dann fest, daß es sich bei diesen Verschiedenheiten um echte rassische Unterschiede handelte, eine Tatsache, die deshalb interessant ist, weil man bisher meinte, die Meerechsen würden leicht von Insel zu Insel schwimmen und sich daher ständig mischen. Das ist nun aber offenbar nicht der Fall. Beobachtet man sie länger, dann sieht man, daß sie es vermeiden, weit ins Meer hinauszuschwimmen. Bereits Darwin stellte fest, daß eine Meerechse, die man ins Wasser wirft, an der nächstbesten Stelle gleich wieder an Land steigt. Diese starke Landbindung ist wohl auf die Furcht vor den Haien zurückzuführen. Man hat in Haimägen wiederholt Meerechsenreste gefunden.

Allmählich wurde es leer um mich herum. Fast alle Echsen waren unterwegs. Es war sehr heiß, und es gelüstete mich nach einem Bad. Vorsichtig, so wie ich es von den Meerechsen gelernt hatte, schwamm ich zu den Felsen hinaus, das tiefe Wasser meidend. Die Meerechsen, denen ich im Wasser begegnete, tauchten scheu vor mir weg und krallten sich, wie ich durch die Taucherbrille sehen konnte, am Grunde fest. Sie waren hier im Wasser deutlich scheuer als an Land, was begreiflich ist, denn hier drohte ihnen ja besondere Gefahr. Bei den Felsen angelangt, sah ich mehrere Meerechsen unter Wasser zwischen den Felsen und niedrigen Korallenstöcken sitzen. Sie nahmen sich dort zwischen Füsilieren, Engelfischen und gelbschwänzigen Seebadern sehr seltsam aus. Ich dachte zunächst, sie hätten sich vor mir dorthin geflüchtet, aber dann sah ich, wie eine Echse unter Wasser Algen fraß, was mich sehr überraschte.

Ich habe dieses Verhalten später noch oft beobachtet und auch gefilmt. Bis zu einer halben Stunde sah ich die Echsen unter Wasser weiden. Sie bewegten sich dabei mühelos über den Meeresboden, ohne gegen Auftrieb ankämpfen zu müssen. An gefangengehaltenen Tieren sah ich später, daß sie regelmäßig kleine Steinchen verschluckten. Das mag den Tieren als Ballast dienen. Bei Fernandina fraßen die Meerechsen selbst bei 19 Grad Celsius unter Wasser. Kleine Jungtiere sah ich dagegen immer nur über Wasser fressen. [...]

Untersuchungen von G. A. Bartholomew haben ergeben, daß Meerechsen eine Körpertemperatur bevorzugen, die zwischen 35 und 37 Grad Celsius liegt. Sie zeigen aber noch bei 40 und 25 Grad Körpertemperatur ein normales Verhalten. Beim Tauchen kühlen die Tiere je nach Körpergröße verschieden schnell aus. Bei einer Differenz von 10 Grad Celsius zwischen Körpertemperatur und Wasser betrug die Abkühlungsrate nach Bartholomew für verschieden schwere Echsen folgende Werte:

Gewicht / Gramm	Abkühlungsrate Grad / Minute
165	2,53
794	1,14
1361	0,63
1490	0,64
3118	0,39

Die unterkühlten Tiere erwärmen sich sehr schnell an der Sonne auf die bevorzugte Temperatur. Überhitzung vermeiden sie, indem sie ihre Körperhaltung so ändern, daß nur eine verhältnismäßig kleine Fläche der Sonne ausgesetzt wird und der Wind den Körper kühlt. Verhindert man diese Anpassung, dann sterben die Tiere, wenn ihre Körpertemperatur 46 Grad Celsius erreicht, wie das Bartholomew in einem Fall feststellte.

E. S. Hobson fand Meerechsen noch in 12 Meter Tiefe weidend. Auch bei einem erzwungenen Aufenthalt von 50 Minuten unter Wasser bleiben die Meerechsen ruhig. Die Pulsschlagfrequenz sinkt bei den tauchenden Echsen von 40 auf 10 Schläge pro Minute, erhöht sich jedoch sogleich nach dem Auftauchen.

Die Meerechsen leben im Freien in erster Linie von Meeresalgen; Ch. C. Carpenter ließ den Mageninhalt mehrerer Echsen bestimmen. Man fand folgende Arten: *Bostrychia sp.*, *Tylotes ecuadorianus*, *Bryopsis indica triseriata*, *Plocamium pacificum*, *Prionitis abbreviata*, *Glossophora galapagensis*, *Lophosiphonia villum*, *Pterosiphonia paucicorticata*, *Blossevillea galapagensis* und *Gelidium hancocki*. Daneben fand man auch Reste von Krabben, und ich sah Meerechsen an der Nachgeburt von Seelöwen fressen. Auf Santa Cruz fressen die vor der Veranda des Siedlers Karl Angermeyer lebenden Meerechsen auch Fleisch, Reis, Brot und andere Nahrung, die ihnen Angermeyer anbietet.

Der Tiefpunkt der Ebbe war mittlerweile überschritten. Das Wasser stieg rasch, und da mit auflaufendem Wasser auch Haie ins Seichte zu schwimmen pflegen, zog ich mich wieder auf meinen Platz am Ufer zurück.

Auch die Meerechsen kamen nach und nach zurück. Sie wanderten dabei zielstrebig, als wüßten sie genau, wohin sie gehörten. Beim Wandern betasteten sie mit der Zunge nach jedem Schritt den Fels; offenbar orientieren sie sich geruchlich. Sie bringen dabei die mit der Zunge aufgenommenen Duftträger in eine Riechgrube im Mundhöhlendach. Ich stellte später durch Verfrachtung einzelner Echsen fest, daß sie tatsächlich ortstreu sind und über 300 Meter ausgezeichnet heimfinden.

Die Heimgekehrten legten sich zunächst einmal flach auf den Bauch und erwärmten sich an der Sonne. Große rote Krabben liefen geschäftig zwischen ihnen hin und her. Sie krochen auch auf die Echsen. Ich sah, daß sie sie säuberten. Sie zupften den Echsen die Zecken ab. Später las ich dann in William Beebes lebensvollen Schilderungen, daß er bereits das gleiche beobachtet hatte. Auch Grundfinken betätigten sich als »Putzer«. Anders als die Landleguane, wie ich später sah, reagierten die Meerechsen nicht auf die sie säubernden Finken.

Nach und nach kehrten alle von den Weideplätzen zurück, und ein unübersichtliches Gewimmel bedeckte den Felsen. Aber so verwirrend das zuerst aussehen mochte, längere Beobachtung zeigte, daß auch hier eine strenge Ordnung herrschte. Immer ein erwachsenes Männchen bewohnte einen bestimmten Felsblock, den es mit einigen der etwas kleineren Weibchen teilte. Dieser Felsblock war sein Revier, das es eifrig bewachte. Kam ein Nachbar zu nahe, dann drohten sie beide. Sie öffneten das Maul, daß das rote Innere aus dem schwarzen Gesicht leuchtete, nickten dabei mit dem Kopf und stelzten steifbeinig vor dem Gegner auf und ab, den Nacken und Rückenkamm hoch aufgerichtet. Hin und wieder spritzten sie aus den Nasenlöchern einen feinen Wasserstrahl, der an der Luft wie ein feines Wölkchen zerstäubte. Ein drachenartiges Gebaren, das mich so recht an die dampfschnaubenden Drachen unserer Sagen und Märchen erinnerte. Dieses Zeremoniell genügte in der Regel, um die Streitlust des anderen zu dämpfen.

Manchmal aber kam es auch zum Kampf.

Die erste derartige Auseinandersetzung spielte sich günstigerweise direkt vor meinen Füßen ab. Die Rivalen umstelzten einander auf steifen Beinen. Jeder machte sich dabei möglichst groß und versuchte, dem anderen die Breitseite zur Schau zu bieten. Mit anderen Worten, beide machten mehr aus sich, als wirklich dahintersteckte. Ein sehr weit verbreitetes Prinzip des »Imponiergehabens«, wie es die Verhaltensforscher nennen. Diesmal schien es jedoch den Eindringling wenig zu beeindrukken. Er prahlte genauso zurück. Einige Minuten umkreisten sich die beiden, schließlich standen sie sich mit aufgerissenen Mäulern gegenüber.

Ich erwartete jeden Augenblick, daß sie aufeinander losstürzen und sich zu einem Knäuel verbeißen würden. Und wirklich, sie stürzten aufeinander los, aber zu meiner größten Überraschung hielten beide die Köpfe gesenkt. Hart prallten die Schädeldächer aufeinander, und nun versuchte jeder den anderen vom Platz zu schieben. Beide hatten sich in die Lava verkrallt, und ihre Rücken bäumten sich vor Anstrengung hoch auf. Minutenlang währte dieses seltsame Duell. Dann lösten sich die Partner voneinander. Die erste Runde endete unentschieden. Nach kurzem Drohen nahmen die Streitenden einen neuen Anlauf. Diesmal traf der Revierinhaber den Eindringling in die Flanke, und nun konnte dieser nicht mehr standhalten. Langsam, unheimlich langsam wurde er zur Seite gedrückt. Das linke Vorderbein streckte sich mehr und mehr, schließlich löste sich ein Finger nach dem anderen von der Unterlage, und obgleich der Revierfremde zitternd vor Anstrengung alle Kraft zum Widerstand sammelte, wurde auch die letzte Kralle bald aus dem Halt gehoben, und er verlor das Gleichgewicht. Einige Sekunden zappelte er wie ein großer Käfer mit den Beinen in der Luft, dann hatte er seine Normallage wieder, gerade rechtzeitig, um sich eiligst in eine Spalte zurückzuziehen. Kopfnickend stolzierte der Sieger vor ihm auf und ab.

Wohl fünf Minuten blieb der Geschlagene in seiner Spalte sitzen, dann hatte er sich so weit erholt, daß er einen neuen Angriff wagte. Beim erstenmal kam er aber gar nicht aus seiner Spalte heraus, denn sein Gegner drückte ihn einfach von oben wieder hinein. Der zweite Versuch glückte jedoch, und noch einmal entbrannte der Kampf ums Revier und die darin befindlichen Weibchen mit aller Heftigkeit. Wer siegen würde, blieb lange ungewiß, dann aber gewann der Revierinhaber wieder die Oberhand. Schon war sein Gegner bis nahe an die Spalte zurückgeschoben, seine Hinterbeine hingen bereits frei über dem Abgrund, da löste sich der Unterliegende unvermutet vom Gegner und warf sich mit einem Ruck flach vor den Überlegenen hin. Er sackte dabei in sich zusammen wie ein Gummitier, dem die Luft entweicht. Klein, niedergeduckt, mit angelegtem Rückenkamm und seitlich weggestreckten Beinen lag er auf dem Bauch, das armselige Gegenstück der prahlerischen Drohstellung! Und der Sieger? Ich dachte, er würde sich nun erst recht auf den Kapitulierenden stürzen; aber nein, nichts dergleichen geschah. Er respektierte die Demutsgebärde des sich Unterwerfenden! In steifer Drohstellung wartete er, bis sich sein Gegner entfernte! Eine bei den Echsen wirklich einzigartige Kampfweise. Der Kampf war durch und durch ein Turnier, bei dem der Stärkere siegte, ohne den Schwächeren zu verletzen.

Ich durfte an diesem Tage noch einige weitere Turniere dieser ritterlichen Echsen beobachten, und stets wiederholte sich das gleiche. Auf einleitendes Drohen folgte der Kampf, in dessen Verlauf beide einander durch Kopfstoßen abschätzten. Merkte einer, daß er eindeutig unterlegen war, dann gab er auf, indem er die Demutsstellung einnahm. Damit war der Kampf entschieden. Die Regeln dieses »Kommentkampfes« waren streng festgelegt. Das zeigte mir noch eine andere Beobachtung. Nachdem ich einige Kämpfe gesehen hatte, wollte ich weitere künstlich auslösen. Ich fing ein stattliches Männchen und setzte es in das Revier eines anderen, und da geschah nun wieder etwas Unerwartetes. Der Revierinhaber stürzte wütend auf den Eingedrungenen, biß ihn kräftig in den Nacken und schüttelte ihn eine Weile, bis es dem verzweifelt Strampelnden gelang, sich zu befreien und zu flüchten. Und das wiederholte sich, sooft ich diesen Versuch machte. Ich sah dann auch, daß jene Männchen, die auf der Flucht eilig ein anderes Revier durchquerten, ebenfalls vom Revierinhaber heftig angegriffen und gebissen wurden. Offenbar löst formloses Eindringen eines Männchens sofort einen Beschädigungskampf aus. Es gehört eben zu den Kampfregeln, daß man das genaue Einleitungszeremoniell – Kopfnicken und Imponiergehabe – befolgen muß. Nur dann kommt es zum Turnier.

Daß Meerechsen einander normalerweise nicht beißen, hat eine große arterhaltende Bedeutung. Würden sich die Tiere mit den Kiefern packen, dann würden sie einander oft schwer verwunden, denn beide Kiefer sind mit scharfen dreispitzigen Zähnen besetzt. Durch die Ausbildung des Kommentkampfes wird jedoch der Mord an Artgenossen vermieden, sehr zum Guten der Art, denn oft ist ja das unterliegende, schwächere Tier kein kränkelndes, biologisch minderwertiges Individuum, meist handelt es sich um jüngere Männchen, denen die Gelegenheit zum Heranreifen gegeben werden muß!

Konrad Lorenz
Das Jahr der Graugans

Das wichtigste Untersuchungsobjekt unserer Station, das seit langem im Mittelpunkt meines Interesses steht, ist die Graugans.

Graugänse bewohnen im allgemeinen die nördlichen Regionen von Europa und Asien; die uns am nächsten liegende wilde Population ist die des Neusiedlersees, östlich von Wien. Im allgemeinen ist die Graugans ein Zugvogel, nur in Schottland gibt es nichtwandernde Populationen. Der Weg, auf dem die Graugänse im Herbst nach Süden ziehen, scheint nicht angeboren zu sein, sondern durch Tradition weitergegeben zu werden. Jungaufgezogene Gänse, deren Pflege-Eltern ihnen nicht den Weg der herbstlichen Wanderung zeigen können, bleiben diesen Menschen und dem Ort ihrer Aufzucht treu.

Ich werde oft gefragt, warum wir gerade Graugänse zum Gegenstand so ausgedehnter Studien machen. Eine große Anzahl von Gründen ist hierfür maßgebend. Ausschlaggebend ist der Umstand, daß die Graugans in vielen entscheidenden Punkten ein dem Menschen analoges Familienleben hat. Wohlgemerkt, wir vermenschlichen die Tiere keineswegs, sondern wir finden völlig objektiv und nicht ohne eine gewisse Verwunderung, daß z. B. die Eheschließung bei Gänsen fast genauso verläuft wie bei uns selbst. Einem plötzlichen Sich-Verlieben des jungen Männchens folgt eine intensive Werbung um ein bestimmtes junges Weibchen, manchmal stark behindert durch einen bösen Vater. Die Werbung ist in vielen Einzelheiten der eines jungen Menschenmannes geradezu lächerlich ähnlich: Der junge Ganter protzt mit Mut und Kraft.

Er sucht etwas darin, andere Ganter, darunter auch solche, vor denen er normalerweise Angst hat, anzugreifen und zu vertreiben, wohlgemerkt aber nur, wenn die »Umworbene« zusieht. In ihrer Gegenwart prahlt er durch Zur-Schaustellung seiner Körperkraft. Selbst um kleine Strecken zurückzulegen, die jede nicht verliebte Gans vernünftigerweise zu Fuß durchschreiten würde, fliegt er auf, beschleunigt seinen Abflug stärker, als jede »normale« Gans es je tut, um, bei der Dame angekommen, scharf abzubremsen. Er benimmt sich in dieser Hinsicht also genau wie ein junger Mann auf einem Motorrad oder im Sportwagen. Wenn die Gans auf seine Werbung eingeht, entwickeln die beiden eine Zeremonie des Zusammenhaltens, das sogenannte Triumphgeschrei, und bleiben einander, wenn nichts dazwischenkommt, lebenslang treu.

Wie wir noch sehen werden, kommt aber manchmal etwas dazwischen, genau wie bei uns Menschen.

Ein starkes Band zwischen den Gatten ist die gemeinsame Liebe zu den Kindern, die ihrerseits den Eltern treu anhängen. Wenn ein Gänsepaar in einer Brutperiode sein Gelege oder seine Jungen verliert, so kehren regelmäßig die jungen Gänse des Vorjahres, soweit sie noch nicht »verlobt« sind, zu den Eltern zurück. Dasselbe tun Gänse, die ihren Ehepartner verloren haben; sie schließen sich dann an Eltern oder an unverheiratet gebliebene Geschwister an. Kurz, das Familien- und Gesellschaftsleben zeigt einige verblüffende Ähnlichkeiten zu dem unseren und gibt uns genug Rätsel auf.

Ein besonderer Umstand aber macht die Graugänse zu einem überragend günstigen Objekt für tiersoziologische Untersuchungen: Graugänse, die man vom Ei ab in menschlicher Obhut aufzieht, übertragen die treue Anhänglichkeit, die sie unter natürlichen Verhältnissen ihren Eltern gegenüber beweisen, auf den menschlichen Pfleger. Es klingt sentimental, ist aber eine objektive Tatsache, daß unsere Graugänse zum größten Teil durch ihre dauernde Freundschaft zu ganz bestimmten Menschen an den Ort gebunden bleiben, an dem wir sie haben wollen.

Das Almtal, in dem wir unsere neue Gänsesiedlung begründen wollten, ist in einer Hinsicht großartig geeignet für eine Gänsepopulation, die im Herbst nicht nach Süden fliegt: Der Almsee wird nämlich aus artesischen Quellen gespeist, die aus der Tiefe des Gesteins kommen und auch im Winter so warm sind, daß der See nie zufriert. Auch die Teiche des Cumberlandschen Naturwildparkes und unsere eigenen Teiche in Oberganslbach werden von Sickerwasser gespeist, das vom Almfluß her durch tiefere Schotterlagen eindringt. Alle diese Gewässer frieren daher im Winter nie zu.

Weniger günstig ist es, daß das Almtal ein schmales Gebirgstal ist und nur in der unmittelbaren Umgebung von Oberganslbach, in der Umgebung des Almsees und auch in der des Auingerhofes jene offenen Weideflächen besitzt, wie Gänse sie benötigen. Heute haben die Gänse es gelernt, diese drei Lokalitäten zu ihrem Aufenthalt zu bevorzugen, und wechseln sinnvoll zwischen ihnen hin und her.

Es war nicht ganz leicht, die Graugans-Siedlung, die am Ess-See des Max-Planck-Institutes in Oberbayern fest eingewöhnt war, nach Österreich zu verpflanzen, und die Geschichte dieser Übersiedlung ist an sich schon interessant genug. Wir machten uns die schon erwähnte Anhänglichkeit der Gänse an ihre Zieh-Eltern auch für die Zwecke ihrer Übersiedlung von Seewiesen in Bayern nach Grünau im Almtal zunutze. Schon im Frühling 1973 fanden sich vier aufopferungsbereite Gänse-Pflegemütter, drei Mädchen und ein junger Mann, dazu bereit, je eine Schar junger Graugänse zu führen. Sie mußten ihren Dienst schon im April antreten, zur Zeit, da junge Graugänse aus dem Ei schlüpfen. Noch ehe die Pflegekinder flügge waren, mußten sie ins Almtal gebracht werden, denn für jeden Vogel ist die eigentliche Heimat da, wo er zu fliegen beginnt und fliegend die weitere Umgebung erkundet. Damit war uns der Zeitpunkt der Übersiedlung für die ersten Gänse vorgeschrieben: sie mußte vor Ende Juni stattfinden. Zu dieser Zeit waren aber die Hüttchen an unseren Teichen noch nicht fertig, und unsere Gänsemütter nahmen es in heroischer Weise auf sich, in einer Wildfütterungshütte zu kampieren, deren Seitenwände nur aus Lattengitter bestanden, durch das Wind und Nebel ungehindert Eintritt fanden, der Regen auch, wenn der Wind etwas stärker war. Selbst im Juni gibt es im Almtal viel Wind, Regen und Nebel!

Gleichzeitig mit den vier Scharen von diesjährigen, handaufgezogenen Junggänsen übersiedelten wir mehrere Gruppen von vorjährigen Gänsen, die von denselben Pflege-Eltern aufgezogen worden waren. Auf ihre Anhänglichkeit konnten wir also rechnen. Dazu nahmen wir noch einige Gänsefamilien mit noch flugunfähigen Jungen, da wir annehmen konnten, daß diese im Interesse ihrer Kinder keine Versuche zur Flucht machen würden. Zunächst brachten wir diese Vögel in einer der Cumberland-Stiftung gehörenden Volière unter, die an einem Teich etwa einen Kilometer stromabwärts von unserer Wildfütterung inmitten des Parks liegt. Als wir sie nach wenigen Tagen freiließen, gab es Schwierigkeiten. Zwar fanden die vorjährigen handaufgezogenen Gänse sofort wieder Anschluß an ihre Pfleger und blieben bei ihnen, die Familien mit den Jungen aber wollten fort, wanderten weit umher und mußten jeden Abend in mühevoller Hüte-Arbeit an den großen Teich zurückgetrieben werden. Das war nötig, weil sie nur dort vor den vielen Füchsen sicher waren, die unser Tal bevölkern. Allmählich gewannen auch diese Gänse Vertrauen zu den Pflegern und übersiedelten vom »Volièrenteich« zur Wildfütterung, die zunächst das Zentrum unserer Gänsesiedlung darstellte.

Als nach der Mauser alle Gänse wieder fliegen konnten, erkundeten sie mit den heurigen, inzwischen auch flugfähig gewordenen Junggänsen die Umgebung und waren bis zum Herbst bereits so heimisch geworden, daß sie, als die befreundeten Menschen in das Institutsgebäude umzogen, ohne weiteres mitgingen, sich dauernd in der Nähe des Hauses aufhielten und nur zum Übernachten größere Teiche und vor allem den Almsee aufsuchten. Dieses Verhalten hat sich inzwischen zur Tradition gefestigt. Im Sommer sind die Hüttchen an unseren Teichen das Zentrum der Gänsesiedlung, im Herbst und Winter ist es der Auingerhof. Eines schönen Herbsttages stehen die Gänse dann plötzlich vor diesem Haus, manchmal schon ehe die Menschen eingezogen sind. Sie bleiben aber nur da, wenn sie ihre menschlichen Freunde vorfinden.

Wenn es im Frühwinter stark geschneit hat, vermeiden die Gänse die Wiese. Sie fallen nicht gern in tiefem Schnee ein, der ihnen auch den Abflug erschweren würde, und ziehen es nun vor, sich auf den schneefreien Kiesbänken im Flachwasser des Almflusses aufzuhalten.

Sie nächtigen zu dieser Jahreszeit auf dem Almsee, auf dessen großer Wasserfläche sie vor Füchsen sicher sind, und kommen jeden Morgen kurz nach Tagesanbruch vom See her talab geflogen. Der See liegt ungefähr acht Kilometer entfernt und mehr als hundert Meter höher als der Auingerhof, und die Gänse behalten bei ihrem Morgenflug die Höhe ihres Abflugortes bei. Oft kommen sie noch viel höher daher, da die im Gebirge häufigen Aufwinde ihnen die Möglichkeit bieten, ohne Anstrengung große Höhen zu gewinnen, und das macht ihnen offensichtlich Spaß. Sie machen dann auch dem Zugtrieb Luft, der sie im Herbst und Frühjahr beherrscht, und ziehen hoch über die schneebedeckten Gebirge weit umher, ehe sie bei uns auf den Kiesbänken in der Nähe des Stationsgebäudes einfallen.

Ich empfinde es als einen unaussprechlichen, auch durch lange Gewohnheit nie abgestumpften Reiz, wenn freifliegende Vögel von weither auf mich zukommen. Der arme – aber auch böse – Mensch sieht die wilden Tiere ja fast immer nur *von hinten*! In allen Ländern der Erde, in denen der Mensch mit wilden Tieren in Berührung kam, ist er heute als gefährlichstes und mitleidlosestes aller Raubtiere bekannt und verrufen; es gibt kaum ein Tier, das nicht flieht, wenn es das Herankommen des Menschen rechtzeitig bemerkt, und sei es noch so groß und stark, noch so schwer bewaffnet. Nur wo der Mensch den Tieren *unbekannt* ist, kommen sie ihm voll Vertrauen entgegen, das leider meist unangebracht ist. Man muß schon auf die Galápagos-Inseln oder in die Antarktis fahren, um Tiere zu finden, denen man sich auf wenige Schritte nähern kann, ohne daß sie davonlaufen oder -fliegen.

Wenn einer von uns zufällig im Walde einem größeren Säugetier begegnet, so sieht er nur für Bruchteile von Sekunden ein erschrecktes Tiergesicht. Fast die ganze ihm zugewandte Fläche wird von Sinnesorganen eingenommen. Große, aufgerichtete Ohren, weit aufgerissene Augen und geblähte Nüstern. Im nächsten Augenblick sieht er meist gar nichts, nur wogende Zweige oder doch höchstens eine rapide entschwindende Hinteransicht des Tieres. Vögel, vor allem größere, wie Raubvögel, Raben oder Wasservögel, sind in freier Natur fast noch scheuer als Säugetiere, und um sie aus nächster Nähe zu sehen – und zu photographieren –, muß man die ganz schlau ausgearbeitete Technik des Jägers anwenden, das heißt sich anschleichen oder an geeigneter Stelle wohlgetarnte Verstecke bauen.

Der Mensch fühlt sich als »Herr der Erde« und ist es auch, wenn auch im eben angedeuteten und wenig wünschenswerten Sinne – jedoch nur auf trockener Erde. Im Meer ist er ein ganz bescheidenes Fischchen, und ich erinnere mich deutlich, wie ein großer Barrakuda, den ich naiverweise fortjagen wollte, Drohstellung annahm und mir die Zähne wies. Ich bemerkte bei dieser Gelegenheit auch, wie schlecht man mit Gummiflossen rückwärts schwimmen kann.

Von solchen, wenig erfreulichen Ausnahmen abgesehen, kann sich der Mensch freilebenden Tieren nicht nähern, ohne daß sie fliehen; er ist aus dem Paradies des friedlichen Zusammenlebens mit seinen Mitgeschöpfen ausgestoßen. Wenn nun aber freilebende Tiere von weither auf mich zukommen – nicht etwa, weil sie mich nicht bemerkt haben, sondern, gerade umgekehrt, *weil* sie mich gesehen und gehört haben –, so scheint es mir, als sei diese Austreibung aus dem Paradies rückgängig gemacht worden.

Ich stehe im Almtal, an einer Stelle, an der wir manchmal mit den Gänsen ein Rendezvous haben. Es ist früher Morgen, die Bergspitzen haben schon etwas Sonne, das Tal liegt noch in tiefer Dämmerung, gerade über der Stelle des Talbodens, an der ich stehe, breitet sich eine Wolkendecke. Da höre ich über mir, hoch in der Luft, vorüberfliegende Gänse rufen, gebe Antwort und bekomme sofort Rückantwort, und zwar, wie ich höre, von der Stimme einer Schneegans. Wir hatten damals noch eine einzige Schneegans, namens Arco, die es leider inzwischen vorgezogen hat, an das Max-Planck-Institut in Seewiesen zurückzukehren. Damals war sie noch im Almtal, und an jenem Morgen flog sie noch mit unseren Graugänsen. Kaum, daß sie gerufen hatte, sah ich sie durch ein kleines blaues Loch in der Wolkendecke, von der Sonne beschienen, ein leuchtendes weißes Sternchen, hoch am Himmel. Gleich darauf war sie hinter den Wolken verschwunden, aber sie hatte mich gehört, und an einer kleinen Bewegung des Kopfes hatte ich bemerkt, daß auch sie mich gesehen hatte. Sekunden später fiel der weiße Vogel aus den Wolken und landete dicht bei mir; die Graugänse flogen weiter talab, bis dahin, wo die Wolkendecke aufhörte, ließen sich dort sinken und kamen unter den Wolken fliegend zu mir zurück.

Jetzt im Herbst, da ich diese Zeilen schreibe, kommen viele, viele Gänse jeden Morgen vom Almsee, an dem sie genächtigt haben, zum Auingerhof zurückgeflogen. Jeden Morgen fallen sie aus großer Höhe vom Himmel herab und landen auf der Wiese vor dem Haus. Das ist so sicher wie das Amen aufs Gebet, und wir haben ein sehr bequemes Bänkchen mit Tisch an jener Stelle in der Wiese gebaut, von der man die Gänse am besten beobachten kann. Jeden Morgen, den ich in Grünau bin, sitze ich dort und warte auf die Gänse, und jeden Morgen ist ihre Ankunft das gleiche Fest für mich, das gleiche Wunder, wenn sie ihren Flügelschlag einstellen, im Gleitfluge langsam an Höhe verlieren, in steilem Sturzfluge zu uns herabkommen und ganz nahe bei uns einfallen.

Adolf Portmann

Der Vogelzug

Leicht und willig lernen wir im Buch der Natur die Sprache mancher Bilder, die unmittelbar zu unserem Gemüt sprechen. Der herbstliche Vogelschwarm am Himmel ist eines von ihnen. Wir glauben sehr bald zu durchschauen, was sich da Jahr für Jahr vor unseren Augen abspielt. Der Vogelzug im Spätjahr ist ein Vorbote des kommenden Winters. Daß die Vögel den Schwierigkeiten dieser harten Zeit ausweichen, scheint die klare Antwort, wenn nach dem Sinn der Wanderungen gefragt wird.

Die Wirklichkeit ist weniger klar und einfach, und je tiefer wir eindringen, um so rätselhafter wird, was zuweilen selbstverständlich erscheint. Fangen wir einmal an, auf die Abreisezeiten zu achten, die wir für unsere heimischen Zugvögel recht genau kennen. Wie viele Vögel verlassen uns zur hohen Sommerszeit! Eine Lachmöwe, die wir seinerzeit am 5. Mai in einem Ried mitten in der Schweiz im Nest noch im Daunenkleid beringt hatten, ist am 14. Juli im Gebiet der Rhonemündung als ausgewachsener Vogel erlegt worden. Der Jungvogel im braungesprenkelten Erstlingskleid hat die uralte Wanderstraße der Möwen zu einer Zeit beflogen, als die Alten im heimatlichen Ried noch eine Weile den günstigen Sommer ausnützten.

Ein junger Kuckuck wächst im fremden Singvogelnest auf, ohne seine Eltern zu kennen, ohne jede Möglichkeit, von erfahrenen Alten Anweisungen für die Wanderfahrt zu bekommen. Und doch schlägt er mitten im Hochsommer den Weg nach Süden ein, trifft sich mit Altersgenossen, die so arm an Erfahrungen sind wie er, alle nur von ererbten Antrieben beherrscht und von rätselhaften verborgenen Instrumenten im Innern geleitet. Bei wie vielen Arten reisen die Jungvögel getrennt von den Eltern, nicht selten vor diesen weg – sie haben weder ein Wissen vom kommenden harten Winter, noch werden sie mitgerissen vom Zugstreben Älterer, denen wir diese Erfahrung zutrauen können. Solche erbliche Auslösung des Vogelzugs mahnt uns daran, wie schwer in diesen Fällen über die Ursachen zu urteilen ist. Verweilen wir noch einen Augenblick bei diesem Problem!

Die Mauersegler, die so sehr zu unserem Sommerhimmel gehören, kommen in unserem Land Ende April, spätestens Anfang Mai aus dem Winterquartier an. Sie ziehen sogleich ihre Brut groß und reisen schon Ende Juli weg. Höchstens drei Monate sind sie hier, die übrige Zeit auf der Reise, und lange Monate weilen sie in Afrika. Sind das nun »unsere« Segler oder die des Kongogebietes? Die Segler brüten bei uns – damit ist für manchen die Frage entschieden.

Die Mauersegler unserer Städte verbringen nur gerade drei- bis dreieinhalb Monate im europäischen Brutgebiet. Der Hauptteil des Jahres gehört dem Wanderleben und dem Aufenthalt im äquatorialen und südlichen Afrika.

So einfach ist es aber nicht. Die langen Sommertage und der Nahrungsreichtum der nördlichen Breiten sind für die Aufzucht der Jungen besonders günstig. Es ist darum sehr wohl möglich, daß die Segler das wichtige Brutgeschäft seit langem in eine besonders vorteilhafte Zone verlegt haben, während ihr eigentliches Land die warmen Tropenländer sind. Bei den Seglern ist das sogar recht wahrscheinlich, da ihre Verwandten ihr Verbreitungszentrum in den Tropen haben. Viele Gattungen leben ausschließlich dort; die Biologen fassen die ganze Gruppe als eine im Grunde tropische auf, wenn auch unsere dunkel gekleideten Spyren gar nicht den Vorstellungen von tropischer Farbenpracht entsprechen.

Leichter fällt es uns, einigen anderen diese Tropenheimat zuzubilligen. Die farbenfrohen Bienenfresser, der schwarzgoldene Pirol, die Blauracke, der Wiedehopf, übrigens auch unser europäischer Kuckuck sind Mitglieder von Gruppen, die ihr Verbreitungszentrum in warmen Zonen haben. Sie alle, wie auch die Segler, könnten wir eigentlich bei uns in Europa als »Brutgäste« bezeichnen. Es ist nicht ausgeschlossen, daß auch Turmfalken und Wanderfalken hierzu gehören.

Viele Zugvögel, so die Drosseln und Grasmücken, sind dagegen Angehörige von Geschlechtern, die in vielen Arten seit langem unsere nördlichen Zonen bewohnen und die als Vögel der Nordhälfte der Erde gelten dürfen. Wenn diese »Nordischen« nach Süden ziehen, verlassen sie angestammtes Land; im Süden sind sie Wintergäste.

Wenn also Segler und Singvögel im Sommer bei uns brüten, so bedeutet das im Leben dieser zwei Gruppen nicht dasselbe, und darum ist die Frage erlaubt, ob es richtig ist, das Brutgebiet einfach und allemal als »Heimat« zu bezeichnen. Auch das Bürgerrecht der Menschen wird ja von Land zu Land verschieden definiert. Es ist Sache unserer Entscheidung, was beim Zugvogel als Heimat gelten soll. Von vielen Vögeln könnten wir ebensogut sagen, daß sie in mehreren Ländern, in vielen Zonen »daheim« seien. Manche sind eigentliche Weltbürger, deren Reise Jahr für Jahr zweimal große Teile eines Erdmeridians ausmacht, die wochenlang in Patagonien und ebenso lange in den Tundren der nördlichen Erdhälfte leben.

Suchen wir nach den Faktoren, die den oft weltweiten Vogelzug im Raum lenken, so öffnet sich ein weites Feld von tieferen Einsichten wie auch von weit offenen Fragen. Diese Fülle ist das Ergebnis der geduldigen Beobachtung von beringten Vögeln.

Zum sicheren Wissen gehört schon seit geraumer Zeit, daß viele Jungvögel ihren ersten Zug ohne jede Vor-Erfahrung allein unternehmen. Das gesamte Verhalten muß im wesentlichen also angeboren sein, und das System der Wegweiser vermag offenbar sofort vollwertig zu arbeiten. Nicht ein unbestimmter Drang zum Ziehen setzt hier ein, vielmehr werden vorbereitete Systeme der Orientierung in Raum und Zeit in Bewegung gesetzt. Die jungen Lachmöwen bezeugen es, die lange vor den Alten wegfliegen und sofort die ihrer Art gemäße Wanderstraße finden. Junge Kuckucke verhalten sich ebenso und manche andere ebenfalls. Die Forscher sprechen daher von der »Primärrichtung« des Zuges, deren Wahl angeboren sein muß. Vielleicht sollten wir gleich bedenken, daß die Wahl dieser Primärrichtung nicht ganz dasselbe sein kann wie die Richtungswahl einer Brieftaube, die nach einem ihr bekannten Ziel, dem heimischen Schlag, den Heimweg sucht. Heimfinden und erste Herbstwanderung sind verschiedene Probleme.

Das Orientierungsproblem kompliziert sich noch dadurch,

daß der Zug je nach Vogelart am Tag oder in der Nacht unternommen wird. Was aber am Tag auf weite Sicht den Zug zu lenken vermag, das ist nachts sicher nicht in gleicher Weise wirksam, und umgekehrt wohl auch. Wenn ein Wesen, das mit der Dämmerung schlafen geht und mit dem Frühlicht aufwacht, plötzlich zum nächtlichen Dauerflieger wird, so ist das allein schon eine Verwandlung, die komplizierte Umstimmungen im inneren Getriebe voraussetzt.

Der Zug am hellen Tag scheint uns für den Vogel am natürlichsten. Betrachten wir deshalb zunächst einmal, was diesen Tagwanderern den Weg weist. Die Biologen sind seit Jahren bestrebt, diese Lenkung zu ergründen. Vicle Möglichkeiten wurden erwogen und geprüft: die Wirkungen des Erdmagnetismus, der Sonne, auch die besonderen Kraftwirkungen, welche durch die Drehbewegung der Erde in den Gleichgewichtsorganen der Vögel, in den Bogengängen wirken müssen (Coriolis-Kräfte nennen das die Physiker).

Als erstes konnten Versuche die Möglichkeit der Sonnenorientierung wahrscheinlich machen. Sie wurden mächtig gefördert durch den Nachweis, daß Bienen, aber auch andere Gliedertiere, darunter recht einfach gebaute, in komplizierter Weise die Sonne zur Orientierung im Raum benützen können. Haben wir doch mit Staunen von den Experimentalbiologen erfahren, daß ein so kleines Gehirn die Tagesstunde kennt, also Zeitorgane hat, und daß es über Einrichtungen verfügt, die den jeweiligen Sonnenstand mit der Tagesstunde zusammenrechnen, um die Richtung zu bestimmen, in der gelaufen oder geflogen werden muß, um den Heimweg zu finden.

Wir wollen eine Strecke weit den Versuchen folgen, die mit Staren angestellt worden sind. Die Erforschung ihres Verhaltens hat uns gelehrt, daß in manchen Situationen sehr geringfügige Änderungen des Gebarens mit ziemlich großer Sicherheit auf einen Wechsel des inneren Zustandes schließen lassen. So ist auch die Unrast, die den Vogel in der Zugzeit überfällt, nicht einfach Unruhe; das Flattern und Hüpfen, das wir im Käfig beobachten, ist gerichtet, und die Richtungstendenz kann sich bereits darin äußern, daß der Vogel sich zum Abflug reckt, selbst wenn es bloß bei dieser Absicht bleibt. Das genaue Aufzeichnen aller Bewegungsrichtungen gibt uns wichtige Aufschlüsse. Wenn der Star einen großen, kreisrunden Käfig zur Verfügung hat, bewegt er sich zu gewöhnlichen Zeiten in allen Richtungen der Windrose, in der Zugzeit aber wird ein Abschnitt deutlich bevorzugt: die artgemäße Zugrichtung. Nähere Prüfung zeigt, daß diese Richtung den ganzen Tag über eingehalten werden kann.

Daß die Sonne etwas mit dem Richtungssinn zu tun hat, beweist der Spiegelversuch: Wenn das Licht im Experiment auf den Vogel nur gespiegelt einwirken kann, dann weicht auch seine Zugrichtung um den Spiegelungswinkel von der normalen ab – das getäuschte Tier hängt also von der Lichtquelle ab. Wie ist es aber dem Vogel möglich, den ganzen Tag über dieselbe Richtung einzuhalten, während die Sonne doch einen Bogen durchmißt? Die weiteren Untersuchungen haben zur Entdeckung des Zeitsinns geführt, der dem Vogel die Tagesstunde meldet, ferner zu der Einsicht, daß der Flugwinkel zur Sonne genau im Sinne der Tageszeit verändert wird. Die Folgerung drängt sich auf, daß im Vogelhirn eine Struktur arbeiten muß, welche die Informationen über Sonnenstand und Tageszeit jeweils zu einer Meldung verarbeitet, die in jedem Augenblick das Einhalten der artgemäßen Zugrichtung ermöglicht. Seitdem wir wissen, daß Ähnliches von einem winzigen Krebs- oder Insektenhirn durchgeführt wird, fällt es uns weniger schwer, dem viel größeren Vogelhirn eine derartige Rechentechnik zuzutrauen. Welche Strukturen aber diese erstaunlichen Leistungen vollbringen, wissen wir weder in dem einen noch im anderen Fall. Viele Varianten des Versuchs bezeugen, daß der Star lediglich den Winkel seiner Zugrichtung zum jeweiligen Sonnenstand verarbeitet, daß er jedoch die Sonnenhöhe nicht in die unbewußten Operationen seiner Nervenzentren einbezieht.

Kontrollbeobachtungen an anderen Vogelarten gaben uns die Gewißheit, daß die Orientierung des Vogelzugs am Sonnenlicht weit verbreitet ist. Außer beim europäischen Star kennen wir diese Möglichkeit beim Rotrückenwürger *(Lanius collurio)* und bei der Sperbergrasmücke *(Sylvia nisoria)*. Dasselbe vermag die Brieftaube sowie *Sturnella*, der Wiesenstärling des amerikanischen Ostens. Hier liegt also sicher eine Eigenart vieler Vögel vor.

Wie aber finden die nächtlich Ziehenden ihren Weg? Man hat zunächst vermutet, daß der Nachtzug vielleicht mit einer letzten Sonnenorientierung auskommen könnte. Aber viele Zeichen sprechen dafür, daß dieses allein nicht genügt. Die ersten Hinweise sind uns durch das Studium unscheinbarer Grasmücken gegeben worden, die im Herbst nach Süden fliegen und oft weit jenseits des Äquators im Südsommer überwintern. Wenn die Zugunrast die kleinen Vögel erfaßt, läßt sich im sorgsamen Registrieren aller Bewegungen auch bei diesen nächtlich Ziehenden die innere Umstellung feststellen.

Wieder ist im normalen sommerlichen Alltag die Richtung beliebig, alle 360 Grade des Horizonts werden zufällig einmal angezielt. Im Herbst hingegen wird der Bewegungsdrang zum gerichteten Zielflug, die Mehrzahl der Flugbewegungen weist jetzt nach Süden, zudem sehr genau in jene südlichen Teile der Windrose, wo die artgemäßen Ziele liegen: im Südosten bei der Klappergrasmücke, im Südwesten beim Schwarzköpfchen, der Mönchsgrasmücke.

Die Versuche brachten eine weitere Einsicht: In sternenklaren Nächten gibt der Vogel das eindeutigste Zeugnis eines gerichteten Zugdranges. In dunkler Nacht bei völlig wolkenverhängtem Himmel ist die Bewegung, wenn der Drang zum Ziehen nicht überhaupt erlischt, weniger gut gerichtet. Mondschein lenkt von der Zugrichtung ab. Solche besonderen Lichterscheinungen werden vom Vogel wohl beachtet. Dagegen stören Wolken vor einzelnen Himmelszonen die Richtungswahl nicht.

Sternenklarer Himmel orientiert also den Zugdrang. Wir zögern wohl alle einen Augenblick vor der Annahme, daß sich der Vogel vom Bild des Sternenhimmels leiten lasse. Und doch zwingen die Versuche zu diesem Schluß!

Wir vergleichen heute ein solches Verfahren gerne mit der Arbeit der Elektronengehirne, die unsere Technik herstellt. Sind wir uns aber auch darüber im klaren, welche Maschinerien wir bauen müßten, um etwas zu erreichen, wie es die Nervengewebe eines Vogelhirns aufbauen können, Strukturen, die in jedem Vogelkeim, bei jeder Brut Jahr für Jahr in mehrfacher Ausgabe von der plasmatischen Bautechnik geformt werden? Wie konnte es im erdgeschichtlichen Werden des Lebendigen zu dieser Beziehung zwischen dem Sonnenlauf, dem Sternenhimmel und dem Verhalten der Vögel kommen?

Wir wissen es nicht. Aber wir müssen doch das Gewicht dieser Frage ermessen. Das wenige, das wir jetzt schon über die Orientierung erfahren haben, mahnt uns daran, die inneren Antriebe und die äußeren Eingliederungen des Wanderzuges nicht zu einfach zu sehen. Wer sich um die Erforschung dieser Weltbeziehung der Tiere müht, muß von den Leistungen der Evolution des Lebens groß denken!

Niko Tinbergen

Über Beschwichtigungsgebärden

Als ich 1951 gemeinsam mit M. Moynihan anfing, das Verhalten der Lachmöwe zu untersuchen, fiel uns die merkwürdig starre Bewegungsfolge auf, die wir jetzt die Paarbildungsfolge oder Begrüßungszeremonie nennen (Moynihan 1955). Das Männchen nimmt bei Annäherung eines Weibchens die »schräge Stellung« (Oblique) ein und »jauchzt« (Long Call); daraufhin läßt sich das Weibchen neben ihm nieder; es folgt die »Vorwärtsstellung« (Forward), in der beide Partner sich meistens parallel ausrichten; schließlich geht zuerst der eine, dann der andere Vogel mit einem Ruck in die »aufrechte Stellung« (Upright) über, in der sie beide zugleich voneinander »wegsehen« (Facing Away oder Head Flagging). Besonders die letzte Bewegung überraschte uns; wir beschrieben sie anfänglich als »Nacken zuwenden«. Ich erinnere mich noch lebhaft, wie wir nach unseren frühmorgendlichen Beobachtungen über die weite Strandfläche zum Zeltlager zurückgingen und darüber sprachen, wie merkwürdig diese Geste doch sei. Wir waren gewohnt, bei solchen auffälligen Balzbewegungen zu *fragen*, ob sie vielleicht irgendeine buntgefärbte Struktur zur Schau stellten. Solches Zusammenpassen von Signalbewegung und

Schaustrukturen war uns ja besonders seit Selous' (1909), Huxleys (1914) und Lorenz' (1935) Arbeiten geläufig. Aber für einen größtenteils weißen Vogel wie eine Möwe schien das Zurschaustellen eines weißen Nackens doch nicht gerade sinnvoll. Da sagte Moynihan etwas zögernd: »Vielleicht ist es gerade umgekehrt; diese Bewegung dient vielmehr dazu, das Gesicht zu verbergen.« Mit einem Schlag kam mir das Aha-Erlebnis; es war mir sofort klar, daß Moynihan etwas Wichtiges gesagt hatte. Ich mußte ihm dann aber lange und begeistert zureden, bis ich meinen Schüler von der Wichtigkeit und Tragweite seiner eigenen Betrachtungsweise überzeugt hatte. Nie vorher war mir so klargeworden, weshalb die Zusammenarbeit zwischen einem jüngeren, plastischer denkenden, ideenreichen Forscher und einem zwar »durch Fachkenntnisse getrübten«, aber auch durch Erfahrung geübten Untersucher so fruchtbar sein kann. Moynihans Gedanke leuchtete mir deshalb sofort ein, weil sich plötzlich so viele andere, bisher rätselhaft erscheinende Tatsachen zu einem einheitlichen Bild zusammenschlossen. Ich glaube auch jetzt noch, daß sich mit der Entdeckung des »Beschwichtigungsanteils« der Balz eine Lücke schloß, der ich mir, allerdings nur halb, bewußt war, seitdem Konrad Lorenz und Jan van Iersel die ersten Schritte zur Entwirrung der komplexen Motivation der Balz unternommen hatten. Die Balz vieler Tierarten enthält ja, wie wir jetzt wissen, Bewegungen, die manchen feindlichen Gesten stark ähneln; und seit van Iersel mich davon überzeugt hatte, daß der bekannte Zickzacktanz des Stichlingsmännchens wirklich ursprünglich und zum Teil noch eine Kombination der Intentionsbewegungen des Beißens und des Zum-Neste-Führens sei (eine zuerst von Lorenz ausgesprochene Vermutung, die wir ihm nicht geglaubt hatten), beschäftigte mich oft die Frage, weshalb es dann nicht zum offenen Kampf zwischen den Geschlechtspartnern käme.

In den letzten Jahren haben wir uns mit dieser Erscheinung besonders bei den Möwen weiter befaßt. Und in diesem, unserem verehrten Freunde, Kollegen und »Ethologenvater« O. Koehler gewidmeten Aufsatz will ich eine kurze Skizze des Problemkomplexes versuchen. Hierbei wird die Evolutionsfrage im Vordergrund stehen: Wie können derartige

Signalbewegungen entstanden sein, und weshalb haben sie sich zu den gegenwärtigen Formen entwickelt? Dabei bin ich mir bewußt, daß wir Teilfragen wie die der Verursachung und der arterhaltenden Funktion »rein kausal« und mit den denkbar kritischsten Experimenten untersuchen können, daß jedoch die letzthin entscheidende Frage der Evolution, wie die uns für immer verschlossene Vergangenheit rekonstruiert werden soll, im besten Falle nur mit einer Antwort belegt werden kann, deren Überzeugungskraft von der Vielheit der Tatsachen abhängt, die in das vorgeschlagene Bild passen. Ich werde versuchen, in dieser kurzen Arbeit die m. E. wesentlichen Argumente für meine Schlußfolgerungen und Gedankengänge zusammenzustellen. Im übrigen muß ich mich doch, dem Vorbild Oskar Heinroths folgend, weitgehend auf die Mitarbeit meiner Leser verlassen und sagen: »Den Reim dazu können Sie sich selber machen.«

Als Ausgangspunkt wähle ich die jetzt wohl allgemein als grundsätzlich richtig erkannte Vorstellung, daß viele Ausdrucksbewegungen (mit oder ohne Signalfunktion) Folgen der Aktivierung zweier oder sogar mehrerer gleichzeitig ausgelöster Bewegungssysteme sind. Damit dieser Schritt der Analyse in richtiger Perspektive gesehen werde, erinnere ich daran, daß viele tierische Bewegungen Komponenten komplexer Systeme sind, die ihren arterhaltenden Wert z. T. dem keineswegs selbstverständlichen Umstand verdanken, daß sie sowohl funktionell wie kausal zusammengehören. Beim normalen Tier treten ja die funktionell verknüpften Ernährungs-, Kampf-, Flucht-, Körperpflege-, Paarungs- usw. -bewegungen zusammen auf. So wenig wir auch noch von ihrer Verursachung wissen, das eine steht fest, daß sie kausal irgendwie miteinander verbunden sind. Das Zerlegen der Motivation (der gesamten Verursachung) einer Ausdrucksbewegung in zwei oder drei solcher Einzelsysteme ist zwar nur der erste, aber ein unerläßlicher und ein wesentlicher Schritt ihrer physiologischen Erforschung.

Die Einsicht, daß viele Ausdrucksbewegungen mit mehreren Bewegungs-Systemen ursächlich zusammenhängen, ist alt. Sie ist aber noch nicht Gemeingut, weil sie noch nicht im strengen Sinne wissenschaftlich begründet ist. Das hängt z. T. damit zusammen, daß erstens viele Wissenschaftler, sogar Zoologen die Tragweite der schon veröffentlichten Tatsachen nicht erkennen, daß zweitens die Erscheinungen selber ungenügend bekannt sind und daß drittens auch wir unsere Tatsachen noch nicht in ausreichend objektiver, nachprüfbarer Form mitgeteilt haben. Ich bin sogar davon überzeugt, daß wir uns selber noch nicht ganz darüber einig sind, welche Tatsachen wir eigentlich zu welchen Schlußfolgerungen benutzen sollen und weshalb wir zu manchen Schlußfolgerungen überhaupt berechtigt sind. Daher scheint mir der Versuch nicht überflüssig, die Methoden der Analyse mit ihren Möglichkeiten und ihren Beschränkungen genauer zu betrachten.

Anscheinend haben wir uns bei der Motivationsanalyse bisher hauptsächlich dreier Methoden bedient:

1. Manche Ausdrucksbewegungen verraten in ihrer Bewegungs*form* ihren komplexen Ursprung. Sie können aus Elementen zweier oder mehrerer Verhaltenssysteme in dreierlei Weise zusammengestellt sein: entweder wechseln Bruchstücke der Teilsysteme sich ab, wie im Zickzacktanz des Stichlingsmännchens (van Iersel 1959), im Pendelflug vieler kämpfender Singvögel, in der Hetzbewegung mancher Enten (Lorenz 1941), oder es sind Komponenten simultan verschränkt, wie in der aufrechten Drohstellung der Möwen (Tinbergen 1960, Moynihan 1955) und in den Gesichtsausdrucksformen der Caniden (Lorenz 1953), oder es entstehen Kompromißbewegungen (Andrew 1956). Natürlich muß man zu einer solchen formalen Analyse das ganze Bewegungsinventar einer Art gut kennen. Weiterhin hängt vieles von der speziellen Fähigkeit des Beobachters ab, auf manche, leicht als trivial übersehene Bewegungskomponenten aufzumerken; so ist mir erst vor kurzem klargeworden, von wie großem Wert z. B. Angaben über die Distanz, in welcher ein Tier vor seinem Gegenspieler anhält, oder über die Orientierung seiner Körperlängsachse sind; beide können u. a. ein Maß für die Beteiligung einer Fluchttendenz sein.

2. Oft sieht man, wie manche Ausdrucksbewegungen regelmäßig mit ganz bestimmten funktionell und kausal mehr oder weniger bekannten Bewegungssystemen *abwechseln*, während

sie mit anderen solchen Systemen sehr viel seltener oder überhaupt nicht gemeinsam auftreten. So hat jede revierverteidigende und manche andere Art eine Reihe von Drohgesten (einschüchternde *Funktion*); diese wechseln in kurzen, oft nur sekundenlangen Zeitspannen sowohl mit Angriff wie mit Flucht ab, aber meistens nicht mit anderen Verhaltensweisen. Die Relevanz dieser Methode beruht nun darauf, daß in konstanter Umgebung eine Hauptstimmung in der Regel nicht plötzlich in eine andere umschlägt. Sie baut sich vielmehr langsam auf und klingt auch allmählich wieder ab (Trägheitsphänomen nach Lorenz 1939).

Diese Methode ist schwer anwendbar, weil beim Zusammentreffen von zwei Tieren der Bedrohte durch seine Reaktion auf das Drohverhalten die Stimmung des Drohenden in der Richtung von Angriff oder Flucht ändern kann. Brauchbar sind deshalb nur solche Beobachtungen, die sich auf eine konstante äußere, durch die Gegner bedingte Situation beziehen. Diese Konstanz kann grundsätzlich in zwei Weisen gesichert sein. Ein geübter Beobachter, dem aufgrund vieler Beobachtungen bekannt ist, welche Reaktionen des Gegners die Kampf- oder Fluchtbereitschaft beeinflussen, kann diejenigen Ereignisse verwerten, in denen der Gegenspieler keine in diesem Sinne bedeutungsvolle Reaktion zeigt. Im Grunde unterscheidet sich dieses Vorgehen nicht von dem des Labor-Experimentators, der eine Ampère-Ablesung deshalb ausschaltet, weil die Nadel beim Zuschlagen einer Tür oder beim Vorüberfahren eines Lastautos zittert. Dem Nichtethologen können wir es aber kaum übelnehmen, wenn er uns dieses Verfahren nicht zugesteht. Diese selektive Beobachtung ist ja sicher schwierig, weil man oft im Bruchteil einer Sekunde das Verhalten beider Tiere beurteilen muß; verschiedene Beobachter sind in dieser Hinsicht sehr verschieden begabt. Der »Wunsch als Vater des Gedankens« kann oft und zu leicht die Entscheidung beeinflussen. Man kann es bedauern, daß so vielen Wissenschaftlern die »Exaktheit« unbelebter Meßinstrumente so übermäßig imponiert, daß sie die Leistungen ihres eigenen nervösen Meßapparates unterschätzen; aber in Anbetracht dieser Tatsache ist es nicht nur nützlich, sondern vielmehr sogar erforderlich, unsere

Methoden möglichst objektiv und nachprüfbar zu gestalten. Deshalb haben wir uns bei unseren Untersuchungen über das Konfliktverhalten auch stets bemüht, konstante Bedingungen zu schaffen.

Beim Prüfen des sozialen Verhaltens kann man das dadurch erreichen, daß man an die Stelle eines wirklichen Gegenspielers eine Attrappe setzt. Nachdem Moynihan die Methode der selektiven Beobachtung angewandt hat, untersuchte auch mein Schüler G. Manley einige Signalbewegungen der Lachmöwe mit der Attrappenmethode. Leider sind vollwertige Attrappen für diesen Zweck oft sehr schwer herzustellen. Wie viele andere Vögel reagieren auch unsere Möwen nur auf befiederte Attrappen. Und weil in diesen Versuchen meistens heftige Angriffe geführt werden, braucht man viel Ersatz durch neue Attrappen, d.h. ausgestopfte Vögel. Es war nun bezeichnend, daß Manley nach den ersten Attrappenversuchen etwas enttäuscht sagte: »Aber diese Versuche zeigen mir nichts, was ich nicht schon aus den Feldbeobachtungen wußte.« Das war nicht etwa ein negatives Urteil über die Attrappenmethode, sondern vielmehr ein positives Zeugnis für die Brauchbarkeit der »selektiven Beobachtung«. Trotzdem war seine Bemerkung nicht ganz richtig. Der Attrappenversuch ist deshalb besser, weil er wiederholbar ist. Man kann nachprüfbare und vergleichbare Daten z. B. folgender Art geben: »Eine ausgestopfte Möwe im Brutkleid; im Anfang der Brutzeit; während zehn Minuten 50 cm vom Nest entfernt aufgestellt; löst in je zehn A-Stellungen zwölf Schnabelhiebe und fünfmal Zurückweichen aus.«

3. Die Motivation von Ausdrucksbewegungen kann noch auf eine dritte Weise beurteilt werden. Wenn man die optimalen *Situationen* kennt, welche bestimmte Bewegungssysteme *auslösen*, dann sieht man oft, daß die Gesamtlage, in der ein ganz bestimmter Ausdruck auftritt, Teile zweier solcher optimaler Einzelsituationen als Komponenten enthält. Ein konkreter Fall: Gewisse Drohbewegungen treten besonders an der Grenze zwischen zwei Nachbarrevieren auf; wenn man nun weiß, daß der Rivale an der einen Seite der Grenze angegriffen, jenseits der Grenze aber gemieden wird, so darf man schließen, daß die Grenze mitten zwischen diesen beiden Extremen liegt

und daß hier ein Gegner gleichzeitig Angriff und Flucht auslösen muß. Es soll betont werden, daß auch hier Erfahrungen über die Flucht und Angriff auslösenden Situationen unbedingt notwendig sind. Vielleicht ist es auch nicht überflüssig zu sagen, daß diese Situationen für unseren Zweck nicht weiter analysiert zu werden brauchen; wenn ich z. B. weiß, daß ein männlicher Stichling im Brutkleid diesseits der Grenze Angriff, jenseits der Grenze Flucht auslöst, so weiß ich für unseren Zweck genug; daß der Rivale vor allem durch seine rote Farbe, nicht aber durch seine Form reizt, ist hier vollkommen belanglos.

Diese drei Methoden sind zwar oft intuitiv, selten aber voll bewußt benutzt worden; ich glaube, daß es notwendig ist, sie genauestens und wiederholbar in vielen Einzelfällen anzuwenden. Hiervon bin ich deshalb überzeugt, weil wir erst so auf die Verschiedenheit der Konflikte, die den verschiedenen Ausdrucksweisen zugrunde liegen, aufmerksam wurden.

Es ist ein glücklicher und sehr ermutigender Umstand, daß immer dann, wenn alle drei Methoden sich anwenden ließen, die Ergebnisse miteinander übereinstimmten. So kann man der Formanalyse der aufrechten Drohstellung der Möwen entnehmen, daß sie auf gleichzeitiger Auslösung von Angriff und Flucht beruht; die Beobachtung der Reihenfolgen ergibt dasselbe, und auch die Situationsanalyse bestätigt diese Deutung.

Nun ist es bei der Untersuchung so komplexer Systeme, von denen man überdies so wenige Variable kennt (von ihrer Beherrschung gar nicht zu reden), immer ratsam, alle verfügbaren Methoden zu gebrauchen. Die drei genannten beruhen alle auf der Deutung der uns von der Natur selber vorgeführten Phänomene.

Wir können aber auch mehr deduktiv vorgehen und nachzuprüfen versuchen, ob die erwarteten Bewegungen auch in solchen Konfliktfällen auftreten, die wir durch Darbieten der die einzelnen Systeme beherrschenden Kausalfaktoren selber schaffen. Dazu bieten sich verschiedene Möglichkeiten an. Bei richtig gestimmten Tieren kann man z. B. mit geeigneten Attrappen Angriff und Flucht simultan auslösen. Als ich vor vielen Jahren ein Stichlingsmännchen innerhalb seines Reviers mit einer Attrappe »besiegte« und anschließend beobachtete, wie beim Abklingen der Fluchtneigung zuerst die senkrechte Drohstellung und dann ein wirklicher Angriff einander folgten (Tinbergen 1940), wußte ich selber noch nicht, daß ich diese Methode, die Teilsysteme zu beherrschen, angewandt hatte. Meine Schülerin Dr. B. Tugendhat hat beim Stichling durch geschickten Einsatz der inneren und äußeren Faktoren Konflikte zwischen Nahrungssuche und Flucht ausgelöst. Durch genaues Beobachten der Folgen auf verschiedenen Aktivitätsebenen beider Systeme erhielt sie Ergebnisse, die sich unseren bisherigen Kenntnissen sehr gut einfügen lassen (Tugendhat 1959). Guten Erfolg erwarten wir auch vom geeigneten Gebrauch chemischer Substanzen (Drogen), die das eine Teilsystem stärker als das andere beeinflussen. Natürlich wird auch die elektrische Hirnstammreizung zur Nachprüfung und weiteren Analyse nützlich sein.

Ich muß zwar gestehen, daß wir mit diesen Methoden nur sehr langsam vorwärtsgekommen sind; trotzdem sind manche Ausdrucksbewegungen uns viel verständlicher geworden. Drohstellungen entstehen anscheinend immer im Konflikt zwischen Angriff und Flucht. Wichtig ist, die beteiligten Aktionssysteme genau zu kennzeichnen. Es ist bedeutungsvoll, ob man ein Teilsystem als »Angriff« oder als »Annäherung«, als »Flucht« oder als »Davongehen« bezeichnet. Eine im weiteren Sinne gedachte Bezeichnung »Annäherung« ist z. B. nur dann berechtigt, wenn man zeigen kann, daß alle Annäherungsarten, gleichgültig unter welchem Motivationszwang, beteiligt sein können. Die aufrechte Drohstellung der Möwen bleibt aus, wenn eine hungrige Möwe sich nicht an die Nahrung heranwagt, weil ein menschlicher Beobachter im Wege ist, oder wenn eine Möwe Nistmaterial sammelt und dabei nicht wagt, sich meinem Beobachtungszelt zu nähern. Sie tritt auch dann nicht auf, wenn eine brütende Möwe das Nest verlassen möchte, vom Anblick der Eier oder der Jungen aber zum Brüten oder Hudern angezogen wird. Das Grasrupfen der Großmöwen bleibt aus, wenn Angst und Nahrungssuche miteinander in Konflikt geraten; wohl aber geschieht es, wenn ein Schaf dem Nest zu nahe kommt. In jedem Falle wechseln bei der Möwe nur Angriffe und Flucht ab; es ist kein anderes System beteiligt. Diese Drohstellungen ergeben sich also nicht einfach aus einem Konflikt zwischen Annäherung und Davongehen; sie sind viel spezifischer und treten nur bei Konflikten zwischen Angriffsstimmung und Fluchtstimmung auf. Einige amerikanische Autoren reden von »approach-avoidance-conflicts«, wenn z. B. Nahrungssuche und Flucht miteinander in Konflikt sind; ob solche allgemeine Bezeichnung berechtigt ist, kann man nicht immer den Tatsachen entnehmen. Jeder Fall sollte daraufhin genau untersucht werden. Es gibt nämlich auch Konflikte zwischen ganz andersartigen Systemen. Die Dreizehenmöwe wendet das Gesicht ab, wenn sie zur Flucht gereizt wird, aber aus irgendeinem Grunde am Ort bleiben will (E. Cullen 1957). Die Eiderente hebt das Kinn, wenn sie Angst hat (zur Flucht gereizt ist) und aus irgendeinem Grunde (geschlechtliche Bindung zum Männchen, elterliche Bindung zur Brut oder vom Hunger verstärkte Bindung zur Nahrungsstelle) ihren Platz nicht verlassen will. Nach Andrew (1956) ist das Schwanzwippen mancher Singvögel ein Zeichen des Konfliktes zwischen Fliegen- und Hüpfenwollen.

Die Art des Konfliktes ist weiterhin in zweierlei Weise *quantitativ* entscheidend für die resultierende Bewegung. Darüber wissen wir etwas von den Drohbewegungen. Schon dem oberflächlichen Beobachter fällt auf, daß in einem knapp ungleichen Kampf der siegende, aber nicht ungehemmt angreifende Vogel eine andere Drohstellung einnimmt als der unterliegende, der sich allerdings auch nicht so schwach fühlt, daß er ungehemmt davonfliegt. Man kann das Aktivitätsgleichmaß dieser beiden Tendenzen genauer festlegen, wenn man im Attrappenversuch wirklichen Angriff und wirkliche Flucht genau auszählt; dann stellt sich nämlich heraus, daß es eine Reihe ambivalenter Bewegungen gibt, von relativ aggressiven zu relativ defensiven Drohgesten. Bei diesen kämpft das Tier nur, wenn es angegriffen wird und nicht davonkommen kann; bei jenen ist Angriff viel wahrscheinlicher. Außerdem ist es bereits klar, daß einige Drohbewegungen einem absolut milderen Konflikt zuzuordnen sind als andere, die nur bei sehr starker gleichzeitiger Aktivierung von Aggression und Flucht auftreten. Drohgebärden werden also vom relativen und vom absoluten Niveau der Angriffs- und Fluchtstimmung beeinflußt.

Die Motivation der Balz, etwa der Paarungseinleitung des Stichlingsmännchens oder der Paarbildungsfolge der Lachmöwe, ist noch komplizierter. Bei der Lachmöwe (Moynihan 1955) und sicher auch bei vielen anderen revierbildenden Tierarten (s. z. B. Morris 1956; Hinde 1953/54) spielen dabei geschlechtliche Annäherung, Angriffslust und Fluchtneigung zusammen. Wie Kortlandt (1959) erneut betonte und Heinroth schon 1911 beschrieben hatte, ist wenigstens bei den paarbildenden Tieren der Drang zur geschlechtlichen Annäherung etwas anderes als der Drang zur Paarung. G. Manley hat die Balz der Lachmöwe eingehender untersucht und diese Vorstellung im großen und ganzen bestätigt. Allerdings zeigt er auch, daß der Anteil der geschlechtlichen Tendenz größer ist, als Moynihan glaubte.

Es ist sicher nicht überflüssig, nochmals an die Argumente zu erinnern, die hier von feindlich motivierten Bewegungselementen in der Balz und *nicht* von sexuellen Komponenten des Drohverhaltens zu reden zwingen. Erstens erfährt man bei Gebrauch der drei Methoden der Stimmungsanalyse, daß die Motivation vieler Balzbewegungen zum Teil wirklich feindlich ist und daß sexuelle Beimischungen im feindlichen Verhalten selten sind. Zweitens wird auch eine nicht seltene Steigerung der als »feindlich« interpretierten Komponenten der Balz gewöhnlich von einer Zunahme offener Kampf- oder Fluchthandlungen begleitet, die dann die Paarbildung erschweren statt fördern. Andererseits wird die Steigerung derselben Bewegungskomponenten in feindlichen Auseinandersetzungen den Effekt des feindlichen Verhaltens (Distanzierung) fördern und nicht mit gesteigertem Paarungsverhalten einhergehen. Psychoanalytiker neigen besonders dazu, unsere Deutung gerade umzukehren. Das mag bei ihnen mit der überstarken Betonung des sexuellen Moments zusammenhängen. Es ist unsere Pflicht und darüber hinaus eine sehr schwere Aufgabe, dieses Vorurteil an Hand unserer Tatsachen zu entkräften.

Wolfgang Wickler

Die gegenseitige Verständigung – Du sollst nicht lügen

»Als Lüge bezeichnet man die bewußt falsche, auf Irreführung des Partners abgestellte Aussage, die einen Sachverhalt der äußeren oder der inneren Welt unrichtig darstellt oder ihn durch Verschweigen bzw. Umformen wichtiger Züge entscheidend verändert. Das können Tiere schon deshalb nicht, weil sie keine Sprache haben«; so schreibt Kainz (S. 141) in seinem Buch über die sogenannte Sprache der Tiere. Allerdings kann man Lügen nicht nur sagen, sondern auch durch täuschende Verhaltensweisen produzieren. »Aber«, so lesen wir weiter bei Kainz, »auch zu Falschdarstellungen sind Tiere nicht befähigt, ... denn sie können keine Sachverhalte in differenziert aussagender, durch klare gegenständliche Intentionen geleiteter Nenn-Symbolik darstellen, daher können sie diese auch nicht falsch darstellen.« Freilich gibt es instinktmäßig verankerte Verstellungen und pseudo-listige Täuschungen, etwa das bekannte Totstellen vor Feinden oder das Verleiten, bei dem ein Vogel wie mit gebrochenem Flügel auffällig davonhüpft und so Räuber vom Nest weglockt. Aber hier handelt das Tier ohne Einsicht, so wie eine Spinne instinktiv und ohne Einsicht ihr sinnvolles und kompliziertes Netz webt, mit dem sie Beuteinsekten fängt. Verstellung im eigentlichen Sinne – sagt Kainz – beruht auf Reflexion, die das Tier nicht kennt. Als Grenzfälle nennt er verschiedene Affen, die einen Wärter überlisten, indem sie ihm Dinge stehlen und betont harmlos tun, damit er es nicht merkt; oder jene Affen, die den Mund voll Wasser nehmen, mit Bittgebärden oder gleichgültigen Mienen Menschen heranlocken und sie dann naßspucken. Und was folgert Kainz daraus? Er sagt: hier könne man zwar am ehesten von lügenhaftem Verhalten sprechen. Beispiele der genannten Art fänden wir aber nie im natürlichen Lebensbereich, sondern nur bei Wildtieren in Gefangenschaft und bei Haustieren. Denn erst domestizierte Tiere könnten angeborene Verhaltenselemente überformen, eigene Erfahrungen mit einer gewissen Einsicht in die Handlungsweisen einbauen und haben dann die Möglichkeit zu Täuschungsmanövern, die mehr als instinkthaft vollzogene Handlungen sind.

Diese Meinung ist, wie ich aus vielen Gesprächen weiß, weit verbreitet. Interessant daran ist, daß man dem Tier Einsicht und damit die Voraussetzung zum Lügen erst zutraut, wenn es vom Menschen beeinflußt wurde. Das Lügen gilt offenbar als Privileg des Menschen – ein trauriges Privileg. Wenn ich nun schildere, warum diese Meinung falsch ist, kann das mancher als Trost auffassen – als billigen Trost allerdings.

Aufschlußreich ist es, einige eindeutige, in wissenschaftlichen und mehr populären Zeitschriften schon veröffentlichte Beobachtungen mit den Behauptungen der Geisteswissenschaftler zu konfrontieren. Kainz behauptet z. B., alle dem Tier abgenötigten Äußerungen müßten in der vollen artspezifischen Form produziert werden, so daß kein Tier fähig ist, etwa den artspezifischen Schrecklaut in einer harmlosen Situation oder zur Täuschung auszustoßen. Ich weiß nicht, wieso Kainz auf dieses Beispiel kommt; aber damit läßt er sich besonders hübsch widerlegen:

Herr Dr. Gerhard Thielcke und seine Frau Helga zogen in ihrem Arbeitszimmer im Zoologischen Institut der Universität in Freiburg viele Jahre lang Amseln und Singdrosseln auf. Die Tiere sind im Zimmer sicher vor Feinden, kennen den Menschen und entwickeln sich – vom Kenner gepflegt – ganz normal. Sie entwickelten aber auch ein bemerkenswertes Verhalten, das von freilebenden oder Singdrosseln bisher nicht bekannt war: Beide Arten haben einen Luftwarnruf, den sie ausstoßen, wenn etwas Bedrohliches vorbeifliegt. Hört eine Amsel oder Singdrossel diesen Ruf – ein gezogenes »ziii« –, so geht sie in Deckung oder verharrt bewegungslos, falls gerade keine Deckung erreichbar ist. Die Tiere reagieren, ohne sich erst von der drohenden Gefahr selbst zu überzeugen, was ja auch viel zu gefährlich wäre. Die im Zimmer aufgezogenen Tiere riefen zunächst diesen Warnruf in der »richtigen« Situation, wenn beispielsweise draußen vor dem Fenster ein Vogel vorbeiflog. Später »warnten« sie aber auch, wenn ihnen eine andere Drossel einen guten Brocken vor der Nase wegschnappte. Und schließlich rief das eine oder andere Tier sogar Alarm, wenn man die beliebten Mehlwürmer auf den Tisch brachte. Der Alarmrufende zeigte dabei keine Zeichen von Angst, die anderen aber gingen in Deckung oder verhielten sich ein Weilchen ganz still und ließen so dem Rufer Zeit, ungestört Leckerbissen einzuheimsen.

Das ist nun genau die sinnreiche Neuanwendung des artspezifischen Warnlautes in harmloser Situation mit Täuschung der Artgenossen, zu der nach Kainz kein Tier fähig sein sollte. Ziemlich sicher enthält diese übertragene Anwendung des Luftwarnrufes viele erlernte Anteile. Dennoch reicht auch beim Rufenden die Einsicht in die Situation nicht so weit, daß er selbst gegen den Warnruf immun wäre. Wenn nämlich alle anderen in Deckung stürzten und dabei selbst warnten, die Warnung also weitergaben, dann reagierte darauf auch die Drossel, die den Alarm ausgelöst hatte; sie wurde einfach mitgerissen und ging ebenfalls in Deckung.

Nun könnte man einwenden, das seien eben Tiere gewesen, die engen Kontakt mit dem Menschen hatten und deswegen ja für Lügen anfälliger sein sollten – obwohl niemand weiß, wie das eigentlich gehen kann. Tatsächlich ist das geschilderte Verhalten bisher nur von gefangengehaltenen Drosseln bekannt. Und wenn man bedenkt, wieviel Situationskenntnis beim Beobachter nötig ist, damit er so etwas findet, wird es sehr unwahrscheinlich, das gleiche Verhalten in freier Natur, wenn es da vorkommen sollte, überhaupt wahrzunehmen.

Von einem anderen Tier aber kennen wir dasselbe aus freier Wildbahn. Dr. G. Rüppell zeltete im Sommer 1967 am Diabasodden, einem Vogelfelsen im Isfjord Westspitzbergens, und beobachtete dort ein Eisfuchspaar mit vier Jungtieren. Die Fähe holte auch aus der Zeltumgebung Nahrung und trug sie zum Bau, der etwa einen halben Kilometer entfernt war. Die hungrigen Jungen sprangen dann an ihr hoch und nahmen ihr die Nahrung ab. Einmal hatte die Fähe einen großen Käsebrokken erwischt. Ein Jungfuchs sprang sie bellend an, und sie ließ den Brocken fallen. Das Jungtier stellte sich neben den Brokken, drehte sein Hinterteil zur Mutter, hob den Schwanz und urinierte in ihre Richtung. Dann begann es zu fressen. Der Altfuchs ging ein paar Schritte umher und mußte zuschauen. Plötzlich hob er die Schnauze und stieß mehrmals den hohen Warnschrei aus. Sofort ließ der Jungfuchs den Brocken fallen und verschwand eilig in den Felsen. Die Fähe lief zum liegengebliebenen Käse und fraß ihn auf.

Ohne daß eine Gefahr erkennbar gewesen wäre, schickte die Fähe auch in anderen Fällen die Kinder mit dem Warnruf weg, wenn sie selbst ans Futter wollte. Wegbeißen kann sie die Kleinen nicht, da sie als Mutter ihnen gegenüber eine ausgeprägte Beißhemmung hat. Feinde haben die Eisfüchse auf Spitzbergen nicht, und gegen den selten auftretenden Menschen sind sie so zahm, daß sie ihm aus der Hand fressen. Also kommt auch hier der Feind-Warnruf in einer harmlosen Situation mit Täuschung der anderen vor, diesmal an einem freilebenden und nicht vom Menschen aufgezogenen Tier.

Bei einer zweiten Eisfuchsfamilie, die an anderer Stelle wohnte, trat solches »vorsätzliches Belügen« in vergleichbaren Situationen nicht auf, es ist also wohl nicht instinktiv verankert oder angeboren. Wie die Fähe der ersten Familie auf diesen Trick gekommen ist, weiß man nicht. Sie könnte die Scheuchwirkung ihres Warnrufes einmal in einer Situation erfahren haben, die ihr dann durch Zufall auch Vorteile brachte. Sie könnte aus dieser Erfahrung gelernt und begonnen haben, den Warnruf zu mißbrauchen. Denkbar wäre aber auch, daß sie das Davonlaufen der Jungfüchse auf den Warnschrei hin vorausgesehen hat, was ein gewisses Maß an Einsicht und vorausschauendem Handeln erfordert; dann wäre schon das erste Warnschreien in solcher Situation eine Lüge gewesen. Zumindest war es das aber in den nächsten Fällen, gleichgültig, wie die Fähe dazu gekommen ist.

Es besteht kein Zweifel, daß sowohl die Drosseln wie der Eisfuchs ein unter ihresgleichen übliches akustisches Verständigungssignal gezielt mißbrauchten und sich dadurch einen individuellen Vorteil auf Kosten der anderen verschafften. Damit ist die Behauptung widerlegt, daß nur der Mensch zur Lüge fähig sei und daß bei Tieren die Lüge ausscheide, weil ihnen die Sprache fehlt.

Jeder wird ohne weiteres einsehen, daß Mißbrauch des Warnrufes für den eigenen Vorteil unmöglich zur allgemein gültigen

Norm in einer Sozietät werden kann. Solange jeder prompt darauf reagiert, würden sich Rivalen gegenseitig ins Bockshorn jagen und sich damit gegenseitig um die Belohnung bringen, so daß das ganze gar keinen Sinn hätte. Wenn es nur einzelne tun, werden die anderen ihnen gegenüber allmählich mißtrauisch werden. Das hat Dr. Rüppell an den Eisfüchsen sogar beobachten können. Ein Jungfuchs nämlich wich schließlich der warnenden Mutter zwar aus, kam jedoch stark geduckt und mit an die Hinterbeine gedrücktem Schwanz im Bogen wieder zurück. Die Mutter wiederholte daraufhin den Warnschrei mehrmals, aber ohne Erfolg. Der Jungfuchs hatte wohl inzwischen gelernt, daß trotz der Warnschreie keine Gefahr drohte. Damit wird der Warnschrei abgewertet und funktioniert dann auch im Ernstfall nicht. »Wer einmal lügt, dem glaubt man nicht, und wenn er auch die Wahrheit spricht.«

Deswegen wird allgemein auch dem Menschen das Lügen verboten. Nicht so sehr, weil dabei etwas Falsches als richtig hingestellt wird. Wer durchgängig immer »weiß« statt »schwarz« oder »links« statt »rechts«, »hungrig« statt »satt« oder »fröhlich« statt »traurig« sagte, wäre ein so schlechter Gesprächspartner nicht, weil man seinen »Tick« ja einrechnen und seine Aussage richtig verstehen könnte. Wer aber unvoraussagbar mal so, mal so redet, macht eine Kommunikation unmöglich und »lügt«. Und das kann ein auf soziale Kommunikation angewiesenes Lebewesen sich nicht leisten.

Wo Zusammenarbeit und Zusammenhalt in der Gruppe so lebensnotwendig sind wie etwa bei den Buschleuten der Kalahari, wird sogar umgekehrt heute noch »Exkommunikation« im wahrsten Sinne des Wortes, nämlich Abbruch der Kommunikation, als Strafe über ein Gruppenmitglied verhängt, das sich eine Verfehlung gegenüber der Gruppe zuschulden kommen ließ. Und Individuen, die sich aus Temperaments- oder anderen Gründen der Gruppe schlecht einfügen, werden in dem, was sie sagen, höflich aber absichtlich mißverstanden, was ihnen bald den Abschied von dieser Gruppe erleichtert.

Heute wird das Gebot »Du sollst nicht lügen« gewöhnlich so ausgelegt, wie eben besprochen. In der juridischen Sprache des Alten Testaments steht allerdings: »Du sollst gegen deinen

Nächsten nicht aussagen als Lügenzeuge.« Es ging da nicht um das Lügen im allgemeinen, sondern um die todeswürdige Lüge eines Zeugen vor Gericht, durch die ein Unschuldiger bestraft worden wäre. Das steht ausdrücklich im deuteronomischen Gesetz (Dt 19,18–20): »Ist der Zeuge aber ein Lügenzeuge, hat er seinen Bruder fälschlich beschuldigt, so sollt ihr ihm antun, was er seinem Bruder anzutun gedachte. So sollst du das Böse aus deiner Mitte ausrotten.«

Ich gebe gern zu, daß diese Fassung des Gebotes auf eine typisch menschliche Handlungsmöglichkeit zugeschnitten erscheint und daß man kaum vermuten wird, es gäbe auch dafür eine biologische Wurzel im tierischen Bereich. Dennoch gibt es sie, und die verbotene Handlungsweise ist wiederum nicht auf den Menschen beschränkt.

Prof. Hans Kummer von der Universität Zürich hat jahrelang Mantelpaviane im Zoo und im Freiland in Äthiopien beobachtet. Diese Affen haben eine ziemlich strenge Rangordnung unter den Mitgliedern jedes Trupps. Haben sich rangtiefe Tiere zu weit vom Trupp entfernt oder vorwitzig Futter erhascht, auf das Ranghohe Anspruch erheben, so werden sie von den Ranghohen attackiert. Derartige Angriffe fangen sie mit einer Unterwürfigkeitsgeste ab: sie präsentieren dem Angreifer ihr Hinterteil, das gerade bei Mantelpavianen auffällig rot gefärbt ist. So beschwichtigen sie aber nicht nur nach einer Handlung, wenn der Gruppengenosse bereits zornig ist, sondern sie tun es auch schon gewissermaßen vorbeugend, z. B. wenn ein Rangtiefer dicht an einem Ranghohen vorbeigeht, was dieser ja als Provokation auffassen könnte. Solch eine vorweggenommene Beschwichtigung hat besonders stark den Charakter eines Grußes.

Mit diesem Gruß können die Affen nun aber auch Mißbrauch treiben, am deutlichsten in folgender Situation, an der drei Affen beteiligt sind: ein ranghohes Tier und zwei rangniedere, die untereinander gleichrangig sein können. Wenn eins von diesen aus irgendeinem Grund mit Kreischen, Drohmimik und sonstigen Kampfbewegungen seinen Genossen bedroht, stellt es sich oft so, daß es zugleich sein Hinterteil dem anwesenden Ranghöchsten präsentiert. Dieser greift ziemlich regelmäßig in einen Streit seiner »Untergebenen« ein und greift seinerseits an, womit die Sache sozusagen von höchster Stelle entschieden ist. Wenn nun aber der Unruhestifter schon vorsorglich »grüßend« vor dem Ranghohen steht, kann der ihn nicht angreifen und muß deshalb, wenn er Ruhe schaffen will, den Bedrohten vertreiben. Durch sein unterwürfiges Gebaren zwingt der Störenfried den Ranghohen dazu, auf einen Dritten zornig zu werden, der von sich aus gar keinen Anlaß dazu gab. Auf diese Weise kann sogar ein rangtiefes Tier ein ihm überlegenes Gruppenmitglied durch den Ranghöchsten vertreiben lassen. Dasselbe Verhalten ist von Steppenpavianen und von Rhesusaffen bekannt geworden. Es scheint, daß auch dieses Verhalten von verschiedenen Individuen »erfunden« wird; sie können dann – wie ein falscher Zeuge – einen Unschuldigen durch die Obrigkeit bestrafen lassen.

Wenn also die Gefahr des Lügens und Betrügens schon im Tierreich gegeben ist, möchte man wissen, wie sie dort gebannt wird. Ein Gesichtspunkt liegt nahe: Obwohl der erste »Lügner« auf Kosten der anderen einen Vorteil erringt, behindern sich doch die Lügner untereinander und stören wichtige Bereiche der Kommunikation, auf der das soziale Zusammenleben aufbaut. Hier, wie im schon besprochenen Fall des Beschädigungskampfes, kann es zu einem Gleichgewichtszustand zwischen beiden Taktiken kommen, in dem sich Vor- und Nachteile des (nennen wir es mit menschlichen Begriffen) Lügens und Nicht-Lügens die Waage halten.

Es gibt aber auch den Fall, daß eine »blinde Behauptung« selbst als Falschmeldung unausrottbar wird. Nehmen wir als Beispiel den üblichen Bluff zu Beginn eines Rivalenkampfes. Stellen wir uns vor, einer habe damit begonnen, sich vor dem Rivalen über seine wirkliche Größe hinaus aufzuplustern. Mit diesem Signal (»Ich bin der Stärkere«) kann er durchaus Erfolg haben, und dem Erfolg entsprechend kann sich dieses Signal ausbreiten. Freilich, wenn es schließlich alle tun, bringt es keinen Erfolg mehr, der Sieger muß wieder im direkten Kräftevergleich ermittelt werden. Dennoch wird das Aufplustern nicht wieder verschwinden. Denn derjenige, der es unterläßt, wird jetzt von allen anderen unterschätzt und wird deshalb viel öfter ernstlich kämpfen müssen. Auch wenn das großsprecherische

Drohimponieren im Kampf nichts mehr nützt, die Sieges-Chancen nicht mehr erhöht, wird es doch beibehalten, weil Individuen, denen es fehlt, unter einer höheren Zahl von Kämpfen leiden.

Ebenso teuer kann es zu stehen kommen, dem Gegner mitzuteilen, wie lange man noch durchhalten kann. Falls in einem Ermüdungskampf einer zu erkennen gibt, daß seine Reserven gleich erschöpft sind, wird der andere – selbst wenn auch er schon an seiner Grenze ist – alle Kraft zusammennehmen und siegen, obwohl er seinerseits aufgegeben hätte, wenn er damit hätte rechnen müssen, daß sein Gegner noch länger durchhält. In solchem Falle wird jeder – nach dem Prinzip des Poker-Gesichtes – den anderen über seinen wahren Zustand im unklaren lassen.

Pokergesicht, Bluff, Betrug, Lüge – man mag streiten, ob diese Begriffe auf tierisches Verhalten angewandt werden dürfen. Man kann die Tatbestände auch anders umschreiben. Deutlich aber ist wohl, daß auch das Achte Gebot eine biologische Wurzel hat. Sie liegt bereits an der Keimstelle der Kommunikation. Ein Kommunikationssignal wird logischerweise gesendet, weil der Sender für sich einen Vorteil erwarten kann aus der Reaktion, die der Empfänger auf das Signal hin bringt. Der Sender zielt also auf eine Manipulation des Empfängers, und jedes Mittel ist recht, das diesenEffekt hat. (Signale, die keine Antwortreaktion auslösen, sind verschwendet und stehen nicht im Dienste einer Kommunikation; Signale, die eine für den Sender nachteilige Reaktion auslösen, etwa indem sie einen Feind aufmerksam machen, werden abgebaut.) Der Empfänger wird seinerseits solche Signalbeantwortungen möglichst unterlassen, die ihm Nachteile bringen. Signale aufzufangen und zu beantworten gehört bei ihm zum Bereich der Orientierung über seine Umwelt. Signale, die der Empfänger aus Sicherheitsgründen nicht unbeantwortet lassen darf, bieten sich zum Mißbrauch durch ein Sender-Individuum an; hier ist der Empfänger manipulierbar. Aus der Tendenz des Senders, den Empfänger zu manipulieren, und der Tendenz des Empfängers, Signale nur zu beantworten, wenn es auch ihm nützt, ergibt sich – sozusagen als Kompromiß – der notwendige Wahrheitsgehalt in der Kommunikation. Dieser Kompromiß stellt sich zwar ein, ist aber nicht das, was die Kommunikationspartner anstreben (jedenfalls solange nicht, wie sich nicht einer in die Rolle des anderen versetzen und die Folgen der Interaktion vorausnehmen kann).

»Du darfst nicht lügen – Ich schon« ist die ursprüngliche Devise.

Erik Zimen

Protestverhalten der Wölfe

Ein typisches Merkmal vieler aggressiver Auseinandersetzungen bei den Wölfen ist das bis jetzt viel zitierte und zum Verständnis der sozialen Rangordnung (SRO) bei den Wölfen wichtige Protestverhalten. Protestiert wird gegen jede, nach der Rangsituation »unrechtmäßige« aggressive Verhaltensweise, sei es eine Verletzung der Individualdistanz, ein direkter aggressiver Angriff oder eine sonst störende Aktivität. Es protestieren sowohl dominante Tiere gegen »unrechtmäßige« Übergriffe subdominanter, wie umgekehrt auch rangniedrige Tiere gegen eine Verletzung ihrer »Rechte« durch einen Ranghöheren protestieren. Dem Ausdrucksverhalten der protestierenden Tiere entspricht das Rangverhältnis zum Gegner, wobei die nach oben zusammengezogenen Ohren und/oder das Fauchen charakteristisch für jede Protestform sind.

Protestverhalten kann man beobachten in Zusammenhang mit:

1. Defensiven Verhaltensweisen wie Abwehrdrohen, Schnappen, Beißen.
2. Passiver Unterwerfung. Der Wolf legt sich auf den Rücken, faucht und beißt bei stärkerer Beeinträchtigung seiner Bewegungsfreiheit.
3. Aktiver Unterwerfung. Statt die Schnauze zu lecken, wird der Partner von unten »über die Schnauze« gebissen.
4. Droh- und Angriffsverhalten. Ein Protestangriff kann reaktiv auf eine »Rechtsverletzung« erfolgen, aber auch spontan bei subdominanten Tieren mit Expansionstendenz, was im folgenden als aktiver Protest bezeichnet wird.

AKTION Ranghoher	REAKTION Rangleicher	Rangunterlegener	Rang-(Recht)loser
	RANG DIFFERENZ →		
Spiel Überfall	→ Spiel	→ Spiel	—
Leichte Beisstendenz (evtl. noch im Spiel)	→ Protest	→ Spiel, Akt. Unterwerfung	—
Drohen, Imponieren	→ Starker Protest Üb-d.-Schn.-beiss.	→ Akt. Unterwerfung Initialspiel, Protest	→ Weglaufen in Defensivhaltung
Zustossen, Beissen, Querstehen	→ Starker Protest Gegenangriff	→ Protestabwehr auf dem Rücken	—
Überfall, Angriff ↓ AGGRESSIVITÄT	—	→ Starke Protestabw. Abwehrbeissen	→ Intens. Verteid. Flucht

Protestreaktionen auf Verletzung der Individualdistanz je nach Art der Verletzung und Rangdifferenz zum Gegner.

Sehr schön ließ sich das Protestverhalten der Wölfe beobachten, wenn ich selber oder andere, den Wölfen bekannte Menschen am sozialen Geschehen im Rudel teilnahmen. Als »Super-α« konnte ich stets die Individualdistanz der Wölfe verletzen, solange ich mich freundlich oder spielerisch verhielt. Im Spiel konnte ich jedes Tier auf den Rücken werfen, ohne daß dieses aggressiv reagierte. Versuchte ich aber etwa, die Kette um ihren Hals zu legen, zeigte ich also aggressive Tendenzen (Einschränkung der Bewegungsfreiheit durch Herunterdrükken, Festhalten), reagierten die Tiere auch sofort aggressiv (Protestfauchen, Zähneblecken, evtl. Schnappen). An der Kette liefen sie dann wieder, ohne aggressives Verhalten zu zeigen, weil sie hier die Individualdistanz einhalten konnten. Fremde Menschen hatten schon bei den einjährigen Wölfen Schwierigkeiten , sie an die Kette zu legen, auch wenn sie danach ohne Schwierigkeiten mit ihnen spazierengehen konnten. Als die Tiere etwa 1,5 bis 2 Jahre alt waren, konnten nur noch ich oder andere den Wölfen gut bekannte Menschen sie mit den Händen festhalten, ohne daß diese intensiv aggressiv reagierten. Das entspricht unseren Beobachtungen, daß die unterlegenen Tiere in einer solchen Situation um so aggressiver reagieren, je kleiner die Rangdifferenz zu dem Angreifer ist (vgl. Tabelle). Interessant in dieser Hinsicht sind auch unsere Versuche, die Wölfe vor einen Schlitten zu spannen. Beim Einspannen der Tiere ins Geschirr kam es mitunter zu erheblichen aggressiven Reaktionen. Drohen, Schimpfen oder Schlagen meinerseits half hier gar nichts. Je fester die Wölfe angefaßt wurden, desto aggressiver reagierten sie. Durch einen kleinen Trick konnten die Tiere aber überlistet werden: Nicht immer reagieren sie aggressiv auf eine direkte Beeinträchtigung ihrer Bewegungsfreiheit. So z. B. nicht bei Kontaktspielen oder bei leichten Unterwerfungszeremonien. Im letzten Fall werden die bewegungshemmenden Angriffe gegen Schnauze, Kopf oder Hals des Tieres gerichtet. So konnte ich den Wölfen leichter das Geschirr anlegen, wenn ich ihnen mit einer Hand gleichzeitig »über die Schnauze biß«. Konnten die Tiere nach dem Einspannen wieder frei laufen, hörte die Aggressivität auf. Das Geschirr wurde so konstruiert, daß die einzelnen Tiere möglichst weit voneinander, also mit Individualdistanz, laufen konnten. Durch das unruhige Hin- und Herlaufen der Tiere kam es aber immer wieder zu einem »Kettensalat«, die Tiere wurden eng aufeinandergedrängt und in ihrer Bewegungsfreiheit dadurch stark eingeschränkt. In solchen Situationen kam es zu erheblichen aggressiven Auseinandersetzungen zwischen den Tieren. Der Versuch, den Wolf in einer solchen aktiven Abwehrsituation noch festzuhalten, war nach meiner Meinung der Fehler Kramers, als er von seinem Wolf verletzt wurde (Kramer 1961). Einen Rangordnungskampf zwischen Kramer und seinem Wolf halte ich für unwahrscheinlich, da der Wolf noch viel zu jung war (10 Monate).

In der Tabelle (S. 167) wurde versucht, die verschiedenen Reaktionsformen des Protests auf eine Verletzung der Individualdistanz durch einen Ranghöheren (Ranggleichen) darzustellen, je nach Intensität (Aggressivität) der Verletzung und nach Rangdifferenz zwischen den Tieren. Daraus geht hervor: je geringer die Rangdifferenz zwischen den Tieren ist, desto eher und intensiver protestiert der Rangunterlegene (Ranggleiche). So kann sich ein Tier, das seinem Gegner nur schwach überlegen ist, nicht viel »leisten«. Eventuell protestiert der Rangunterlegene schon gegen eine Drohung oder ein Imponieren auf Abstand (vgl. Verhältnis Anfa/Andra im Juni 69, oder Anfa/Mädchen vom 12. bis 21. Juli 69).

Bei aggressiven Auseinandersetzungen zwischen ranggleichen Tieren wird fast immer gegen das Verhalten des Gegners protestiert. Manchmal kommt es aber vor, daß sich ein Tier von einem gleichrangigen Gegner ohne ersichtlichen Grund (keine momentanen Besitzverhältnisse oder ähnliche Faktoren, die ein anderes situationsbedingtes Kräfteverhältnis bedingen), sehr viel »bieten« läßt, ohne zu protestieren. Er rollt auf dem Rücken oder zeigt, wie ein rangunterlegenes Tier, aktive Unterwerfung. Es scheint, daß ein Tier gegenüber einem Ranggleichen sich auch einmal ein Zeichen momentaner Schwäche »leisten« kann.

Bei großen Rangdifferenzen protestiert der Rangniedrige erst bei stärkerem aggressivem Verhalten (Überfall, Runterdrücken) gegen den Ranghöheren. Und sozial rechtlose Tiere, wie »Prügelknaben« oder fremde, nicht in die hierarchische Ordnung des Rudels integrierte Tiere, zeigen kein Protestverhalten. (Als Rechtlose können sie nicht gegen die Verletzung eines nicht vorhandenen Rechts protestieren.)

Neben diesen Formen reaktiven Protestverhaltens bei subdominanten Tieren gibt es auch Formen spontanen, aktiven Protestverhaltens. Dies ist immer ein Zeichen von sozialer Expansionstendenz.

Hierarchische Struktur des Wolfrudels

Zusammenfassend läßt sich über die soziale Rangordnung (SRO) im Wolfsrudel folgendes sagen (siehe Abb. S. 170):

1. Bei den erwachsenen Tieren gibt es zwei nach den Geschlechtern getrennte SROen. Querverbindungen bestehen, aber intensivere Positionsauseinandersetzungen finden nur zwischen gleichgeschlechtlichen Tieren statt.
2. Jungtiere werden erst mit 6–10 Monaten in ihre jeweilige Rangordnung integriert. Vorher genießen sie, obwohl alle erwachsenen Tiere sozial unterlegen sind, eine große soziale »Freiheit«.
3. Zwischen den Wurfgeschwistern kommt es im ersten Lebensjahr zu keiner SRO.
4. An der Spitze der SRO der erwachsenen Rüden steht der

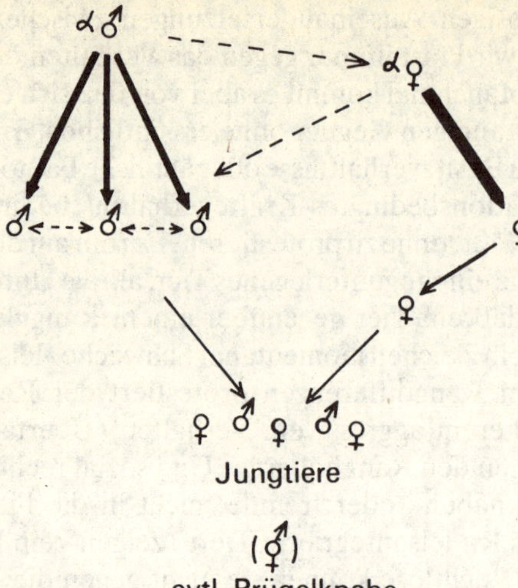

α-Rüde. Zwischen den einzelnen subdominanten Rüden und dem α-Rüden kann die Rangdifferenz unterschiedlich groß sein. Zwischen den subdominanten Rüden besteht meist keine SRO.

5. Die SRO bei den erwachsenen Weibchen ist ähnlich der der Rüden. Nur kommt es hier eher auch zu einer SRO zwischen den subdominanten Weibchen.

6. Eine eventuell vorhandene Futterrangordnung muß nicht identisch sein mit der SRO*.

7. Bei aggressiven Auseinandersetzungen zwischen den Tieren besteht fast immer eine Beißhemmung. Ernste Kämpfe ohne Beißhemmung treten nur in drei Situationen auf: 1. Machtkampf um die α-Position, 2. Machtkampf zwischen zwei subdominanten Tieren, wobei der Kampf, wenn es überhaupt zum Ernstkampf kommt, lange nicht so intensiv ausgetragen wird wie der Kampf um die α-Position, und 3. Angriffe auf stark unterdrückte Tiere, »Prügelknaben«.

---

* Wie unsere weiterführenden Untersuchungen über das Sozialverhalten der Wölfe jetzt zeigen, kann auch eine während der Ranz auftretende »Sexualrangordnung« von der SRO abweichen.

8. Bei stabilen Rangverhältnissen besteht eine allgemein »tolerante« Stimmung im Rudel. Ausnahmen: Unterdrückung jeglicher sozialer Aktivität subdominanter Weibchen durch das α-Weibchen im Winter und die Unterdrückung von eventuell vorhandenen »Prügelknaben«.
9. Auch rangunterlegene Tiere, mit Ausnahme der »Prügelknaben«, sind nicht rechtlos. Gegen einen »unrechtmäßigen« Übergriff wird protestiert.

IV VON DANTE BIS SORESCU · ROMANISCHE DICHTUNG

Dante Alighieri

RUHEPAUSE
(Purgatorio XXVII)

So ruhen still zum Wiederkäun die Ziegen,
die erst so dreist und rasch von Fels zu Fels
nach Nahrung liefen, bis sie sich gesättigt,
lautlos im Schatten jetzt. Die Sonne glüht.
Es schaut der Hirte über seine Herde,
auf seinen Stab gestützt und immer wachsam.
– Und wie der Hüter draußen auf dem Feld
die Nacht bei seinen stillen Tieren bleibt
und wacht, damit der Wolf sie nicht verscheuche,
so lagerten wir alle drei beisammen:
ich wie die Herde, jene wie die Hirten,
und rechts und links umgaben uns die Felsen.

HIMMLISCHE SCHAREN
(Paradiso XXX)

Und Licht sah ich wie einen großen Strom,
der floß und blitzte zwischen Ufern hin,
wo rechts und links ein Farbenfrühling blühte.
Es spritzten rasche Funken aus den Wellen
und sprühten nieder auf die Blumen alle
und leuchteten im Golde wie Rubinen.
Sodann, als wären sie vom Dufte trunken,
sprangen die Funken in die Wogen wieder
und stäubten hin und her vom Strom zum Ufer

Sodann wie ein verlarvtes Menschenvolk,
das sich verwandelt, wenn es sich entkleidet
und allen fremden Trugschein von sich wirft,
so wandelten sich mir zu höhrem Glanze

die Blumen und die Funken: und ich schaute
enthüllt den Doppelchor der Himmelsscharen.

Luis de León

KLARE NACHT

Wenn ich zum Himmelszelt
aufschau, wo Stern an Stern sich funkelnd drängt,
und dann, wie unsre Welt
mit Schatten rings verhängt
bewußtlos liegt in dumpfem Schlaf beengt:

Dann steht aus Lieb und Sehnen
mir flammend eine Angst im Herzen auf
und quellen viele Tränen
und stürzen ihren Lauf,
bis es sich klagend löst in Worte auf:

»Du hohe Herrlichkeit,
du aller Klarheit, Schönheit Heimatland,
für dich war mir bereit
die Seele – Oh! was bannt
hienieden sie in dunkle Haft und Schand?«

Lope de Vega

TAGELIED

Wenn ihr euch trennt im Morgengraun,
sachte, leise, von euerm All,
Liebende, stört nicht die Nachtigall.

Wenn ihr euch löst im frühsten Tag
aus Armen, die sich nach euch sehnen,

daß euch kein anderer in denen
des raschen Neids entdecken mag,

Auf Sohlen aus Wolle geht,
sachte, leise, von euerm All,
Liebende, stört nicht die Nachtigall.

JOHANNISNACHT I

Es fahren aus Valencia
in der Johannisnacht
tausend Kutschen mit Damen
in die Brise hinaus, ans Meer.

Mutter, wie die Ruder
auf dem Wasser klatschen
mit dem frühen Wind,
wenn es Morgen wird!

Wach auf, Geliebte!
Auf!
Der Morgen dämmert schon,
Johannistag bricht an.

SCHÄFERLIED III

Unter dem grünen Bogen,
den zusammen zwei Ulmen bilden,
floß der Tajo schweigend dahin,
um nicht die Vögel zu wecken.
Die Stämme möchten so gerne
die verliebten Arme einen,
aber der neidische Fluß
läßt ihre Zweige nicht kommen.
Aufmerksam sieht Silvio ihnen
von einem bunten Fels aus zu,

der Schatten im süßen Wasser
und im grünen Feld ein Turm ist.
Seine Schafe sind verstreut
im Wasser und auf der Wiese:
manche trinken, manche weiden,
und andere hören ihm zu.
Täglich beklagt sich der Hirte
über die Mißgunst des Alten,
der reicher an Gold als der Fluß
und noch blöder hartnäckig ist.
So hält er ihn von Elisa
fern, wie die Ulmen der Tajo,
stark genug Körper zu trennen,
doch nicht ihre beiden Seelen.
Silvio nimmt seine Laute,
und den Klagen über sein Leid
antworten mit ihrem Gesang
die Nachtigallen des Haines:
»Eure Zweige werden sich einen,
hohe Ulmen,
wenn erst im klaren Tajo
das Wasser weniger wird.
Aber wenn es auch Unglück gibt,
das mit den Jahren nachläßt,
wächst doch mit der Zeit
Leiden und Schmerz.«

Luis de Góngora

UNWETTER

Was hab ich tolles Zeug mitansehn müssen,
Celalba mein, bei Wind und Wolkenbraus.
Die Erde speit die eignen Därme aus,
die Türme ihre eignen Füße küssen.

Aus Stein die Brücken werden fortgerissen,
wie Schilf geknickt, und Bach und Strom im Saus
zerwühlt die Furt und höhlt die Berge aus,
die Sintflut kommt, es flieht vor ihren Güssen

das Volk, und auf die höchsten Fichten klettert,
auf starke Buchen man, auf Mauerzinnen,
und Hirt und Hund und Hütte hingeschmettert,

und Herden schwimmen regungslos von hinnen;
und wenn es so auf Wassern wogt und wettert,
so fürcht ich dennoch mehr das eigne Sinnen.

Luis de Camões

ELEGIE

Zerrinnen laß ich die gequälte Zeit
und streue meine Sehnsucht ohne End
am Meeresufer hin in Einsamkeit.

Ich seh das unbeständge Element,
das mit Getos und wogendem Gedränge
an hohle Felsen widerhallend rennt.

Mit Sturmeswellen mächtiger Wassermenge
erkämpft es sich im widerwillgen Stein
den Aufenthalt durch ausgehöhlte Gänge.

Die schwache Erde läßt das Meer herein
und öffnet ihm die tiefen Eingeweide,
und schluchzend dringt es immerzu hinein.

Dies ganze Wesen, wie ich es beneide!
und kann zum Todessprung mich nicht entschließen,
so sehr ich wünsche, daß es sich entscheide.

In allen Dingen muß ich Wandlung sehen,
weil es die flinke Zeit nicht dulden mag,
daß irgend etwas Festes soll bestehen.

Ich sah wohl, wie ein heller Frühlingstag
mit seinen bunten Farben Felder schmückte,
wie über Berg und Tal die Freude lag.

Wie in der Höhe selig sich entzückte
ein Vogelschwarm, und gar das Felsgestein
im großen Jubel stille sich beglückte;

sah, wie auch mich ergriff das Glücklichsein,
und daß ich doch auf meinem Sinn beharre:
für tausend Glück nicht tauschen will die Pein.

Was immer hier sich wandle und mich narre,
und will ich über Blumenwiesen gehn,
so ist's als käm darüber eine Darre.

Dies ist ja nun das übliche Geschehn,
daß unsre Augen, wenn sie trübe blicken,
auch in der Freude nur die Trauer sehn . . .

Stéphane Mallarmé

DIE BLUMEN

Einst streutest du vom himmlischen Gelände,
Von Goldlawinen, lösender Gebärde,
Vom Sternenschnee: der großen Kelche Spende
Am ersten Tag auf jungfraureine Erde.

Mit einem Schwanenhals die Gladiole,
Verbannter Seelen göttlich Lorbeerbaum,
So rein und purpurn wie des Seraphs Sohle,
Gerötet von des keuschen Morgens Saum.

Die Hyazinthe, wie die Myrthe leuchtet,
Wie Frauenleib der grausen Rose Glühn,
Vom wilden, strahlenden Geblüt durchfeuchtet,
Herodias in heller Gärten Blühn.

Und du erschufst der Lilien weißes Sehnen,
Das übers Meer der Seufzer treibt und streift,
Durch blauen Rauch, wo bleiche Himmel dehnen,
Zum Mond in Tränen träumend aufwärts greift.

Hosanna, Weihrauchduft, Mandolenklang,
Madonna aus dem Garten unsrer Fege,
Himmlisches Echo in des Abends Sang,
Blicke verzückt im Strahlenkranzgehege.

SEUFZER

O meine Seele, sanfte Schwester, steigt
Zu deiner Stirne Traum, herbstlich geneigt,
Zu deiner engelischen Augen Schau,
So wie aus düstrem Garten in das Blau
Hoch seufzt ein weißer, klarer Brunnenstrahl.
Ins Blau, oktoberlich gemischt und fahl,
Sich spiegelnd im Bassin – endlose Sucht –
Auf stillem Wasser, wo die Blätterflucht
Wie roter Tod im Winde kräuselnd flieht
Und gelbe Sonne lange Strahlen zieht.

FRÜHLING

Der kranke Frühling jagte voller Trauer
Des Winters Helle, heitrer Künste Zeit,
Und in mir macht das trübe Blut sich breit,
Und Ohnmacht dehnt und gähnt in langer Dauer.

Eisenumkränzet wie ein altes Grab,
Mein Hirn, drin ebben dämmernd weiße Strahlen;
Ich irr durch Wiesen, die in Säften prahlen
Und such die schönen, fernen Träume ab.

Dann fall ich müd im Duft der Bäume nieder,
Höhl mit dem Haupt mich ein in meinen Traum,
Beiß in die junge Erde, – dort blüht Flieder –,

Versunken wart ich auf des Kummers Fliehn ...
– Derweil lacht über Hecken Himmelsraum,
Und Vogelschwärme singend sonnwärts ziehn.

Paul Valéry

SOMMER

Sommer, Fels reiner Luft, und du, o Meer!
Glühender Bienenkorb, tausende Flügel
Auf Inseln von Fleisch, das wie ein Krug
Kühl ist bis in den Mund, wo das Azurblau summt,

Und du, brennendes Haus, Raum, teurer Raum
Der Stille, wo der Baum raucht, dem Vögel entfallen,
Wo sich unendlich entladet der Aufruhr der Meeres-
Masse im Marsch und in den Rudeln der Fluten,

Tonnen von Düften, Runden glücklicher Stämme
Auf dem Golf, der verschlingt und der zur Sonne steigt,
Reine Nester, Schleusen des Grüns, Wellen-Schatten,
Wieget das Kind, das ein poröser Schlaf entführt.

Vergeblich donnert im Himmel eine Glanz-Materie,
Entzündet sie die Meere, verzehrt sie die Berge,
Stürzt einen Strom von Licht ins Leben
Und läßt in den Herzen alle Dämonen wiehern –

Du auf zärtlichem Sand, wo die Woge stirbt
Und weinend ihrer Gewalt Diamanten verliert,
Du, die die Langeweile der Weltwunder schläfert,
Jungfrau, taub für das Schrein der ewigen Elemente,

Du schließt dich ab, du preßt den jungen Leib,
Seele, der Liebe ihrer kleinen Nacht geweiht:
Im reinen Aufruhr und auf dem Wahnsinns-Stern,
Der das rohe Gold lärmdummer Ereignisse hämmert,

Küßt du nur deines flüchtigen Lebens Brüste,
Kosest das Fleisch wie ein junges Tier
Und, Opfer und Verächterin bitteren Glanzes,
Schmeichelst dem süßen Stolz, wie Böses sich zu lieben.

(Fragment der letzten Fassung)

Paul Claudel

BOTSCHAFT

Nichts als das Meer auf allen Seiten, nichts als ein Steigen und Fallen!
Genug des steten Stachels im Herzen, der Tage Tropfen für Tropfen!
Nichts als das ewige Meer und für immer und ganz in einem einzigen Zug! – das Meer und wir in ihm!
Nur der erste Schluck ist schwer.

Salvatore Quasimodo

MEINE SANFTEN TIERE

Jetzt gilbt der Herbst das Grün auf den Hügeln,
meine sanften Tiere. Noch einmal hören wir,
ehe die Nacht einbricht, die letzte Klage
der Vögel, den Ruf der grauen Ebene,
die jenem lauten Rauschen des Meers
entgegengeht. Und der Geruch des Holzes
im Regen, der Geruch der Höhlen,
wie ist er lebendig bei den Häusern,
bei den Menschen, o meine sanften Tiere.
Dies Gesicht, das die trägen Augen kreisen läßt,
diese Hand, die zum Himmel zeigt, wo ein Donner
dröhnt, sind euer, o meine Wölfe,
meine Füchse, die das Blut gebrannt.
Jede Hand, jedes Gesicht, sind euer.
Du sagst mir, daß alles vergebens gewesen,
das Leben, die Tage, die ein fleißiges Wasser
zernagt, während von den Gärten her
ein Kindersang aufsteigt. Jetzt fern,
also von uns? Sie weichen aber in der Luft
wie Schatten fast. Dies deine Stimme.
Aber vielleicht weiß ich, daß alles gar nicht gewesen.

INSEL

Ich habe nur dich,
Herz meines Stammes.

Traurig stimmt mich die Liebe zu dir,
meine Heimat, wenn dunkle Düfte
dem Abend entströmen, von Orangen
oder Oleandern, heiter,
fließt der Bach
mit Rosen bis fast an die Mündung.

Aber wenn ich zu deinen Ufern wiederkehre
und eine holde Stimme aus furchtsamer Straße
zum Gesang ruft,
weiß ich nicht, ob Kindheit oder Liebe,
Sehnsucht nach anderen Himmeln mich treibt,
und ich verberge mich in den verlorenen Dingen.

KÜHLE MEERESFLUT

Dir gleiche ich mein Menschenleben an,
kühle Meeresflut, die du Kiesel und Licht treibst,
vergessend bei jeder neuen Welle
jene, die schon die Schwingung der Luft
zum Klingen brachte.

Weckst du mich, so lausch' ich dir,
und jede Pause ist Himmel, in dem ich vergehe,
Heiterkeit der Bäume in der Helle der Nacht.

JETZT, DA DER TAG AUFSTEIGT

Zu Ende ist die Nacht, und langsam
löst sich der Mond im klaren Himmel,
geht in den Kanälen unter.

So voll Leben ist September in dieser Ebene,
die Wiesen sind grün
wie die Täler des Südens im Frühling.
Ich habe die Freunde verlassen,
mein Herz in dem alten Gemäuer verborgen,
damit ich allein bin, mich deiner zu erinnern.

Wieviel ferner bist du als der Mond,
jetzt, da der Tag aufsteigt
und auf die Steine die Hufe der Pferde schlagen!

HERBST

Sanfter Herbst, ich bin mein
und beuge mich deinen Wassern, um den Himmel zu trinken,
holde Flucht von Bäumen und Abgründen.

Herbe Qual des Geborenwerdens
findet mich dir verbunden;
in dir zerbreche und gesunde ich:

ein kleines gefallenes Ding,
das die Erde aufnimmt.

EIN OFFENER BOGEN

Der Abend zersplittert in der Erde
mit dem Donnern des Rauchs, und die Nachtigall
besiegt das Du, spricht allein
das Schweigen. Die hohen dunklen Inseln
erdrücken das Meer, am Strand
tritt die Nacht in die Muscheln.
Und du mißt die Zukunft, den Anfang,
der nicht bleibt, teilst mit langsamem
Bruch die Summe der schon abwesenden Zeit.
Wie der Schaum sich an die Steine
klammert, verlierst du das Gefühl
für den unbeugsamen Lauf der Zerstörung.
Der Tod kennt im Sterben nicht
den verschwiegenen Käuzchenruf, versucht ringsumher
seine Liebesjagd, zieht weiter
einen offenen Bogen, enthüllt seine
Einsamkeit. Irgendeiner wird kommen.

Giuseppe Ungaretti

STERN

Stern, mein einziger Stern,
in der Armut der Nacht, strahlst du,
allein, für mich, den Einsamen,
in meine Einsamkeit strahlst du;
aber für mich, Stern,
den du nie aufhören wirst zu erleuchten
ist dir zu kurze Zeit gegeben,
du schenkst mir ein Licht,
das die Verzweiflung in mir
nur stärker glühen läßt.

AUS: LETZTE CHÖRE FÜR DAS GELOBTE LAND

1

Durchs Fenster sickernd,
läßt Licht den Gipfel des Baums
blattlos aufblinken.

AUS: APOKALYPSE

25

Es senkte sich mondlos auf Syrakus
die Nacht, und das Wasser erschien wieder
bleiern und still in seinem Graben.

Alleine gingen wir in die Steinbrüche,

ein Seilflechter bewegte sich aus der Ferne.

Eugenio Montale

Glorie des Mittags, weithin ausgebreitet,
wenn keinen Schatten mehr die Bäume werfen,
und von des Lichtes Überfülle mehr
und mehr sich Anschein und Kontur entschärfen.

Hoch steht die Sonne, – trocken liegt das Bett
des Flusses, und mein Tag ist nicht vergangen:
Die schönere Stunde liegt jenseits der Mauer
in einem fahlen Dämmerlicht gefangen.

Die Trockenheit geht um; der Martinsvogel
kreist flatternd um ein Restchen Leben.
Der gute Regen kommt von fern gezogen,
jedoch im Warten ist das Glück gegeben.

Bring mir die Sonnenblume, daß auf meine Flur
ich sie verpflanze, die der Salzhauch sengt.
Hier sei den ganzen Tag im spiegelnden Azur
ihr furchtsam gelblich Antlitz aufgehängt.

Ins Helle geht der Drang von dunklen Dingen,
die Körper strömen aus in Farbentönen:
Und diese in Musik. Verklingen
ist also letztes Abenteuer alles Schönen.

Bring du die Blume mir, die dahin soll,
wo blonde Transparenzen sich erheben,
wo zur Essenz verdampfen Welt und Leben;
bring mir die Blume, die vom Lichte toll.

Zuerst versucht der Frosch sich in den Saiten,
im Teiche dort, der Schilf begräbt und Wolken,
ein Rauschen dann in dem verflochtenen
Johannisbrotgebäum, darin die Sonne
die letzten Fackeln löscht, ein träges Summen noch
von Käfern, die an Blumen saugen, letzte Klänge
des kargen Lebens ländlicher Natur. Mit einem Hauch
erlischt die Stunde; schiefergrau erwartet
der Himmel die drei Reiter! Grüße
sie mit mir.

DIE TAGE VON BELLOSGUARDO

O wie dort in der glanzvollen
Weite, die sich wölbt zu den Hügeln,
das Summen des Abends verebbt,
die Bäume Zwiesprache halten
mit dem Murmeln des Sandes; wie rein
fügt sich da in den Schmuck
der Säulen und Weiden, der hoch
um schwellende Brunnenschalen springenden
Wölfe im Garten
dies Leben aller, dies nicht mehr besessene
unseres Atems:
Und wie erschafft sich neu saphirenes Licht
für die Menschen,
die dort unten leben: Zu traurig ist es,
daß soviel Friede durch Ritzen nur leuchtet
und alles doch kreiset, flüchtig erglühend,
im äußeren Dunst, sich kreuzende Wege,
Rufe aus hängenden Gärten, Schrecken und
langes Gelächter auf scharf geschnittenen Dächern,
in den Kulissen gehäuften Laubwerks
und ein leuchtender Schweif, der den Himmel
durcheilt, noch ehe der Wunsch
sich in Worte gekleidet.

DIE ARCHE

Der Frühlingssturm hat das schirmende
Dach der Weide zerrüttelt,
im Wirbelwind des Aprils
hat sich im Garten das Goldene Vlies
verfangen, das meine Toten verbirgt,
meine getreuen Hunde, meine alten
Dienerinnen – wieviele seitdem
(als die Weide noch blond war und ich ihre Ringe
mit der Schleuder zerriß) sind gesunken,
lebend, in die Fallgrube. Der Sturm
wird gewiß sie vereinen unter dem Dach
von einst, doch fern, weit ferner
von dieser vom Blitz getroffenen Erde,
wo Mörtel und Blut kochen im Abdruck
des menschlichen Fußes. Der Schöpflöffel
dampft in der Küche, der Widerschein seiner Wölbung
vereint die hageren Gesichter, gespitzten Münder,
und sie beschützt im Grund die Magnolie,
wenn ein Windstoß sie ihnen zuwirft. Der Sturm
des Frühlings schüttelt mit einem Gebell
der Treue meine Arche, o Verlorene.

IM PARTERRE

Wir stellen fest, daß dem Stacheltier
Spaghetti mit Fleischsoße schmeckte.
Es kam mitten in der Nacht, und wir ließen
den Teller auf dem Küchenboden.
Die Kinder, halb eingegraben, hatte es
bei der Garagentür untergebracht.
Sie waren sehr klein, Knäuel.
Ob es viele waren, konnte der immer
angeheiterte Wächter nicht sagen.
Später wurde der Igel
im Gemüsegarten der Carabinieri gesichtet.

Wir hatten ein Loch
zwischen den Rankpflanzen übersehen.

Pier Paolo Pasolini

FRIULANISCHE BILDER

Ohne Mantel, in der Jasminluft
verlier ich mich, wenn ich gehe am Abend
und atme – erschöpft und gierig,

bis ich nichts anderes bin als ein Fieber
im Regen, der Keim treibt,
und das Aufklaren, das trocken heraufzieht

überm Asphalt, den Fanalen, Baustellen,
Hochhäuserherden zwischen Fabriken und Schächten,
überkrustet von Dunkel und Elend ...

Ich trete in üblen, verhärteten Schlamm, streife
an eben erbaute, schon schüttere Hütten
nahe an warmen, wuchernden Wiesen.

Mehr Leben, mehr Fröhlichkeit verbreitet
hier oft Erfahrung als Unschuld: dieser
stumme Wind aber kommt

von der Sonnenseite der Unschuld ... Der herbe
Geruch, den er voreilig ausstreut, entwaffnet
das Herz, das nur mit der Klarheit

geläutert ich hatte: alte Gelüste
und Süchte, verlorene Gefühle erkenne ich wieder
in dieser Welt, von Blättern bewegt.

Holunderblätter über den Ritschen
sprossen aus warmen und runden Zweigen,
zwischen den blutroten Netzen, den Altanen,

wo gelblich und goldbraun die friulanischen Weiden
sich reihen in nackten Perspektiven
gegen die nackten Grate der Berge,

oder in sanften Kurven über die steilen,
festlichen Hänge ... Die gesponnenen Blätter
der Zitterpappeln, im Bild

gefestigt zu schweigsamen Massen,
drängen sich hinter verlassenen Feldern von Raps,
die Blätter der genügsamen Erlen entlang den Schollen,

wo in trockener Krume, zwischen drängenden Pflänzchen,
der Weizen schon gärt mit tremolierender Lust.
Die Blätter des Süßklees, der auf den Gräben

lau den Goldteppich des Weinbergs umgrenzt.

Marin Sorescu

GRÜNES BLATT

Lieber Wald,
gib mir bitte ein Blatt von oben
für Licht und für Jugend
und für das Leben ohne Tod.

Lieber Wald,
gib mir bitte ein Blatt von unten
für Dunkelheit und für Alter
und für den Tod ohne Wiederleben.

Wir haben uns die Seelen
auf Blätter geschrieben ...
Lieber Wald,
bitte gib mir alle deine Blätter,
daß ich auf ihnen musiziere.

Oder musiziere doch lieber du
auch auf meiner Seele.

REMINISZENZEN

Beim Anblick von Wolken
werden wir an Schäfchen erinnert.
Der Wolf im Zoologiebuch
sträubt uns das Haar.

Mitunter überfällt uns ein Heimweh
nach den Bergen und ist dann so groß,
daß aus dem Schreibtisch
Gras wächst.

Das sind Briefe
an die alte Adresse,
immer noch an den Schäfer,
der unmerklich
die Herde verlor.

DAS LICHT

Am Himmel ist es schon taghell –
aber die Engel
trinken noch immer
aus ihren Pokalen
Bariumbrei.

Deutlich erkennt man, wie bei jedem Schluck
sich die luftigen Seelen ausdehnen,
während die dunkleren Partien
sich als Gestirne entpuppen,
mit Büffeln und mit Magiern
und in den Sielen hängend
zwischen Auf- und Untergängen.

Wunderbare Verfinsterungen!
Wie ein historischer Spitzenkragen,
aus welchem vielleicht bald
ein genialer Schädel
erscheint.

Jetzt könnte ich dir
im Bauch dieser Engel
den Kreislauf unserer Kinder zeigen.

DIE SCHNECKE

Die Augen mit Wachs verklebt,
blickt sie
mit eingezogenen Hörnern
angestrengt
in sich.

Über ihr
wölbt sich
das Schneckenhaus,
ihr perfektes Werk,
das sie anödet.

Ringsum
ist die Welt,
diese restliche Welt,
mal so und mal so angeordnet
nach irgendwasfür Gesetzen,
die sie anöden.

Doch im Mittelpunkt
der allseits öden Öde
ödet vornehmlich
sie,
die Schnecke,
sich an.
Eine öde Angelegenheit,
wie sie findet.

NOSTALGIE

Vögel, welche nach den warmen Ländern
das Flugzeug nehmen.
Im Herbst kann man ganze Flugzeuge
voll mit Nachtigallen
aufbrechen sehen,
und vor allem mit Laub.

TAMTAM

Wir hopsen durch den Tropenwald
und packen den Rhythmus nicht.
Vor allem die Pilze. Da wachsen
Schlangen aus dem Hut,
die uns die Zunge recken
und Beifall zischeln.

Oder die jodelnden Farne –
Giftnickel, ein Brennesselgezücht!
Wir freilich, wir tappen
nach jener Musik eines Magischen Auges,
das, wie man uns sagte, hier irgend-
wo sich einmal öffnen soll.

Im Verein mit dem Blattwerk
grassiert ein Wurzel-

werk von Waldanschauungen
auf dem entsprechenden Niveau.
Auch wir grassieren ja und
hinterlassen unsere Fingerspuren
auf den guten Dingen
wie auf den schlechten.

Dies also ist der Tropenwald,
mein lieber Papagei,
und jetzt sprich mir nach:
Einen anderen kann ich
dir nicht zaubern; nimm ihn
a conto deiner bunten Federn
für bare Münze – da hast du ihn!

V BAUPLÄNE DES LEBENS

Carsten Bresch
Wie das Leben leben lernte

Biologische Evolution beruht auf der Fähigkeit von Mustern, neue Muster zu erzeugen. Schon in der materiellen Phase ist dieses Prinzip gelegentlich erkennbar: Im Innern von Sternen nämlich kann ein Kohlenstoffkern (bei genügend hoher Temperatur) nacheinander vier einzelne Protonen aufnehmen und als α-Teilchen wieder ausstoßen (Kohlenstoff-Zyklus). Später in der materiellen Evolution sorgt Katalyse für den Aufbau molekularer Muster an bereits vorhandenen Musteroberflächen.

Mit dem Auftreten »lebender« Einheiten hat das Prinzip des *»Muster erzeugen mehr Muster«* in der Selbstreplikation eine Stufe neuer Perfektion erreicht. Das Perfekteste der Replikationsfähigkeit ist jedoch ihre »Nur-fast-Perfektion«. Ohne Ungenauigkeit nämlich, d. h. ohne gelegentliche Zufallsfehler, wäre jede Entwicklung unmöglich. Replikationsirrtümer und anschließende Selektion der »passenden« Änderungen sind die Triebkräfte des jetzt immer schneller ablaufenden Musterwachstums.

Die Weiterentwicklung ist zwangsläufig. Die Unschärfe der Musterreplikation läßt keine andere Wahl. Zugleich sorgt sie dafür, daß Unschärfe weiter bestehen bleibt. Selbst dann nämlich – oder besser: gerade dann, wenn einige Muster das Pseudo-»Ideal« einer fehlerfreien Replikation erreichen würden, wären sie für die weitere Evolution bedeutungslos, da diese Irrtumsfreiheit sie auf dem erreichten Niveau *erstarren* ließe, wo sie bald von anderen, weniger perfekt replizierenden Mustern erreicht und überholt würden. Merkwürdig, daß gewisse große Molekülaggregate gerade *diese* neue Eigenschaft der unvollkommenen Selbstreplikation mit dem unabdingbaren Zwang zur Fortentwicklung gewinnen.

Der Übergang zur zweiten Phase der Evolution macht Musterwachstum und Mustervermehrung unabhängig von früheren Hilfen, die in der materiellen Phase eine wesentliche Rolle spielten. Mehr noch, diese bisher förderlichen physikalischen

Faktoren werden jetzt sogar Muster-schädlich. Während früher z. B. elektrische Entladungen, Hitze oder ultraviolettes Licht zum Aufbau komplexerer Moleküle wichtig waren, werden biologische Muster jetzt durch solche Ereignisse bedroht. Ihre Strukturen sind so fein abgestimmt, daß jede grobe Außenwirkung zur Störung der inneren Harmonie führt. Die in der Vergangenheit aufbauenden physikalischen Zufallsprozesse werden jetzt zu einem Hemmnis des Musterwachstums. Der Beginn der biologischen Phase bringt nicht nur neue Fähigkeiten, sondern auch neue »Spielregeln«, z. B. den Wettbewerb. Ein analoges Phänomen wird uns beim Übergang von biologischer zu intellektueller Phase begegnen.

Bisher haben wir nicht gefragt, woher bei der Replikation biologischer Muster die Bausteine für die Tochterstrukturen stammen. Wir haben stillschweigend angenommen, daß diese in der Ursache vorhanden sind und von dem Mutter-Muster aufgesammelt werden. Nach erfolgtem Zusammenbau teilt sich dann das Gebilde in zwei ähnliche Einheiten, die den Vorgang der Replikation von neuem beginnen.

Da die Ursuppe beim Auftreten der ersten biologischen Einheiten angereichert war mit einer Riesenmenge vielfältiger Moleküle, war zunächst die Beschaffung der erforderlichen Bausteine kein Problem. Das frühe Leben benutzte einfach die in Jahrmillionen aufgespeicherten Vorräte der chemischen Evolution.

Doch je mehr Replikation fortschritt, desto rascher wuchs der Bedarf. Schon bald wurde die erste Art von Baustein-Molekülen knapp. Damit kam die Replikation aller Einheiten ins Stocken. Die Nachlieferung des fehlenden Moleküls durch Spontanentstehung erfolgte extrem langsam. Der Fortbestand des Lebens schien in Frage gestellt.

Die Millionen und Abermillionen von biologischen Mustern hatten aber durch Ungenauigkeit der Replikation eine riesige Vielfalt erreicht. Eine Fülle von verschiedenen Protein-Oberflächen war in der Gesamtheit aller Lebewesen enthalten. Das war die Rettung. Durch Zufall nämlich waren bei diesem oder jenem Protobionten Oberflächen vorhanden, die einen anderen, noch nicht verknappten Baustein *umwandeln* konnten in das zum Engpaß gewordene Molekül.

Einige dieser Protobionten hatten sogar zufällig Nucleinsäure-Abschnitte, die solche, plötzlich lebenswichtig gewordenen Proteinmuster erzeugten. Sie hatten das große Los gezogen. Sie konnten das fehlende Molekül selbst herstellen. Ihre und ihrer Nachkommen Fortpflanzung war gesichert. Der *Stoffwechsel* – charakteristische Eigenschaft aller Organismen – hatte seinen Anfang genommen. Alle anderen Einheiten aber blieben in ihrer Vermehrung stehen, sie mußten früher oder später den thermodynamischen Tod erleiden – sie mußten zerfallen.

Lange bevor sich noch die rettende Proteinstruktur perfektionieren konnte, waren aber auch weitere Bausteine knapp geworden. Andere, zufällig vorhandene Proteine wurden wichtig, die diese neuen Mangelmoleküle durch Umbau noch vorhandener »Ersatz-Moleküle« herstellen konnten. Das Spiel wiederholte sich mehrmals.

In allen Fällen waren zu Beginn die katalytischen Oberflächen noch unvollkommen, d. h. langsam. Unscharfe Replikation führte jedoch – mal hier, mal dort – zu einer Verbesserung der Synthesefähigkeit. Die in unserer Betrachtung in einzelne Schritte aufgelöste Entwicklung war also eher ein breiter, sich zeitlich überlappender Prozeß ständiger Vervollkommnung und Erweiterung vieler Stoffwechselleistungen.

Die Fortpflanzung einer Einheit war zunehmend davon abhängig, welche und wie viele der nötigen Bausteine sie selbst aus verfügbaren, anderen Molekülen synthetisieren konnte. Diese Situation setzte eine »Prämie« auf den Zusammenschluß biologischer Muster: Wenn die eine Einheit das Mangelmolekül X, eine andere das Mangelmolekül Y selbst herstellen konnte, waren sie *vereint* von *beiden* Substanzen unabhängig.

Ein Zusammenschluß oder auch schon eine zufällige Verdopplung von einzelnen DNA-Abschnitten bot noch eine andere Möglichkeit zur schnelleren Entwicklung: Wenn ein Gen vorlag, das ein bestimmtes, für den Stoffwechsel nötiges Enzym erzeugte, durfte dieses Gen sich nicht wesentlich ändern, da ja die Funktion des Enzyms gebraucht wurde. Wenn jedoch durch Verdopplung *zwei* Kopien dieses Gens vorhanden waren, stand die eine von ihnen für beliebige Umwandlungen zur Verfügung, da die andere weiter für die Herstellung des nötigen Enzyms sorgte.

Eine Vergrößerung der DNA-Menge stellt so Material bereit, mit dem Mutationen »spielen« können. Mehr noch, solches Ausgangsmaterial liefert bereits ein Protein, das Paßformen zu bestimmten Molekülen besitzt. Durch relativ kleine Änderungen können daraus Proteine werden, die z. B. Paßformen zu ähnlichen Ersatzmolekülen haben.

Mit fortschreitender Molekülverknappung der Ursuppe jedenfalls mußten immer mehr Bausteine aus noch vorhandenen Molekülen durch geeignete Proteine selbst erzeugt werden. Bald wurden sogar Ersatzbausteine knapp, so daß auch diese erst wieder aus anderen Molekülen hergestellt werden mußten. Schrittweise entwickelten sich so lange »Fließbänder« zur Molekülumwandlung. Die immer größer werdenden replikationsfähigen Einheiten hatten ganze Batterien von lebenswichtigen Teilmustern angesammelt (die in DNA verschlüsselten Enzyme des Stoffwechsels), die dafür sorgten, daß alle zur Replikation notwendigen Moleküle in ausreichender Zahl hergestellt wurden.

Es waren noch mehr Probleme zu lösen. Eine lebende Einheit brauchte so viele Enzyme – die Komplexität der Struktur war so angewachsen –, daß längst eine Umhüllung nötig geworden war, die einerseits nichts Wichtiges aus dem Inneren verlorengehen ließ, aber andererseits alle notwendigen Moleküle aus der Umgebung aufnehmen konnte. Erfolgreich im Wettbewerb waren daher nur Muster, die »selektiv-permeable« Hüllmembranen entwickelt hatten, mit denen sie den Molekülverkehr zwischen Außen und Innen regulierten und auswählten, welche Moleküle passieren durften.

Wahrscheinlich besaßen bereits die ersten replikationsfähigen Muster eine primitive Hülle, die sich spontan aus Proteinen bildete. Vielleicht spielte diese sogar eine wesentliche Rolle bei der Entstehung des Lebens. Mit wachsender Komplexität mußte jedenfalls auch diese Mantelstruktur immer raffiniertere Eigenschaften gewinnen.

Die aber wohl wichtigste Frage zur Anfangsphase des Lebens ist die nach der Entstehung des genetischen Codes. Wir erinnern uns, daß hiermit die Übersetzungsvorschrift einer Dreiergruppe von Nucleotiden in den Aminosäure-Baustein eines Proteins gemeint ist, die durch eine Menge von aufeinander abgestimmten Molekülmustern bewirkt wird.

Alle heute lebenden Organismen – seien es Pflanzen oder Tiere, Bakterien oder Menschen – benutzen dabei das *gleiche Übersetzungslexikon* (Universalität des genetischen Codes). Wenn dieser höchst komplizierte Prozeß der Proteinsynthese in allen Organismen unseres Planeten auf den gleichen Musterpaßformen beruht, so gibt es dafür zwei mögliche Erklärungen:

1. Das Code-Lexikon ist wirklich so zufällig, wie es uns erscheint. Die Zuordnungen sind ein Produkt des Turmbaus von Unwahrscheinlichkeit und hätten ebensogut anders aussehen können. Dann besäßen lebende Organismen anderer Planeten zwar vielleicht auch einen ähnlichen Code, aber sicher andere Zuordnungen.
   Unter solcher Annahme ergibt sich zwingend die Schlußfolgerung, daß alle Organismen unseres Planeten von einer gemeinsamen Urzelle abstammen, die zufällig als erste eine entscheidende Erfindung machte, vielleicht gerade die des genetischen Codes. *Ein* biologisches Muster war jedenfalls irgendwann all seinen Konkurrenten so überlegen, daß alle anderen, damals noch lebenden Strukturen, im Laufe der Zeit überwuchert wurden und schließlich ganz ausstarben.
2. Andererseits ist es denkbar, daß die uns zufällig erscheinenden Zuordnungen des Code-Lexikons doch nicht zufällig sind, sondern sich so und nur so entwickeln konnten, weil die Gestalten der beteiligten Moleküle gar nichts anderes zuließen. Mit anderen Worten: in welchen Urorganismen auch immer ein Code zur Perfektion reifte, er konnte aufgrund der *Eigenschaften der Moleküle* zu gar keinem anderen Lexikon führen, auch wenn wir wegen der Kompliziertheit das noch nicht verstehen. Auch auf anderen Planeten müßte sich dann der gleiche Code entwickeln.

Zunehmend scheint heute aber auch eine Kombination von beidem möglich: ein Anfang des Codes, der durch Häufigkeiten von Molekülen, Bindungsfestigkeiten usw. bestimmt wurde, dann ein weiterer Ausbau durch Zufallsereignisse.

In jedem Fall kann ein einmal etablierter Code – sei er ein Zufallsprodukt oder chemisch determiniert – sich bei weiterer Evolution nicht mehr wesentlich ändern. Es können nur Raffinessen hinzukommen. Eine Änderung im Übersetzungslexikon würde nämlich die so mutierte biologische Einheit sofort zur Katastrophe führen. Wenn z. B. durch eine Mutation die Maschinerie der Proteinsynthese so verändert wäre, daß an allen Stellen, wo bisher die Aminosäure Alanin eingebaut wurde, jetzt die Aminosäure Threonin eingesetzt würde, wären praktisch *sämtliche* Proteine davon betroffen. Viele Proteine würden aber dadurch ihre Funktionsfähigkeit verlieren. Das könnte der Organismus nicht überleben. Er würde sehr schnell der Selektion zum Opfer fallen.

Die Alternative, Ableitung allen terrestrischen Lebens von einer zufällig allen anderen weit überlegenen Urzelle *oder* chemische Gründe für gerade diesen Code, tritt noch ein zweites Mal auf:

In Kapitel 5 war die Rede von Molekülen, die in spiegelbildlichen Konfigurationen (wie linke und rechte Hände) vorkommen. Seit langem wissen nun die Biochemiker, daß Lebewesen unserer Erde von diesen beiden, an sich völlig gleichberechtigten Mustern jeweils nur die eine Form verwenden – und zwar *alle* Organismen die *gleiche*. Ein großer Teil aller möglichen Moleküle bleibt so biologisch ungenutzt.

Theoretisch wären aber alle biologischen Muster dieses Planeten in ihrer gespiegelten Version ebenso funktionsfähig. Wieder stellt sich also die Frage, ob alle Spiegel-Asymmetrie und damit alles Leben auf eine einzige Urzelle zurückgeht, die erfolgreicher war als ihre Konkurrenten, oder ob sich Gründe finden (Polarisation des Sonnenlichts oder anderer Strahlungen, Magnetfelder oder Rotationsrichtungen), die von beiden Spiegelformen auf unserer Erde die eine begünstigten. Außerhalb unseres Planeten bilden sich jedenfalls, wie Meteorite zeigen – genauso wie bei allen Labor-Synthesen –, beide Spiegelformen der Moleküle in praktisch gleichen Häufigkeiten.

Wäre die Rechts-Links-Entscheidung nur eine Frage des Zufalls, so sollten 50% aller belebten Planeten ein »Links-Leben«, 50% ein »Rechts-Leben« zeigen, je nachdem, was sich gerade durchgesetzt hätte. Wenn Menschen einmal einen unserer Erde ähnlichen, aber biochemisch gespiegelten Planeten entdecken würden, könnten wir nicht vom Wild seiner Wälder leben. Unsere Verdauungsenzyme könnten mit den gespiegelten Molekülen nichts anfangen. Ja, auch irdische Hasen könnten sich nicht vom Gras dieses Planeten ernähren. All unser Dasein ist nun einmal auf Links-Aminosäuren festgeschrieben. Wir müßten *unser* Gras pflanzen und *unsere* Kühe mitnehmen, um dort zu existieren.

Beide Probleme, der Ursprung der einheitlichen Rechts-Links-Asymmetrie biologischer Moleküle und die Entstehung des genetischen Codes, erwarten noch ihre wissenschaftliche Lösung. Beide Phänomene wären aber gemeinsam erklärt, wenn in der Mischung von Links- und Rechts-Organismen vor langer Zeit einmal *eine* Urzelle entstanden wäre, die allen anderen Organismen aus irgendwelchen Gründen (Perfektion des Codes?) überlegen war. Alles heute existierende Leben wäre dann von dieser Urzelle hergeleitet und hätte deren Spiegelseite und deren genetisches Lexikon beibehalten.

Diese Annahme ist nicht gleichbedeutend mit der Hypothese, daß auf diesem Planeten *nur ein einziges Mal* ein replikationsfähiges Muster entstand, obwohl dies eine mögliche Deutung wäre. Selbst wenn Code und Asymmetrie sicher als Folgen von Zufall erkannt würden, wäre damit nur gezeigt, daß es irgendwann in früher Lebensentwicklung eine Urzelle gab, die so viel besser als alle anderen funktionierte, daß allein ihre Nachkommen jetzt diesen Planeten bevölkern. Es *könnte* dies die erste und damals einzige replikationsfähige Einheit sein, aber ebenso eine erst später unter vielen anderen auftretende Urzelle mit einer neuen, extrem wichtigen Fähigkeit.

Heinrich K. Erben

Weichenstellungen: Wie das Leben entstand

Der lange Weg erstreckte sich über vier Milliarden Jahre! Und er enthielt eine das menschliche Vorstellungsvermögen übersteigende Anzahl von Optionsschritten. Bevor wir aber wenigstens einige der bedeutsamsten herausgreifen, sei in Erinnerung gebracht, in welchem Zusammenhang diese Betrachtung steht: Wenn es auf einem fremden Himmelskörper intelligente und kommunikationsbefähigte Lebewesen geben sollte, müßten sie auf dem Wege derselben oder vergleichbarer Optionsfolgen entstanden sein.

Beginnen wir bei α – wobei wir die Vorgeschichte überspringen wollen, bei der (vermutlich auf eine wenig ergiebige Weise) diskutiert werden müßte, was denn nun tatsächlich am allerfrühesten Anfang war: »das Wort?« Oder »der Wasserstoff«?

Alpha, das ist in unserer Sicht der Beginn jener Entwicklungsphase, welche die chemisch-präbiotische Evolution umfaßt und welche unmittelbar das eigentliche Entstehen des Lebens einleitet. Wir sprechen hier also von den frühesten und ursprünglichsten Optionen, die im Rahmen einer verwirrenden Vielzahl von alternativen Geleisen über zahlreiche Weichenstellungen hinweg die Bildung der ersten biologischen Zelle zur Folge hatten.

Wie entstand nun dieses Leben? Die verschiedenen Mythen der Völker geben vor, es ganz genau zu wissen: Es sei das Ergebnis einer Schöpfung, die auf Götter zurückgeht, unter anderem auf die große fruchtbare Erdmutter, heiße sie nun *Gaia* bei den Griechen, *Pachamama* bei den Andenvölkern oder *Tlazolteotl* bei den Völkern des mexikanischen Hochlands. Einem anderen großen Mythos zufolge, einer mit erstaunlicher Intuition erfühlten Allegorie, handelt es sich um einen Schöpfergott, der die verschiedenen Gruppen von Lebewesen (Pflanzen, Wassertiere, Landtiere und Vögel, den Menschen) in einer Reihenfolge in die Welt rief, die durchaus eine gewisse Parallele zur jetzigen evolutionistischen Erkenntnis verrät.

Was aber gerade die Erschaffung des Menschen betrifft, so klingt auch hier wieder die Querbeziehung zur archaischen *Gaia* an: der Erdenkloß als Urstoff auch des Lebewesens. »... denn du bist Erde und sollst zu Erde werden« – eine Symbolik, die unbewußt, aber ahnungsvoll vorwegzunehmen scheint, was die modernen Naturwissenschaften als in überaus hohem Maße wahrscheinlich erkennen: die Entstehung des Lebens aus unbelebter, anorganischer Materie.

Ob man sich nun vorstellt, das Leben habe sich irgendwo außerhalb unseres Planeten gebildet, oder ob man die Auffassung vertritt, es habe sich auf unserer Erde entwickelt, ist in diesem Zusammenhang ziemlich gleichgültig. Die präbiotischen, noch rein chemischen Weichenstellungen müssen in beiden Fällen dieselben gewesen sein und ebenso die hauptsächlichen Optionsschritte:

Synthese der kleinsten Bestandteile (Mikromoleküle) – – – deren Zusammenschluß zu elementaren Bausteinen (Makromoleküle) – – – Herausbildung der Chiralität – – – Selbstorganisation im Funktionskomplex – – – Individuation des Funktionskomplexes.

Das alles klingt recht abstrakt und für den Laien zunächst noch unverständlich; es sei darum in den nachfolgenden Abschnitten ein wenig verdeutlicht.

Synthese der kleinsten Bestandteile

Sehen wir von den Atomen ab, die in diesem Zusammenhang ja noch völlig indifferent erscheinen, so sind die kleinsten organisch-chemischen Bestandteile der Lebewesen jene Mikromoleküle, aus denen sich die Eiweiße und die Nukleinsäuren zusammensetzen. Das sind im ersten Fall die Aminosäuren, im zweiten Fall sind es die Nukleotide. Die allerersten Schritte auf dem Weg, der zur Entstehung des Lebens führte, müssen also darin bestanden haben, daß innerhalb der enormen Fülle aller grundsätzlich möglichen chemischen Verbindungen, im Rahmen einer unermeßlich großen Zahl von Alternativen Optionen zustande kamen, deren Ergebnis die genannten Mikromoleküle waren.

Diesem Prozeß haftet nichts Geheimnisvolles an. Er läuft noch heute im Weltraum ab, während er allerdings auf unserer Erde als natürlicher Vorgang jetzt kaum mehr möglich sein dürfte. Spontane Neubildungen der genannten organischen Mikromoleküle werden im Handumdrehen von den Milliarden der heute in jedem kleinsten Winkel dieser Erde existierenden Mikroorganismen verzehrt, sie haben keine Chance: Das Leben ist der schlimmste Feind seiner eigenen erneuten Spontanentstehung, die ja konkurrierende Wesen – vielleicht sogar eine Art von Antileben – hervorbringen und damit das ursprüngliche Leben in seiner Existenz bedrohen würde. Auf der frühesten urzeitlichen, noch unbevölkerten Erdoberfläche aber konnten präbiotische Systeme völlig ungefährdet entstehen.

Wir wissen heute mit Sicherheit, daß es völlig spontan zu einer Synthese der oben genannten Mikromoleküle kommt, wenn ein Gemisch aus bestimmten Gasen unter Energie-Einwirkung von außen gerät. Diese Erkenntnis ist durch entsprechende Simulationsexperimente erhärtet, deren Ergebnisse reproduzierbar sind.

Bei der ersten Etappe auf dem Weg zur Entstehung des Lebens muß es vergleichbar zugegangen sein: Chemische Reaktionen in den Gemischen der genannten Gase, hervorgerufen durch die Einwirkung der Wärmeenergie langsam abkühlender Lavaströme, durch die elektrischen Entladungen atmosphärischer Gewitter oder durch die ultraviolette Strahlung, das waren offenbar die Naturprozesse, bei denen eine Fülle der verschiedensten Chemosynthesen realisiert wurde. Die Produkte waren organische Verbindungen, Mikromoleküle, auch solche aus der Familie der Aminosäuren und der der Nukleotide.

In jüngster Zeit ist ein weiterer Weg entdeckt worden, auf dem sich Aminosäuren aus anorganischen Stoffen – in diesem Fall aus Olivinkristallen – spontan entwickelt haben können, und zwar auf »milde« Weise, ohne Energiezufuhr oder Bestrahlung. Berechnungen zufolge hätten sich dabei im Laufe von 100 Millionen Jahren 10^{13} Tonnen Kohlenwasserstoffe und 10^{11} Tonnen Aminosäuren auf der präkambrischen Erdoberfläche bilden können – man bedenke: 100 Billionen Aminosäuren, das sind 100000 Millionen! Und wenn sich diese Zahl auch

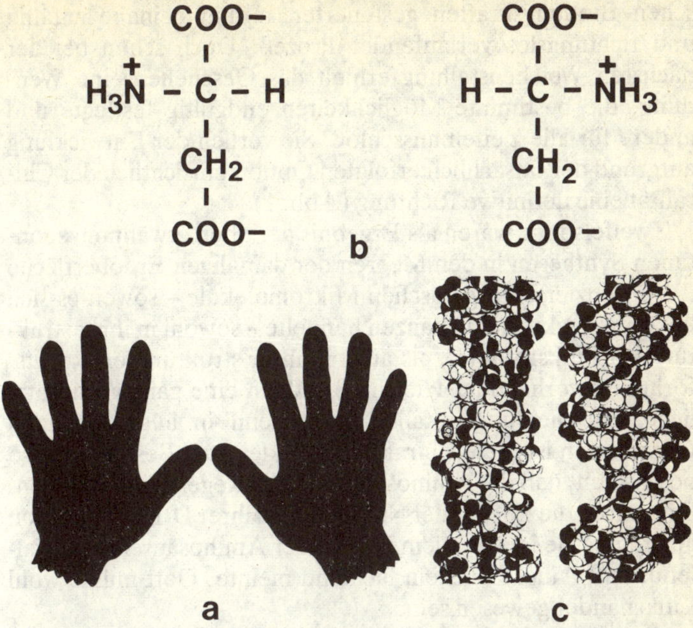

Abb. 1: Schema zur Erläuterung des Begriffs Chiralität. a = Chiralität der menschlichen Hände; b = Links- und Rechtskonfiguration in der Formel einer Aminosäure (Asparaginsäure); c = Rechts- und Linksform (sog. Z-Form) der Desoxyribonukleinsäure (DNA), dargestellt in Kalottenmodellen.

durch den natürlichen Zerfall einer beträchtlichen Menge dieser organischen Mikromoleküle reduziert haben muß, so ist dies doch allein schon dadurch mehr als ausgeglichen worden, daß ja viele Hunderte von Jahrmillionen zur Verfügung standen.

Es sei dahingestellt, welcher der beiden erwähnten Wege einer natürlichen, spontanen Synthese der bedeutungsvollere und ergiebigere war. Unbezweifelt aber bleibt die Tatsache, daß die ersten großen Weichenstellungen, die frühesten Optionen, jedenfalls chemischer Natur waren: Sie betrafen anorganische Stoffe, aus denen nun organisch-chemische Substanzen hervorgingen. Gewiß war das ein trivialer, ein blind von chemischen Bindungskräften gesteuerter, mithin beinahe zufällig und richtungslos verlaufender Prozeß. Doch schon bei der nächsten Weichenstellung erhielt das Geschehen eine Wendung, die bestimmte Möglichkeiten endgültig festlegte und andere für alle Zeiten ausschloß. Sie verlieh der Entwicklung aufgrund der tatsächlich erfolgten Option hinsichtlich der Chiralität eine definitive Richtung (Abb. 1):

Zweifelsohne waren als Ergebnis der oben erwähnten spontanen Synthesen in den Meeren der damaligen Erdoberfläche die produzierten organischen Mikromoleküle – soweit es sich um optisch aktive Substanzen handelte – sowohl in ihrer strukturellen Linksform (L) als auch in ihrer strukturellen Rechtsform (D) vorhanden. Hier muß sodann eine ganz grundsätzliche Entscheidung gefallen sein, denn in allen lebenden Organismen ist diese Chiralität ihrer kleinsten Bestandteile so beschaffen, daß die Aminosäuren in der Regel in ihrer L-Konfiguration, die Zucker der Nukleotide in ihrer D-Konfiguration auftreten. Sie ist vor allem im Fall der Aminosäuren so auffallend, daß Albert Einstein lächelnd meinte, Gott müsse wohl Linkshänder gewesen sein.

Natürlich ist diese Komplementarität funktionell zu erklären, und zwar mit den Aufgaben der Nukleinsäuren (der DNA) bei der Protein-Synthese. Aber schließlich hätte es ja auch völlig entgegengesetzt kommen können – auch die Kombination von D-Aminosäuren und L-Nukleotiden wäre grundsätzlich möglich gewesen. Sie aber kam – die Einheitlichkeit bei allen lebenden Organismen erweist es – in dieser Etappe der präbiotischen Evolution jedenfalls nicht zum Zuge. Über die Gründe für diese Option kann man verschiedene Spekulationen anstellen, relevant sind sie in unserem Zusammenhang nicht. Es ist das Faktum der endgültigen und eindeutigen Option an sich, das hier zählt.

Auch die nachfolgenden Optionsschritte müssen noch ausschließlich chemischer Art gewesen sein. Dasselbe muß auch für die Selektion gegolten haben, die in dieser Phase der Gesamtevolution auf deren Gang Einfluß ausübte: Die sich mit großer Mannigfaltigkeit einstellenden Reaktionen waren stereochemisch entweder begünstigt oder weniger begünstigt oder gänzlich unmöglich, und zwar je nach Maßgabe der molekularen Raumstruktur und der unterschiedlichen Reaktionsbereitschaft der beteiligten Substanzen.

Die Anfangsbedingungen freilich waren jetzt unabänderlich festgesetzt: Die kleinsten Bestandteile wurden nun in die Grundform der Bausteine übergeführt. Konkreter ausgedrückt: Die Mikromoleküle schlossen sich zu Makromolekülen zusammen, d. h. die L-Aminosäuren polymerisierten zu entsprechenden Proteinen, die D-Nukleotide verbanden sich schließlich zu Nukleinsäuren.

Auch hier braucht uns die Kontroverse um Einzelheiten nicht zu kümmern, so etwa die Diskussion um die Reihenfolge *(proteins first* oder *nucleic acids first?)*. Entscheidend ist doch in erster Linie, daß diese Synthesen in der freien Natur als spontanes Geschehen möglich waren und daß auch dies aufgrund von simulierenden Experimenten erwiesen ist (vor allem im Fall der Eiweiße, nicht ganz so deutlich im anderen Fall). Mehr noch: Das Endergebnis des gesamten hier betrachteten Entwicklungsprozesses, die Existenz der aus diesen beiden Grundsubstanzen bestehenden Zelle stellt unter Beweis, daß es zu diesen Synthesen nicht nur theoretisch kommen konnte, sondern daß sie in durchaus realer Weise tatsächlich erfolgt *sind*: weitere hochbedeutsame Entwicklungsschritte, entscheidende Optionen an Weichenstellungen, die jeweils eine ganze Auswahl an Alternativen geboten hatten.

Das Ergebnis bestand im Hervorbringen jener Bausteine, aus welchen sich später belebte Körper zusammensetzen sollten. Doch auch jetzt noch handelt es sich um ein beinahe banal zu nennendes Geschehen. Es handelt sich um Prozesse, die – trotz der erreichten spezifischen Chiralität – noch durchwegs reversibel blieben, deren Ergebnissen daher die Eigenschaft »Historizität« keinesfalls zukam. Bei aller Bedeutsamkeit der hier entstandenen Substanzen und Gebilde – sie waren und blieben doch trotz ihrer molekularen Komplexität zunächst nichts weiter als einfache, zusammenhanglose Bausteine.

Selbstorganisation: Hyperzyklus oder Haarnadelmodell?

Einfache Bausteine, gewiß. Und doch in einer Hinsicht etwas mehr als nur das; denn zugleich waren sie aufgrund ihrer chemisch begründeten Potenzen sozusagen prädisponiert, später im Rahmen eines wirklich belebten Systems die einander ergänzenden Grundfunktionen wahrzunehmen: die Nukleinsäure als sich selbst stets von neuem reproduzierender Träger der Information, also des genetischen Bauprogramms, das Protein als Ausführender dieser Bauanweisungen und als Baustoff selbst.

Es muß also als Option bei einer nächsthöheren Weichenstellung zum Entstehen eines präbiotischen Aggregats, eines räumlichen, körperlichen Komplexes aus Nukleinsäuren und Proteinen gekommen sein, wobei die letzteren auch als katalysierende Enzyme in Aktion traten. Auch hier ein Entscheidungsschritt, der unverrückbare Grundlagen schuf, nämlich den Zusammenschluß der nunmehr interdependent werdenden, in ihrer Kooperation voneinander abhängigen Bausteine.

Auch dieser muß ein Schritt der Selbstorganisation gewesen sein, dazu ein überaus gewichtiger, ein entscheidender, zudem einer, der für den Laien nur schwerlich vorstellbar ist. Und doch gibt es heute zwei Gedankenmodelle, die – sich durchaus in logischen Bahnen bewegend – die Möglichkeit eröffnen, das wahrscheinliche Geschehen in der theoretischen Überlegung nachzuvollziehen.

Auf den Göttinger Nobelpreisträger Manfred Eigen geht die Vorstellung vom sogenannten Hyperzyklus zurück (Abb. 2a): eine ringförmig geschlossene Kette, deren im Wirkgefüge beteiligte Elemente jeweils selbst kleine Reaktionszyklen (R1 – Rn) darstellen. Ein jeder von ihnen besteht aus einem reproduzierenden (Nukleinsäure-)Molekül, das nicht nur Kopien seiner selbst produziert, sondern zugleich auch ein Enzym (K_1 – Kn), das zusätzlich auf den nächstfolgenden Reaktionszyklus einwirkt. Der hyperzyklische Ringschluß, die Selbstdetermination des übergeordneten Gesamtsystems – sie werden sodann durch die Besonderheit bedingt, daß das Enzym der Endgruppe (Kn) aufgrund seiner Struktur in der Lage ist, seinerseits auf den Anfangszyklus einzuwirken.

Prozesse, die nach einem solchen hyperzyklischen Prinzip ablaufen, bringen einen Verstärkereffekt hervor, sie sind autokatalytisch. Ein solcher Vorgang wäre geeignet gewesen, nach eingetretenem zufälligem Anfangsvorteil der Chiralität diesen Vorteil autokatalytisch so hochzuschaukeln, daß die jeweils spezifische heutige Links- bzw. Rechtskonfiguration der biosnahen Moleküle zustande kam. Sie wären ferner in der Lage gewesen, die selektive Entstehung des genetischen Codes und die Bildung des ersten, zwar noch präbiotisch, aber bereits beinahe-biotisch funktionierenden Systems zu bewirken.

Gleichfalls im Göttinger Max-Planck-Institut für Biophysikalische Chemie hat Professor Hans Kuhn eine andere Vorstellung entwickelt, die hier stark vereinfacht und in knapper Form beschrieben sei. Wir wollen sie als das »Modell der verzwirbelten Haarnadeln« bezeichnen (Abb. 2b_1, b_2). Kurze Kettenmoleküle der Ribonukleinsäure (RNA) nehmen die Konfiguration einer Haarnadel an, die in Form einer Doppelhelix verzwirbelt wird. An ihrem »Kopfende«, dem Beugungspol, weisen sie je ein Basentriplett auf. Bei einem dieser Kettenmoleküle wird an seinem »proximalen« Ende, dem besagten Beugungspol, zufällig ein einfacher molekularer Strang ankondensiert, der fortlaufend Basentripletts enthält. Da diese komplementär sind, vermögen sie als Haftstellen zu dienen. An diesen Stellen des so entstandenen Sammelstrangs heften sich nun in linearer Folge die verzwirbelten RNA-Haarnadeln mit ihren Basentripletts an. Es entsteht dabei ein seriales Aggregat, das H. Kuhn der Urform des Trägers genetischer Information gleichsetzt. An den offenen »distalen« Enden der Haarnadeln können sich nun passende Aminosäuren anlagern, die sich dann seitlich zu einer Polypeptidkette zusammenschließen –

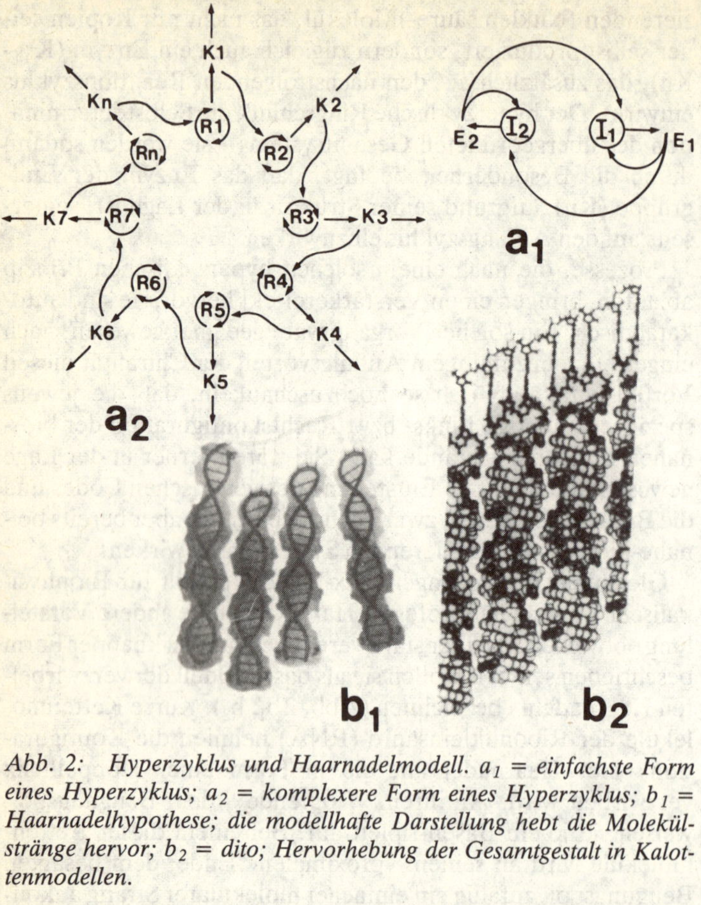

Abb. 2: Hyperzyklus und Haarnadelmodell. a_1 *= einfachste Form eines Hyperzyklus;* a_2 *= komplexere Form eines Hyperzyklus;* b_1 *= Haarnadelhypothese; die modellhafte Darstellung hebt die Molekülstränge hervor;* b_2 *= dito; Hervorhebung der Gesamtgestalt in Kalottenmodellen.*

der Urform des Enzyms. (Nebenbei: Die ursprünglichen RNA-Moleküle des Aggregats werden später im Laufe der weiteren Entwicklung durch DNA ersetzt.)

Die beiden hier vorgestellten Mechanismen sind, wie besagt, reine Gedankenmodelle, die allerdings – jedes für sich – durchaus plausibel erscheinen und chemischen Grundtatsachen jedenfalls nicht widersprechen. Hypothetische Vorstellungen also, wobei hier nicht diskutiert werden soll, welches der beiden Modelle das zutreffendere sein mag. Jedenfalls aber erweisen beide, daß die funktionelle Verkettung von informationstragender Nukleinsäure mit informationsgesteuertem Protein auf eine spontane, natürliche Weise vor sich gehen konnte. Daß dieser Schritt – so oder so – tatsächlich stattfand, kann keinem Zweifel unterliegen. Er war eine *conditio sine qua non*, eine der wichtigen Voraussetzungen bei der Entstehung des Lebens.

Manfred Eigen / Ruthild Winkler

Morphogenese

Für den Molekularbiologen unserer Tage ist die identische Reproduktion einer Gestalt zweifellos das größere Wunder als ihre gelegentliche Metamorphose.

Wie schon erwähnt, haben die konservativen Strukturen vor allem im subzellulären, molekularen Bereich entscheidenden Anteil an der Gestaltbildung. Der molekulare Aufbau des gesamten Informationsspeichers, die Nukleinsäure-Doppelspirale, die räumliche Anordnung funktioneller Gruppen in den Biokatalysatoren, den Enzymen, ja ganze Organell- und Zellstrukturen beruhen im wesentlichen auf konservativen Kraftwirkungen, die die räumliche Lage jedes Details exakt festlegen. Die Invarianz des genetischen Programms ist sichtbarer Ausdruck dieser starren konservativen Kräfte. Und selbst die gelegentliche Variation, die Mutation, ist nichts als ein auf dieser Ebene durch thermische Schwankungen hervorgerufener »Ablesefehler«, der sich infolge seiner identischen Reproduktion fortpflanzt und – falls er sich als vorteilhaft erweist – auch selektiert wird. Damit ist die Grundlage für eine Evolution geschaffen.

Wie ist nun die ontogenetische Entwicklung eines Lebewesens, die mit einer einzigen befruchteten Eizelle beginnt und aus der schließlich das nach Milliarden determinierter somatischer Zellen zählende, ausgewachsene Individuum hervorgeht, zu erklären? Ist sie im Prinzip dem gewaltigen Puzzlespiel –

nach dem sich z. B. der Aufbau einer Viruspartikel vollzieht – zu vergleichen? Wäre das der Fall, so müßte die Information für jede dieser Milliarden verschiedener Zellen und ihrer Bestandteile separat im genetischen Programm vorgezeichnet sein. Das wäre enorm aufwendig.

Die Natur hat in der Tat einen anderen Weg gewählt, und zwar einen wesentlich ökonomischeren. Freilich braucht jede Zelle ihr spezifisches Erkennungszeichen, und die dadurch vermittelte Wechselwirkung ist – wie im Puzzle – durchaus konservativer Natur. Aber wie ist es dazu gekommen, daß jede einzelne Zelle mit einem speziellen Erkennungszeichen ausgerüstet wurde, sind doch sämtliche Körperzellen durch Reproduktion aus ein und derselben Eizelle entstanden? Die Antwort lautet: Es gibt ein vom System selbst auf chemische Weise erzeugtes Muster von Morphogenen – eine Art chemischer Sonden –, die in verschiedenen Stadien Teilinformationen aus ein und demselben Speicher abrufen.

Dieses fundamentale Problem der Morphologie sollten wir uns unbedingt genauer ansehen. Zunächst müssen wir jedoch sehen, was es mit dem Erkennungszeichen auf sich hat und ob es sich dabei nicht lediglich um eine ad-hoc-Annahme handelt.

Eine Hypothese ist es schon; aber sie kommt nicht von ungefähr. Denn für viele Zellen konnten solche Erkennungszeichen, spezifische Rezeptoren, nachgewiesen werden.

Vielleicht am besten untersucht ist die Rezeptorwirkung im Immunsystem. Wie schon um die Jahrhundertwende Karl Landsteiner mit geradezu prophetischer Voraussicht erkannte, werden die Rezeptoren hier jeweils durch den von der Zelle produzierten spezifischen Antikörper vertreten. Unser Organismus fabriziert ein großes Repertoire solcher Antikörper, so groß, daß praktisch alle in der Natur vorkommenden molekularen Muster durch eine komplementäre Matrize im Immunsystem repräsentiert sind. Ein Eindringling, das Antigen (z. B. ein artfremdes Eiweißmolekül oder ein Bakterium) hat kaum eine Chance, dieser »Polizeitruppe« von Antikörpern zu entgehen. Es wird fast immer von einem oder gleich mehreren der ihm komplementären Antikörpermatrizen erkannt und durch Bindung und Abbau unschädlich gemacht. Allerdings sind die relativ wenigen, ständig »diensthabenden Polizisten« einer Masseninvasion nicht gewachsen. In dieser Situation muß eine Vermehrung jeweils *der* Zellpopulation angekurbelt werden, die den gerade erforderlichen Antikörper produziert. Genau diesen Prozeß lösen die Rezeptoren aus, die auf der Oberfläche der Antikörper produzierenden Zellen angeordnet sind. Indem die Rezeptoren das feindliche Antigen binden, geben sie der Synthesemaschinerie ihrer Zelle ein Signal, das sowohl die Antikörperproduktion erhöht als auch die Zellteilung und damit eine Multiplikation des betreffenden Zelltyps stimuliert. Bald schon ist das Lymphsystem mit einer riesigen Menge spezifischer Antikörper überschwemmt, die jeder Selbstvermehrung eines bakteriellen Eindringlings ein jähes Ende setzen – wenn alles richtig funktioniert. Wir sagen dann, der Organismus ist immun geworden.

Die Immunantwort ist also im wesentlichen auf die Vermehrung einiger weniger von Anfang an vorhandener Kundschafterzellen zurückzuführen. Das gesamte Immungedächtnis stellt ein äußerst kompliziertes, durch mannigfache Wechselwirkungen verknüpftes, funktionales Netzwerk dar.

In der Differenzierung der Organismen würde es also genügen, wenn jede Zelle – simultan zu dem von allen Zellen benutzten Programm für Stoffwechsel und Reproduktion – ihre spezifische Funktion aus einem universellen Gesamtprogramm abruft und diese vermittels eines spezifischen Rezeptors an der Zelloberfläche markiert. Für ein derartiges Schema spricht eine Reihe von Argumenten:

- Der komplette Chromosomensatz umfaßt selbst beim Menschen nicht mehr als einige Milliarden Codezeichen, von denen sogar »nur« ein relativ kleiner Prozentsatz für Codierungsfunktionen ausgenutzt wird. Die Programmkapazität ist also bei weitem nicht so groß, als daß jede einzelne der nach vielen Milliarden zählenden somatischen Zellen im Genom der Keimzelle vorprogrammiert sein könnte. Dieser Sachverhalt besagt, daß die Zellen aufgrund eines *hierarchischen* Aufbauprinzips auseinander hervorgehen müssen.
- Bei jeder Zellteilung, die unmittelbar nach der Befruchtung der Eizelle einsetzt, wird jeweils das *gesamte* genetische Programm reproduziert. Erst später wird aufgrund eines

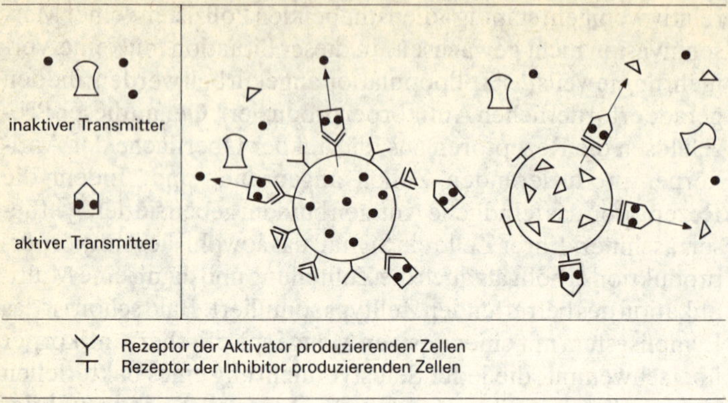
inaktiver Transmitter
aktiver Transmitter
Rezeptor der Aktivator produzierenden Zellen
Rezeptor der Inhibitor produzierenden Zellen

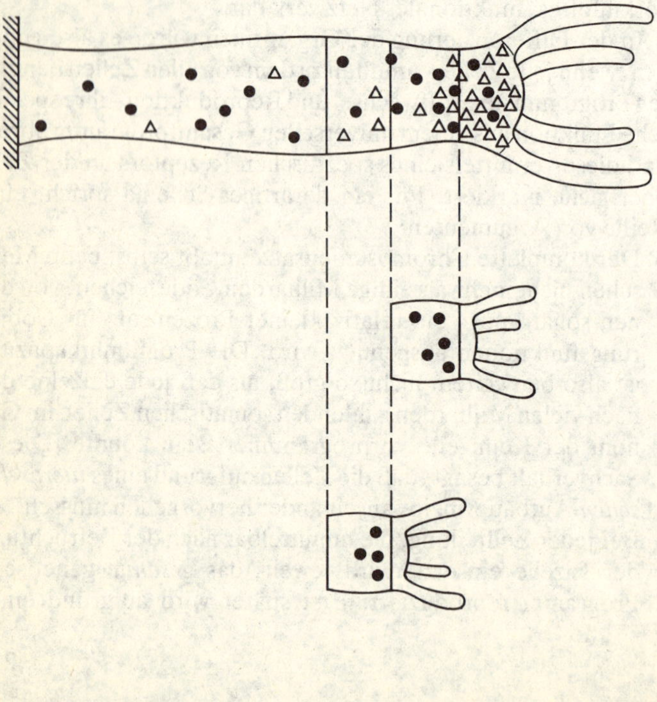

Abb. 1 **Der Süßwasserpolyp Hydra** trägt seinen Namen zu Recht. Ähnlich wie in der griechischen Mythologie der neunköpfigen Hydra (der Wasserschlange von Lerna) für jeden abgeschlagenen Kopf zwei neue wuchsen, regenerieren sich aus dem zerteilten Polypen Hydra jeweils vollständige, neue Lebewesen. Obwohl der materielle Zusammenhalt von Zellstrukturen durch konservative Kräfte gewährleistet ist, wird die für die Zelldifferenzierung und Morphogenese notwendige »Polarisierung« durch dissipative Kräfte vermittelt.

Im linken Teil des Bildes ist ein von Alfred Gierer und Hans Meinhardt ausgeführtes Experiment schematisch aufgezeichnet. Der Polyp, dessen Kopfende durch Tentakeln gekennzeichnet ist, wird mehrfach unterteilt. Die Tatsache, daß sowohl Kopf- als auch Schwanzende aus unmittelbar benachbarten Zellregionen entstehen, macht deutlich, daß Determination ihre Ursache weder in der absoluten räumlichen Position noch im Absolutwert der Konzentrationen irgendwelcher Morphogene, sondern allein in einem die Polarität festlegenden Gradienten von Zellen bzw. Zellkomponenten haben kann.

Im oberen Teil des Bildes ist ein von Gierer und Meinhardt entwickeltes Modell zur Erklärung dieses Befundes skizziert. Es wird angenommen, daß ein Konzentrationsgradient existiert, der zwei Arten von Substanzen, nämlich Aktivatoren (●) und Inhibitoren (△), einschließt. Beide Substanzen werden von verschiedenen, mit Rezeptoren versehenen Zelltypen ausgeschüttet. Der Inhibitor kann – falls er in genügend hoher Konzentration vorliegt – durch Bindung an den Rezeptor der Aktivatorzellen deren Funktion blockieren. Ist andererseits der Aktivator im Überschuß vorhanden, so kann dieser vermittels eines mit beiden Rezeptortypen wechselwirkenden Proteins die Produktion von weiteren Aktivator- *und* Inhibitormolekülen stimulieren. Auf diese Weise werden die Konzentrationsverhältnisse autokatalytisch und »wettbewerbsmäßig« geregelt. Ein derartiger (nichtlineare Autokatalyse einschließender) Reaktionsmechanismus bildet die Grundlage für die Ausbildung von dissipativen Strukturen. Diese legen Polaritäten fest und determinieren dadurch die Zelldifferenzierung.

Determinierungsprozesses entschieden, welcher Abschnitt des Programms für die aus der Teilung hervorgegangenen Zellen zu mobilisieren ist bzw. welcher Teil inaktiv bleibt.

- Aus dem zweiten Argument folgt, daß jede somatische Zelle mit dem vollständigen Programm der Keimzelle ausgerüstet ist. Tatsächlich läßt sich auch durch Transplantation des Kerns einer somatischen in eine entkernte Eizelle ein vollständiges Lebewesen »künstlich« reproduzieren. Ebenso vermag man im Experiment Determinierung durch äußeren Eingriff rückgängig zu machen.

Eindrucksvolle Laboratoriumsversuche zur Frage der Zelldeterminierung und Differenzierung sind mit Hilfe einfacher Studienobjekte: Hydrozoen und Schleimpilze am Max-Planck-Institut in Tübingen ausgeführt worden. Günther Gerisch konnte z. B. die Existenz eines chemischen Synchronisationsmechanismus für die Aggregation der Amöben nachweisen. Alfred Gierer und Hans Meinhardt untersuchten den Prozeß der Zelldeterminierung am Süßwasserpolypen Hydra. Dieses sich von Bakterien ernährende Lebewesen besteht aus ca. hunderttausend Zellen. Es kann – ohne dabei Schaden zu nehmen – in seine einzelnen Zellen dissoziiert und aus diesen unter geeigneten Bedingungen jederzeit wieder zum ursprünglichen Lebewesen aggregiert werden. So wurde der Prozeß einer Musterbildung nachvollzogen, und dabei konnten durch äußeren Eingriff auch Umdeterminierungen vorgenommen werden (s. Abb. 1). Was aus einer Zelle wird, ist also nicht unmittelbar im genetischen Programm vorbestimmt. Jede Zelle besitzt das Potential, praktisch jede Funktion auszuführen. Die Information für die Determinierung stammt demnach aus der Nachbarschaft der betreffenden Zelle. Woher aber hat die »Nachbarschaft« diese Information? Offensichtlich muß sie doch von irgendeiner Zelle des Lebewesens erzeugt worden sein. Das bedeutet, daß die Umwelt durch einen von der Zelle aus gelenkten Prozeß strukturiert wurde. Es muß so etwas wie ein Konzentrationsmuster irgendeines chemischen Stoffes existieren, das die spezifische Morphogenproduktion stimuliert. Diese Konzentrationsverteilung zeichnet demnach gewisse Polaritäten der zukünftigen Gestalt vor, sie ist selbst schon Gestalt. [...]

Gegenwärtig arbeiten viele Physiker, Chemiker und Biologen an der Aufklärung des Phänomens der biologischen Gestaltbildung. Der englische Mathematiker Alan M. Turing erkannte als erster in den fünfziger Jahren die Bedeutung der autokatalytischen Reaktionsmechanismen für die Morphogenese. Grundlegende theoretische Untersuchungen wurden von dem belgischen Physikochemiker Ilya Prigogine ausgeführt. Die tiefgreifenden mathematischen Analysen durch den Franzosen René Thom, die eine Renaissance einer mathematischen Disziplin, der Differential-Topologie, eingeleitet haben und unter dem Begriff »Katastrophentheorie« bekannt wurden, haben die Wurzeln des Gestaltproblems freigelegt. In Abb. 2 bis 5 sind einige Beispiele dissipativer Strukturen aus dem Bereich der anorganischen Chemie, der Biochemie sowie der Zell- und Neuro-Biologie wiedergegeben. Fassen wir die Ergebnisse unserer Überlegungen zur Gestaltbildung zusammen:

Es gibt zwei fundamentale Prinzipien der Morphogenese: ein konservatives und ein dissipatives.

Nach dem erstgenannten Prinzip gehen Struktur und Gestalt aus einer Überlagerung von anziehenden und abstoßenden konservativen Kräften hervor, wobei die in permanenter Wechselwirkung stehenden Untereinheiten des Gesamtsystems stabile räumliche Lagen einnehmen bzw. sich auf stabilen Bahnen (zum Beispiel Planetenbahnen) um einen Schwerpunkt bewegen. Dieses Ordnungsgefüge wird *ohne* Dissipation von Energie aufrechterhalten.

Zum Unterschied hiervon sind dissipative Strukturen dynamische Ordnungszustände, die nur durch einen Metabolismus, eine ständige Energiedissipation, unterhalten werden können. Sie resultieren in Form räumlicher Muster – ähnlich wie stehende Wellen – aus der Überlagerung von Materietransport und synchronisierter, periodischer Umwandlung und sind als solche nicht in additiver Weise aus Unterstrukturen zusammensetzbar. In der Morphogenese sorgen sie für eine räumliche Organisation und Determinierung der konservativen Strukturele-

Abb. 2 **Dissipatives Muster, hervorgerufen durch eine anorganisch chemische Reaktion** (Zhaboutinsky-Reaktion). Der Prozeß schließt autokatalytische Schritte ein, ohne die es nicht zur Oszillation käme. Das hier wiedergegebene, von Benno Hess im Max-Planck-Institut für Ernährungsphysiologie (Dortmund) ausgeführte Experiment zeigt deutlich die wellenförmige Ausbreitung der Reaktion, die, von zwei Zentren startend, durch Interferenz ein komplexes Muster ausbildet. Dieses wird allein durch den Ablauf der chemischen Reaktion – unter ständiger Dissipation von Energie – unterhalten. Es verschwindet, sobald die energiereichen Substanzen verbraucht sind und die Reaktion zum Stillstand kommt.

mente, deren Aufbau durch das genetische Programm der Zelle festgelegt ist. Als Erregungsmuster im Netzwerk der Nervenzellen überlagern sie übersummenhaft verschiedene Teilin-

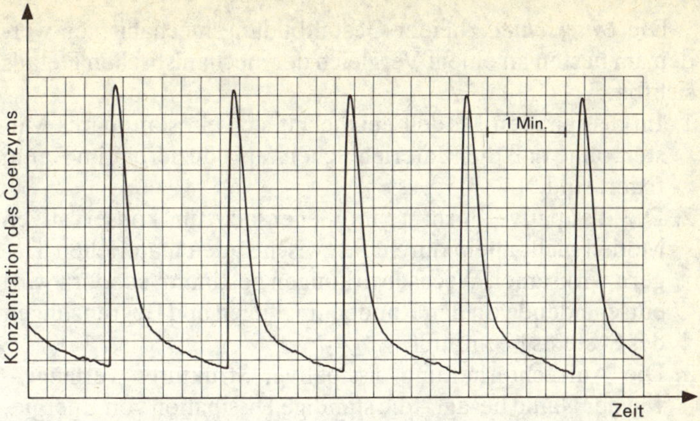

Abb. 3 **Periodisches Zeitmuster einer biochemischen Reaktion,** das von Benno Hess aufgezeichnet wurde. Es handelt sich um einen enzymatischen Reaktionsschritt des Zuckerabbaus durch Glykolyse. Registriert wurde das (gefärbte) Koenzym. Die Reaktion wurde durch stationäre Zugabe von Glukose in Gang gehalten.

formationen und stellen so das materielle Korrelat von »Gestalt« dar. Die zur Ausbildung der dissipativen Strukturen notwendigen Wechselbeziehungen beruhen auf konservativen Kraftwirkungen, wie auch die permanente räumliche Fixierung dissipativer Muster der stabilisierenden konservativen Kraft bedarf.

Gemeinsam ist dem konservativen und dissipativen Gestaltbildungskonzept die Kooperativität der statischen bzw. dynamischen Wechselwirkungen. Das geht besonders klar aus der abstrakten Darstellung im Spiel hervor: *Der kooperativen Kraftwirkung im konservativen Muster entspricht die autokatalytische Reaktivität im dissipativen Modell.* Im konservativ-kooperativen Fall wird das erwürfelte *Leerfeld* immer dann mit einer Kugel besetzt, wenn sich in direkter Nachbarschaft schon eine *gleichfarbene Kugel befindet.* Bei der autokatalytischen Reaktion hingegen wird das in der Nachbarschaft des *erwürfelten besetzten* Feldes liegende *Leerfeld* mit einer Kugel gleicher Farbe aufgefüllt. Beide Male also werden zwei benachbarte Felder, denen eine Kugel gemeinsam ist, gleichfarben komplettiert.

Die *Unterschiede* beider Gestaltbildungsmechanismen werden am besten an einem Vergleich der mechanistischen Details sichtbar:

1. Im dissipativen Modell entwickelt sich ein stationäres Muster, ohne daß die Materieteilchen reproduzierbar im Raum fixiert sind.
2. Die dissipative Form ist im Gegensatz zum konservativen Modell nicht allein durch die zwischen den materiellen Trägern wirksamen Wechselwirkungen bestimmt, sondern wird entscheidend von den Randbedingungen und Begrenzungen des Systems beeinflußt.
3. Die Aufrechterhaltung dissipativer Strukturen verlangt – wie der Name besagt – die ständige Dissipation von Energie, was mit einer stationären Erzeugung von Entropie gleichbedeutend ist. Das System besitzt also einen Metabolismus, das heißt stofflich gebundene freie Energie wird fortwährend umgesetzt.
4. Konservative Strukturen verfügen über einen höheren Grad an »absoluter« (das heißt von Nebenbedingungen unabhängiger) Stabilität, Reversibilität und Superponierbarkeit. Dissipative Muster können wegen ihrer Abhängigkeit von Nebenbedingungen nicht unbeschränkt kombiniert bzw. einander überlagert werden.

Gerade der letzte Punkt ist – wenn vielleicht auch unbewußt – Goethes scharfsinniger Beobachtung nicht entgangen, obwohl seine Zuordnung zu verschiedenen Gestalttypen allein phänomenologischen Gesichtspunkten folgte und dabei nicht frei von Willkür war. So kann die Form der organischen Wesen, »wenn sie zerstört ist, aus den Überresten nicht wieder hergestellt werden«, während der mineralische »Körper, der erst zerstört schien, bald wieder in seiner Vollkommenheit vor uns liegt«. Auch wirft Goethe dieser inhärenten Strukturbildungstendenz »Gleichgültigkeit ihrer Teile in Absicht auf ihr Zusammensein« vor und stellt sie der Vollkommenheit ganzheitlicher Organisation der Lebewesen hintan.

Nach gegenwärtiger Erkenntnis ist das Problem der Gestaltbildung in der belebten Welt nur aus einem Zusammenwirken des konservativen *und* des dissipativen Prinzips zu begreifen.

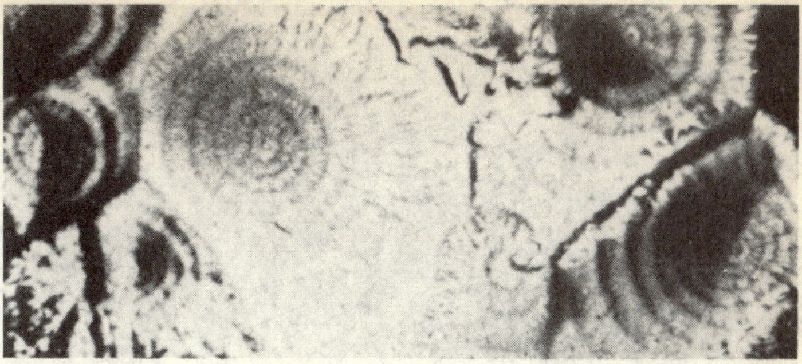

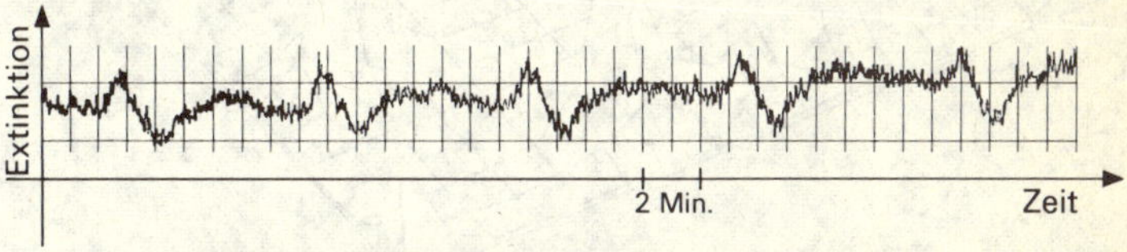

Abb. 4 **Ein »Gott der Amöben«** scheint hinter dem Phänomen zu stehen, das einzellige Schleimpilze veranlaßt, wie von unsichtbaren Kräften angetrieben zu einem vielzelligen Plasmodium zusammenzutreten, das sich wie *ein* Organismus verhält. Günther Gerisch am Friedrich-Miescher-Laboratorium der Max-Planck-Gesellschaft in Tübingen untersuchte diesen Sachverhalt und fand heraus, daß die Ursache in einer dissipativen Strukturausbildung aufgrund eines autokatalytischen Reaktionsmechanismus liegt. Das Bild zeigt das dissipative Erregungsmuster einer Zellpopulation (oben) sowie den (von Benno Hess registrierten) periodischen Zeitverlauf der Aussendung eines die Aggregation einleitenden chemischen Signals (unten).

Dissipative Prozesse steuern und synchronisieren die Abrufung der in konservativen Strukturen gespeicherten Information und garantieren ihre funktionelle Wirksamkeit. Die Transponierbarkeit räumlicher und zeitlicher Muster auf die abstrakte Ebene eines Informationsprogramms manifestiert sich sowohl in der materiellen Selbstorganisation der Lebewesen als auch in der Komposition unserer Ideen. Ja das, was man mit dem Begriff Gestalt erfassen wollte, hatte seinen Ursprung in der Wahrnehmung. Vor allem Wolfgang Köhler war es, der in sei-

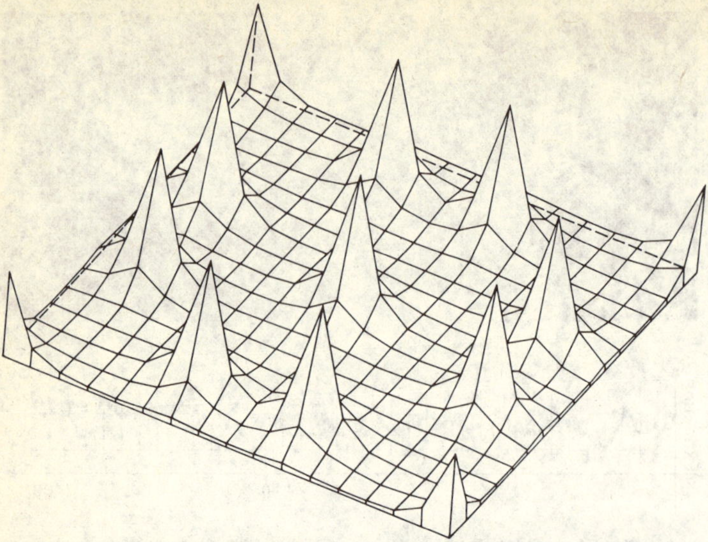

Abb. 5 **Computerzeichnung eines dissipativen Raummusters,** das von Alfred Gierer und Hans Meinhardt auf der Grundlage des in Abb. 1 gezeigten Modells berechnet wurde. Aus einer zunächst homogen angenommenen Konzentrationsverteilung bilden sich aktivierte Regionen heraus. Ganz ähnliche Muster haben Jack Cowan und Hugh R. Wilson sowie Christoph v. d. Malsburg für die Aktivierung eines Netzwerks von Nervenzellen gefunden. Der psychische Gestaltbegriff findet hier eine materielle Entsprechung. Dissipative Gestalt ist das »übersummenhafte« Resultat der Überlagerung verschiedener – Rückkopplung einschließender – Einzelprozesse.

nen experimentalpsychologischen Untersuchungen die »Gestalthaftigkeit« unserer Wahrnehmungs- und Denkstrukturen nachzuweisen suchte. Er hat damit ein Prinzip richtig erkannt, dessen modellmäßige Darstellung – etwa in der Integration konservativer Wechselwirkungen durch dissipative Strukturen – sich erst in unseren Tagen abzeichnet.

Jacques Monod
Zufall und Notwendigkeit

Der Weg der Evolution wird den Lebewesen, diesen äußerst konservativen Systemen, durch elementare Ereignisse mikroskopischer Art eröffnet, die zufällig und ohne jede Beziehung zu den Auswirkungen sind, die sie in der teleonomischen Funktionsweise auslösen können.

Ist der einzelne und als solcher wesentlich unvorhersehbare Vorfall aber einmal in die DNS-Struktur eingetragen, dann wird er mechanisch getreu verdoppelt und übersetzt; er wird zugleich vervielfältigt und auf Millionen oder Milliarden Exemplare übertragen. Der Herrschaft des bloßen Zufalls entzogen, tritt er unter die Herrschaft der Notwendigkeit, der unerschütterlichen Gewißheit. Denn die Selektion arbeitet auf der makroskopischen Ebene der Organismen.

So mancher ausgezeichnete Geist scheint auch heute noch nicht akzeptieren oder auch nur begreifen zu können, daß allein die Selektion aus störenden Geräuschen das ganze Konzert der belebten Natur hervorgebracht haben könnte. Die Selektion arbeitet nämlich *an* den Produkten des Zufalls, da sie sich aus keiner anderen Quelle speisen kann. Ihr Wirkungsfeld ist ein Bereich strenger Erfordernisse, aus dem jeder Zufall verbannt ist. Ihre meist aufsteigende Richtung, ihre sukzessiven Eroberungen und die geordnete Entfaltung, die sie widerzuspiegeln scheint, hat die Selektion jenen Erfordernissen und nicht dem Zufall abgewonnen.

Nach Darwin neigten manche Anhänger der Evolutionstheorie dazu, eine zu sehr vereinfachte und naiv grausame Vorstellung zu verbreiten, daß nämlich die natürliche Auslese ein reiner »Kampf ums Dasein« sei. Dieser Ausdruck stammt, nebenbei gesagt, nicht von Darwin, sondern von Spencer. Die Neodarwinisten vom Anfang unseres Jahrhunderts haben dagegen eine viel gehaltvollere Konzeption vorgebracht und gezeigt – und zwar aufgrund quantitativer Aussagen –, daß innerhalb einer Art nicht der »Kampf ums Dasein«, sondern die unterschiedliche Vermehrungsrate der entscheidende Auslesefaktor ist.

Die Ergebnisse der modernen Biologie ermöglichen eine Aufhellung und weitergehende Präzisierung des Selektionsbegriffs. Besonders von den Möglichkeiten, von der Komplexität und der Kohärenz des intrazellulären Steuerungsnetzes selbst bei den einfachsten Organismen besitzen wir heute eine so deutliche, früher unbekannte Vorstellung, daß wir viel besser als vorher verstehen können, daß jede in Gestalt einer Änderung der Proteinstruktur auftretende »Neuerung« zunächst daraufhin getestet wird, ob sie mit dem Gesamtsystem des Organismus vereinbar ist; dieses Gesamtsystem wird schon durch unzählige Steuerungsmechanismen zusammengehalten, die dafür sorgen, daß der Plan des Organismus ausgeführt wird. Angenommen werden daher allein jene Mutationen, die den teleonomischen Apparat in seiner schon eingeschlagenen Orientierung zumindest nicht schwächen, sondern vielmehr stärken oder gar – was sicher viel seltener vorkommt – mit neuen Möglichkeiten bereichern.

Wie der teleonomische Apparat funktioniert, wenn eine Mutation zum erstenmal zum Tragen kommt, das ist die hauptsächliche *»Ausgangsbedingung«* dafür, ob der aus dem Zufall geborene Versuch zeitweilig oder endgültig angenommen oder verworfen wird. Die Selektion erfolgt nach der Beurteilung der teleonomischen Leistung, die ein Gesamtausdruck aller Eigenschaften des Netzes von Aufbau- und Regelungswechselwirkungen ist. Deshalb hat es den Anschein, als führe die Evolution ein »Projekt« aus – das Projekt, einen uralten »Traum« fortzusetzen und auszuarbeiten.

Eine Mutation ist für sich betrachtet ein sehr seltenes Ereignis – wegen der Vollkommenheit, mit der sich der Replikationsmechanismus erhält. Die einzigen Organismen, für die wir über diesen Punkt zahlreiche und genaue Ergebnisse haben, sind die Bakterien. Die Wahrscheinlichkeit, daß dort ein gegebenes Gen eine Mutation erfährt, die bei dem entsprechenden Protein eine deutliche Änderung seiner Funktionseigenschaften hervorruft, läßt sich mit 10^{-6} bis 10^{-8} pro Zellgeneration annehmen. Aber in wenigen Milliliter Wasser kann sich eine Population von mehreren Milliarden Zellen entwickeln. Man hat daher die Gewißheit, daß in einer solchen Population jede gegebene Mutation in

10, 100 oder 1000 Exemplaren vorhanden ist. Es läßt sich ebenfalls abschätzen, daß die verschiedenen Arten von Mutanten in dieser Population in einer Gesamtzahl von 10^5 bis 10^6 vorkommen.

Daher ist die Mutation für die gesamte Population keineswegs eine Ausnahmeerscheinung: Sie ist die Regel. Der Selektionsdruck wirkt nun im Rahmen der Population, nicht aber auf das einzelne Individuum. Freilich erreichen die höheren Organismen mit ihren Populationen nicht die gleichen Größenordnungen wie die Bakterien, aber

1. enthält das Genom eines höheren Lebewesens, eines Säugetieres z. B., tausendmal mehr Gene als das Genom einer Bakterie;
2. ist die Anzahl der *Zell*generationen und damit der Mutationschancen in der Keimbahn von Eizelle zu Eizelle oder von Samenzelle zu Samenzelle sehr groß.

Dadurch erklären sich vielleicht gewisse Mutationsraten, die beim Menschen relativ hoch erscheinen; für eine bestimmte Anzahl von Mutationen, die leicht feststellbare Erbkrankheiten hervorrufen, liegt die Rate beispielsweise bei 10^{-4} bis 10^{-5}. Es ist noch festzuhalten, daß bei den hier vorgetragenen Zahlen die individuell nicht feststellbaren Mutationen nicht berücksichtigt sind, die durch geschlechtliche Rekombination empfindliche Auswirkungen haben können. Es ist wahrscheinlich, daß derartige Mutationen in der Evolution bedeutsamer waren als jene, deren individuelle Folgen stärker hervortreten.

Im ganzen kann man schätzen, daß sich bei der gegenwärtigen menschlichen Bevölkerung (3×10^9) bei jeder Generation einige hundert bis tausend Milliarden Mutationen vollziehen. Ich nenne diese Zahl nur, um eine Vorstellung vom Ausmaß des ungeheuren Vorrats an zufälliger Veränderlichkeit zu geben, der – wiederum trotz des eifersüchtig nach Erhaltung strebenden Replikationsmechanismus – im Genom einer Art steckt.

Bedenkt man die Dimensionen dieser gewaltigen Lotterie und die Schnelligkeit, mit der die Natur darin spielt, dann ist das schwer Erklärbare, wenn nicht beinahe Paradoxe nicht mehr die Evolution, sondern im Gegenteil die Beständigkeit der »Formen« in der belebten Natur. Es ist bekannt, daß die den Hauptstämmen des Tierreichs entsprechenden Organisationspläne seit Ende des Kambriums, also seit 500 Millionen Jahren, ausgebildet waren. Man weiß ebenso, daß gewisse Arten sogar seit Hunderten von Jahrmillionen sich nicht merklich entwikkelt haben – so z. B. der Langfisch seit 450 Millionen Jahren. Und was die Auster von vor 150 Millionen Jahren betrifft, so hatte sie das gleiche Aussehen und zweifellos den gleichen Geschmack wie jene, die man heute in den Restaurants serviert. Schließlich läßt sich abschätzen, daß die »moderne« Zelle, die durch ihren invarianten chemischen Organisationsplan (vor allem durch die Struktur des genetischen Code und den komplizierten Translationsmechanismus) gekennzeichnet ist, seit zwei oder drei Milliarden Jahren existiert und sicher schon damals mit mächtigen molekularen Steuerungsnetzen versehen war, die ihren Funktionszusammenhang herstellten.

Die ungewöhnliche Stabilität bestimmter Arten, die Milliarden von Jahren andauernde Evolution und die Invarianz des grundlegenden chemischen »Plans« der Zelle lassen sich offenbar nur durch die äußerst starke Kohärenz des teleonomischen Systems erklären, das wohl in der Evolution zugleich eine Führer- und eine Bremserfunktion ausgeübt und von den Chancen, die ihm das Roulett der Natur in astronomischer Anzahl bot, nur einen verschwindenden Bruchteil festgehalten, weiterentwickelt und integriert hat.

Was das Replikationssystem betrifft, so ist es weit davon entfernt, die mikroskopischen Störungen beseitigen zu können, deren Objekt es unvermeidlich ist; es kann sie nur aufzeichnen und – fast immer vergeblich – an die teleonomische Filterung weitergeben, deren Leistungen letzten Endes dem Urteil der Selektion unterliegen.

Eine einfache, punktuelle Mutation – wie etwa der Ersatz

eines Codebuchstaben in der DNS durch einen anderen – ist umkehrbar. Das wird durch die Theorie vorausgesagt und durch das Experiment bewiesen. Jede merkliche Evolution – etwa die Ausbildung zweier Arten, auch wenn sie sehr eng verwandt sind – setzt jedoch eine große Anzahl unabhängig voneinander erfolgender Mutationen voraus, die nach und nach in der ursprünglichen Art sich häufen und dann – immer noch zufällig – durch den mit der Geschlechtlichkeit entstandenen »genetischen Gezeitenstrom« rekombiniert werden. Wegen der Fülle der unabhängigen Ereignisse, aus denen sie hervorgeht, ist eine solche Erscheinung statistisch irreversibel.

Ilya Prigogine / Isabelle Stengers

Von Euklid zu Aristoteles

Einer der interessantesten Aspekte der dissipativen Strukturen ist zweifellos ihre Kohärenz. Das System verhält sich danach als ein Ganzes, so als wäre es der Sitz von langreichweitigen Kräften. Obwohl die Wechselwirkungen zwischen den Molekülen nicht über eine Reichweite von einigen 10^{-8} cm hinausgehen, ist das System so strukturiert, als wäre jedes Molekül über den Gesamtzustand des Systems »informiert«.

Es ist oft gesagt worden – und wir hatten bereits Gelegenheit, es zu wiederholen –, daß die moderne Wissenschaft geboren worden sei, als der durch den organisierten und zusammenhängenden Charakter der biologischen Funktionen inspirierte aristotelische Raum durch den homogenen, isotropen Raum des Euklid ersetzt wurde. Die Theorie der dissipativen Strukturen bringt uns jedoch wieder näher zu der Konzeption des Aristoteles. Ob es sich nun um eine chemische Uhr, um Konzentrationswellen oder um die inhomogene Verteilung chemischer Produkte handelt – die Instabilität bewirkt einen Bruch sowohl der zeitlichen als auch der räumlichen Symmetrie. In einem Grenzzyklus gibt es keine zwei Augenblicke, die einander äquivalent wären; die chemische Reaktion nimmt eine *Phase* an, ähnlich derjenigen, die beispielsweise eine Lichtwelle charakterisiert. Und wenn infolge einer Instabilität eine bevorzugte Richtung entsteht, hört der Raum auf, isotrop zu sein. Wir gelangen vom euklidischen zu einem aristotelischen Raum!

Der Gedanke liegt nahe, daß der Bruch der räumlichen und zeitlichen Symmetrie bei den faszinierenden Erscheinungen der Morphogenese eine bedeutende Rolle spielt. Gerade diese Erscheinungen haben vielfach die Überzeugung genährt, daß eine innere Zielgerichtetheit am Werke sein müsse, daß der Embryo, der zu einem vollständigen Organismus wird, einen Plan verwirkliche. Zu Beginn dieses Jahrhunderts glaubte der deutsche Embryologe Hans Driesch, eine immaterielle »Entelechie« sei für die Entwicklung des Embryos verantwortlich. Er hatte entdeckt, daß der Embryo in einem frühen Stadium imstande ist, schweren Störungen zu widerstehen und sich trotz ihrer zu einem normalen, funktionierenden Organismus zu entwickeln.

Dies ist offenkundig ein sehr komplexes Problem, auf das wir hier nur kurz eingehen können. Embryologen haben vor langer Zeit den Begriff des morphogenetischen Feldes eingeführt und die Hypothese aufgestellt, daß die Differenzierung einer Zelle von ihrer *Position* in diesem Feld abhängt. Doch wie »erkennt« eine Zelle ihre Position? Eine vielfach diskutierte Idee ist die eines »Gradienten« einer charakteristischen Substanz, eines oder mehrerer »Morphogene«. Derartige Gradienten könnten in der Tat durch symmetriebrechende Instabilitäten unter weit vom Gleichgewicht entfernten Bedingungen entstehen. Einmal entstanden, kann ein chemischer Gradient für jede Zelle eine andere chemische Umgebung schaffen und so jede von ihnen veranlassen, eine spezifische Reihe von Proteinen zu synthetisieren. Dieses heute vielfach untersuchte Modell scheint mit zahlreichen experimentell untersuchten Fällen (insbesondere dem der *Drosophila*) übereinzustimmen. Es ist von besonderem Interesse bei biologischen Systemen, bei denen das Ei von einem anscheinend symmetrischen Zustand ausgeht (z. B. *Fucus, Acetabularia*). Aber ist das Ei am Anfang tatsächlich homogen? Wie die Antwort auch immer lauten mag – die mit den chemischen Reaktionen und dem Transport zusammenhängende Instabilität scheint der einzige Mechanismus zu sein, der die Symmetrie eines ursprünglich homogenen Milieus brechen kann. Sollten jedoch in dem ursprünglichen Milieu geringfügige Inhomogenitäten enthalten sein, so könnte ihr Effekt der sein, die Entwicklung in Richtung auf eine bestimmte Struktur zu kanalisieren. Wir werden auf diese Probleme im nächsten Kapitel zurückkommen. Wie sie auch immer gelöst werden mögen – die Entdeckung der dissipativen Strukturen bringt uns der Eigenart des Lebendigen näher, ohne daß wir den uralten Konflikt zwischen Reduktionisten und Antireduktionisten berühren müßten.

Seit Aristoteles (und wir haben außer ihm Stahl, Hegel, Bergson und andere »Antireduktionisten« zitiert) ist immer wieder die Überzeugung geäußert worden, daß der Begriff einer komplexen Organisation nötig sei, in dem die verschiedenen Ebenen der Beschreibung miteinander verknüpft sind und der die Beziehung zwischen dem Ganzen und dem Verhalten der Teile berücksichtigt. Gegen die Reduktionisten, für welche die einzige »Ursache« der Organisation nur in dem Teil liegen kann, behaupten Aristoteles mit seiner formalen Ursache, Hegel mit seinem Auftreten des Geistes in der Natur und Bergson mit seinem einfachen, ununterdrückbaren, Organisation schaffenden Akt, daß das Ganze das Bestimmende sei.

»Wenn ein Gegenstand einerseits als einfach, andererseits als unendlich zusammengesetzt erscheint, so sind in der Regel beide Ansichten weit entfernt davon, dieselbe Wichtigkeit, oder besser denselben Realitätsgrad zu besitzen. Sondern es eignet dann die Einfachheit dem Gegenstand selbst, die unendliche Kompliziertheit dagegen den Teilansichten, die wir durch Herumgehen um ihn aufnehmen, eignet dem Nebeneinander der Symbole, durch welche unsere Sinne und unser Verstand den Gegenstand vorstellen, oder allgemeiner gesagt den Elementen anderer Ordnung, mittels deren wir ihn künstlich nachzubilden suchen und denen er doch, weil anderen Wesens als sie, stets inkommensurabel bleibt. – Hat ein genialer Künstler eine Gestalt auf die Leinwand gemalt, so läßt sich sein Gemälde mit vielfarbigen Mosaikwürfeln nachbilden; und Kurven und Nuancen des Vorbilds werden um so besser wiedergegeben sein, je kleiner, je zahlreicher, je tonverschiedener unsere

Würfel sind. Unendlich viele, unendlich kleine, in unendlichen Nuancen schillernde Würfel aber würde man gebrauchen, um das genaue Gegenbild jener Gestalt zu erhalten, die der Maler innerlich als ein Einfaches geschaut hat, die er als ein Ganzes auf die Leinwand übertragen wollte, und die um so vollendeter ist, je unbedingter sie als Verkörperung einer einzigen unteilbaren Intuition erscheint.«

Der Konflikt zwischen den Reduktionisten und den Antireduktionisten wurde in der Biologie häufig aufgefaßt als ein Konflikt zwischen der Behauptung einer äußeren und der Behauptung einer inneren Zielsetzung. So wurde dem Gedanken einer immanenten organisierenden Intelligenz vielfach ein Organisationsmodell entgegengesetzt, das der jeweiligen Technik der Zeit (mechanische Maschine, Wärmemaschine, kybernetische Maschine) entlehnt war, wodurch unmittelbar der Einwand heraufbeschworen wurde: »Wer« hat die Maschine, diesen Automaten, der einer äußeren Zielsetzung gehorcht, gebaut? Heutige Biologen, die das Modell einer »molekularen Kybernetik« verfechten, erklären das Problem der Organisation hinweg, indem sie sich auf die natürliche Auslese und die Akkumulation von zufälligen vorteilhaften Mutationen berufen. Auf diese Weise wird die Organisation einfach zu einem sehr unwahrscheinlichen physikalischen Zustand. Nach unserer Auffassung verschleiert der Dualismus von Mutation und Selektion lediglich unsere Unwissenheit. Zur Zeit wissen wir nichts über die Beziehung zwischen dem Lebewesen und dem genetischen »Text«, den die Mutationen verändern. Im übrigen scheint es, daß wir ohne eine Theorie der Organisation nicht auskommen, wenn wir es nicht mit bloß verbalen Metaphern des »Organisators« und genetischer »Programme« bewenden lassen wollen. Nach unserer Auffassung haben Weiss und Waddington recht, wenn sie meinen, daß man, wenn man den Molekülen aufgrund einer anthropozentrischen oder technisch beeinflußten Metapher die Fähigkeiten der Steuerung und der Informationsübertragung im makroskopischen Maßstab zuschreibt, fälschlich die Formulierung des Problems für seine Lösung hält. Die Zelle ist in der Tat keine elektronische Schaltung, d. h. sie kann nicht mit einem Aggregat verglichen werden, bei dem jedes Relais tatsächlich imstande ist, das globale Funktionieren des Systems zu determinieren, so daß es zu Recht als für dieses Funktionieren verantwortlich betrachtet werden kann. Das Milieu der Zelle weist nicht den Determinismus und die Präzision unserer technischen Instrumente auf. Es besteht aus einer sehr großen Population von Molekülen, die eine unendlich größere Zahl von Freiheitsgraden besitzen, als sie das aus ihrer Wechselwirkung resultierende Gesamtverhalten zeigt.

Während die Funktionsweise einer elektronischen Schaltung aus der Art und der Stellung der Relais abgeleitet werden kann, aus denen sie besteht, weil sowohl die Relais als auch die Schaltung tatsächlich *derselben Größenordnung* angehören und weil die Relais von demselben Ingenieur entworfen und eingebaut wurden, der auch die gesamte Maschine entwarf, kann die Kohärenz des wesentlich zufälligen Verhaltens der Population der biologischen Moleküle nicht aus der Regelungsaktivität der Enzyme abgeleitet werden. Damit entsteht das Problem des Übergangs von einer Beschreibung der molekularen Aktivität zur supramolekularen Ordnung der Zelle.

Freilich läuft man, wenn man lediglich den Reduktionismus zurückweist, Gefahr, bloß die Kritik des Aristoteles an den Atomisten seiner Epoche zu wiederholen und die Idee, daß alles einfach aus der Kenntnis des Verhaltens der Teile abgeleitet werden kann, zu verwerfen zugunsten des alten Konzepts der hierarchischen Organisation, des Konzepts einer Ganzheit, die auf jeder Stufe neu entsteht und ihre Bestandteile voraussetzt, sie jedoch zu einem Gesamtverhalten integriert, das einer Logik gehorcht, die den Bestandteilen fremd ist und die sie nicht zu erklären vermag. Wir gelangen heute zu einer »ausgewogeneren« Konzeption der jeweiligen Rolle der Teile und der makroskopischen Parameter, die das System als ein »Ganzes« definieren. Diese Konzeption ist nicht allein für die physikalisch-chemischen Strukturen gültig, bei denen die molekularen Aspekte und besonders die katalytischen Mechanismen unauflöslich mit den supramolekularen Aspekten zusammenhängen. Die neue Entwicklung im Bereich der Physik veranlaßt uns nämlich, die Allgemeingültigkeit des von uns so genannten

»Boltzmannschen Ordnungsprinzips« zu bezweifeln, jener Ansicht des Alltagsverstandes, daß die durchschnittliche Aktivität einer sehr großen Population dem Durchschnitt der individuellen Verhaltensweisen entspricht. Eine weit vom Gleichgewicht entfernte funktionierende Ordnung kann deshalb einer *Organisation* ähneln, weil sie aus der Verstärkung einer mikroskopischen Schwankung hervorging, die genau im »richtigen« Augenblick einen Reaktionsweg aus einer Reihe von weiteren, ebenso möglichen Wegen begünstigte. Unter bestimmten Umständen können also individuelle Verhaltensweisen eine ausschlaggebende Rolle spielen.

Prozesse der Selbstorganisation unter gleichgewichtsfernen Bedingungen stellen ein delikates Wechselspiel zwischen Zufall und Notwendigkeit, zwischen Schwankungen und deterministischen Gesetzen dar. Wir nehmen an, daß in der Nähe einer Verzweigung Schwankungen, Zufallselemente, eine bedeutende Rolle spielen, während zwischen den Verzweigungen die deterministischen Aspekte vorherrschend werden. Das sind die Fragen, die wir nun detaillierter zu untersuchen haben.

Bernd-Olaf Küppers

Der Ursprung biologischer Information (Zusammenfassung)

Die Frage nach dem Zusammenhang von Gesetz und Zufall in der Evolution des Lebens gehört zu den zentralen wissenschaftsphilosophischen Problemen der Biologie. In der vorliegenden Abhandlung werden die grundlegenden Aspekte dieser Fragestellung aus der Sicht der modernen Evolutionsbiologie behandelt.

Die Untersuchung geht von der Prämisse aus, daß das, was Gegenstand ihrer Analyse ist, zum *fundierten* Bestand naturwissenschaftlicher Erkenntnis zählt und nicht eigens begründet werden muß. Sie setzt demnach voraus, daß das Phänomen der Evolution eine empirisch hinreichend gesicherte Tatsache ist und daß die auf der Darwinschen Evolutionslehre aufbauende synthetische Evolutionstheorie ein geeignetes Konzept darstellt, das Evolutionsphänomen zu verstehen und zu erklären (I, 1).

Freilich ist gerade die Frage nach dem Theoriecharakter der synthetischen Theorie der Evolution ein wissenschaftsphilosophisches Problem, das eine besondere Bedeutung im Hinblick auf die übergeordnete Frage nach dem Zusammenhang von Gesetz und Zufall in der Evolution besitzt. Einen Zugang zu diesem Problem liefert vor allem die Analyse der sogenannten Molekulartheorie der Evolution, welche die Grundprinzipien der synthetischen Evolutionstheorie mit den Grundgesetzen der Physik und Chemie verknüpft. Die vielfältigen Aspekte dieser Verknüpfung werfen zugleich ein neues Licht auf die allgemeinen Probleme der Begriffs- und Theorienbildung im Grenzbereich von Physik, Chemie und Biologie.

Die Molekulartheorie der Evolution ist das Ergebnis einer stürmischen Weiterentwicklung der Biologie und Physik in den letzten zwei Jahrzehnten. Sie basiert zum einen auf der Erkenntnis der Molekularbiologie, daß sich die grundlegenden Lebenserscheinungen wie Stoffwechsel (Metabolismus) und Vererbung (Selbstreproduktivität) auf die geordnete Wechselwirkung von biologischen Makromolekülen und damit auf die Gesetzmäßigkeiten von Physik und Chemie zurückführen lassen, zum anderen auf der Erkenntnis der Physik offener Systeme, daß sich in Nichtgleichgewichtssystemen spontan materielle Ordnungszustände (sog. dissipative Strukturen) aufbauen können, wie sie auch für lebende Systeme charakteristisch sind.

Die Molekulartheorie der Evolution beschreibt die Entstehung und frühe Evolution des Lebens als einen materiellen Selbstorganisationsprozeß, in dessen Verlauf sich die zwei wichtigsten Klassen von biologischen Makromolekülen (Nukleinsäuren und Proteine) selbsttätig zu einem informationsgesteuerten System organisieren konnten, welches die drei Grundmerkmale des Lebendigen aufweist: Metabolismus, Selbstreproduktivität und Mutabilität.

Die moderne Theorie der Lebensentstehung ist eine physikalisch-chemische Theorie. Als solche versucht sie, den historischen Prozeß der biologischen Selbstorganisation auf seine grundlegenden, zeitlich invarianten Prinzipien und Mechanismen zurückzuführen. Die Theorie erhebt *nicht* den Anspruch, den Prozeß in seinem historischen Detailverlauf zu rekonstruieren.

Im Gesamtprozeß der biologischen Selbstorganisation lassen sich, dem jeweiligen Optimierungsgrad entsprechend, drei Phasen unterscheiden (I, 2):

(1) Phase der nicht-instruierten präbiotischen Synthese von biologischen Makromolekülen.
(2) Phase der Selbstorganisation von biologischen Makromolekülen zu einem *selbstinstruktiven* Biosynthesezyklus.
(3) Phase der evolutiven Optimierung des Biosynthesezyklus.

Der eigentliche Übergang vom Unbelebten zum Belebten fand während der zweiten Phase statt und besteht im Übergang von der nicht-instruierten zur instruierten Synthese von biologischen Makromolekülen. Diese Phase der biologischen Selbstorganisation endete mit der Nukleation eines selbstinstruktiven Biosynthesezyklus, welcher (nach seiner Kompartimentierung) als primitiver Vorläufer der lebenden Zelle angesehen werden kann.

Jede Form von Instruktion erfordert Information. Die dem selbstinstruktiven Biosynthesezyklus zugrunde liegende Information ist in der detaillierten Abfolge (Sequenz) der Grundbausteine seiner Nukleinsäurekomponenten verschlüsselt. Diese instruieren den Aufbau einer Proteinmaschinerie, welche ihrerseits die Reproduktion des gesamten Zyklus katalysiert.

Es hat sich gezeigt, daß die Information für den Aufbau eines lebenden Organismus nicht allein in der linearen Abfolge der Bausteine seiner Erbmoleküle verschlüsselt ist, sondern daß das lineare Aufbauprinzip – wie bei der menschlichen Sprache auch – einen hierarchischen Überbau besitzt. Wenn wir unsere Betrachtungen im wesentlichen auf die lineare Dimension der Informationsspeicherung beschränkt haben, so hat dies seine

Berechtigung in der Tatsache, daß wir in der vorliegenden Untersuchung unser Interesse ausschließlich auf die Initialphase der Lebensentstehung gelenkt haben. Die hierarchische Organisation der Genstruktur ist hingegen ein vergleichsweise spätes Produkt der Evolution. In ihr ist vor allem die Information für die komplexen Regulations- und Steuerungsphänomene höher entwickelter Systeme verschlüsselt.

Das Problem der Lebensentstehung ist offenbar im wesentlichen gleichbedeutend mit dem Problem der Entstehung biologischer Information. Demzufolge erweist sich der Begriff der biologischen Information als *der* Grundbegriff der physikalisch-chemischen Theorie der Lebensentstehung.

In Kapitel II haben wir zunächst drei Dimensionen des Informationsbegriffes herausgearbeitet, die man als syntaktischen, semantischen und pragmatischen Aspekt von Information bezeichnen kann. Der syntaktische Aspekt von Information bezieht sich allein auf die Beziehung von Zeichen untereinander (II, 1). Der semantische Aspekt umfaßt die Beziehung von Zeichen untereinander und das, wofür sie stehen (II, 2). Der pragmatische Aspekt schließlich umfaßt die Beziehung von Zeichen untereinander, das, wofür sie stehen, und das, was dies für den beteiligten Sender und Empfänger als Handlungsforderung darstellt (II, 3).

Unter diesem Gesichtspunkt läßt sich der dreiphasige Prozeß der biologischen Selbstorganisation (siehe oben) in einen dreiphasigen Prozeß der biologischen Informationsentstehung auflösen:

(1) Phase der Entstehung syntaktischer Information.
(2) Phase der Entstehung semantischer Information.
(3) Phase der evolutiven Optimierung von semantischer Information.

Der syntaktische Aspekt der biologischen Informationsentstehung ist vom wissenschaftsphilosophischen Standpunkt aus gesehen unproblematisch, da er sich allein auf das Phänomen der Strukturbildung, z. B. auf die Bildung makromolekularer Strukturen wie Nukleinsäuren und Proteine bezieht. Problematisch hingegen ist der semantische Aspekt, der sich auf den Inhalt bezieht, d. h. Sinn und Bedeutung der in einer makromolekularen Struktur verschlüsselten Information. Hier stellt sich die Frage, ob und inwieweit sich »Sinn« und »Bedeutung« überhaupt objektivieren und zum Forschungsgegenstand der Naturwissenschaft machen lassen.

Wie sich am Beispiel der menschlichen Sprache zeigt, kann es Semantik in einem *absoluten* Sinn offenbar nicht geben, sondern immer nur *relativ* in bezug auf einen semantischen Referenzrahmen (II, 2). Auch die genetische Information besitzt keine absolute Semantik, sondern nur eine relative, bezogen auf die spezifischen Umweltbedingungen, an die das betreffende Lebewesen angepaßt ist. Die Umwelt stellt quasi eine extern lokalisierte Information dar, an der die Semantik der genetischen Information selektiv bewertet wird.

Das, was an biologischen Strukturen »zweckmäßig«, also informationsgesteuert ist, besitzt nach der Darwinschen Evolutionslehre eine bestimmte Funktion (und damit Sinn und Bedeutung) im Hinblick auf die Aufrechterhaltung und Fortentwicklung jener spezifischen Ordnung, wie sie für lebende Systeme charakteristisch ist. Die Semantik genetischer Information erhält hierdurch unmittelbar eine evolutionsbezogene Deutung: Ein Lebewesen ist um so besser an seine Umweltbedingungen angepaßt (d. h. um so höherwertig in seinem semantischen Informationsgehalt), je genauer und schneller es – bei gleichzeitig hoher Lebensdauer – seinen Informationsgehalt reproduziert.

Damit ist der Anschluß an zwei philosophische Thesen von Carl Friedrich von Weizsäcker hergestellt, wonach der semantische Aspekt von Information nur über den pragmatischen Aspekt von Information objektiviert werden kann (»Information ist nur, was verstanden wird«, »Information ist nur, was Information erzeugt«). Dieser Leitgedanke zieht sich wie ein roter Faden durch die gesamte Diskussion. Er impliziert, daß auch die »Ursemantik« biologischer Information nur durch ein dynamisches Kriterium der Informationserzeugung objektivierbar ist.

VI VON LOMONOSSOW BIS BRODSKIJ · RUSSISCHE GEDICHTE

1 Lust an der Natur

Alexander Puschkin

Herr, nimm mir alles, was ich hab',
Und gib mir einen Bettelstab,
  Doch nimm nicht den Verstand!
Nicht darum dünkt mich das so schwer,
Weil mein Verstand mir teuer wär'!
  Herr, dir ist wohl bekannt:

Ich sagte gern mich von ihm los,
Kehrt' in den dunklen Mutterschoß

  Ich der Natur zurück:
Dann wär' der Wald mein Lebensraum,
Ich dämmerte in wüstem Traum,
  Mein Unglück wäre Glück.

Ich lauschte auf der Wogen Spiel,
Ich schaute ohne Wunsch und Ziel
  Ins blaue Himmelslicht.
Ich wäre frei, wie Vögel sind,
Stark wär' ich, wie ein Wirbelwind,
  Der Eichenwälder bricht.

Doch, ach! – ganz anders würd' es sein!
Man sperrte dich im Käfig ein,
  Schlöss' dich mit Ketten fest.
Man hielt' dich wie ein wildes Tier,
Und schaudernd flöhe man vor dir,
  Wie vor dem Hauch der Pest.

Nachts hörtest du nicht mehr den Schall
Des süßen Lieds der Nachtigall
Und nicht des Waldes Sang –
Nein, nur ein grauses Einerlei:
Des Wärters Fluch, des Irren Schrei,
Gekreisch und Kettenklang.

Spiridon Droshshin

DIE KRAFT DES LIEDES

Ich holte meinen herzlichen Gesang,
Das große Rauschen, das die Wälder haben,
Und was im Mittag bang die Wolga klang,
Mir wurden's Worte, die die Wogen gaben.
Vom Herbste lernte ich das Regentrübe,
Vom Mai des Duftes leichte Heiterkeit –
Wenn ich mein Lied an einem Glücke übe,
Nehm ich's vom Volk, sowie das viele Leid.

Alexej Kolzow

LIED DES PFLÜGERS

Los! Mein Pferdchen, lauf jetzt,
Ziehe brav die Furchen!
Weiß geputzt das Eisen
Hat die feuchte Erde.

Lichte Morgenröte
Steigt schon auf am Himmel,
Aus dem großen Walde
Kommt die goldne Sonne.

Lustig ist's im Felde,
Los! Mein Pferdchen, lauf jetzt!
Bin dein bester Freund doch,
Bin dein Herr und Diener!

Froh bring' ich in Ordnung
Hakenpflug und Egge,
Mach' den Wagen fertig,
Streue aus die Körner.

Fröhlich schaut mein Auge
Auf die Tenn', den Schober,
Wo ich dresche, schwinge,
Los! Mein Pferdchen, lauf jetzt!

Bald mit wackrem Pferdchen
Ist gepflügt der Acker,
Ist der Saat bereitet
Eine heil'ge Wiege.

Tränken und ernähren
Wird sie Mutter Erde,
Sprießen wird das Saatkorn,
Los! Mein Pferdchen, lauf jetzt!

Und der Halm wird wachsen,
Wird zur Ähre werden,
Wird dann reif und schmückt sich
Mit dem goldnen Kleide.

Dann erglänzt die Sichel
Und erklingt die Sense,
Süß läßt sich's dann ruhen
Auf den schweren Garben.

Los! Mein Pferdchen, lauf jetzt!
Will dich satt stets füttern,

Will dich immer tränken
Aus der frischen Quelle.

Werd' beim Pflügen, Säen
Still im Herzen beten:
Segne, Herr, das Korn mir,
Meinen einz'gen Reichtum.

Sergej Jessenin

Ich durchwate den flüchtigen Schnee,
trage Maiglöckchen keimender Kraft,
und der Abend hat dort, wo ich geh,
mir ein bläuliches Sternlicht entfacht.

Ich weiß nicht, ist es Tag oder Nacht?
Singt im Unterholz Wind oder Hahn?
Oder setzten sich Schwäne vielleicht
statt des Winters auf Acker und Bahn.

Weißer Spiegel, wie wohl du mir tust!
Leicht erwärmt mir die Ader der Frost!
Ach, wie gern hätt' ich jetzt an die Brust
nackte Birken geschmiegt und gekost.

O du schlummerndes Waldfinstertum!
O du rauschendes Schneefelderfest! . . .
Ach, wie gern hätt' die Arme ich nun
um die Hüften der Weiden gepreßt!

Michail Lermontow

DER FELSEN

Eine goldne Wolke legte heiter
Sich zur Nacht bei einem Felsen nieder,
Froh erwachte sie am Morgen wieder,
Zog, im Blau des Himmels spielend, weiter.

Aber eine feuchte Spur blieb hangen
Von der Wolke in der Felsenspalte.
Einsam in der Wüste steht der alte
Fels nun weinend, tief von Gram umfangen.

Fjodor Tjutschew

AN DER NEWA

Wieder taucht ein Stern verschwiegen
in das Spiel der Wellenbahn,
wieder will sich Liebe wiegen
in geheimnisdunklem Kahn.

Zwischen Wellen und dem Sterne
trägt er schwebend wie im Traum
zwei Gespenster in die Ferne
durch den ungeheuren Raum.

Haben Müßige zu matten
Tändeleien sich gesellt?
Oder sind es sel'ge Schatten
auf der Flucht aus dieser Welt?

Wieg dich, Welle, im Vergleiten
auf dem ew'gen Meer des Wahns –
birg es stumm in deinen Weiten,
das Geheimnis dieses Kahns.

MAIGEWITTER

Wie lieb' ich dich, o Maigewitter,
Wenn durch den blauen Wolkenspalt
Wie scherzend unter Blitzgezitter
Der erste Lenzesdonner hallt!

Das ist ein Rollen, Knattern, Splittern!
Nun spritzt der Regen, Staub fliegt auf;
Der Gräser Regenperlen zittern
Und goldig flirrt die Sonne drauf.

Vom Berge schnellt der Bach hernieder,
Es singt der grünbelaubte Hain,
Und Bachsturz, Hainlaub, Vogellieder,
Sie stimmen in den Donner ein ...

Hat Hebe in dem Göttersaale,
Nachdem sie Jovis Aar getränkt,
Die donnerschäumend volle Schale
Mutwillig erdenwärts gesenkt?

Iwan Turgenjew

DIE MEISE

Wohl im Wald im Blättergolde
  Hellen Tons die Meise singt.
  Gruß dir, Sängerin, du holde
  Botin, die den Herbst uns bringt.

Ob sie droht mit Sturm und Regen
  Und den Winter prophezeit,
  Haucht doch deine Stimme Segen,
  Atmet helle Freudigkeit.

Die mir tief zum Herzen dringen,
  Sind die süßen Töne nur
  Ein bewußtlos leeres Klingen
  Der gleichgültigen Natur?

Oder ist auch dir gegeben
  Wie dem Menschen jene Lust,
  Jene Freude an dem Leben,
  Die dir strömt aus voller Brust?

Afanassij Fet

Dieses wunderbare
Bild ist so vertraut:
Eb'ne – weiße, klare,
Mondlichtübertaut,
Licht der hohen Sterne,
Und der Schnee glänzt zart,
Einsam nur und ferne
Eines Schlittens Fahrt.

Warmer Wind hebt still die Flügel,
Steppen atmen frisches Sein,
Und es grünen schon der Hügel
Horizontwärts fliehnde Reihn.

Aber zwischen ihren Massen,
Eine Schlange dunklen Graus,
Führt in Nebel, die verblassen,
Fern die Landstraße nach Haus.

Sorglos steigen stets aufs neue
In der Himmel Heiterkeit,
Trillernd in der lichten Bläue,
Frühlingsvögel weit und breit.

Anna Achmatowa

Eh Frühling wird, sind manchmal solche Tage:
Es ruht noch unter festem Schnee das Land,
Ein Rauschen tönt im heiter-trocknen Hage,
Und warmer Wind weht zärtlich und gespannt.
Dem Leib wird seine Leichtigkeit zum Wunder,
Und du erkennst dein eignes Haus nicht mehr,
Und jenes Lied, das lästig ward wie Plunder,
Singst du erregt, als wenn's ein neues wär.

2 Göttliche Natur, Elemente

Michail Lomonossow

ABENDBETRACHTUNGEN ÜBER DIE GRÖSSE GOTTES

Aus Anlaß eines großen Nordlichtes

Der Tag vollendet seinen Lauf,
Im Westen sinkt der Sonne Pracht.
Am Berghang steigen Schatten auf,
Schon deckt die Felder finstre Nacht.
Unzähl'ge Sterne tun mir kund
Den Himmel: Abgrund ohne Grund.

Ein Sandkorn in der Meeresflut,
Ein Funke, der im Eismeer schwirrt,
Ein Flaum in wilden Feuers Glut,
Ein Staub, der aufgewirbelt wird:
Ein solches Nichts ist auch mein Ich,
Im Weltenall verliert es sich.

Es kündet uns der Weisen Wort:
Dort gibt es Welten mannigfalt,
Unzählig brennen Sonnen dort,
Auch dort blühn Völker, werden alt:
Sich selbst stets gleich ist die Natur,
Denn es gibt *eine* Gottheit nur.

Doch dem Naturgesetz spricht Hohn
Das Licht, das ich im Norden seh'.
Steht dort denn jetzt der Sonne Thron
Im Nordmeer, zwischen Eis und Schnee?
Zur Mitternacht hüllt Tagesschein
Mit kaltem Glanz die Erde ein.

O ihr, die ihr mit raschem Blick
Der Dinge tiefsten Kern gewahrt,
Und denen schon das kleinste Stück
Den Bau des Ganzen offenbart –
Ihr kennet der Planeten Lauf,
So löst auch dieses Rätsel auf!

Wodurch entsteht bei Nacht dies Licht?
Wer schlägt's empor zum Firmament?
Wie kommt's, daß ohne Wolkenschicht
Des Blitzes Flamme dort entbrennt?
Gebiert der Elemente Kampf
Denn Feuer aus gefrornem Dampf?

Liegt schwer dort Nebel überm Meer?
Bricht sich der Sonne Licht im Dunst
Der Atmosphäre um uns her?
Tobt dort auf Bergen Feuersbrunst?
Schlägt, weil der Zephyr ging zur Ruh,
Der Wellen Strom dem Äther zu?

Ihr wißt nicht, wie ihr deuten sollt,
Was nah der Erde dort geschieht!
Wie wird's, wenn ihr erklären wollt,
Was keines Menschen Auge sieht?
Der Gottes Schöpfung nicht ermißt –
Weiß er, wie groß der Schöpfer ist?

Michail Lermontow

DAS SEGEL

Weiß glänzt auf blauer Wasserwüste
ein Segel fern am Himmelsrand.
Was sucht es an der fremden Küste?
Was ließ es an der Heimat Strand?

Schrill pfeift der Wind, die Wellen schäumen,
und knarrend biegt sich Mast und Spriet.
Es jagt nicht nach des Glückes Träumen,
nicht Glück ist es, wovor es flieht.

Hoch über ihm der Sonne Gluten,
und unter ihm rauscht blau das Meer,
doch trotzig sucht es Sturm und Fluten,
als ob in Stürmen Ruhe wär'.

Ossip Mandelstam

DIE MUSCHEL

Mag sein, daß ich dir nichts bedcute,
Nacht, der ich aus dem Weltensog
Als Muschel ohne Perlenbeute
Hinaus an dein Gestade zog.

Du läßt die Flut zu Gischt gerinnen
Und singst gelassen selbstisch fort,
Doch wirst du lieb- und wertgewinnen
Unnützer Muschel Lügenwort;

Du wirst im Sand dich zu ihr finden,
Mit deinem Saume sie umhüll'n
Und unzerlöslich an sie binden
Der Brandung Donnerglockenbrüll'n;

Und ihr zerbrechliches Gehäuse
Wie lebensleeren Herzens Haus
Erfüll'n mit Gischtes Flüsterweise,
Mit Nebel, Regen, Windgesaus . . .

Jewgenij Winokurow

DIE VÖGEL

Was ist der Sinn in diesem Vogelsingen?
Es dröhnt, es klingt, es singt die dunkle Nacht.
Der Sternengröße gilt wohl dieses Klingen?
Dem weiten Kosmos wird ein Lob gebracht?

Doch möglich auch, daß all das keine Lieder,
daß es Gespräche harmloser Natur:
der eine sagt, viel Tau fiel heute nieder,
ich fand ein Würmchen, sagt ein andrer nur . . .

Xenia Nekrassowa

DIE SONNE

Jeden Morgen
erscheint die Sonne auf der Erde.
Legt ihr breitstirniges windverwittertes
Haupt auf den Horizont
und schaut uns an –
        traurig,
                entzückt,
                        oder erhaben . . .
Ihrer Nähe verdankt die Erde das Wort.
Jedes Geschöpf faßt sein Entzücken
in Laute,
und Steine und Wasser
atmen blauen Dunst.
Die Sonnenstrahlen gehn von der Sonne aus
und enden im Wiesengras.

3 Natur und Liebe

Alexej Kolzow

LIED

Singe, Nachtigall, nicht
An dem Fenster mir;
Fliege fort in den Wald
Meines Heimatlands!

Hab das Fenstersims lieb
Meiner Seelenmaid;
Klag ihr zärtlich und trüb
Meines Herzens Harm ...

Klage, wie ohne sie
Ich so welk und siech,
Gleich dem Klee, der im Herbst
Auf der Steppe dorrt.

Ohne sie scheint des Nachts
Bleichen Strahls der Mond,
Und die Sonne hat tags
Keine Glut für mich.

Wer nimmt freundlich mich auf,
Da sie fern mir ist?
Wessen Brust bietet Rast
Meinem müden Haupt?

Ohne sie, wessen Wort
Bringt zum Lächeln mich!
Wessen Sang, wessen Gruß
Tut der Seele wohl? ...

Drum, was singst, Nachtigall,
Mir am Fenster du?
Fliege fort, fliege heim,
Hin zur Herzensmaid!

Anton Delwig

RUSSISCHES LIED

Sang wohl, sang das Vögelein,
Und verstummte.
Ward dem Herzen Freude kund,
Und Vergessen.

Vöglein, das so gerne singt,
Warum schweigt es?
Herz, was ist mit dir geschehn,
Daß du traurig?

Ach, das Vöglein tötete
Rauher Schneesturm,
Und das Herz des Burschen brach
Böses Reden.

Wär' das Vöglein gern geflogen
Fort zum Meere,
Wär' der Bursche gern entflohen
In die Wälder.

In dem Meere treibt die Flut,
Doch kein Schneesturm –
Wilde Tiere birgt der Wald,
Doch nicht Menschen.

Anna Achmatowa

AM ABEND

Musik erklang im Garten leis
In solcher unnennbaren Schwere.
Es lagen frisch im Duft vom Meere
Die Austern auf der Schale Eis.

Und er berührte mein Gewand
Und sprach: Ich bin dir treu ergeben! –
Wie ohne Zärtlichkeit und Beben
War die Berührung dieser Hand.

So schaut man Katzen, Vögel an
Und so auf schlanke Frau'n zu Pferde.
Er lacht mit ruhiger Gebärde
Mich unter goldnen Wimpern an.

Und hinterm Rauche, aus dem Saal
Der Geigen Stimmen singend weinen:
Preis Gott! Es ist das erste Mal,
Daß mit dem Liebsten du alleine.

Du bist wieder mit mir, o Herbst, mein Freund!
Innokentij Annenski

Mag jemand noch ruhen in südlichen Gauen,
Vom Garten Eden beseelt,
Hier ist es sehr nördlich – ich habe die Auen
Des Herbstes zur Freundin erwählt.

Das Haus ist so fremd, als wär's nur ein Schatten,
Und ich scheine aufgebahrt;
Gar Seltsames haben im Abendermatten
Die Spiegel für sich bewahrt.

Kleine Fichtenbäume trägt hier die Erde,
Das Heidekraut ähnelt dem Wind,
Es leuchtet trübe des Mondes Scherbe,
Ein schartiges Messer im Spind.

Beseligt erinnern sich meine Gefühle,
Wie wir damals einander verfehlt' –
Der leichten Flamme Reinheit und Kühle,
Als Sieg übers Schicksal gewählt.

4 Natur und Vergänglichkeit

Afanassij Fet

VORZEICHEN

So still ist es und hell. Zur Dämmrung ist noch lange.
Wie hinter dünnstem Blau der Himmel und das Meer –
Von satten Wolken nur die violette Schlange
Wälzt sich vom Abendgold nach Osten träg und schwer.

Ja, still ist es und hell. Doch hast du recht gedeutet
Aufruhr- und Klageschrei mit angespanntem Ohr?
Die Möwen riefen dort, wo müd das Meer sich breitet,
Und kreisend flattern sie zum Felsenschlupf empor.

Die Nacht wird furchtbar sein, der Sturm ein Tanz der Hölle,
In Finster und Getös verschlungen Luft und Land –
Und morgen wirft vielleicht grad hier die graue Welle
Zersplittertes Gebälk von einem Wrack zum Strand.

Anna Achmatowa

SCHNEE IM MAI

Ein durchsichtiger Schleier legt sich dünn
Aufs frische Gras, um langsam zu zergehen.
Ein grausam-kalter Frühling rafft dahin
Die Knospen, die schon voll im Safte stehen.
Und der verfrühte Tod entsetzte mich,
Daß ich vor Gottes Welt die Lider senkte,
Schwer von der Trauer, womit königlich
Einst David die Jahrtausende beschenkte.

Wollte einst vom Kuckuck hören,
Wieviel Jahre er mir gibt ...
Und es zittern leicht die Föhren,
Gelb der Strahl im Grase liegt,
Doch der Hain läßt stumm mich stehen ...
Weiter geh' ich leis;
In des Windes kühlem Wehen
Ist die Stirn so heiß.

Boris Pasternak

FALSCHER ALARM

Gerümpel auf den Wegen,
Nur Wirrwarr überall,
Die Sonne hinter Regen,
Und feuchter Blätter Fall;

Dem Dunkel kommen Tränen,
Man hört die Seufzer schon,
Fern rufen die Sirenen
Von einer Flußstation;

Früh ist der Tag zu Ende
Im Garten und im Feld,
Und Risse gehn durch Wände,
Herbst ist es auf der Welt.

Durch die Septembertage
Klingt düster tiefes Weh
In einer Totenklage
Vom Friedhof überm See.

Hör ich der Witwe Leiden,
Wie es zum Hügel steigt,
Kann ich es nicht vermeiden,
Daß sich der Tod mir zeigt.

Dann schaue ich beklommen
Hinaus, wie jedes Jahr,
Ob nicht die Frist verronnen,
Die meine letzte war.

Er geht durch alle Wetter,
Zu mir stürmt er heran:
Im gelben Schreck der Blätter
Starrt mich der Winter an.

Arsenij Tarkowski

MÄRZSCHNEE

Auf diese weiße Decke aus Schnee
wäre vielleicht ein Engel bereit
das Alpha-und-Omega zu schreiben,
und weiße Schwanenseligkeit
würde mir hier als Gnade bleiben.

Doch auch in diesem Stillstand aus Schnee
sprechen die schwarzen Bäume, die Föhren;
ich kann ihre Unruhe schwach nur hören,
und unter der Rinde wächst und schwillt
der Tränenzwist, verrückt und wild.

Vom obersten Zweig: sieben Werst bis zum Himmel,
der ärmste Vogel: kein Krumen Brot,
ein Nadelstich: des Herzens Not.
Nur eines wünscht sich des Herzens Schwere:
wenn doch der Himmel groß genug wäre!

Und über dem Schnee, aus der Schlucht hervor,
wächst tosend und dumpf der Unruhe Beben,
und irre redend wie ein Tor,
sich selber fremd, unter grauem Haar:
mein eigener Weg, das irdische Leben.

Wassilij Shukowski

NACHT

Des Tages letztes Glühn verschwand
Schon in den purpurfarbnen Wogen,
Schon dunkler wird der Himmelsbogen,
Und kühler Schatten deckt das Land.
Die Nacht bricht an in tiefem Schweigen,
Und vor der Sterne goldnem Reigen,
Dem Tage wie zum Abschiedsgruß,
Strahlt glanzvoll hehr der Hesperus.

Himmlische Nacht, so deck uns zu
Mit deiner dunklen Zauberhülle,
Uns mit Vergessenheit erfülle
Und schenk dem müden Herzen Ruh!
Laß uns in deinen Schutz geborgen
Frei sein von Kummer und von Sorgen,
Lull uns in Schlummer mild und lind,
Wie eine Mutter wiegt ihr Kind.

Alexander Gribojedow

DER BEFREITE

Seidige Wiese, friedlicher Wald
und des klaren Himmels Bläue,
schimmernd durch der Wipfel Spalt!
Bachgemurmel. Ach, aufs neue,
Zauberbilder der Natur,
bin ich euch zurückgegeben,
kann des Glückes Füllhorn heben,
wieder Freuden trinken nur!
Wie berauscht, als ließ die Sonne
schwängern just für mich die Luft
rings mit aller Blüten Duft,
schwelg' ich in der Freiheit Wonne. –
Wenn der Freund jetzt bei mir wär' . . .
Ach, ich bin allein geblieben!
Wieviel Monde ist es her,
seit der Ukas eintraf, der
in den Kerker uns getrieben!
Schneeumweht und hoffnungslos
sahn wir nahen unser Ende,
Leid die Lippen uns verschloß,
Ketten peinigten die Hände . . .

Anna Achmatowa

MICHAIL SOSCHTSCHENKO

Einer Stimme entfernte Laute,
Aber niemand ist ringsum zu sehn.
In die Erde, die schwarze, vertraute,
Wird dein Körper zur Ruhe gehn.
Kein Fels, keine Trauerweiden
Für die Asche, die Schatten sucht;

Es werden nur kommen und weinen
Die Winde der Meeresbucht ...

Alles geplündert, verkauft und verraten,
Todesschatten auf aller Gesicht;
Alles in Not und in Elend geraten –
Doch woher kam uns denn das Licht?

Tags läßt Kirschblütendüfte verhauchen
Märchenwald, der da aufblüht zur Stund;
Nachts hier strahlende Sternbilder tauchen
Tief aus glasklarer Maihimmel Grund.

Und wie nah doch das Wunderbare
Dicht an Schutt und an Trümmer auch geht,
Das für jeden ganz Unfaßbare,
Doch von uns so ersehnt und erfleht ...

Jossif Brodskij

ABEND

Schnee hat das Heu überstäubt
durch einen Riß in der Wand.
Gewendet hab ich das Heu –
ein Falter flatterte auf.
Falter rot, Falter rot,
Entgangen bist du dem Tod,
im warmen Heu gut versteckt:
im Winterschlaf überlebt.

Benommen sitzt er und schaut,
wie meine Laterne blakt,
wie hell beleuchtet die Wand

aus rohen Baumstämmen ist.
Ich hebe ihn auf und seh
die Staubflügel aus der Näh,
seh klarer sie als das Licht,
als meine eigene Hand.

Hier im Dunkel der Nacht
sind wir zwei ganz allein,
meine Finger sind warm
wie ein Hochsommertag.

5 Natur, Heimat und Exil

Iwan Bunin

DAS NACHTLAGER

Die Welt ist ein Wald,
des Vogels nächtlicher Unterschlupf.
Brahmanisch

Am Abend sind sie warm, die dunklen Bäume,
und in den Wassern stirbt das rote Licht.
Flieg tief hinein in diese grünen Räume –
schlaf ein und reg dich nicht.

Am Morgen, weiß bereift, im ersten Scheine,
beweg die Flügel, laß den Zufluchtsort,
flieg auf und tauche in des Himmels Reine –
dort ist die Heimat, Seele, dort!

Anna Achmatowa

Wie meine eigne Heimat fühle
Ich diese Erde, bin ihr gut,
Und ebenso der Wasserkühle,
Dem zarten Eis der Meeresflut.

Den weißen Meergrund kann man sehen,
Die Luft ist trunken so wie Wein,
Die rosafarbnen Kiefern stehen
Entblößt im Abendsonnenschein.

Und dieser, den der Äther sendet,
Verwirrt mir mehr und mehr den Sinn –
Ob er den Tag, die Welt beendet?
Ob ich dem Rätsel nahe bin?

Vladimir Nabokov

SCHNEE

Oh, dieser Laut! Durch Schnee hin –
harsch, harsch, harsch –
geht wer in Stiefeln aus Filz.

Dickes gedrehtes Eis,
vom First hing es spitzig herab.
Schnee, der harscht und der blinkt.
(Oh, dieser Laut!)

Mein Schlitten: mir auf den Fersen, er
gleitet allein, zieht sich selbst.

Setz' mich und fahre
übern Hang, übers glatte Feld:
Beine gespreizt,
die Leine nur, die mich hält.

Wenn in Schlaf ich fall',
denke ich jedesmal:
Vielleicht weckt sie mich heute nacht
mit ihrem Besuch,
warm eingekleidet und starr, bewegungslos,
Kindheit, die war.

Anna Achmatowa

SONETT VOM MEERESSTRAND

Hier ist nur, was mich überlebt,
Selbst diese brüch'gen Starenkästen
Und diese Luft, aus Osten, Westen
Als Lenzluft übers Meer geschwebt.

Der Ruf der Ewigkeit erhebt
Mit Stimmen sich, unirdisch-festen,
Derweil ob blühnden Weichselästen
Das Mondlicht sanfte Bläue webt.

In des smaragdnen Dickichts Blinken
Will mich der Weg nicht schwer bedünken,
Weg – ich sag' nicht, wohin und wo ...

Dort zwischen Stämmen gar welch Schimmern!
Als wollt's an die Allee erinnern
Beim Teich von Zarskoje Selo.

Marina Zwetajewa

Die Sonne, die eine, sie wandert an jeglichen Ort.
Die Sonne ist mein, und ich gebe sie niemandem fort.

Keinen Strahl, keinen Blick. Nein, für niemanden wird sie entfacht.
Mögen die Städte doch sterben in finsterer Nacht!

Drücke sie an mich, damit sie im Kreis nicht mehr rennt!
Wenn sie mir Hände und Lippen und Herz auch verbrennt!

Taucht sie in ewige Nacht – ich tauch' hinterher ...
Du meine Sonne! Nein, niemandem geb' ich dich mehr!

6 Natur, Widerstand und Hoffnung

Nowella Matwejewa

DIE WASSERLILIE

Alle Blumen
schweigen wohl zuerst
dort im Wald
und dort am Bach im Feld.
Alle Blumen
schweigen wohl zuerst,
wenn man ihnen
keine Frage stellt.
Doch wenn Bienen, Käfer, Tau und Wind
kaum berühren
ihren offnen Mund,
scheint's,
als ob dann alle Stimmen sind
Blumenstimmen aus der Kelche Grund.
Doch die Wasserlilie
schweigt allein.
Und ich steh' und horch' am Ufer hier,
doch die Wasserlilie
schweigt allein.
Keinen Laut vernehme ich von ihr.
Preßt die Tiefe
ihr die Kehle zu?
Läßt ihr ein Geheimnis keine Ruh?
Doch die Wasserlilie
schweigt allein.
Alles singt –
nur sie schweigt immerzu.
An dem Wasser
irre ich und irr,

daß
ich finde
einen Weg zu ihr.
Doch umsonst –
der Sümpfe böse Macht
hält die Wasserlilie
rings bewacht.
Alter, bärt'ger Sümpfe böse Macht;
manche ungeheuerliche Nacht
schlaflos
Scharen scheuer Eulen schrein ...
Oh! Die Wasserlilie
schweigt allein.

TIEFE

Du schaust hinunter – und schauderst zurück,
der Wunsch erstirbt auf den Lippen.
Ein Meerteleskop nur erschließt dir den Blick
auf den Seestern zwischen den Klippen.
Die Wälder der Schlingpflanzen scheinen sofort
jedes schwache Licht aufzusaugen,
und nachtschwarze Fische wölben dort
korallenfarbene Augen.
Und tiefer, vom Druck des Wassers gepreßt,
werden augenlos sie geboren ...
Dichter, daß du dich
nicht blind machen läßt,
zu tief in dein Selbst verloren.

Nikolaj Sabolozki

DER SCHWAN IM ZOOLOGISCHEN GARTEN

Im Garten, im Dämmer, ganz leise,
auf Teichen, die künstlich und mild,
zieht ruhig ein Schwan seine Kreise,
so jungfräulich-schön und so wild.

Dort treibt es, das schneeweiße Wunder,
ein Tier, das vor Träumen ganz stumm,
und schaukelt auf quellklarem Grunde
die Schatten der Birken ringsum.

Das Köpfchen, es glänzt wie von Seide,
die Federn sind weißer als Schnee,
und herrlich der Augen Geschmeide:
ein schimmernder tiefblauer See.

Und über dem Schwan liegt ein Flimmern,
die Biegung des Halses erbebt;
entstanden aus wogendem Schimmern:
ein Standbild, das himmelwärts strebt.

Es quietschen die Trams in den Schienen,
die Brücke erzittert schon ganz;
die Kakadus kreischen, die grünen,
es wippt und verschwindet der Schwanz.

Es sitzen die Tiere auf Mauern,
in Höhlen, auf Treppen verbannt;
es stehen die Hirsche und trauern,
das Wasser hat keiner gekannt.

Und unsere Stadt voller Lichter,
die groß ist, so groß wie die Welt,
sie wendet zum Park die Gesichter,
ein Stockwerk aufs andre gestellt,

und hört, was als raunende Sage
am Ende der Mauer erklingt:
der Schwan, der im dunkelnden Tage
vom glücklichen Frühling uns singt.

VII LEBEN ALS ENTWICKLUNGSPROZESS

1 Evolution und evolutionäre Erkenntnistheorie

Manfred Eigen / Ruthild Winkler
Was bedeutet »fittest«?

Im November des Jahres 1859 erschien im Londoner Verlag John Murray eins der größten und aufsehenerregendsten Werke der wissenschaftlichen Weltliteratur: Charles Darwins »The Origin of Species« (Der Ursprung der Arten). Die wesentliche Idee, auf die Darwin sich in seinem Werk beruft, ist das »principle of natural selection«, das Prinzip der natürlichen Auslese. In seiner 1872 erschienenen sechsten Auflage – Darwin betrachtete sie als die endgültige, der Nachwelt zu überlassende Fassung * – schreibt er: »This principle of preservation or the survival of the fittest, I have called Natural Selection.« (Dieses Prinzip der Erhaltung oder des Überlebens des am besten Angepaßten habe ich natürliche Auslese genannt.)

Leider ist Darwins Formulierung nur zu häufig und oft in dogmatischer Entstellung mißinterpretiert worden. Sehen wir einmal von einer vordergründigen Auslegung ab, die auf dem Wort »fittest« eine *absolute*, auch für den Menschen verbindliche Wertskala aufbauen zu können glaubt, so bleibt vor allem die Mißdeutung des Wortes »Prinzip«.

Ein Prinzip ist nicht geeignet, *historische* Wirklichkeit darzustellen – ebensowenig wie etwa aus den Prinzipien der Thermodynamik sich die Konstruktion eines Rolls Royce ableitet. Zweifellos hat Darwin – und das ist ein von der Aufstellung des Prinzips ganz unabhängiges Verdienst – sehr viel Material über die *historische* Wirklichkeit der Evolution zusammengetragen. Das Prinzip ging daraus lediglich als abstrahierte Erfahrung

---

* Die erste Veröffentlichung erfolgte sehr überstürzt, nachdem Darwin erfahren hatte, daß unabhängig von ihm Alfred R. Wallace zu ganz ähnlichen Schlußfolgerungen gekommen war.

hervor und fand erst sehr viel später, vor allem in den Arbeiten der Populationsgenetiker John B. S. Haldane, Ronald A. Fisher und Sewell Wright, eine exaktere Begründung. Obwohl die als neo-darwinistisch bezeichnete Schule in ihren Arbeiten die Voraussetzungen für die Selektion innerhalb einer gegebenen Population von Spezies mathematisch klar formulieren konnte, findet man bis auf den heutigen Tag unter den Biologen keine Einigkeit über die wahre Natur des Selektionsprinzips. Darwin selber ging von der realen Existenz lebender Populationen aus. Dabei blieb die Frage ausgeklammert, ob das Prinzip tautologischer Natur sei, ob es einen Erfahrungssatz darstelle, der die Eigengesetzlichkeit der belebten Materie belege, oder ob es eine aus fundamentalen Materieeigenschaften ableitbare Gesetzmäßigkeit zum Ausdruck bringe, die lediglich bei den Lebewesen bevorzugt in Erscheinung trete, aber keineswegs auf diese beschränkt sei. Es ist nur von historischem Interesse, welche Auffassung Darwin selber, der sich hier keineswegs klar geäußert hat, vertrat. Entscheidend ist, daß sich die Frage heute, nachdem die wesentlichen den Lebenserscheinungen zugrundeliegenden physikalischen und chemischen Mechanismen erkannt sind, eindeutig beantworten läßt.

Man kann im Reagenzglas unter künstlichen Bedingungen und in zellfreien Systemen Selektions- und Evolutionsverhalten im Sinne Darwins eindeutig reproduzieren. Dabei ist es reine Semantik, ob man die materiellen Träger dieser Eigenschaft – auch wenn sie aus natürlichen Zellen isoliert wurden – als Evolutionsprodukte oder einfach als Makromoleküle bekannter chemischer Zusammensetzung ansieht. Im Prinzip kann der Chemiker solche Strukturen aus den Elementen synthetisieren. Man benutzt in den Evolutionsexperimenten allein aus Gründen der Zeitersparnis das von der Natur angebotene Material, wie Enzyme und Nukleinsäuren.

Das Darwinsche Prinzip ist physikalisch erklärbar und bei genauer Spezifizierung der Voraussetzungen und Randbedingungen exakt begründbar. Das geht aus dem soeben beschriebenen Kugelspiel »Selektion« eindeutig hervor.

Die 1. Version zeigt, daß es viel mehr auf eine nach einem bestimmten Konzept erfolgende Reaktionsweise ankommt als

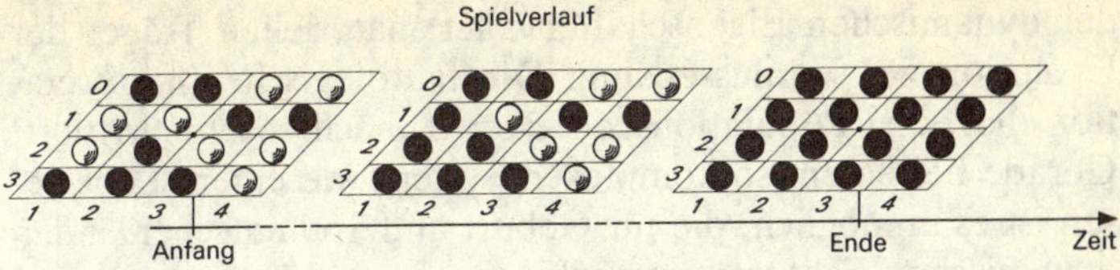

Abb. »Selektion«. Das Spiel beginnt mit einer größeren Anzahl verschiedener Kugelsorten, die etwa in gleicher Menge repräsentiert sind. Allein durch alternierende Anwendung der Strategie S_+ für Auf- und Abbau der jeweils erwürfelten Kugel kommt es immer zur Selektion einer Kugelfarbe.

auf ein unterschiedliches Verhalten der einzelnen dem Konkurrenzprozeß der Auslese unterworfenen Individuen oder Arten, wie es dann in der 3. Version vorausgesetzt wird. Wir haben hier ein Paradoxon, daß jedes Spiel mit einem eindeutigen Ausleseergebnis abschließt, obwohl sich die Konkurrenten in keinerlei Weise voneinander unterscheiden. Es kann mit Sicherheit bei jedem Spiel die *Tatsache* der Selektion vorausgesagt werden, nicht dagegen das *Detailergebnis,* nämlich *welche* Kugelfarbe selektiert wird (s. Abb.). Die Tatsache der Selektion ist vor allem eine Konsequenz der Anwendung der Strategie S_+ für den Auf- und Abbau der Kugelpopulationen. Sie ist nicht an *unterschiedliches* Verhalten der einzelnen Kugeln gebunden, obwohl sie quantitativ von diesen abhängt. Würden wir hier die Frage stellen: »Welcher der Konkurrenten ist ›fittest‹, welcher ist am besten angepaßt?«, so würde die Antwort lauten: »Der, der schließlich als Sieger aus der Konkurrenz hervorgeht.« Es gibt kein anderes Kriterium als das Resultat der Auslese selbst. Darwins Prinzip besteht in dieser Spielversion aus der bloßen Tautologie: »survival of the survivor«.

Für ein Verständnis der Selektion ist es wichtig, daß wir uns diesen singulären Fall, der eine Selektionswertentartung beinhaltet (und ausschließlich bei Wachstumsbeschränkung zu beobachten ist), klar vor Augen führen. Er zeigt, daß es in der Evolution auf einen bestimmten Mechanismus ankommt.

Andererseits handelt es sich hier um einen Idealfall, der in dieser extremen Form in der Natur gar nicht verwirklicht sein kann. Ein solches Verhalten hätte die vollständige Gleichheit der dynamischen Eigenschaften aller materiellen Träger der Evolution zur Voraussetzung. Die tautologische Interpretation hat die Populationsgenetiker zunächst sehr irritiert. Gerade bei einem so komplexen System wie einem Lebewesen ist es unmöglich, die für Geburt und Tod entscheidenden dynamischen Faktoren im vorhinein zu berechnen und somit voraussagen zu können, welcher der Konkurrenten »fittest« ist und was dieser Begriff physikalisch bedeutet. Mithin blieb nur die tautologische Interpretation: »fittest« ist der, der überlebt.

Eine eindeutige Charakterisierung von Selektion ist demnach nur unter extremen Konkurrenzbedingungen möglich. Daß diese im allgemeinen im historischen Verlauf der Evolution nicht erfüllt waren, zeigt das Phänomen des »genetischen Driftens«, welches erst in den letzten Jahren aufgrund genauer Sequenzanalysen der biologischen Makromoleküle in verschiedenen phylogenetischen Entwicklungsstadien in seinen Auswirkungen vollständig erkannt wurde. Die Tatsache, daß man dieses Verhalten als »non-Darwinian« bezeichnete, ist auf die enge historische Auslegung von Darwins Prinzip zurückzuführen. Die Existenz des genetischen Driftens ist in der Art des Wahrscheinlichkeitsverhaltens selektiv (ungefähr) gleichwertiger Spezies begründet und im Rahmen des Selektionsspiels durchaus verständlich.

Wenngleich in den Wahrscheinlichkeitsansätzen der neodarwinistischen Schule die logische Struktur der Darwinschen Aussage geklärt wurde, ist eine Zurückführung des Begriffs »fittest« auf molekularkinetische und thermodynamische Parameter sowie die experimentelle Überprüfung dieses Zusammenhangs erst auf der Ebene selbstreplizierender Makromoleküle gelungen. Dabei zeigt sich auch, daß die in Konkurrenz stehenden Individuen sich sehr wohl in den für die Selektion wichtigen physikalischen Eigenschaften unterscheiden: Man kann ihnen einen charakteristischen, physikalisch definierten und im vorhinein berechenbaren Selektionswert zuordnen. »Fittest« entspricht einem Optimum dieses Selektionswertes.

Selektionsverhalten basiert also in allererster Linie auf den zur Anwendung gelangenden Strategien. Geburt und Tod, Bildung und Zerfall, beide bedienen sich hier der konformen Strategie S_+. Für die Zerfalls- bzw. Sterberate hatten wir S_+ längst als die durchaus *natürliche Strategie* erkannt: Wenn jedes Individuum eine von der Populationszahl *unabhängige* mittlere Lebenserwartung hat, so ist die Abbaurate der gesamten Population einfach proportional zur Zahl der vorhandenen Individuen. Bezogen auf die Bildungsrate bedeutet S_+ autokatalytische Vermehrung: Reproduktion. Diese ist unabdingbare Voraussetzung der biologischen Evolution. Darüber hinaus bedarf es ständiger Energiezufuhr, also eines Metabolismus, zur Unterhaltung der autokatalytischen Vervielfachung. Die Makromoleküle werden ständig aus energiereichen »Bausteinen« auf- und in energiearme Zerfallsprodukte abgebaut. Das System darf nicht in den Gleichgewichtszustand übergehen, der für die Aufbaureaktion nur die Verwendung der konträren Strategie S_- erlaubt, wie mit dem Ehrenfest-Modell gezeigt wurde. Diese – etwas komplexen, jedoch heute vollkommen durchschaubaren – Zusammenhänge sind an anderer Stelle ausführlich dargestellt.

Die mit einem Metabolismus ausgerüsteten Lebewesen machen sämtlich von der Aufbaustrategie S_+ Gebrauch. Die sexuelle Fortpflanzung ist nur eine spezielle Spielart dieser generellen autokatalytischen Mechanismen. Auf der molekularen Ebene finden wir auch noch andere Formen der Autokatalyse und Reproduktion. In der Photographie läuft die Kopierung z. B. über die Zwischenstufe eines Negativs. Ähnlich verfahren die molekularen Träger unserer Erbanlagen, die im Zellkern lokalisierten Nukleinsäuren. Sie kopieren über die Zwischenstufe des Komplementärstranges. Dieser Prozeß wird noch im 15. Kapitel ausführlicher beschrieben. Es existieren außerdem noch zyklische Reproduktionsverfahren. Die eigentlich interessanten Fragestellungen in der heutigen experimentellen Evolutionsforschung beziehen sich allein auf das *wie* der autokatalytischen Selbstorganisation.

Wir halten fest: Es gibt – bis hinunter zur molekularen Ebene materieller Organisation – eine Reihe von Mechanismen, die eine Reproduktion oder allgemeiner: die Anwendung der konformen Strategie S_+ in der Aufbaurate ermöglichen (das ist inhärente Autokatalyse). Die Tatsache, daß die Strategie S_+ verschiedene Realisierungsmöglichkeiten hat – z. B. lineare Autokatalyse, zyklische oder hyperzyklische Reproduktion –, bedingt darüber hinaus, daß bei einer Kombination der gleichen Strategie für den Auf- und den Abbau einer Population keineswegs immer das gleiche Resultat herauskommt. Ist die Aufbaurate höher als die Abbaurate, wird die Besetzungsdichte der betreffenden Spezies katastrophenartig anwachsen. Aufgrund der Verschiedenartigkeit der Mechanismen verändern sich aber beide Raten mit wachsender Populationsdichte so, daß die Abbaurate die Aufbaurate »einholen« und die bestangepaßte Spezies, oder eine bestimmte Gruppierung von solchen, stabilisieren kann. Daneben sind auch bei Konkurrenten (Mutanten) mit vergleichbaren Selektionswerten »Irrflug«-Situationen für die Besetzungsverteilung möglich. Sie sind die Quelle weiteren Fortschritts. Eine für das Zustandekommen eindeutiger Selektionsentscheidungen wichtige Bedingung ist die Begrenzung des Lebensraumes bzw. der zur Verfügung gestellten Aufbaustoffe und Energieträger. Im Spiel entspricht diese der Begrenzung des Bretts und der endlichen Zahl von Kugeln.

Auch in der Natur treten Beschränkungen im Lebensraum sowie in der Materie- und Energiezufuhr auf, doch selten in der Form so klar definierter Randbedingungen wie im Spiel. Daß Darwins Prinzip so oft mißinterpretiert wurde, liegt gerade darin begründet, daß man Gesetz und Randbedingung nicht klar genug auseinanderhielt. In der Natur gibt es keine Vorschrift, bestimmte Begrenzungen einzuhalten, wohl aber ist der für gegebene Randbedingungen gesetzmäßig formulierbare Ablauf der Evolution *Notwendigkeit*, wenngleich auch innerhalb dieser noch eine Freiheit der individuellen Kopienwahl als Konsequenz einer undeterminierten Abfolge der Elementarereignisse existiert.

Bei der Deutung der Spielergebnisse müssen wir unserer Phantasie ein wenig freien Lauf lassen. Was im Spiel nur mit einer sehr geringen Zahl von Kugeln demonstriert werden kann, vollzieht sich in der Wirklichkeit mit unvorstellbar großer Variabilität. Ja, gerade wegen dieser komplexen Fülle möglicher alternativer Materiezustände bedarf es der Selektionsmechanismen. Sie allein können die äußerst seltenen lebensfähigen Varianten auswählen und vor dem Aussterben bewahren. Die Notwendigkeit, diese Mechanismen zu praktizieren, setzt bereits auf der Ebene der biologischen Makromoleküle – der Nukleinsäuren und Proteine – ein und liegt der Evolution aller die Erde bevölkernden Lebewesen zugrunde.

In der ersten Spielversion kommt klar zum Ausdruck, daß Eindeutigkeit der Auslese aus der Anwendung der konformen Strategie S_+ für Bildung und Zerfall folgt. Die zweite Version zeigt, daß Mutationen bei Gleichwertigkeit der Raten wieder Variabilität ins Spiel bringen. Erst in der dritten Version erleben wir die mit einer Vorzugsrichtung ausgestaltete Evolution, die aus dem Zusammenwirken von Reproduktion, Mutation und selektiver Bewertung resultiert und die wir mit dem von Darwin geprägten Begriff »survival of the fittest« umschreiben können. »Fittest« ist hier durch eine Bewertung nach den Gesetzen der molekularen Kinetik festgelegt und nicht mehr – wie in der 1. Version – allein ein Produkt des Zufalls. Zufällig ist, in *welcher Reihenfolge welche Mutationen* erscheinen. Gesetzmäßig notwendig ist, *daß* Mutationen auftreten und daß darüber hinaus das »Wenn-Dann«-Prinzip der Selektion gilt. Diese Kombination von Gesetz und Zufall ist hinreichend, die zeitliche Vorzugsrichtung der Evolution zu erklären.

In einer polemischen Schrift gegen die Selektionstheorie fanden wir folgenden Satz: »Man macht keine Umwege (sprich: planlose Mutationen), wenn man auf ein Ziel lossteuert.« Es ist richtig, daß der prozentuale Anteil vorteilhafter Mutationen im Verhältnis zur Gesamtzahl relativ klein ist. Es ist dagegen *nicht* richtig, daß die Mutation zielstrebig erfolgt. Erst durch die Selektion wird das Ziel eindeutig festgelegt – damit aber auch ein Umweg vermieden.

Dieses Beispiel zeigt deutlich die Gefährlichkeit einer gewissen Art von Argumentation, und wir möchten an dieser Stelle eine längst fällige Erklärung nachholen: Gleichnisse können die wissenschaftliche Beweisführung niemals ersetzen. Man kann allenfalls nach Abschluß einer Beweisführung versuchen, mit ihrer Hilfe komplexe Zusammenhänge darzulegen. Ein Beweis kann nur durch sorgfältige Analyse auf dem Boden überprüfbarer Naturgesetze erfolgen – unter Klarstellung der Voraussetzungen und ständiger Kontrolle der Ergebnisse, durch Experiment und Beobachtung. Freilich sind auch Fehlschlüsse möglich, doch wird man sie rücksichtslos ausmerzen, sobald sich auch nur die geringste Inkonsistenz mit der Erfahrung ergibt.

Ist nun die Strategienkombination $(_{+}\ _{+})$ die einzige, die in der Lage ist, evolutionäres Verhalten zu erklären?

Eine genaue Analyse der Spielmatrix zeigt, daß die Kombinationen $(_{+}\ _{+})$ und $(_{-}\ _{-})$ im Grunde genommen gleichwertig sind. Man könnte also sowohl die Strategie S_{+} als auch S_{-} verwenden, sofern man dieselbe Strategie simultan für den Auf- und Abbau einsetzt. Diese Gleichwertigkeit existiert aber nur »de jure«, nicht dagegen »de facto«. In der Natur bedarf es ausgeklügelter chemischer Reaktionsmechanismen, um die konträre Strategie S_{-} für beide Raten gleichzeitig zu realisieren. So gibt es Enzyme, die in der Lage sind, aufgrund einer Steuerung durch das Substrat ihre katalytischen Fähigkeiten an- und abzuschalten. Vor allem in den Reaktionszyklen der Gärung und Atmung wird von derartigen allosterischen Enzymen zur Regelung von Angebot und Nachfrage extensiv Gebrauch gemacht. Doch handelt es sich hier um hochspezialisierte singuläre Evolutionsprodukte. Es gibt keine Klasse von Makromolekülen, die sich generell durch eine solche Strategie auszeichnet. Überdies kann die Regelung nur in einem engen Konzentrationsbereich des Substrats wirksam sein. Gerade auf dem für die Evolution interessanten Gebiet sehr kleiner Konzentrationen – jede Mutante erscheint zunächst einmal als Einzelkopie – versagt diese Methode vollkommen.

Zur Selbstorganisation einer Molekülklasse benötigt man immer eine Strategie, die der gesamten betreffenden Klasse inhärent ist. Nur so ist eine kontinuierliche Entwicklung möglich. Aus diesem Grunde mußten von der Natur die Nukleinsäuren geradezu erfunden werden. Alle Lebewesen spiegeln ihre fundamentale Reproduktionsstrategie S_{+} wider, und diese war die wesentliche Voraussetzung für die molekulare Selbstorganisation lebender Strukturen. Allein wo im vorhinein programmierte Regelmechanismen eingesetzt werden, findet die konträre Strategie S₋ simultan für beide Prozesse Verwendung. Auch der Mensch bedient sich in seinen technischen Regelkreisen spezieller Schaltelemente, die diese Strategie simulieren.

Darwin waren derartige Einsichten ins Detail natürlich noch verwehrt. Die Überschrift zu diesem Kapitel stellt mit den Worten »Darwin« und »Moleküle« eine Verbindung her, die erst in unserer Generation durch die Molekularbiologie, man kann auch sagen: durch die großartige Gemeinschaftsleistung von Biologie, Chemie und Physik geknüpft wurde. Was Darwin durch scharfsinnige Beobachtung erschloß und auf eine einfache Formel brachte, findet in der Zurückführung auf die statistische Theorie der Materie ihre naturgesetzliche Bestätigung. Beide Disziplinen entstammen derselben historischen Ära. Ludwig Boltzmann und Charles Darwin waren Zeitgenossen. Jener führte die statistische Aussage in die Physik ein, dieser entdeckte die Gesetzmäßigkeiten in der Entwicklung der Lebewesen.

Heinrich K. Erben

Das Aussterben

Durch ein paläontologisches Museum zu schlendern, sich hier an einer fossilen Schnecke oder Seelilie zu erfreuen, dort über die absonderlichen Formen eines Trilobiten zu staunen, wird auch dem Laien Vergnügen bereiten. Ist sein Interesse erweckt worden, so wird er vielleicht wiederkehren. Stets aber wird er die Sammlungen nur bei hellem Tageslicht besichtigen können, und so wird ihm wohl nicht in den Sinn kommen, wie verändert doch ein Museum – vor allem aber ein paläontologisches – wirkt, sobald die Nacht hereingebrochen ist. Wenn alles in Dunkel gehüllt ist, der Schritt auf den Steinfliesen durch die Leere der verlassenen Säle schallt, mag selbst den nüchternen Menschen des aufgeklärten Zeitalters ein eigentümliches Gefühl beschleichen. Grabesstille über fossilen Gebeinen. Wirkt der Museumssaal nicht wie ein großer Friedhof, einzigartig in seiner Art, denn wo sonst fände man eine Begräbnisstätte, welche die sterblichen Überreste von Wesen aus vielen Jahrmillionen aufgenommen hätte?

Das Wissen um die Vergänglichkeit, hier drängt es sich übermächtig auf. Sie alle, die Arten, Gattungen, Familien, die vielen Evolutionszweige, die in der Vorzeit einmal existierten, sind hier vertreten: Jedes Etikett eines Ammoniten das Epitaph seiner Spezies, jedes versteinerte Skelett eines Fischsauriers das Grabmal seiner Stammeslinie. Millionen von Jahren haben sie gelebt, haben sich in ständiger Auseinandersetzung mit ihrer Umwelt behauptet und fanden schließlich dennoch ihr Ende. Doch schon löst sich der Geist von dieser fast melancholischen Betrachtung, von diesem *memento mori;* die Neugier regt sich und beginnt Fragen zu stellen: Wenn alle diese Tausende von Stammeslinien ausgestorben sind, gilt das nicht letzten Endes ausnahmslos für alle?

Ist stammesgeschichtliches Aussterben ein ebenso unabwendbares Geschick wie der Tod des Einzelindividuums? Oder gibt es Evolutionszweige, die nicht ausstarben und die auch heute noch unter uns leben? Allerdings würde damit ihre mögliche Unsterblichkeit noch lange nicht bewiesen sein, denn was solche Epigonen vorzeitlicher Arten, Gattungen oder anderer Gruppen erkennen lassen, das ist ja nur die Tatsache, daß sie heute eben *noch* nicht ausgestorben sind. Morgen schon könnten sie dennoch erlöschen.

Konservative

Derartige Nachzügler gibt es tatsächlich, wenn ihre Zahl auch nur beschränkt bleibt. Im Pflanzen- wie im Tierreich ist eine Reihe von Fällen bekannt, in welchen Angehörige von Stammeszweigen, die in der geologischen Vergangenheit von Bedeutung waren, auch heute noch existieren. Zum Teil handelt es sich um uralte Stämme, die durch solche »lebenden Fossilien« noch heute vertreten werden. Diesen phylogenetisch extrem langlebigen und verhältnismäßig evolutionsträgen, also konservativen Linien – Simpson prägte für diesen Typ die Bezeichnung »bradytelisch« – standen in der Vergangenheit zahl-

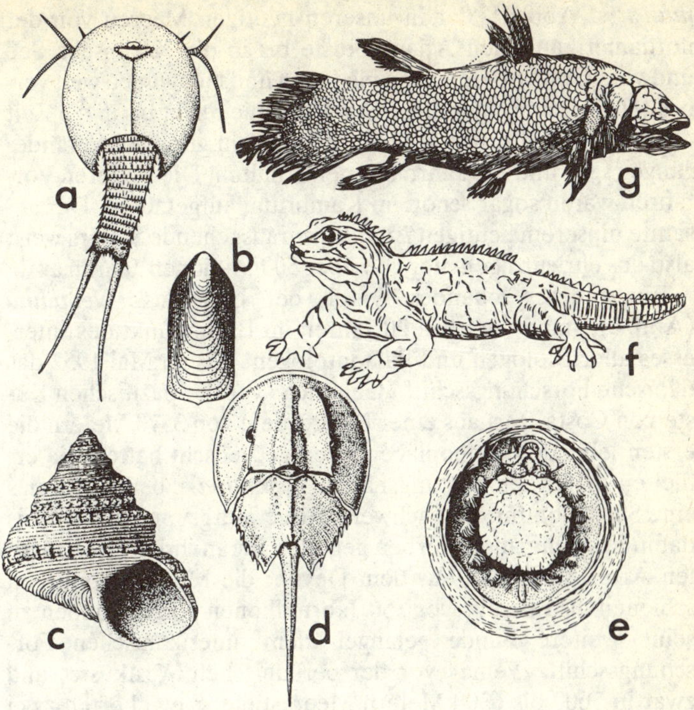

reiche andere gegenüber, die sich mit mäßiger Evolutionsgeschwindigkeit entwickelten (»horotelische«), und schließlich auch solche, die sich besonders evolutionsfreudig und mit auffallend schnellem Verlauf umbildeten (»tachytelische«).

Es würde zu weit führen, wollte ich nun jeden einzelnen Methusalem aus der Reihe der lebenden Fossilien hier vorführen. Der interessierte Leser sei in diesem Zusammenhang auf die ganz vorzügliche Darstellung von Erich Thenius hingewiesen. Gleichwohl werden wir nicht umhin können, wenigstens einige wenige, besonders typische Beispiele herauszustellen.

Mit einem von ihnen, mit dem lebenden Perlboot *Nautilus*, haben wir uns in anderem Zusammenhang bereits beschäftigt. Neben ihm wäre aber auch ein mariner Vertreter der spinnenartigen Gliederfüßer zu nennen, der Pfeilschwanz-»Krebs« *Li-*

mulus (s. Abb. d), der in unseren heutigen Meeren von der nordamerikanischen Atlantikküste bis in die Karibische See und vom Golf von Bengalen bis Japan und Neuguinea weit verbreitet ist. Seine eigentliche Stammeslinie reicht bis in die Zeit des Perms zurück, hat sich also mit nur sehr geringen Veränderungen seit rund 250 Jahrmillionen erhalten. Die weiteren Vorfahren waren sogar schon im Kambrium aufgetaucht. Der gesamte, unserem heutigen *Limulus* vorausgehende Stamm weist also das ehrwürdige Alter von über 500 Millionen Jahren auf!

Ein anderes lebendes Fossil, der Urmollusk *Neopilina* (Abb. e), stand vor etwa 20 Jahren im Brennpunkt des Interesses aller Biologen und Paläontologen. Als im Mai 1952 das dänische Forschungsschiff »Galathea« vor der pazifischen Küste von Costa Rica aus einer Meerestiefe von 3570 Metern die ersten lebenden Monoplacophoren gedredscht hatte – sie erhielten später den Gattungsnamen *Neopilina* –, bedeutete dies eine Sensation für die Fachwelt: Diese Tiergruppe hatte ja bis dahin als völlig ausgestorben gegolten, denn ihre letzten fossilen Arten stammten aus dem Devon; die Monoplacophoren schienen also bereits vor 350 Jahrmillionen verschwunden zu sein! Weitere Funde gelangen dem amerikanischen Forschungsschiff »Vema« vor der peruanischen Westküste, und zwar in 5600 bis 6300 Metern Meerestiefe. Sie gehörten zwei neuen Arten der Gattung *Neopilina* an, und sie bestätigten die dänischen Untersuchungsergebnisse: Die Monoplacophoren sind aufgrund ihres anatomischen Baues tatsächlich als die primitivsten Mollusken anzusprechen, die wohl den Ursprung aller weiteren Weichtierklassen darstellen, zumindest aber der Schnecken, Muscheln und Cephalopoden.

Wegen einer überraschenden Ähnlichkeit der Schalengehäuse war zunächst daran gedacht worden, *Neopilina* könnte vielleicht gar keine selbständige Gattung sein, sondern lediglich ein gegenwärtiger Vertreter der silurischen Gattung *Pilina*. Das hätte ihr das beinahe unglaubliche Alter von etwa 450 Jahrmillionen verliehen. Doch wie eine vergleichende Untersuchung der Ultrastruktur der Schale ergeben hat, trifft das sicherlich nicht zu. Wohl aber kann gelten, daß sich der durch die heutige *Neopilina* vertretene Gesamt-Stamm der Monoplacophoren seit dem Unteren Kambrium, also seit rund 550 Millionen Jahren, mit nur geringen Abwandlungen erhalten hat.

Ein anderer altertümlicher Dauertyp, die Schlitzbandschnecke *Pleurotomaria* (Abb. c), ist ein hochgeschätztes, kostbares Sammlerobjekt. Ein Exemplar dieser »Blauen Mauritius der Malakologen« ist mir vor zwei Jahren in Florida für sechshundertzwanzig Dollar angeboten worden, eine stolze Summe, deren Höhe aber verständlich wird, wenn man bedenkt, wie überaus selten diese Individuen aus der Tiefsee von Westindien, Japan und dem Indonesischen Archipel sind. Drei Untergattungen – von welchen eine, *Mikadotrochus,* zu Ehren des auch als Meeresbiologe verdienstvollen Kaisers von Japan benannt ist – vertreten den Stamm noch heute. *Pleurotomaria* reicht bis in die Zeit des Unteren Jura zurück, und so hat die Gattung bis heute eine Existenzdauer von immerhin 190 Millionen Jahren. Sie ist in allen ihren anatomischen und gehäusemorphologischen Merkmalen höchst primitiv, ja selbst noch in der Ultrastruktur ihrer Schale. Diese Züge sind in höchstem Maß altertümlich; verfolgen wir die noch älteren Vorfahren von *Pleurotomaria* durch die Erdgeschichte bis zu ihren Anfängen zurück, so stellen wir fest, daß der erweiterte Pleurotomarien-Zweig bereits im Oberen Kambrium, also vor über 500 Jahrmillionen existierte und damals die Wurzel des Stammbaumes aller übrigen Schnecken darstellte.

Um auch auf die lebenden Fossilien der Wirbeltiere einzugehen, sei u. a. die Brückenechse, *Sphenodon,* kurz erwähnt (Abb. f). Dieses unscheinbare, von den Eingeborenen Tuatara genannte Reptil, das ausschließlich auf einigen kleinen, Neuseeland vorgelagerten Inseln vorkommt, ist heute fast völlig ausgestorben. Seine letzten Individuen stehen unter strengem Naturschutz und das sicherlich mit Recht, ist doch die Tuatara der letzte Vertreter des Stammes der Rhynchocephalen, einer 220 Jahrmillionen alten Reptilgruppe, die bis in die Trias zurückreicht, also in eine Zeit, zu der die Dinosaurier ihre Vorherrschaft noch nicht angetreten hatten.

Während der sensationelle Fund lebender Monoplacophoren von der breiten Öffentlichkeit unbemerkt blieb, hatte die

Entdeckung eines anderen lebenden Fossils seinerzeit durchaus die verdiente Beachtung in der Weltpresse gefunden:

Als sich 1938 in der Ausbeute eines südafrikanischen Fischdampfers zur größten Überraschung der örtlichen Zoologen ein Quastenflosser (Crossopterygier) fand, da zeigte sich, daß diese Gruppe der Fische keineswegs schon zur Zeit der Kreide ausgestorben ist und daß alle diesbezüglichen Annahmen falsch gewesen waren. Die neue Gattung erhielt den Namen *Latimeria* (Abb. g). Sie ist der letzte Vertreter eines Stammes, der bis in die Zeiten des Devons zurückverfolgt werden kann und dem damit ein Alter von rund 350 Jahrmillionen zukommt! Die eingeborenen Fischer der Komoren-Inseln, wo *Latimeria* in Meerestiefen von 150 bis 800 Metern lebt, hatten den Fisch, den sie Kombessa nannten, schon lange gekannt. Freilich konnten sie nicht ahnen, daß das, was da gelegentlich in ihre Netze geriet, der Bruder ihres eigenen Ur-Urahnen ist, denn die zu *Latimeria* führende Linie war sehr eng mit jenem Zweig verwandt, der im Rahmen der Quastenflosser den Ursprung aller Landwirbeltiere gebildet hat.

Aus dem Reich der Pflanzen sei als lebendes Fossil vor allem jener Baum erwähnt, der schon Goethes Aufmerksamkeit erregt hatte, als dieser im Buch Suleika das Rätsel des in sich zweigeteilten Blattes von *Gingko biloba* so umschrieb:

Ist es ein lebendig Wesen,
Das sich in sich selbst getrennt,
Sind es Zwei, die sich erlesen,
Daß man sie als Eines kennt?

Goethes Rätsel hat die Paläontologie inzwischen gelöst. In dem geschlitzten, unvollständig geteilten Blatt befinden sich die beiden Hälften keineswegs im Zustand einer zunehmenden Trennung, sondern in dem der Verschmelzung. Sie sind tatsächlich »zwei, die sich erlesen, daß man sie als eines kennt«, denn bei den fossilen Vorfahren von *Gingko biloba* waren sie noch vollständig getrennt. Diese phylogenetischen Vorfahren aber hatten schon vor 300 Millionen Jahren zur Zeit des Oberen Karbons eingesetzt, und die Gattung selbst war während des Mesozoikums sehr weit verbreitet. So ist der *Gingko*-Baum also ein typisches lebendes Fossil. Als Wildform kommt er heute zwar nur noch in China vor, aber als kultivierter Zierbaum ist er seit zwei Jahrhunderten in allen Kontinenten angepflanzt worden. Ähnliche, sehr alte Dauerformen sind die Palmfarne (Cycadeen), die Araukarien und noch manch andere Pflanzen.

Die hier aus dem Kreis der Wirbellosen, der Wirbeltiere und der Pflanzen ausgewählten Beispiele stehen stellvertretend für eine nicht unerhebliche Zahl von weiteren, gleichfalls persistierenden Stammeslinien. Ihre stratigraphische Lebensdauer ist zum Teil sehr beachtlich. Und doch: Unsterblich waren auch sie nicht, denn zumeist handelt es sich bei den zitierten jetztzeitlichen Vertretern um neuere Arten oder Gattungen, während die älteren Vorfahren ja sehr wohl ausgestorben sind.

Heute noch lebende archaische Stammeslinien sind zwar etwas Besonderes, jedoch nicht etwa Einmaliges. Daß aber darüber hinaus eine niedere taxonomische Einheit, also eine gegenwärtige *Gattung* oder gar *Spezies* als extreme Dauerform sehr weit in die geologische Vorzeit zurückreicht, kommt nur als Ausnahme vor. Die Gattung *Pleurotomaria* (190 Jahrmillionen) wurde bereits erwähnt, doch noch eindrucksvoller ist sicherlich der Fall der zu den Brachiopoden gehörenden Zungen-»Muschel«, also der Gattung *Lingula*, die seit dem Ordovizium bis heute eine phylogenetische Lebensdauer von über 450 Millionen Jahren erreichte. Was aber die Kategorie der Spezies betrifft, so scheint es in unserer heutigen Fauna nur eine einzige zu geben, die bis in ältere Bereiche der Erdgeschichte zurückverfolgt werden kann. Dieses im engsten Sinne des Wortes lebende Fossil ist eine Art der Blattfußkrebse (Phyllopoden), die – keineswegs häufig – bei uns in Europa früher in kleinen Tümpeln und Wassergräben anzutreffen war. Diese Art, *Triops cancriformis,* ist mit einer großen Zahl von Exemplaren und mit hervorragend guter Erhaltung auch in Schichten der Oberen Trias Frankens, am Rande des Steigerwaldes, entdeckt worden. Damit erreicht sie das für eine heute noch lebende Spezies unerhörte Alter von rund 200 Millionen Jahren! Nicht minder erstaunlich ist, daß während dieses enormen Zeitintervalls die Evolution dieser Art nahezu stagnierte, denn nichts unterscheidet die triassischen Individuen von den heutigen, mit einer einzigen, geringfügigen Ausnahme, nämlich der einer ganz leichten Zunahme an Körpergröße bei den heute lebenden Exemplaren (Abb. a).

Phylogenetisch langlebige, konservative Evolutionszweige von der Art der hier vorgestellten Beispiele treten, betrachten wir den Gesamtverlauf der Evolution, zahlenmäßig weit hinter denjenigen zurück, die eine nur mäßig lange Existenzdauer hatten. Neben diesen fallen sodann zahlreiche Stammeslinien desjenigen Typs auf, den Simpson den »tachytelischen« genannt hat, also solche, die bei besonders schneller Entwicklung eine nur geringe Existenzdauer erreichten (– wobei »gering« aber immerhin einen Zeitabschnitt von einigen hunderttausend Jahren und mehr bedeuten kann). Meist handelt es sich um kurze, eine einzige Art oder nur wenige Arten umfassende Seitenzweige des Stammbaumes, die sich in einer bestimmten Richtung progressiv und im Sinne einer sehr einseitigen Anpassung entwickelten und die sehr bald ausstarben, ohne daß aus ihnen zuvor neue und weitere Stammeslinien bzw. Baupläne hervorgegangen wären.

Alfred Gierer

Naturwissenschaftliche Erklärung der Evolution

Wieweit können wir die Geschichte des Lebens auf der Erde naturwissenschaftlich verstehen? Hier sind zwei – verschieden weit gesteckte – Ziele zu unterscheiden: einmal die nachträgliche Erklärung, daß es so kommen konnte, wie es kam – dies leistet die Theorie der Evolution; zum anderen die strenge Ableitung, daß es so weit kommen mußte, wie es gekommen ist – das beweist bisher keine Theorie; vielleicht ist es nicht einmal wahr.

»Daß es so kommen konnte«, heißt, daß alles, was wir über die Evolution wissen, in Einklang mit bekannten Naturgesetzen steht, daß nichts, was geschah, zusätzliche oder andere Naturgesetze erfordert als die, die wir kennen. Sämtliche Elemente der Skizze der Evolution, die wir gegeben haben, und viele andere Einzelheiten, die darüber bekannt sind, entsprechen dem Erklärungsprinzip der Evolution: Sie erfolgt durch zufällige Änderungen und zufällige Kombinationen der Erbsubstanz in Verbindung mit Selektion nach maximaler »fitness« – wobei unter »fitness« die Effizienz der Erzeugung von solchen Nachkommen verstanden wird, die überleben, bis sie selbst wieder Nachkommen erzeugen. Vergrößerte »fitness« ist allerdings, wie mathematische Analysen zeigen, zwar eine günstige, aber doch keine absolut notwendige Voraussetzung von Evolutionsvorgängen. Sogar ohne Zunahme der »fitness« hat eine Mutation – als sogenannte Neutralmutante – eine nicht zu vernachlässigende Chance, sich rein zufällig in der Population durchzusetzen. Nicht jedes Merkmal, das es gibt, muß durch »Nützlichkeit« erklärbar sein, besonders bei kleinen Populationen. Ob dies allerdings in nennenswertem Maße zur Evolution im großen beiträgt, ist noch ungeklärt.

Auch die Entstehung der *Vielfalt* der Lebewesen ist aufgrund der Evolutionstheorie verständlich: Immer wieder wurden Gruppen von Individuen voneinander isoliert. Danach konnten sie unabhängige Entwicklungswege durchlaufen, bis sich verschiedene Arten gebildet hatten, die auch dann keine gemeinsamen Nachkommen mehr erzeugten, wenn sie wieder zusammenkamen. Strukturreichtum begünstigt die Entwicklung immer weiterer Strukturen: Nicht nur die Vielzahl ökologischer Bedingungen, die die Geographie bietet, auch die belebte Natur selbst schafft ökologische Räume für immer neue Arten; so bildet z. B. eine bestimmte Pflanzenwelt den ökologischen Raum für bestimmte Tiere.

Die Evolutionstheorie ist also in der Lage, sowohl die Komplexität als auch die Vielfalt der Organismen zu erklären. Allerdings gibt es einige Eigenschaften von Lebewesen, die zunächst schlecht in den Rahmen der Evolutionstheorie zu passen scheinen: Warum entwickeln manche Arten unpraktische, gar absurde Merkmale, wie z. B. riesengroße Geweihe, obwohl doch die Evolution in der Richtung lebenstüchtiger Organismen verlaufen sollte? Warum gibt es nicht nur aggressives, sondern auch kooperatives Verhalten, wie vertragen sich altruistische Handlungen von Individuen, die bis zur eigenen Selbstaufopferung zugunsten von Artgenossen gehen können, mit der Auswahl angeborenen Verhaltens nach optimaler Überlebensstrategie? Wie erklärt man die Evolution der Mechanismen der Evolution selbst? Auch diese drei Fragestellungen lassen sich im Rahmen der Evolutionstheorie beantworten, wenngleich sie einige zusätzliche Überlegungen erfordern.

In den meisten Fällen führt die Selektion der für die Vermehrung des Individuums günstigsten Merkmale auch zu günstigen Merkmalen für die Art. Dies muß aber nicht immer gelten; Ausnahmen sind möglich, wenn verschiedene Merkmale in komplizierter Weise aufeinander einwirken. Wenn zum Beispiel weibliche Tiere einer bestimmten Art männliche Partner mit großen Geweihen bevorzugen, wird die Evolution dieses Merkmal begünstigen. Die theoretische Analyse zeigt, daß unter manchen Bedingungen die Wechselbeziehung zwischen einer erblichen Eigenschaft des Verhaltens (Bevorzugung großer Geweihe beim Partner) und einer erblichen Eigenschaft der Struktur (Ausbildung großer Geweihe) zur Evolution extremer Merkmale, wie zum Beispiel sehr großer Geweihe, führt. Es ist dabei nicht ausgeschlossen, daß die Art im ganzen an Lebensfähigkeit verliert, zumal unter sich verändernden äußeren Bedingungen. Dies ist allerdings eine Ausnahme, nicht der Regelfall der Evolution.

Altruismus bis zur Selbstaufopferung wird durch die Einsicht verständlich, daß die Evolution primär auf der Selektion von Genen beruht. Das Muttertier, das zum Schutz der Nachkommen sein Leben riskiert, die Arbeitsbiene, die sich beim Stich selbst opfert, fördert damit indirekt die bevorzugte Fortpflanzung von Genen, die den eigenen gleichen. Eine Verhaltensmutation in Richtung auf Altruismus wird sich nach der Evolutionstheorie dann in der Population durchsetzen, wenn durch eigenes Risikoverhalten oder Selbstaufopferung die Überlebenschancen von Kindern und anderen Verwandten hinreichend stark erhöht werden; Verwandte gleichen sich in vielen Genen und haben daher auch mit erheblicher Wahrscheinlichkeit dasselbe Gen, das altruistisches Verhalten programmiert, wie das Tier, das sich opfert; deshalb kann sich dieses Gen – und das entsprechende Verhalten – in der Population durchsetzen. Altruismus ist in solchen Fällen kein Widerspruch zur Theorie der Evolution durch Selektion, sondern ihre natürliche, zwangsläufige Folge.

Derartige, auf Verwandte beschränkte Mechanismen sind nicht der einzige Grund dafür, daß die Evolution auch andere als aggressive Verhaltensweisen begünstigte. Aggression ist destruktiv und daher zumindest für Beteiligte, die gleich stark sind, auf Dauer kein Vorteil; Kooperation wäre in vielen Fällen günstiger. Wie jede Erklärung der Evolutionsmechanismen, so muß sich auch die Erklärung für die Begrenzung der Aggression zunächst auf die Gene der Individuen beziehen. Hierzu sind Überlegungen nützlich, die ursprünglich für die mathematische Theorie der strategischen Spiele angestellt und später auf Probleme der Evolution angewendet wurden. Als Beispiel soll ein ganz einfaches Modell dienen: Angenommen, in der Population der Tiere einer Art gibt es einen aggressiven und einen friedlichen Anteil. Begegnet ein aggressives einem friedlichen Mitglied, so nimmt das erstere dem letzteren etwas weg und erhöht damit seine Überlebenschance, während das friedliche zwar ärmer, aber doch unversehrt das Weite sucht. Begegnen sich hingegen zwei Aggressive, so kommt es zum Kampf. Dabei bleibt zwar dem Sieger auch noch ein Gewinn, der Verlierer verliert aber weit mehr, als der Sieger gewonnen hat, im Extremfall sein Leben. Aggression »lohnt« sich also nur, wenn die Wahrscheinlichkeit gering ist, bei einer Auseinandersetzung auf aggressive Gegenwehr zu treffen. Ist der Anteil Aggressiven zu groß, so ist es für die Aussicht auf Vermehrung der eigenen Gene günstiger, zu den Friedfertigen zu gehören, und die entsprechende Erbeigenschaft reichert sich in der Population im Laufe der Generationen an; ist der Anteil der Aggressiven hingegen sehr klein, so wird wiederum deren Vermehrung begünstigt. Dies hat die Folge, daß sich im Laufe der Evolution ein bestimmtes Gleichgewicht zwischen dem Anteil aggressiver und friedfertiger Tiere einstellt, bei dem sich die Vorteile der Friedfertigkeit und der Aggression statistisch gerade die Waage halten. Es gibt noch eine andere Möglichkeit für ein Gleichgewicht der Verhaltensweisen: Alle Tiere sind unter sich genetisch ähnlich, aber jedes Tier verhält sich einmal so und einmal anders, je nach »Stimmung«. Mutationen beeinflussen die relative Häufigkeit von Aggression und Friedfertigkeit für das einzelne Tier. Auch in diesem Fall bewirkt die Evolution nach den Gesetzen der Spieltheorie, daß sich die relative Häufigkeit von aggressivem im Verhältnis zu friedfertigem Verhalten auf einen bestimmten Gleichgewichtswert einstellt.

Für die biologische Wirklichkeit, besonders für soziallebende Tiere sind diese Modelle allerdings viel zu einfach. Höhere Tiere können sich z. B. bei einer Begegnung an das vergangene Verhalten anderer Tiere erinnern. Solche Fähigkeiten lassen sich aber ebenfalls in die Anwendung der Spieltheorie einbeziehen. So wird die Kooperationsbereitschaft bei einer Begegnung davon abhängen, ob der Partner bei einer *früheren* Begegnung kooperationsbereit war. In solchen und anderen komplizierten Fällen gilt aber immer noch der gleiche allgemeine Schluß, den schon die einfachsten Modelle unterstützen: Die Evolution erzeugt weder rein aggressives bzw. egoistisches Verhalten, noch führt sie zu unbegrenzt kooperativem bzw. altruistischem Verhalten. Es entsteht vielmehr eine quantitativ festgelegte Mischform von Erbeigenschaften, die das Verhalten bestimmen, sei es als Mischung verschiedener »Charaktere« in der Population, oder verschiedener, wechselnder »Stimmungen« innerhalb der Individuen, oder einer Kombination von beidem.

Schwierig und umstritten ist die Bedeutung der biologischen Erkentnisse über Aggression für das Verständnis *menschlichen* Verhaltens, das sowohl von Erbanlagen als auch durch kulturgeprägtes Lernen bestimmt ist. Das biologische Erbe ist zwar Voraussetzung der Kulturen, aber die Entwicklung der verschiedenen Kulturen ergab eine sehr große Vielfalt von Verhaltensweisen, einschließlich solcher, die sich keineswegs in die Konzeption der biologischen Evolutionstheorie von der Auslese nach »fitness« einfügen lassen. Einseitige dogmatische Erklärungen, seien sie rein biologisch oder rein kulturdynamisch, würden dem kombinierten Einfluß der biologischen Ausstattung des Menschen und der von ihm selbst erzeugten kulturellen Entwicklung kaum gerecht. Weder ist der Mensch als ausschließlich kooperatives Wesen geboren, um erst später durch die Mißstände der Gesellschaft verdorben zu werden – noch ist er von Natur aus in erster Linie mit destruktiven Trieben versehen, die nur durch Kultur zu zähmen sind. Sowohl in der biologischen Evolution als auch in der kulturellen Entwicklung sind Potentiale für Aggression *und* Kooperation angelegt. Die Bewertung kooperativen Verhaltens als »gut« ist allerdings ein Produkt der Kultur – sie ist eine der wesentlichen Einsichten des Menschen über sich selbst.

Schließlich bedarf auch die »Evolution der Evolution« einer Erklärung: Bestimmte Mechanismen der Evolution werden durch die Evolution selbst hervorgebracht und verändert. Dafür ein Beispiel: Höhere Organismen – wie die Tiere – enthalten im allgemeinen mehr Gene und deshalb auch mehr Bausteine in ihrer Erbsubstanz DNS als sehr einfache Organismen, wie etwa die einzelligen Bakterien. Die Zahl der Kopierfehler bei der Vermehrung der Erbsubstanz muß sich aber in Grenzen halten, wenn genügend Nachkommen lebensfähig sein sollen. Daher erfordern höhere Organismen mit mehr Erbinformation auch eine größere Genauigkeit der Kopierung der DNS. Diese Bedingung wird durch besondere Reparaturmechanismen erfüllt, die einen wesentlichen Teil der Kopierfehler beseitigen. Erst wenn solche biochemische Mechanismen auf der niedrigeren Stufe der Evolution erfunden sind, kann sich eine höhere Stufe voll entfalten. In diesem Sinn läßt sich die Erfindung biochemischer Mechanismen zur Korrektur von Kopierfehlern der Erbsubstanz DNS als »Evolution der Evolution« auffassen. Entsprechendes gilt für die Sexualität, die – selbst ein Produkt der Evolution – ihrerseits die Mechanismen der Evolution wesentlich erweitert. Die Evolution der Evolution ist, verglichen mit den direkten Anpassungsprozessen an die Umwelt, logisch hintergründiger, aber auch begrifflich wie mathematisch schwieriger zu erfassen. Insgesamt ist der Erklärungsrahmen der modernen Evolutionstheorie sehr weit; er führt wesentlich über die naiven Schlüsse hinaus, die das einfache Konzept von der »Auswahl der Lebenstüchtigsten« suggeriert.

Konrad Lorenz

Die erkenntnistheoretische Haltung des Naturforschers oder der »hypothetische Realismus«

Für den Naturforscher ist der Mensch ein Lebewesen, das seine Eigenschaften und Leistungen, einschließlich seiner hohen Fähigkeiten des Erkennens, der Evolution verdankt, jenem äonenlangen Werdegang, in dessen Verlauf sich alle Organismen mit den Gegebenheiten der Wirklichkeit auseinandergesetzt und – wie wir zu sagen pflegen – an sie *angepaßt* haben. Dieses stammesgeschichtliche Geschehen ist ein Vorgang der *Erkenntnis,* denn jede »Anpassung an« eine bestimmte Gegebenheit der äußeren Realität bedeutet, daß ein Maß von »Information über« sie an das organische System aufgenommen wurde.

Auch in der Entwicklung des Körperbaus, in der Morphogenese, entstehen *Bilder* der Außenwelt: Die Flossen- und Bewegungsform der Fische bildet die hydrodynamischen Eigenschaften des Wassers ab, die dieses unabhängig davon besitzt, ob Flossen in ihm rudern oder nicht. Das Auge ist, wie Goethe richtig erschaute, ein Abbild der Sonne und der physikalischen Eigenschaften, die dem Licht zukommen, unabhängig davon, ob Augen da sind, es zu sehen. Auch das *Verhalten* von Tier und Mensch ist, soweit es an die Umwelt angepaßt ist, ein Bild von ihr. Die Organisation der Sinnesorgane und des Zentralnervensystems setzt die Lebewesen in den Stand, Kunde von bestimmten, für sie relevanten Gegebenheiten der Außenwelt zu erlangen und in lebenserhaltender Weise auf sie zu antworten. Auch die primitive Ausweichreaktion des Pantoffeltierchens, *Paramaecium,* das, wenn es auf ein Hindernis gestoßen ist, erst ein Stückchen zurück und dann – in einer zufallsbestimmten anderen Richtung – wieder vorwärts schwimmt, *»weiß«* etwas im buchstäblichen Sinne »Objektives« über die Außenwelt. Objicere heißt entgegenwerfen: Das Objekt ist das, was unserer Vorwärtsbewegung entgegengeworfen wird, das Undurchdringliche, woran wir uns stoßen. Das Paramaecium »weiß« über das Objekt nur, daß es die Fortbewegung in der bisherigen Richtung nicht zuläßt. Diese »Erkenntnis« hält der Kritik stand, die wir vom Blickpunkt unseres weit komplexeren und an Einzelheiten reicheren Weltbildes zu üben imstande sind. Wir könnten dem Tierchen zwar oft Richtungen anraten, die günstiger wären als die von ihm auf gut Glück eingeschlagene, aber das, *was* es »weiß«, ist durchaus richtig: Geradeaus geht es tatsächlich nicht weiter!

Alles, was wir Menschen über die reale Welt wissen, in der wir leben, verdanken wir stammesgeschichtlich entstandenen, Relevantes vermeldenden Apparaten des Informationsgewinns, die zwar sehr viel komplexer, aber nach gleichen Prinzipien gebaut sind wie jene, welche die Fluchtreaktion des Pantoffeltierchens bewirken. Nichts, was Gegenstand der Naturwissenschaft sein kann, ist auf einem anderen Wege zu unserer Kenntnis gelangt als auf eben diesem.

Aus dieser Einsicht folgt, daß wir die menschlichen Fähigkeiten zum Erkennen der Wirklichkeit anders beurteilen, als es die Erkenntnistheoretiker bisher getan haben. Wir sind, was unsere Hoffnung betrifft, den Sinn und die letzten Werte dieser Welt zu verstehen, sehr bescheiden. An unserer Überzeugung dagegen, daß alles, was unser Erkenntnisapparat uns meldet, *wirklichen* Gegebenheiten der außersubjektiven Welt entspricht, halten wir unerschütterlich fest.

Diese erkenntnistheoretische Haltung entspringt dem Wissen, daß unser Erkenntnisapparat selbst ein Ding der realen Wirklichkeit ist, das in Auseinandersetzung mit und in Anpassung an ebenso wirkliche Dinge seine gegenwärtige Form erhalten hat. Auf dieses Wissen gründet sich unsere Überzeugung, daß allem, was unser Erkenntnisapparat uns über die äußereWirklichkeit mitteilt, etwas Wirkliches entspricht. Die »Brillen« unserer Denk- und Anschauungsformen, wie Kausalität, Substantialität, Raum und Zeit, sind *Funktionen* einer neurosensorischen Organisation, die im Dienste der Arterhaltung entstanden ist. Durch diese Brillen sehen wir also nicht, wie die transzendentalen Idealisten annehmen, eine unvoraussagbare Verzerrung des An-sich-Seienden, die in keiner noch so vagen Analogie, in keinem »Bildverhältnis«, zur Wirklichkeit steht, sondern ein wirkliches Bild derselben, allerdings eines, das in kraß utilitaristischer Weise vereinfacht ist: Wir haben nur für jene Seiten des An-sich-Bestehenden ein »Organ« entwickelt, auf die in arterhaltend zweckmäßiger Weise Bezug zu nehmen für unsere Art so lebenswichtig war, daß ein ausreichender Selektionsdruck die Ausbildung dieses speziellen Apparates der Erkenntnis bewirkte. Die Leistung unseres Erkenntnisapparates gleicht in dieser Hinsicht dem, was ein roher und primitiver Robben- oder Walfischfänger über das Wesen seiner Beute weiß, nämlich nur das, was für seine Interessen praktisch von Belang ist. Dieses wenige aber, was zu wissen uns die Organisation unserer Sinnesorgane und unseres Nervensystems gestattet, hat sich in äonenlanger Erprobung bewährt. Wir dürfen ihm vertrauen – so weit es reicht! Denn ganz selbstverständlich müssen wir annehmen, daß das An-sich-Bestehende noch sehr viele *andere* Seiten hat, die aber *für uns,* für die barbarischen Robbenfänger, die wir eigentlich sind, nicht lebenswichtig sind. Wir haben »kein Organ« für sie, weil unsere Artentwicklung nicht gezwungen war, Anpassungen an sie zu entwickeln. Für all die vielen »Wellenlängen«, auf die unser »Empfangsapparat« *nicht* abgestimmt ist, sind wir selbstverständlich taub, und wir wissen nicht, wir können nicht wissen, wie viele ihrer sind. Wir sind »beschränkt« im buchstäblichen wie im übertragenen Sinne dieses Wortes.

Ich bin Naturforscher und Arzt. Schon früher war ich mir darüber im klaren, daß der Naturwissenschaftler um der Objektivität willen die physiologischen und psychologischen Mechanismen kennen muß, die uns Menschen Erfahrungen vermitteln. Er muß sie aus denselben Gründen kennen, aus denen der Biologe sein Mikroskop und dessen optische Leistungen genau kennen muß: Um davor bewahrt zu bleiben, daß man für eine dem betrachteten Ding anhaftende Eigenschaft hält, was in Wirklichkeit nur auf den Leistungsbeschränkungen des Instruments beruht, indem man beispielsweise die schönen regenbogenfarbigen Ränder, mit denen ein nicht ganz achromatisches Objektiv alles damit Beobachtete umgibt, für einen den untersuchten Kleinlebewesen eigenen Schmuck hält. Goethe erlag bekanntlich einem analogen Irrtum, als er die Farbqualitäten nicht als Produkte unseres Wahrnehmungsapparates erkannte, sondern sie für physikalische, dem Licht anhaftende Eigenschaften hielt. Im Abschnitt über Farbkonstanz wird hiervon noch ausführlich die Rede sein.

Die hier in Kürze wiedergegebenen Anschauungen über das Verhältnis zwischen erkennendem Subjekt und erkannt-werdender Wirklichkeit hatte ich mir, wie gesagt, in früher Jugend, etwa in den dreißiger Jahren, gebildet und war von meinem Lehrer Karl Bühler darin bestärkt worden, sie nicht nur für selbstverständlich, sondern für Gemeingut aller wissenschaftlich Denkenden zu halten. Vom ersten bin ich auch heute noch überzeugt, und andere sind es ebenso. Mit bemerkenswert geringer Betonung schreibt z. B. Karl Popper in seinem Buch ›The Logic of Scientific Discovery‹: »The *thing in itself* is unknowable: we can only know its appearances which are to be understood (as pointed out by Kant) as resulting from the thing in itself, and from our own perceiving apparatus. Thus the appearances result from a kind of interaction between the things in themselves and ourselves.« (»Das *Ding an sich* ist unerkennbar: Was wir erkennen können, sind nur die Erscheinungen, die man [wie Kant gezeigt hat] als Auswirkungen des Dings an sich und unseres eigenen Wahrnehmungsapparates verstehen kann. So sind die Erscheinungen das Ergebnis einer Art Wechselwirkung zwischen den Dingen an sich und uns selbst.«) Donald Campbell hat in seiner Schrift ›Evolutionary Epistemology‹ sehr überzeugend dargetan, daß und in welcher Weise zum Verständnis des Wahrnehmungsapparates oder, wie ich zu sagen pflege, des Weltbildapparates, die Kenntnis seines stammesgeschichtlichen Gewordenseins nötig ist. Von Campbell stammt auch die Bezeichnung »hypothetischer Realismus« für diese Form der Erkenntnistheorie. Ausdrückliche Billigung fand sie bei keinem Geringeren als Max Planck, der mir schrieb, es gereiche ihm zu großer Befriedigung, daß man, von so verschiedenen Induktionsbasen ausgehend wie er und ich, zu so übereinstimmenden Meinungen über das Verhältnis der phänomenalen zur realen Welt kommen könne.

Rupert Riedl
Die Vorurteile der Vorstellung

> Nachher, vor allen andern Sachen,
> Müßt Ihr Euch an die Metaphysik machen!
> Da seht, daß ihr tiefsinnig faßt,
> Was in des Menschen Hirn nicht paßt;
> Für was drein geht und nicht drein geht,
> Ein prächtig Wort zu Diensten steht.
> (*Mephistopheles,* Faust I 1948)

Gewiß, nun folgt das Wort. Die Genesis setzt an zum nächsten großen Schritt. So scheint es, durch die Lücken der Überlieferung. Aber wieder ist es ein jahrmillionenlanges, harmonisches Fließen gewesen, von der Notwendigkeit der einen Systembedingungen in die der folgenden, noch komplexeren; in das Dreiersystem von Denken, Bewußtsein und Sprache.

Wieder richten sich die Wege selbst, entsteht ein neuer Sinn, ohne maschinenhaft geplant zu sein. Lediglich, weil unser Denken nicht *nur* vorgeplant wurde, ist es nicht ganz unfrei, und weil es nicht *nur* der Zufall schuf, ist es nicht ganz ohne Sinn. Die Strategie dieses Genesis hat sich noch immer nicht geändert, doch ihre Produkte kommen dem näher, mit dem wir frei zu operieren meinen, unserer Vernunft. Der Mensch war also nicht geplant. Tatsächlich treffen sich die Kausalketten der Voraussetzungen der Menschwerdung zufällig. Aber die Konsequenzen ihrer Begegnung sind ausschließlich Notwendigkeiten, neue Systembedingungen; neue Formursachen, innerhalb deren die alten Formursachen zu Materialursachen, die sich zufällig begegnenden Supersysteme notwendig zu Subsystemen werden. Niemand wollte denken, sich seiner bewußt werden oder sprechen. Die so unvorhersehbaren wie gewaltigen Vorteile der neuen Systembedingungen haben die Schöpfung von Denken, Bewußtwerden und Sprache erzwungen: wieder durch das Einengen des Zufalls die höhere Trefferchance, eine neue Ökonomie der Entscheidungsfindung. Das alte Spiel zwischen notwendigem Zufall und zufälliger Notwendigkeit wird aber nun ganz nach innen verlegt; und jetzt entstehen im Inneren des Zentralnervensystems die erforderlichen Urteile im voraus, die Vorurteile der Vorstellung.

Die Zufälle der Menschwerdung

Die Zufälle der Menschwerdung liegen also in der Unvorhersehbarkeit der Begegnung ihrer Ursachen. Als aus den frühen Reptilien die ersten häßlichen Säuger entstanden, hätte ihnen niemand ihre Chancen prophezeien können. Die Saurier beherrschten noch alle Elemente. Und als vordem die ersten Fische ans Land stiegen, war noch nicht einmal ausgemacht, ob nicht das Tintenfischhirn das aussichtsreichere wäre. Auch der Laplacesche Geist hätte das, wie wir wissen, nicht gewußt. Vielleicht haben die ersten Vierfüßer sogar der Tüchtigkeit des Tintenfischhirnes wegen das Meer verlassen.

Die Menschwerdung setzt die Begegnung von fünf Prämissen voraus, um die ›Wurzeln des Denkens‹, wie wir schon sahen, zum gemeinsamen Stamm zu vereinen. Zunächst hohes Abstraktionsvermögen. Es benötigt eine beträchtliche Hirngröße. Die Entwicklung der Raum-Repräsentanz wiederum verlangt das Leben in komplexen Raumstrukturen, etwa im dichten Geäst, sowie vorderständige Augen. Die Entwicklung des Neugierverhaltens braucht eine konsolidierte, kinderschützende Sozietät; und der Weg zur Selbstexploration eine vor dem Gesicht operierende Greifhand. Und endlich war eine geringe Spezialisierung zu fordern, um der Willkürbewegung ein großes Repertoire zu sichern; um aber auch rückwirkend eine neue Spezialiserung schaffen zu können, ein Extremorgan in ganz neuer Art – ein mächtiges Großhirn.

Dabei mochten hinsichtlich des Großhirns die Delphine die bestdisponierten sein; hinsichtlich des Raumlebens die Eichhörner, der Augenstellung die Eulen, der Sozietät die Raubtiere, es mochten die Baumfrösche eine gute Greifhand, die Halbaffen die geringste Spezialisierung zeigen. Die Kombination all dieser Prämissen war aber nur bei einer einzigen Tiergruppe gegeben, bei den Höheren Affen. Und unter diesen ist es wieder eine kleine Gruppe, die der Proconsulen, die vor zwanzig Jahrmillionen die Herausforderung annahmen, mit all diesen Anlagen aus dem Tropenwald hinaus in die Steppen zu ziehen und diese zu erobern. Damit entstehen der Ramapithecus und weiter die Formen des Australopithecus und vor zwei Jahrmillionen, dicht vor dem Werden der Gattung Homo, die ersten Steinwerkzeuge. In diesen achtzehn Jahrmillionen haben sich in wechselseitiger Verstärkung vier Dinge vorbereitet: Werkzeuggebrauch, Bewußtsein, Sprache und die Tradierung durch Nachahmung. Mit ihrem Zusammenwirken ist einer der größten Schritte in der Evolution getan. Die Vererbung individueller Erfahrung ist erreicht. Die Geschwindigkeit der Evolution kann sich nun vertausendfachen. In nur zwei Jahrmillionen verdreifacht sich das Hirnvolumen. Wir selbst treten auf die Bühne: Der Homo sapiens, wie wir uns, in bekannter Bescheidenheit, den ›weisen Menschen‹ nennen. Er ist ausgestattet mit einem neuen Extremorgan, den tief gefurchten Hemisphären, die ihn jetzt in die Lage versetzen, nicht nur den Höhlenbären auszurotten und den Nachbarn, den Neandertaler, sondern auch weiter den ganzen Planeten zu ruinieren.

Der ratiomorphe Apparat

War es nun nicht vorherzusehen, ob und in welchen Gestalten die Vererbung individueller Erfahrung aus der Schöpfung steigen würde, die notwendigen Voraussetzungen einer solchen Menschwerdung aber sind vorbestimmt. Es sind das die Wurzeln des Denkens selbst, samt ihrer eigenen angeborenen Lehrmeister; jene Systembedingungen, die jedem Denken den Weg bereiten müssen. Es sind das die Leistungen des nicht bewußten Verrechnungs- oder Weltbildapparates in den Sinnesorganen und in den Schaltungen des Gehirns. Dies ist der ratiomorphe Apparat, wie ihn schon Brunswik gekannt hat, seiner vernunftähnlichen Vorgangsweise wegen.

Wir kennen ihn bereits. Wir haben seiner Entwicklung bisher dieses ganze Kapitel gewidmet. Wir mußten (in Kapitel 3) sogar von ihm ausgehen, um wahrscheinlich zu machen, daß wir überhaupt von Dingen reden, die existieren.

Dieser Apparat verhält sich nun so, als wäre nichts Merkbares ganz gewiß, aber alles annähernd Gewisse wahrscheinlich real. Er enthält die konsequente Fortsetzung jener Methode des Wissensgewinns, die bereits erfolgreich die Evolution der Keime, des Lebens und aller Gestalten betrieben hat. Er ist, wie Donald Campbell treffend sagt, hypothetischer Realist.

In seiner Struktur enthält er eine Reihe von Hypothesen, die auf der Verrechnung von Wahrscheinlichkeiten beruhen; besser: Wahrscheinlichkeiten, deren Verrechnungsweise unser Bewußtsein nachvollziehen kann, wenn wir das annehmen. Im Ansatz zu unserer Studie (in Kapitel 3) haben wir sie vorausgesehen, nun studieren wir ihre Entstehung. Direkt wird uns der Apparat nicht einsichtig. Dies zählt zu seinen Kennzeichen. Erst wo sein Verrechnungsergebnis von der Erwartung unserer bewußten Kalkulation abweicht, fällt er überhaupt auf. Wir erleben solche Abweichungen von der Erwartung, von der Logik unseres Bewußtseins, als eine Täuschung und vermuten, nicht ganz zu Unrecht, eine Täuschung der Sinne und – wie wir uns ausdrücken – ›trauen‹ dann unseren Augen nicht. Die sogenannten optischen Täuschungen sind ja allgemein bekannt und werden selbst in der bildenden Kunst, von der Illusion der Dekkengemälde bis zur besinnlichen Groteske Maurits Eschers, systematisch angewandt. Sogar Trickfilm, Film und Fernsehen täuschen uns Raum und harmonische Bewegung vor, wo es beide nicht gibt.

Damit wurde man zuerst im optischen Verrechnungsbereich der ganz erstaunlichen positiven Leistungen gewahr, und es entstanden mit Ehrenfels und Wertheimer die europäischen Schulen der Gestaltpsychologie, die heute über amerikanische auf die Neurophysiologie, Verhaltenslehre und Pädagogik zurückwirken. Ihr umfangreiches Material gipfelt in den Prägnanz- und Konstanzgesetzen und in jenen der Transponierbarkeit. Sie zeigen, daß die Verrechnung auf die Zusammensetzung komplexer, auch im Wandel wiedererkennbarer Einheiten, der Gestalten, abzielt; wovon schon Affen in der erstaunlichsten Weise profitieren. Unsere Identitätshypothese ist deren Voraussetzung.

Darüber hinaus verfügt der ratiomorphe Apparat über ein

Gedächtnis, das unser Bewußtes um Größenordnungen übertrifft. Ja unsere Unfähigkeit, viele Merkmale gleichzeitig zu denken, muß ein Hauptthindernis sein, Gestalten zu rationalisieren. Zudem aber enthält der Apparat noch die Hypothesen des scheinbar Wahren, der Kausalität und der Dependenzen mit der Tradierung; jede vor einem Hintergrund komplexer Verrechnungen. Gemeinsam setzen sie das nicht bewußte Problemlösen zusammen. Sie sind die völlig unentbehrliche Voraussetzung dafür, es allmählich in das Bewußtsein treten zu lassen.

Nun ist es nicht verwunderlich, daß hier, bereits in der Nähe des bewußten Denkens und dessen, was wir den ›freien Willen‹ nennen, nochmals Widerstände auftauchen. Man möchte die Einengung durch Gesetzmäßigkeit und damit den ganzen ratiomorphen Apparat nicht wahrhaben. Emotionell ist das verständlich, nach den Gesetzen der Wahrscheinlichkeit aber absurd. Wären die Denkkanäle, die der Apparat zuläßt, auch nur in dem Maße offen, daß zur Lösungsfindung unsere bekannten 16 Entscheidungen, hier als Einzelinhalte eines Denkvorganges, frei kombinierbar wären, wir könnten erst nach hundert Jahren Denkens auf die Lösung einer solch winzigen Aufgabe hoffen.

Man könnte zwar einwenden, daß das Hin und Her um die Bedeutung der Gestaltgesetze ohnedies schon fast hundert Jahre dauerte. Solch einem Pessimisten müssen wir sagen, daß die Aufgabe unseres Beispiels allzu einfach war. Nehmen wir einen mittleren Schwierigkeitsgrad: eine Aufgabe mit 65 Einheiten, wie sie etwa die Bestimmung einer Tierart, der Zusammenbau eines Plattenspielers oder die Planung eines Familienurlaubes enthält. Bei freier Permutation ergäben sich mehr als 10^{90} Möglichkeiten. Dies überträfe die Zahl aller Quanten des Kosmos. Die Sache wäre also tatsächlich absurd. Freiheit ist eine besondere Art von Gesetzmäßigkeit, keineswegs ihr Mangel. Doch davon später mehr. Das Freiheitsproblem darf ich erst im Rahmen unserer Gesellschaftsprobleme erörtern. Hier muß zunächst die Feststellung genügen, daß Denken ohne den Gesetzeskanon des ratiomorphen Apparates ein Ding der Unmöglichkeit wäre.

Wo wir nun immer in dieser Genesis neue Systeme am Wege der Verselbständigung sahen, traten auch neue Freiheiten wie neue Kontrollinstanzen auf den Plan. Die Perfektion eines ratiomorphen Apparates erlaubt nun als neue Freiheit den Einsatz der Vorstellung; seine Komplexität hingegen verlangt, daß ein neues Regulativ, als Absicht oder bewußter Wille, unter den zu zahlreich werdenden Alternativen die verengende Entscheidung treffe. Wir befinden uns damit vor dem ehrwürdigen Problem des Bewußtseins. Auf Uraltem entsteht wieder notwendig das Neue.

Das ehrwürdige Problem des Bewußtseins

Ein gutes Gedächtnis eines guten ratiomorphen Apparates macht es, wie wir aus Experimenten wissen, schon den Menschenaffen möglich, Gedächtnisinhalte abzurufen und mit ihnen anstelle von Außenreizen zu operieren. Der Vorgang, mit Versuch und Irrtum das Richtige zu treffen, wird nach innen verlegt. Der Vorteil ist enorm. Die Versuche verlaufen schneller, und alle Gefährdung wird vermieden. Daß Denken ein Probehandeln mit herabgesetztem Risiko ist, erkannte schon Sigmund Freud. Nun erst kann immer wieder, wie wir voraussahen, die Theorie für seinen Träger sterben. Der Weg mußte also gegangen werden. Erfolg haben wieder die Urteile im voraus; doch sind es nun die Vorurteile der Vorstellung.

Mit der Vorstellung, mit der Abrufung von Wahrnehmungsinhalten aus dem Gedächtnis und deren Kombinationen, gewissermaßen mit der Projektion der gespeicherten Filmbilder auf der Leinwand des Reizempfanges, kommt ein altes Problem zum Vorschein. Was ist das Erlebnis eines Reizes? Zweifellos nicht mehr als ein Symbol für den Reiz in der Codeform dessen, was wir nun das Bewußtsein nennen. Nur der naive Realist kann meinen, daß es ›rot‹, ›süß‹ oder ›schön‹ außerhalb des Gehirnes gebe. Sie sind codierte Einheiten für die Perzeption bestimmter Wellenlängen, Moleküleigenschaften und Proportionen. Aber auch dieser Code muß uralt sein. Denn auch wenn ein Fisch auf eine Wellenlänge, wenn das Pantoffeltier auf einen Widerstand, das Colibakterium auf Zucker reagiert, muß es für sie codifizierte Gedächtniszustände geben, wie etwa die Nicht-Blockierung des Lactose-Operons durch die Veränderung der Repressormoleküle. Es mag sein, daß sich diese Codices von ihrem Träger, dem Gehirn, so unterscheiden wie die Alternativen des genetischen Codes von den Nucleinsäuren, die Alternativen der Quanten oder der Information von den Wellen oder der Energie der Materie. Schrödinger ist wohl als einer der ersten für eine solche Universalität des Dualismus der Materie eingetreten.

Neu hingegen und entsprechend erst ganz oberflächlich im Gebrauch ist das bewußte Denken. »Entgegen der populären Meinung«, so stellt die Psychologie heute fest, »ist das eigentliche Denken nicht mit einem besonders hohen Grad von Bewußtsein ausgestattet; es gelangt vielmehr zu seinen Resultaten, ohne daß die einzelnen Zwischenstufen auch wirklich im Erlebnis deutlich würden. Am Ende steht dann oft das von Bühler so bezeichnete ›Aha-Erlebnis‹ des mehr oder minder plötzlichen, bisweilen ganz unvermuteten Bescheidwissens.« Wie man, so bestätigt Konrad Lorenz die Beobachtung Carl Friedrich v. Weizsäckers, »zunächst nur mit Sicherheit weiß, daß man die Lösung hat, aber noch nicht, wie sie aussieht«. Mit Arthur Koestler konnten wir sogar vermuten, daß neben diesem ›Aha‹ auftauchender rationaler Lösung auch das ›Ah‹-Erlebnis des Schönen und das ›Haha‹ des Witzes aus den nichtbewußten Schlüssen stammen. Ob und wann sich die Lösung einstellt, ist kaum zu beeinflussen. Die Zufallskomponente ist offensichtlich. Die Volksweisheit sagt: »Den Seinen gibt's der Herr im Schlaf.«

Es steht jedenfalls außer Frage, daß das bewußte Denken eine nur dünne Oberschicht bildet. Es kann weder unabhängig von den ratiomorphen Schaltmustern entstehen, noch diese mit fremden Verfahren kontrollieren. Selbst das denkende Finden einer Lösung muß, wie wir es stets erleben können, eine Zufallskomponente enthalten. Unsere Leistung besteht nun darin, den Zufallsraum des Suchens durch die Prämissen der Überlegung so einzuengen, daß das Repertoire des Zufalls klein, also die Trefferchance groß wird, das Gesuchte aber noch innerhalb des Repertoires liegt. Bewußtes Denken beruht auf einer absichtsvollen Beschränkung des Zufalls. Die Strategie der Genesis erweist sich wieder als unverändert, auch die Ambivalenz all ihrer Leistungen bestätigt sich.

Die Ambivalenz des neuen Spiels aber beruht darauf, daß Vorstellungen völlig unvergleichbar werden. Es läßt sich nicht einmal bestimmen, was eine Farbe in irgendeinem Gehirn bedeutet, außer in meinem eigenen. Die Individualisation wird zwar vollständig; bezahlt aber wird sie mit dem Objektivitätsmangel des Idealismus, der Einsamkeit des Existenzialismus und mit dem sicheren Tod der Seele.

Tatsächlich finden wir auch im Denken, sei es das unbewußte oder das bewußte, nicht nur den notwendigen Zufall, sondern auch alle alten Muster der Ordnung wieder; dieselben Dependenzmuster, wie wir sie aus dem Entstehen der Keime, des Lebens wie der Gestalten in identischer Weise kennengelernt haben.

Ilya Prigogine / Isabelle Stengers
Zwei Wissenschaften für eine einzige Welt?

Wir haben verschiedentlich von »Zufall« und »Notwendigkeit« gesprochen. Das führt uns zurück zu dem Buch von Jacques Monod, in dem dieser folgerte, daß die biologische Evolution und damit der Mensch als ein Produkt dieser Evolution das Resultat der kombinierten Wirkung von Zufall und Notwendigkeit sei. Der Zufall besteht nach dieser Auffassung im Auftreten von Mutationen, und die Notwendigkeit liegt in den Gesetzen, welche die natürliche Auslese regeln. Monod hat insofern die großartige Entdeckung Darwins, die Formulierung eines plausiblen Mechanismus, der der biologischen Evolution zugrunde liegt, wieder aufgegriffen. Er hat seine Schlußfolgerungen mit einer tragischen Note versehen: Das »normale« Universum, jenes, das aus den Naturgesetzen abgeleitet werden kann, ist ein lebloses Universum; die einzigen vorhersagbaren und reproduzierbaren Gesetze sind die Gesetze des Todes und der Rückkehr zum Unbelebten. Der Zufall – das unerwartete Auftreten des genetischen Codes und die Serie vorteilhafter Mutationen – steht somit im Gegensatz zur Gesetzmäßigkeit der Natur. Der Zufall ringt der leblosen Ordnung der Natur das lebendige Geschöpf ab und macht es zu einem Wesen, das für begrenzte Zeit am Rande eines Universums lebt, in dem es nur eine seltsame, unverhoffte Besonderheit darstellt.

Die luzide Darstellung Monods läßt uns erkennen, wie bemerkenswert die von der klassischen Wissenschaft geschaffene Begrifflichkeit sich behauptet hat. Nach seiner Auffassung ist die Biologie der höchste Ausdruck der klassischen Wissenschaft; folgt man seiner Analyse, so darf der Biologe behaupten, daß die Reduktion der Komplexität des Lebens auf seine Bestandteile, die Entdeckung der grundlegenden Biomoleküle, im Prinzip zur Erklärung des Lebens ausreicht. Einer Theorie der »Organisation« bedarf es nicht. Kurz, der Biologe darf offenbar annehmen, daß die, wie Stahl sagte, »gemeinen Gesetze der Materie«, also die universalen Gesetze, welche das einfache Verhalten bestimmen, im Prinzip genügen, um alles, was man über das Leben wissen kann, erschöpfend zu beschreiben. »In den Laboratorien von heute wird nicht mehr das Leben befragt«, schrieb Jacob.

Der Biologe stellt somit fest, daß der Mensch und mit ihm die gesamte belebte Welt etwas der Natur Äußerliches sei. In der asketischen Strenge, zu der Monod uns auffordert, liegt die stolze Demut, die bereitwillig eingenommene Randstellung jener, die die überkommene harmonische Welt zerstörten, die Erde in den unendlichen Raum hinausschleuderten und in der Annahme ihrer außernatürlichen Subjektivität die Grundlage neuer Gewißheiten fanden. Und wieder stehen wir vor dem Paradoxon: Wer, wenn nicht ein übernatürliches Wesen, kann sich selbst kennen und erklären, der Welt fremd zu sein? Wie könnte eine zufällige Ansammlung von Atomen das tun?

Man kann Jacques Monods *Zufall und Notwendigkeit* als eine Darstellung der Position deuten, welche die Biologie im Rahmen der klassischen Wissenschaften einnimmt, in einem Kontext, wo die Beliebigkeit der Anfangsbedingungen mit der deterministischen Allgemeingültigkeit der Evolutionsgesetze kontrastiert. Das einzige vorhersagbare und reproduzierbare Gesetz der makroskopischen Evolution ist in diesem Kontext das Gesetz der Annäherung an das Gleichgewicht. Die Biologie nimmt demnach noch immer die Position ein, die Stahl ihr zuerkannte. Die Naturgesetze lassen allein den Tod zu. Stahls organisierende Aktion einer Seele wird ersetzt durch die genetische Information, die in den Nukleinsäuren enthalten ist und sich in der Bildung von Enzymen äußert, welche die Aufrechterhaltung des Lebens gestatten. Die Enzyme zögern den Tod und das Verschwinden des Lebens hinaus. Sie übersetzen die Serie der Mutationen, deren Resultat sie sind und die ein statistisches Wunder darstellen, in das statistische Wunder der makroskopischen Organisation, welche sie aufbauen.

Im Kontext der Physik der irreversiblen Prozesse haben die Ergebnisse der Biologie natürlich eine ganz andere Bedeutung und ganz andere Implikationen. Es gibt, wie wir gesehen haben, durchaus allgemeingültige Gesetze, welche die Annäherung an das Gleichgewicht beschreiben. Diese Gesetze liefern jedoch nicht den natürlichen Kontext, in dessen Rahmen wir das Leben diskutieren können. Wir wissen heute, daß sowohl die Biosphäre als Ganze wie auch ihre lebenden und unbelebten Bestandteile unter Bedingungen existieren, die weit vom Gleichgewicht entfernt sind. In diesem veränderten Kontext erscheint das Leben, weit davon entfernt, außerhalb der natürlichen Ordnung zu liegen, als der höchste Ausdruck der sich selbst organisierenden Prozesse, welche unter diesen Bedingungen auftreten können.

Die von Monod formulierte Alternative zwischen einer animistischen Welt, die von Anfang an auf das Auftreten des Menschen gewartet hatte, und einer stummen Welt, für die der Mensch ein Fremder ist, verliert ihre Notwendigkeit. Sobald die Bedingungen für die Selbstorganisation erfüllt sind, wird das Leben ebenso vorhersagbar wie die Bénard-Instabilität oder ein fallender Stein. Es ist eine bemerkenswerte Tatsache, daß neuere Entdeckungen zu fossilen Formen des Lebens geführt haben, die fast gleichzeitig mit den ersten Gesteinsformationen auftreten (die ältesten, heute bekannten Mikrofossilien reichen bis etwa $3{,}8 \times 10^9$ Jahre zurück, während das Alter der

Erde mit etwa 4,6 × 10^9 Jahren angenommen wird; die Bildung der ersten Gesteine wird gleichfalls etwa 3,8 × 10^9 Jahre zurückdatiert). Das frühe Auftreten von Leben spricht ganz gewiß dafür, daß das Leben ein Resultat spontaner Selbstorganisationsprozesse ist, die ablaufen, sobald die Bedingungen es gestatten. Von einer quantitativen Theorie sind wir allerdings noch weit entfernt.

Wir müssen uns nun einer anderen Frage zuwenden. Wir sagten oben, daß das Leben nun begonnen habe, als ebenso »natürlich« zu erscheinen wie ein fallender Körper. Was hat der natürliche Prozeß der Selbstorganisation mit einem fallenden Körper zu tun? Welche Verbindung gibt es zwischen der Dynamik, der Wissenschaft von Kräften und Trajektorien, und der Wissenschaft von der Komplexität und dem Werden, der Wissenschaft von den Lebensprozessen und der natürlichen Entwicklung, an der sie teilhaben? Am Ende des 19. Jahrhunderts wurde die Irreversibilität mit den Erscheinungen der Reibung, der Viskosität und der Erwärmung in Zusammenhang gebracht. Sie lag den Energieverlusten und der Verschwendung zugrunde. Damals konnte man an die Fiktion glauben, daß die Irreversibilität auf unserer Ungeschicklichkeit und der Ungenauigkeit unserer Maschinen beruhe und daß die Natur im Grunde reversibel sei. Diese Konzeption ist unhaltbar geworden, denn wir wissen heute, daß die irreversiblen Prozesse eine konstruktive Rolle spielen.

Deshalb kann nicht länger die Frage zurückgehalten werden: Welche Beziehung besteht zwischen dieser neuen Wissenschaft von der Komplexität und der Wissenschaft vom einfachen, elementaren Verhalten? Welche Beziehung besteht zwischen diesen entgegengesetzten Naturauffassungen? Zwei Wissenschaften, zwei Wahrheiten für eine einzige Welt – wie ist das möglich?

In einem bestimmten Sinne sind wir zu den Anfängen der modernen Wissenschaft zurückgekehrt, in das Zeitalter, als Newton die Entwicklung der Materie in der Retorte beobachtete und die Bewegung des Mondes analysierte. Die erste Synthese der Wissenschaft, die Newtonsche Synthese, konnte nicht vollständig sein; die von der Dynamik beschriebenen Wechselwirkungskräfte können das komplexe und irreversible

Verhalten der Materie nicht erklären. Wie zur Zeit Newtons stehen sich zwei Wissenschaften gegenüber: Die Wissenschaft von der Gravitation, welche eine zeitlose und gesetzmäßige Natur beschreibt, und die Wissenschaft vom Feuer, d. h. die Chemie. »Ignis mutat res.« Diesem, von uns schon einmal zitierten Spruch zufolge sind chemische Strukturen Geschöpfe des Feuers, ein Resultat des irreversiblen Werdens. Wie können wir die Kluft zwischen Sein und Werden überbrücken – zwischen zwei Konzepten, die einander unverhüllt widersprechen und dennoch beide notwendig sind, um zu einer kohärenten Beschreibung dieser seltsamen Welt zu gelangen, in der wir leben?

Karl R. Popper
Wirklichkeit

I

Die Wirklichkeit, in der wir leben, ist, in erster Linie, eine materielle Wirklichkeit. Wir leben auf der Oberfläche der Erde, die die Menschen seit kurzem – während der achtzig Jahre meines Lebens – erobert haben. Über das Innere wissen wir ein wenig, mit Betonung auf »wenig«. Abgesehen von der Erde gibt es Sonne, Mond und Sterne. Sonne, Mond und Sterne sind materielle Körper. Die Erde, zusammen mit Sonne, Mond und Sternen, gibt uns die erste Idee eines Universums, eines Kosmos. Seine Erforschung ist die Aufgabe der Kosmologie. Alle Wissenschaft dient der Kosmologie.

Auf Erden haben wir zwei Arten von Körpern gefunden: lebende und nicht-lebende. Beide gehören zur Körperwelt, zur Welt der materiellen Dinge. Diese Welt nenne ich »Welt 1«.

Das, was ich »Welt 2« nenne, ist die Welt unserer Erlebnisse, vor allem der Erlebnisse der Menschen. Schon die bloße Unterscheidung zwischen den Welten 1 und 2, also der Körperwelt und der Welt der Erlebnisse, hat viel Widerspruch erregt, aber ich will damit ja nur sagen, daß diese Welt 1 und diese Welt 2 wenigstens prima facie verschieden sind. Die Untersuchung ihrer Beziehungen, einschließlich ihrer möglichen Identität, ist eine der Aufgaben, die wir, natürlich mit Hypothesen, zu bewältigen suchen. Mit ihrer verbalen Unterscheidung wird nichts vorweggenommen. Diese Unterscheidung soll im wesentlichen nur ermöglichen, die Probleme klar zu formulieren.

Tiere haben vermutlich auch Erlebnisse. Das wird manchmal bezweifelt; aber ich habe nicht Zeit, solche Zweifel zu diskutieren. Es ist durchaus möglich, daß alle Lebewesen Erlebnisse haben, auch die Amöben. Denn wie wir von unseren Träumen wissen oder von Patienten in hohem Fieber und ähnlichen Zuständen, gibt es subjektive Erlebnisse von sehr verschiedenen Bewußtseinsgraden. In Zuständen von tiefer Bewußtlosigkeit oder auch von traumlosem Schlaf verschwindet das Bewußtsein, und mit ihm verschwinden unsere Erlebnisse. Aber wir können annehmen, daß es auch unbewußte Zustände gibt, die zur Welt 2 gerechnet werden können. Es kann vielleicht auch Übergänge geben zwischen Welt 2 und Welt 1: Wir sollten solche Möglichkeiten nicht dogmatisch ausschließen.

Wir haben also die Welt 1, die physische Welt, die wir in belebte und unbelebte Körper unterscheiden und die auch insbesondere Zustände und Vorgänge enthält, wie Spannungen, Bewegungen, Kräfte, Kraftfelder. Und wir haben die Welt 2, die Welt aller bewußten Erlebnisse und, vermutlich, auch von unbewußten Erlebnissen.

Was ich Welt 3 nenne, ist die Welt der objektiven Produkte des menschlichen Geistes; also die Welt der Produkte des menschlichen Teils von Welt 2. Die Welt 3, die Welt der Produkte des menschlichen Geistes, enthält solche Dinge wie Bücher, Symphonien, Werke der Bildhauerei, Schuhe, Flugzeuge, Computer; und auch unzweifelhaft materielle Dinge, die gleichzeitig zur Welt 1 gehören, wie zum Beispiel Kochtöpfe und Knüppel. Es ist zum Verständnis dieser Terminologie wichtig, daß alle geplanten oder gewollten *Produkte* der menschlichen Geistestätigkeit als Welt 3 klassifiziert werden.

Unsere Wirklichkeit besteht also dieser Terminologie nach aus drei untereinander verbundenen und irgendwie aufeinander einwirkenden Welten, die sich auch teilweise überschneiden. (Das Wort »Welt« bedeutet hier offenbar nicht Universum oder Kosmos, sondern Teilstücke daraus.) Diese drei Welten sind: die physische Welt 1 der Körper und der physischen Zustände, Vorgänge und Kräfte; die psychische Welt 2 der Erlebnisse und der unbewußten psychischen Vorgänge; und die Welt 3 der geistigen Produkte.

Es gab und es gibt Philosophen, die *nur* die Welt 1 für wirklich halten, die sogenannten Materialisten oder Physikalisten; und andere, die *nur* die Welt 2 für wirklich halten, die sogenannten Immaterialisten. Sogar Physiker gab und gibt es unter den Immaterialisten. Der berühmteste war Ernst Mach, der (ähnlich wie vor ihm schon Bischof Berkeley) nur unsere Sinnesempfindungen für wirklich hielt. Er war ein bedeutender Physiker, aber er löste die Schwierigkeiten der Theorie der Materie durch die Annahme, daß es keine Materie gibt, also insbesondere keine Atome und Moleküle.

Dann gab es sogenannte Dualisten, die annahmen, daß sowohl die physische Welt 1 als auch die psychische Welt 2 wirklich seien. Ich gehe noch weiter: Ich nehme nicht nur an, daß die physische Welt 1 und die psychische Welt 2 wirklich sind, und daher auch, selbstverständlich, die physischen Produkte des menschlichen Geistes, wie zum Beispiel Automobile oder Zahnbürsten und Statuen, sondern auch geistige Produkte, die weder zur Welt 1 noch zur Welt 2 gehören. Mit anderen Worten, ich nehme an, daß es einen immateriellen Teil der Welt 3 gibt, der wirklich ist und der sehr wichtig ist; zum Beispiel *Probleme*.

Die Reihenfolge der Welten 1, 2 und 3 entspricht ihrem Alter. Nach dem gegenwärtigen Stand unseres Vermutungswissens ist der unbelebte Teil der Welt 1 bei weitem der älteste; dann kommt der belebte Teil der Welt 1 und gleichzeitig oder etwas später die Welt 2, die Welt der Erlebnisse; und mit den Menschen kommt dann die Welt 3, die Welt der geistigen Produkte; also die Welt, die die Anthropologen »Kultur« nennen.

II

Ich will jetzt etwas näher auf jede dieser drei Welten eingehen. Zuerst auf die physische Welt 1.

Da mein gegenwärtiges Thema *Wirklichkeit* ist, so möchte ich zunächst sagen, warum die physische Welt 1 Anspruch hat, als die wirklichste meiner drei Welten angesehen zu werden. Damit meine ich eigentlich nur, daß das Wort »Wirklichkeit« zuerst in Hinsicht auf die physische Welt seine Bedeutung erhält. Mehr meine ich damit nicht.

Als der Vorgänger von Mach, der anglikanische Bischof George Berkeley, die Wirklichkeit von materiellen Körpern leugnete, sagte Samuel Johnson: »Ich widerlege ihn so«, und stieß mit seinem Fuß mit aller Macht gegen einen Felsblock. Es ist der *Widerstand* des Felsblocks, der die Wirklichkeit der Materie zeigen sollte: Der Felsen stieß zurück! Damit meine ich, daß Johnson den Widerstand, die Wirklichkeit, als eine Rückwirkung, eine Art Rückstoß empfunden hat. Obwohl Johnson selbstverständlich auf diese Weise nichts beweisen oder widerlegen konnte, so konnte er doch zeigen, wie die Wirklichkeit von uns verstanden wird.

Ein Kind lernt, was wirklich ist, durch die Wirkung, durch den Widerstand. Die Wand, das Gitter, ist wirklich. Was man in die Hand oder in den Mund nehmen kann, ist wirklich. Wirklich sind vor allem feste Gegenstände, die uns entgegenstehen, entgegenwirken. Die materiellen Dinge: das ist der zentrale Grundbegriff der Wirklichkeit, und von diesem Zentrum aus erweitert sich der Begriff. Wirklich ist alles, was auf diese Gegenstände, die materiellen Dinge, *einwirken* kann. Damit wird das Wasser und die Luft wirklich; und auch die magnetische Anziehungskraft, die elektrische Anziehungskraft und die Schwerkraft; die Wärme und die Kälte; die Bewegung und die Ruhe.

Wirklich ist also alles, was uns oder andere Dinge, zum Beispiel Radarstrahlen, zurückstoßen oder was Widerstand leisten kann; und was auf uns oder auf andere wirkliche Dinge einwirken kann. Ich glaube, das ist klar genug, und es schließt die Erde ein, und Sonne, Mond und Sterne: Der Kosmos ist wirklich.

III

Ich bin kein Materialist, aber ich verehre die materialistischen Philosophen, insbesondere die großen Atomisten, Demokrit, Epikur und Lukrez. Sie waren die großen Aufklärer des Altertums, die Kämpfer gegen den Dämonenglauben, die Befreier der Menschheit. Aber der Materialismus hat sich selbst überwunden.

Wir Menschen sind vertraut mit *einer* Art der Wirkung: Wir greifen nach einem Ding, etwa einem Schalter, und drücken ihn. Oder wir schieben oder stoßen einen Sessel. Der Materialismus war die Theorie, daß die Wirklichkeit *nur* aus materiellen Dingen besteht, die aufeinander durch Druck, Schieben oder Stoß wirken. Und es gab zwei Versionen des Materialismus: erstens den Atomismus, der lehrte, daß winzige Teilchen sich miteinander verketten und aufeinander stoßen, Teilchen, die zu klein sind, um gesehen zu werden. Zwischen den Atomen war leerer Raum. Die andere Version lehrte, daß es keinen leeren Raum gibt: Die Dinge bewegen sich in der vollen Welt des Weltäthers etwa wie Teeblätter in der vollen Teeschale, die man umrührt.

Für beide Theorien war wesentlich, daß es keine schwerverständliche, uns unbekannte Wirkungsweise gibt – nur Druck, Stoß, Schieben; und daß sogar der Zug und die Anziehung durch Druck oder Schieben erklärt werden: Wenn wir einen Hund an der Leine ziehen, so ist in Wirklichkeit die Wirkung die, daß sein Halsband ihn drückt oder schiebt. Die Leine wirkt wie eine Kette, deren Glieder einander drücken oder schieben. Der Zug, die Anziehung, muß irgendwie auf Druck zurückgeführt werden.

Dieser Materialismus von Druck und Stoß, der vor allem auch von René Descartes gelehrt wurde, wurde durch die Einführung der Idee der Kraft erschüttert. Zuerst kam Newtons Theorie der Schwerkraft als einer in die Ferne wirkenden Anziehungskraft. Dann kam Leibniz, der zeigte, daß die Atome abstoßende Kraftzentren sein müssen, um undurchdringlich zu sein und um stoßen zu können. Dann kam die Maxwellsche Theorie des Elektromagnetismus. Und schließlich wurden sogar das Schieben, Drücken und der Stoß durch die elektrische Abstoßung der Elektronenschalen der Atome erklärt. Das war das Ende des Materialismus.

An Stelle des Materialismus kam der Physikalismus. Aber das war etwas völlig anderes. An Stelle eines Weltbildes, das darin bestand, daß unsere *alltäglichen Erfahrungen von Druck und Stoß* alle anderen Wirkungen und damit die ganze Wirklichkeit erklären, rückte ein Weltbild, in dem die Wirkungen durch Differentialgleichungen beschrieben wurden, und schließlich durch Formeln, die die größten Physiker, wie Niels Bohr, als unerklärbar erklärten und, wie er immer wieder betonte, als unverstehbar.

Übervereinfacht kann man die Geschichte der modernen Physik wie folgt darstellen: Der Materialismus starb, unbemerkt, mit Newton, Faraday und Maxwell. Er überwand sich selbst, als Einstein, de Broglie und Schrödinger das Forschungsprogramm verfolgten, die Materie selbst zu erklären; und zwar als Schwingungen, Vibrationen, Wellen; nicht als Schwingungen von Materie, sondern als die Vibration eines nicht-materiellen Äthers, der aus Kraftfeldern besteht. Aber auch dieses Programm wurde überwunden und durch noch abstraktere Programme ersetzt: zum Beispiel durch ein Programm, das die Materie als Vibrationen von Wahrscheinlichkeitsfeldern erklärt. In allen Stadien waren die verschiedenen Theorien überaus erfolgreich. Aber sie wurden durch noch erfolgreichere Theorien überwunden.

Das ist, so ungefähr, was ich die Selbstüberwindung des Materialismus nenne. Das ist auch der Grund, weshalb der Physikalismus eben etwas ganz anderes ist als der Materialismus.

IV

Es würde viel zu lange dauern, die sich sehr schnell ändernde Situation zu schildern, die sich zwischen Physik und Biologie ausgebildet hat. Aber ich möchte darauf hinweisen, daß man vom Standpunkt des modernen selektionstheoretischen Darwinismus ein und dieselbe Situation in zwei grundverschiedenen

Weisen darstellen kann. Die eine Darstellungsweise ist traditionell; die andere scheint mir aber bei weitem die bessere zu sein.

Der Darwinismus wird gewöhnlich als ein grausames Weltbild gesehen: Er malt »die Natur blutrot, mit Zähnen und mit Klauen«. (»Nature, red in tooth and claw«.) Also ein Bild, in dem die Natur uns und dem Leben überhaupt feindlich und drohend gegenübersteht. Ich behaupte, daß das ein vorurteilsbehaftetes Bild des Darwinismus ist, von einer Ideologie beeinflußt, die schon vor Darwin bestand (Malthus, Tennyson, Spencer) und die mit dem eigentlichen theoretischen Gehalt des Darwinismus fast nichts zu tun hat. Es ist richtig, daß der Darwinismus das sehr betont, was wir »natural selection« oder »natürliche Auslese« oder »natürliche Zuchtwahl« nennen; aber das kann man eben auch ganz anders interpretieren.

Wie bekannt, war Darwin von Malthus beeinflußt, der zu zeigen versuchte, daß der Bevölkerungszuwachs, verbunden mit einer Knappheit der Nahrungsmittel, zu einem grausamen Wettbewerb, zu einer grausamen Auslese der Stärksten und zur Vernichtung der Nicht-so-Starken führt. Aber auch die Stärksten werden nach Malthus durch den Wettbewerb unter Druck gesetzt: Sie werden zur Anspannung aller Kräfte *gezwungen*. Der Wettbewerb führt also nach dieser Interpretation zur *Freiheitsbeschränkung*.

Nun kann man das auch anders sehen. *Die Menschen suchen nach Erweiterung ihrer Freiheit:* Sie suchen nach neuen Möglichkeiten. Der Wettbewerb kann offenbar auch als ein Verfahren angesehen werden, das das Auffinden von neuen Erwerbsmöglichkeiten und damit neuen Lebensmöglichkeiten begünstigt, und damit das Auffinden sowie das Aufbauen von neuen ökologischen Nischen, auch von Nischen für den einzelnen Menschen – etwa für einen körperlich Behinderten.

Diese Möglichkeiten bedeuten: Wahl zwischen alternativen Entscheidungen, mehr Wahlfreiheit, mehr Freiheit.

Die beiden Interpretationen sind also grundverschieden. Die erste ist pessimistisch: *Freiheitsbeschränkung*. Die zweite ist optimistisch: *Freiheitserweiterung*. Beide sind, selbstverständlich, Übervereinfachungen, aber beide können als gute Annäherungen an die Wahrheit angesehen werden. Können wir sagen, daß eine von ihnen *die bessere Interpretation* ist?

Ich glaube, daß wir das können. Der große Erfolg der Wettbewerbsgesellschaft und die große Erweiterung der Freiheit, zu der sie geführt hat, werden *nur* von der optimistischen Interpretation erklärt. Sie ist die bessere Interpretation: Sie kommt der Wahrheit näher, sie erklärt mehr.

Wenn das so ist, so sind wohl die Initiative des Individuums, der Druck von innen, die Suche nach neuen Möglichkeiten, nach neuen Freiheiten, und die Aktivität, die die neuen Möglichkeiten zu verwirklichen sucht, wirksamer als der Selektionsdruck von außen, der zur Elimination der schwächeren Individuen und zur Freiheitsbeschränkung auch der stärksten führt.

In dieser Überlegung können wir den Druck des Bevölkerungszuwachses als gegeben hinnehmen.

Das Problem der Interpretation von Darwins Theorie der Entwicklung durch natürliche Auslese scheint mir nun ganz ähnlich zu sein wie das der Theorie von Malthus.

Die alte, pessimistische und immer noch akzeptierte Ansicht ist die: Die Rolle der Organismen in der Anpassung ist rein passiv. Sie stellen eine Bevölkerung mit vielen Variationen dar, aus der der Kampf ums Dasein, der Wettbewerb die (im großen und ganzen) am besten angepaßten Individuen auswählt, durch Vernichtung der anderen. Der Selektionsdruck kommt von außen.

Gewöhnlich wird sehr viel Wert darauf gelegt, daß es nur dieser von außen kommende Selektionsdruck ist, durch den alle Erscheinungen der Evolution zu erklären sind, und insbesondere die Erscheinungen der Anpassung. Von innen kommt nichts als die Mutationen, die Variationsbreite (des gene pool).

Meine neue, optimistische Interpretation betont (ähnlich wie Bergson) die Aktivität aller Lebewesen. Alle Organismen sind vollbeschäftigt als Problemlöser. Ihr erstes Problem ist, zu überleben. Aber es gibt unzählige konkrete Probleme, die in den verschiedensten Situationen auftreten. Und eines der wichtigsten Probleme ist die Suche nach besseren Lebensbedingungen: nach größerer Freiheit; nach einer besseren Welt.

Durch natürliche Zuchtwahl und (so können wir annehmen)

durch ursprünglich äußeren Selektionsdruck entsteht, gemäß dieser optimistischen Interpretation, schon sehr früh ein starker Selektionsdruck von innen, ein Selektionsdruck der Organismen auf die Außenwelt. Dieser Selektionsdruck erscheint in der Form von Verhaltensweisen, die als ein *Suchen* nach neuen und bevorzugten ökologischen Nischen gedeutet werden können. Oft handelt es sich auch um die *Konstruktion* einer ganz neuen ökologischen Nische.

Unter diesem Druck von innen kommt es zu einer *Auswahl* von Nischen; das heißt, zu Formen des Verhaltens, die als *Wahl von Lebensweisen* und von Umgebungen gedeutet werden können. Dazu muß auch die Wahl von Freunden, die Symbiose, gerechnet werden, und vor allem das biologisch vielleicht Wichtigste: die Gattenwahl; und die Bevorzugung gewisser Arten von Nahrung, vor allem Sonnenlicht.

Wir haben also einen Selektionsdruck von innen; und die optimistische Interpretation hält diesen Selektionsdruck von innen *zumindest* für ebenso wichtig wie den Selektionsdruck von außen: Die Organismen suchen neue Nischen, auch ohne sich organisch geändert zu haben; und sie ändern sich später durch den äußeren Selektionsdruck, den Selektionsdruck der *von ihnen selbst aktiv gewählten Nische*.

Man könnte sagen: Es gibt einen Zirkel, oder besser eine Spirale, von Rückwirkungen zwischen äußerem und innerem Selektionsdruck. Die Frage, die von den beiden Interpretationen verschieden beantwortet wird, ist: Welche Runde in diesem Zirkel oder in dieser Spirale ist aktiv und welche ist passiv? Die alte Theorie sieht die Aktivität im Selektionsdruck von außen; die neue im Selektionsdruck von innen: Der Organismus ist es, der wählt, der aktiv ist. Man kann sagen, daß beide Interpretationen Ideologien sind, ideologische Interpretationen desselben objektiven Sachverhalts. Aber wir können fragen: Gibt es eine Tatsache, die durch eine der beiden Interpretationen besser erklärt werden kann als durch die andere?

Ich glaube, es gibt eine solche Tatsache. Ich möchte sie kurz als den Sieg des Lebens über seine nicht-lebende Umgebung beschreiben.

Die wesentliche Tatsache ist folgende: Es gab, so nehmen die meisten von uns an – selbstverständlich hypothetisch – eine Urzelle, aus der allmählich alles Leben entstanden ist. Nach dem besten Urteil der darwinistischen Entwicklungsbiologie ist es dadurch entstanden, daß die Natur an dem Leben mit einem furchtbar grausamen Meißel gearbeitet hat, der dann alle die Dinge herausgemeißelt hat, die Anpassungen sind und die wir im Leben bewundern.

Aber dem gegenüber können wir auf eine Tatsache hinweisen: *Die Urzelle lebt noch immer.* Wir alle sind die Urzelle. Das ist kein Bild, keine Metapher, sondern es ist wörtlich wahr.

Ich will das nur ganz kurz erklären. Es gibt für eine Zelle drei Möglichkeiten; die eine ist Tod; die zweite ist Zellteilung; die dritte ist Fusion: eine Vereinigung, eine Verschmelzung mit einer anderen Zelle, die fast immer eine Teilung anregt. Weder die Teilung noch die Vereinigung bedeutet den Tod: Es ist Vermehrung, die Verwandlung einer lebenden Zelle in zwei lebende Zellen, die praktisch gleich sind: Beide sind die lebenden Fortsetzungen der ursprünglichen Zelle. Die Urzelle hat vor Billionen von Jahren begonnen, und die Urzelle hat in Form von Trillionen von Zellen überlebt. Und sie lebt noch immer, in jeder einzelnen aller der jetzt lebenden Zellen. Und alles Leben, alles was je gelebt hat und alles was heute lebt, ist das Resultat von Teilungen der Urzelle. Es ist daher die noch lebende Urzelle. Das sind Dinge, die kein Biologe bestreiten kann und die kein Biologe bestreiten wird. Wir alle sind die Urzelle, in einem ganz ähnlichen Sinn (»Genidentität«), in dem ich derselbe bin, der ich vor 30 Jahren war, obwohl sich vielleicht kein Atom meines jetzigen Körpers in meinem damaligen Körper befand.

Anstelle eines Bildes der Umwelt, die mit »tooth and claw«, mit Zähnen und Krallen, auf uns einschlägt, sehe ich eine Umwelt, in der ein winzig kleines Lebewesen es verstanden hat, für Billionen von Jahren zu überleben und seine Welt zu erobern und zu verschönern. Wenn es also einen Kampf zwischen Leben und Umwelt gibt, dann ist es das Leben, das siegreich war. Ich glaube, daß dieses etwas veränderte Weltbild des Darwinismus zu einer ganz anderen Ansicht führt als die alte Ideologie, nämlich zu der Ansicht, daß wir in einer Welt leben, die durch das tätige Leben und seine Suche nach einer besseren Welt immer schöner geworden ist und immer lebensfreundlicher.

Aber wer will das wahrhaben? Heute glaubt jeder an den suggerierten Mythos von der radikalen Bösartigkeit der Welt und der »Gesellschaft«; so wie einst jeder an Heidegger und an Hitler glaubte, an Krieck und an den Krieg. Aber der Irrglaube an die Bösartigkeit ist selbst bösartig: Er entmutigt junge Menschen und verführt sie, in Zweifeln und in Verzweiflung, bis hin zur Gewalttätigkeit. Obwohl dieser Irrglaube hauptsächlich politischer Natur ist, so hat doch die alte Interpretation des Darwinismus einiges zu ihm beigetragen.

Zu der pessimistischen Ideologie gehört eine sehr wichtige These: daß die Anpassung des Lebens an die Umwelt und alle diese (wie ich denke großartigen) Erfindungen, die das Leben in Billionen von Jahren gemacht hat und die wir heute im Laboratorium noch nicht nachmachen können, gar keine Erfindungen sind, sondern das Resultat von reinem Zufall. Es wird gesagt, das Leben habe überhaupt keine Erfindungen gemacht, das alles sei der Mechanismus der rein zufälligen Mutationen und der natürlichen Auslese; der innere Druck des Lebens sei nichts als Sich-Vermehren. Alles andere entstehe dadurch, daß wir uns gegenseitig und die Natur bekämpfen, und zwar *blind* bekämpfen. Und das Resultat des Zufalls seien dann Dinge (meiner Meinung nach großartige Dinge), wie die Verwendung des Sonnenlichtes als Nahrung.

Ich behaupte, daß das wieder nur eine Ideologie ist, und zwar ein Teil der alten Ideologie, zu der übrigens auch der Mythos vom selbstsüchtigen Gen gehört (Gene können nur durch Kooperation wirken und überleben) und der wiederbelebte Sozialdarwinismus, der sich jetzt, nagelneu und naiv-deterministisch, als »Sociobiology« vorstellt.

Ich möchte noch die Hauptpunkte der beiden Ideologien zusammenstellen.

(1) Alt: Der Selektionsdruck von außen wirkt durch Tötung: Er eliminiert. Also ist die Umgebung lebensfeindlich.

Neu: Der aktive Selektionsdruck von innen ist die Suche nach besseren Umgebungen, nach besseren ökologischen Nischen, nach einer besseren Welt. Er ist lebensfreundlich im höchsten Grade. Das Leben verbessert die Umwelt für das Leben, es macht die Umwelt lebensfreundlicher (und freundlicher für den Menschen).

(2) Alt: Die Organismen sind völlig passiv, aber sie werden aktiv selektiert.

Neu: Die Organismen sind aktiv: Sie sind dauernd damit beschäftigt, Probleme zu lösen. Leben ist Problemlösen. Die Lösung ist oft die Wahl oder der Aufbau einer neuen ökologischen Nische. Die Organismen sind nicht nur aktiv, sondern ihre Aktivität nimmt dauernd zu. (Uns Menschen die Aktivität absprechen zu wollen – wie es die Deterministen tun – ist paradox, besonders in Hinsicht auf unsere kritische geistige Arbeit.)

Wenn das tierische Leben im Meer entstand – was zu vermuten ist –, dann war seine Umwelt in vielen Bereichen ziemlich monoton. Trotzdem entwickelten sich die Tiere (ganz abgesehen von den Insekten) bis zu Wirbeltieren, bevor sie ans Land gingen. Die Umwelt war gleichmäßig lebensfreundlich und verhältnismäßig undifferenziert, aber das Leben differenzierte sich selbst – in unabsehbar verschiedenen Formen.

(3) Alt: Die Mutationen sind eine reine Zufallsangelegenheit.

Neu: Die Organismen machen immer wieder die großartigsten, das Leben verbessernde Erfindungen. Die Natur und die Evolution und die Organismen, sie alle sind erfinderisch. Sie arbeiten, als Erfinder, so wie wir: mit der Methode von Versuchen und der Eliminierung von Irrtümern.

(4) Alt: Wir leben in einer feindlichen Umgebung, die von der Evolution durch grausame Eliminationen verändert wird.

Neu: Die erste Zelle lebt, nach Billionen von Jahren, noch immer, und jetzt sogar in vielen Trillionen von

Exemplaren. Wo immer man hinblickt, dort ist sie. Sie hat aus unserer Erde einen Garten gemacht und durch die grünen Pflanzen unsere Atmosphäre umgeschaffen. Und sie hat unsere Augen erschaffen und sie für unseren blauen Himmel und die Sterne geöffnet. Es geht ihr gut.

V

Ich komme nun zur Welt 2.

Die Verbesserungen im Organismus und in der Umgebung sind verbunden mit einer Erweiterung und Verbesserung des tierischen Bewußtseins. Das Problemlösen, das Erfinden, ist nie *völlig* bewußt. Es vollzieht sich immer durch Probieren: durch Versuche und durch die Elimination von Irrtümern. Und das heißt, durch Wechselwirkung zwischen dem Organismus und seiner Welt, seiner Umgebung. Und in diese Wechselwirkung schaltet sich dann manchmal das Bewußtsein ein. Bewußtsein, die Welt 2, war vermutlich von Anfang an ein *bewertendes und erkennendes Bewußtsein,* ein problemlösendes Bewußtsein. Vom lebendigen Teil der physischen Welt 1 habe ich gesagt, daß alle Organismen Problemlöser sind. Meine Grundvermutung über die Welt 2 ist, daß diese problemlösende Tätigkeit des lebendigen Teils der Welt 1 zur Emergenz der Welt 2, der Welt des Bewußtseins, führt. Aber damit will ich nicht sagen, daß das Bewußtsein die ganze Zeit Probleme löst, wie ich das von den Organismen behauptet habe. Im Gegenteil. Die Organismen sind tagaus, tagein mit dem Problemlösen beschäftigt, aber das Bewußtsein ist *nicht nur* mit Problemlösen beschäftigt, obwohl das die wichtigste biologische Funktion des Bewußtseins ist. Was ich vermute, ist, daß es die ursprüngliche Funktion des Bewußtseins war, Erfolg und Mißerfolg im Problemlösen zu antizipieren und dem Organismus, in Form von Freude und Schmerz, zu signalisieren, ob er auf dem richtigen oder unrichtigen Weg zur Lösung des Problems ist. (»Weg« ist ursprünglich – etwa bei der Amöbe – ganz wörtlich als die physikalische Richtung der Fortbe*weg*ung des Organismus zu verstehen.) Durch das Erlebnis von Freude und Schmerz hilft das Bewußtsein dem Organismus in seinen *Entdeckungsfahrten,* in seinen *Lernprozessen.* Es schaltet sich dann in viele der Gedächtnismechanismen ein, die – wieder aus biologischen Gründen – nicht alle bewußt sein können. Es ist, glaube ich, recht wichtig, sich darüber klar zu sein, daß es nicht möglich ist, daß die Gedächtnismechanismen meistens bewußt sind. Sie würden einander stören. Eben deshalb – so kann man, fast schon a priori, zeigen – gibt es bewußte und unbewußte Vorgänge, die einander ziemlich nahe verwandt sind.

Und so kommt es, fast mit Notwendigkeit, zu einem Bereich des Unbewußten, der wesentlich mit unseren Gedächtnisapparaten verknüpft ist. Er enthält vor allem eine Art unbewußte Landkarte unserer Umgebung, unserer lokalen biologischen Nische. Die Ausgestaltung dieser Landkarte und der *Erwartungen,* die sie enthält, und später die sprachlichen Formulierungen von Erwartungen, also von *Theorien,* ist die Aufgabe des Erkenntnisapparates, der also bewußte und unbewußte Seiten hat, die in Wechselwirkung stehen mit der Körperwelt, der Welt 1, den Zellen; beim Menschen, dem Gehirn.

So sehe ich also die Welt 2 nicht als das an, was Mach die Empfindungen genannt hat, die Gesichtsempfindungen, Hörempfindungen usw.: Das halte ich alles für ganz verfehlte Versuche, unsere vielseitigen Erlebnisse systematisch zu beschreiben, zu klassifizieren, und so zu einer Theorie der Welt 2 zu kommen.

Fundamental müßte man davon ausgehen, welche biologischen Funktionen das Bewußtsein hat und welche dieser Funktionen grundlegend sind. Und wie wir, in der aktiven Suche nach Information über die Welt, unsere Sinne erfinden: die Kunst des Tastens lernen; den Phototropismus und das Sehen; und das Hören. So werden wir neuen Problemen gegenübergestellt und reagieren mit neuen Antizipationen, mit neuen Theorien über die Umwelt. So entsteht die Welt 2 in Wechselwirkung mit der Welt 1.

2 Das Rätsel des Humanum

Donald Johanson / Maitland Edey

Ein paar hominide Kieferknochen und Lucy

Daß wir bei der Suche nach Fossilien während der Anfang Oktober 1974 begonnenen Kampagne so viel bessere Erfolge hatten, lag zum Teil daran, daß der Vertreter des äthiopischen Kultusministeriums, Alemayehu Asfaw, sich als hervorragender Mitarbeiter bewährte. Seine Fähigkeit, die verschiedenen Fossilien zu erkennen, nahm täglich zu. Sehr bald ließ ich ihn allein hinausgehen, um selbständig Knochen zu sammeln und Notizen darüber anzufertigen. Er hatte selbst große Freude daran. Er war ein stiller Mensch, hatte eine ungewöhnlich gute Beobachtungsgabe und arbeitete am besten allein.

Eines Tages fand Alemayehu das Fragment eines Unterkieferknochens mit zwei Molaren. Sie waren größer als menschliche Molare, und er sagte mir, er habe einen Paviankiefer mit erstaunlich großen Zähnen gefunden.

»Halten Sie das für einen Pavian?« fragte ich ihn.

»Nun ja, mit ungewöhnlich großen Molaren.«

»Es ist ein Hominide.«

Daß wir im vergangenen Jahr das Kniegelenk gefunden hatten, war der Beweis für das Vorkommen von Hominiden bei Hadar. Wir alle hatten gespannt darauf gewartet, 1974 weitere hominide Fossilien zu finden. Die Erwartungen der Franzosen waren so groß gewesen, daß sie schon am ersten Tag mit ihrer Suche begannen, während die Amerikaner noch die Zelte aufbauten. Aber nachdem wir wochenlang keinen Erfolg gehabt hatten, war die Begeisterung etwas abgeflaut. Nun entzündete sie sich wieder, aber niemand war eifriger als Alemayehu.

Man kann nicht beschreiben, welches Gefühl man hat, wenn man so etwas findet. Man ist ganz von diesem Erlebnis erfüllt. Aus diesem Grund allein ist man hergekommen. Man hat unermüdlich gearbeitet, und plötzlich hat diese Arbeit Erfolg. Als ich Alemayehu sagte, er habe einen Hominiden gefunden, strahlte er und richtete sich stolz auf. Mit neuer Energie ging er, da er am Spätnachmittag nichts anderes zu tun hatte, etwa eine Stunde vor Dunkelwerden täglich hinaus, um das Gelände in aller Ruhe abzusuchen. Er hielt sich dabei in der Nähe des Lagers auf, denn das war, wenn man nicht den Landrover benutzen wollte, am bequemsten. Er sagte zwar nicht ausdrücklich, daß er gründlicher suchen konnte als einige andere, die die gleiche Arbeit taten; aber ich bin überzeugt, daß dieses Gefühl ihn bei der Auswahl der Plätze, an denen er suchte, geleitet hat.

Einen Tag, nachdem er den hominiden Kieferknochen gefunden hatte, brachte uns Alemayehu einen vollständigen Pavianschädel. Ich hatte ihn am folgenden Nachmittag vor mir auf den Tisch gelegt, um ihn genau zu beschreiben, als Alemayehu ins Lager gestürmt kam.

Mit weit aufgerissenen Augen erklärte er, er habe ein ähnliches Fossil entdeckt wie vor ein paar Tagen. Nachdem er den Kieferknochen gesehen hatte, war er überzeugt, einen zweiten hominiden Kiefer gefunden zu haben. Ich ließ den Pavianschädel liegen und lief hinter ihm her, ohne darauf zu achten, daß ich barfuß war. Der scharfkantige Kies schnitt mir so unangenehm in die Fußsohlen, daß ich in mein Zelt zurückhumpelte, um Schuhe anzuziehen. Guillemot und Petter, die mich begleitet hatten, folgten Alemayehu. Als ich sie eingeholt hatte, befanden wir uns in einer kleinen Senke, wenige hundert Meter jenseits des Lagers der Afar. Guillemot und Petter hockten am Boden, um sich einen wunderbaren fossilen Kiefer anzusehen, der aus der Erde herausragte. Guillemot zeigte mit traurigem Gesicht auf seine eigenen Fußspuren, die zehn Meter an dieser Stelle vorüberführten. Hier war er am ersten Morgen gewesen und hatte nichts gesehen.

Bald kamen auch andere Expeditionsteilnehmer und suchten die ganze Gegend systematisch ab. Einer der Franzosen stieß einen lauten Schrei aus – er hatte einen Kieferknochen. Aber es war nur der einer Hyäne, doch immerhin ein sehr wichtiger Fund, denn Raubtierfossilien findet man nur selten. Allmählich ließ das Interesse nach, und es begann dunkel zu werden. Die anderen gingen ins Lager zurück. Ich gab meine Suche auf und machte mich daran, den von Alemayehu gefundenen Kieferknochen zu bergen, als ich sah, wie er unweit dieser Stelle einen Hang hinaufstieg und mir aufgeregt zuwinkte.

»Ich habe wieder einen«, rief er ganz außer Atem. »Ich glaube, es sind sogar zwei!«

Ich lief zu ihm hinüber; es stellte sich heraus, daß es zwei Hälften waren. Als ich sie zusammenfügte, paßten sie genau aneinander. Es war ein vollständiger Oberkiefer, und kein Zahn fehlte; ein erstklassiger Fund. Innerhalb einer Stunde hatte Alemayehu zwei der ältesten und am besten erhaltenen hominiden Kieferknochen entdeckt, die bisher gefunden worden waren. Mit dem Bruchstück des hominiden Kieferknochens, das er vor ein paar Tagen zuvor ins Lager gebracht hatte, hatte er sich eine Eintragung in das »Guinness Book of World Records« als Finder der meisten hominiden Fossilien in der kürzesten Zeit verdient.

Die kleine Bodenvertiefung, in der die Fundstellen liegen, heißt heute Hominid Valley. Hier lagen insgesamt drei Kieferknochen; die beiden von Alemayehu entdeckten und ein dritter, der wenige Tage später von einem tigrischen Hilfsarbeiter gefunden wurde. Wir meldeten unsere Erfolge nach Addis Abeba, wo die politische Lage völlig unübersichtlich war. Kaiser Haile Selassie war abgesetzt worden und stand unter Hausarrest. Eine Militärjunta, die sogenannte Dergue, hatte die Macht übernommen. Viele prominente Mitglieder der alten Regierung waren außer Landes geflohen. [...]

Ich stand während dieser Wochen unter einem starken Druck. Bei den ersten Untersuchungen hatte ich an den Kieferknochen einige sehr seltsame Merkmale festgestellt. Ich brauchte nun Zeit für eine ausführliche und sorgfältige Beschreibung, und anschließend mußten gründliche Überlegungen angestellt werden. Das war jedoch im Camp nicht möglich. Ich mußte eine Presseverlautbarung entwerfen, nach Addis Abeba gehen, sie dort abgeben und mit allen Besuchern sprechen, die ins Lager kamen – mit den Beamten und Journalisten. Aber das schlimmste war, daß das Geld, mit dem die Expedition finanziert worden war, schon wieder zur Neige ging. Die mir von der National Science Foundation zur Verfügung gestellte Summe war verbraucht, ebenso aber auch der größte Teil dessen, was ich als Spenden in Cleveland bekommen hatte.

Ich hatte mit Clark Howell über die Finanzierung gesprochen, der aus eigener praktischer Erfahrung wußte, daß die Afar-Expedition mit zu geringen Mitteln ausgestattet war. Als ich Clark von den Kieferknochen berichtete, die Alemayehu gefunden hatte, erkannte er sofort ihre große Bedeutung und beschloß, sein möglichstes zu tun, um unseren Aufenthalt an der Grabungsstelle zu verlängern. Er bat mich telegraphisch um weitere Einzelheiten über die Kieferknochen und versuchte, mit diesen Informationen weiteres Geld aufzutreiben. Er wendete sich dabei besonders an die Leakey Foundation, eine Stiftung, die zu Ehren des zwei Jahre zuvor verstorbenen Louis Leakey ins Leben gerufen worden war. Die Leakey Foundation schickte uns $ 10 000, und das genügte gerade, um die Expedition während der Kampagne von 1974 zu finanzieren. Auf diese Weise geriet ich auch nicht in die Verlegenheit, meine Freunde in Cleveland um eine zweite Spende bitten zu müssen.

Nachdem sich die finanzielle Lage wenigstens vorübergehend konsolidiert hatte und nachdem uns die Beamten nicht mehr mit ihren Besuchen störten, konnte ich mich endlich den Kieferknochen zuwenden. Sie gaben mir manches Rätsel auf. Zunächst glaubte ich, es seien Australopithecinen. Nach der langen Zusammenarbeit mit Howell in Südafrika zwei Jahre zuvor, wo ich die Fossilien untersucht und gemessen hatte, war mir das Gebiß der Australopithecinen sehr deutlich im Gedächtnis geblieben. Die Zähne in den von Alemayehu gefundenen Kieferknochen muteten im ganzen sehr ähnlich an. Es gab aber auch beunruhigende Abweichungen. Was mir sofort auffiel, waren die Größenunterschiede zwischen bestimmten Zähnen. Bei den Australopithecinen sind die Molare sehr groß und die Schneidezähne – die Vorderzähne – sehr klein. Beim Menschen ist es umgekehrt. Unsere Molare sind klein und unsere Schneidezähne verhältnismäßig groß. In dieser Hinsicht glichen Alemayehus Kieferknochen eher denen des Menschen als denen des *Australopithecus*. Dagegen sahen die Eckzähne weder so aus wie beim Menschen noch wie beim *Australopithecus*. Sie erinnerten viel stärker an die des Menschenaffen als die beiden anderen.

Es waren in der Tat sehr seltsame Kieferknochen. Sie waren weder dies noch das. Was in aller Welt waren sie nur? Je länger ich sie untersuchte, desto mehr Fragen mußten beantwortet werden. Die seltsame Mischung aus für den *Homo* und für den *Australopithecus* typischen Kennzeichen und dazu der Eindruck, daß es sich hier um ein primitiveres Wesen handeln könnte, waren äußerst verwirrend. Dazu kam das Problem des Größenunterschieds. Beide von Alemayehu gefundenen Kieferknochen stammten von Erwachsenen, aber der eine war viel größer als der andere. Hatte es bei Hadar zwei hominide Spezies gegeben?

Mir wurde klar, daß ich mit einem anderen Fachmann für Fossilien aus dem Pliozän und Pleistozän über diese seltsamen Entdeckungen sprechen mußte. Ich brauchte das Für und Wider einer lebhaften wissenschaftlichen Diskussion und beschloß schließlich, Richard Leakey nach Hadar einzuladen. Ich schuldete Richard eine solche Einladung. Ich selbst war vor zwei Jahren in Koobi Fora gewesen, hatte die dort geleistete Arbeit beobachten dürfen und mit den Wissenschaftlern gesprochen. Nun, da ich Richard etwas zeigen konnte, war es Zeit, ihn um seinen Besuch zu bitten. Vor allem aber wollte ich mit ihm sprechen, unsere Erkenntnisse vergleichen, zuhören und zu einem lebendigen Gedankenaustausch kommen. In einem Brief an Richard lud ich ihn, seine Mutter Mary, seine Frau Meave und jeden anderen ein, den Richard mitbringen wollte.

Sie kamen alle drei, begleitet von dem Giraffenspezialisten John Harris, der mit Meave Leakeys Schwester verheiratet war und im Rahmen des Teams bei Koobi Fora als Paläontologe arbeitete. Richard flog mit ihnen zunächst in seiner eigenen leichten Maschine nach Addis Abeba. Dort suchte er das Kultusministerium auf, um die Beschuldigung zu widerlegen, die Knochen, die ich aus Äthiopien ausgeführt hatte, befänden sich jetzt in einem Museum in Nairobi und sollten dort bleiben. Richard bestritt das nachdrücklich. Er sagte, die Fossilien befänden sich zur Untersuchung in den Vereinigten Staaten und würden wie vereinbart nach fünf Jahren zurückgegeben werden. Dann flog er mit seinen Passagieren nach Hadar und konnte sich beim Überfliegen des Geländes die Ablagerungen aus einer Perspektive ansehen, die unsere Expeditionsteilnehmer nicht kannten, denn sie hatten das Lager immer nur mit unseren Fahrzeugen erreicht oder verlassen. Die Leakeys waren überwältigt von der Ausdehnung unseres Grabungsgebiets – Tausende von Quadratkilometern erodierten Bodens, genug, um Dutzende von Forscherteams über zwei Jahrhunderte zu beschäftigen.

Mary und Richard Leakey waren sehr gespannt darauf, die Kieferknochen zu sehen, die ich ihnen zeigen wollte. Sie untersuchten sie sehr sorgfältig. »Das sind bestimmt keine robusten Australopithecinen«, sagte Richard. »Sie sind ganz anders als die *boisei,* die wir bei Koobi Fora gefunden haben. Die Kieferknochen sind zu leicht, und die Molare sind zu klein, um dem robusten Typus zugeordnet zu werden. Ist das nicht auch Ihre Meinung?«

»Ja, das glaube ich auch«, sagte ich.

»Wenn ich das alles bedenke, dann würde ich sie als *Homo* bezeichnen.«

»Das würde ich auch«, sagte Mary.

Ich hatte eigentlich schon damit gerechnet, das zu hören; ich hatte mich sogar schon fast darauf gefreut und glaubte es beinahe selbst. Wenn sich diese Diagnose bestätigte, dann bedeutete es, daß dies die ältesten menschlichen Fossilien der Welt waren.

Dann führte ich die Leakeys durch die Ablagerungen und zeigte ihnen die von Taieb gefundene Basaltschicht, nach deren geschätztem Alter von 3 Millionen Jahren alle Datierungen bei Hadar vorgenommen worden waren. Nach der Rückkehr ins Lager sahen wir uns die Säugetierfossilien an. Wir besaßen davon inzwischen eine ansehnliche Sammlung, und die meisten Stücke waren sehr gut erhalten. Die Leakeys untersuchten die Fossilien sehr genau, besonders einige Zähne des Urpferdes *Hipparion,* das in der Zeit nach 3 Millionen Jahren v. Chr. ausgestorben war. Das echte Pferd – *Equus* – ist aus Asien kommend nach Afrika eingewandert und erscheint in Ostafrika zum erstenmal vor etwa 2 Millionen Jahren. John Harris betrachtete die Zähne des *Hipparion* von allen Seiten.

»Wonach suchen Sie?« sagte ich.

»Nach dem Ektostylid«, sagte Harris. Das Ektostylid ist ein kleiner Höcker an den unteren Zähnen des *Hipparion,* der jedoch beim *Equus* fehlt. Es ist eines der wesentlichen Unterscheidungsmerkmale.

»An diesem Zahn scheint es zu fehlen.«

»Es ist da«, sagte ich. »Sie finden es an allen diesen Zähnen, und das muß auch so sein.«

»An diesem sehe ich es nicht«, sagte Harris.

»Hier an dieser Stelle«, sagte ich. »Die Zahnkrone ist nur noch nicht genügend abgeschliffen, um es deutlich hervortreten zu lassen.«

»Aber es ist schwer zu erkennen«, beharrte Harris. »Vielleicht fehlt es doch?«

»Es fehlt nicht. Wenn Sie wollen, werde ich den Zahn auseinandersägen und es Ihnen zeigen. An jedem dieser Zähne, die hier vor Ihnen liegen, befindet sich ein Ektostylid.«

Schließlich mußte Harris zugeben, daß ich recht hatte.

»Worum geht es hier eigentlich?« fragte mich Gray später.

»Ich glaube, es ist eine Frage der Datierung«, sagte ich. »Damit haben sie Schwierigkeiten. Sie haben bei Koobi Fora unter dem KBS-Tuff einige Zähne des *Equus* gefunden. Wenn ihre Datierung stimmt, dann müßte dieses *Equus* fast 3 Millionen Jahre alt sein. Das ist aber kaum möglich, denn es gibt in Ostafrika keine Zähne des *Equus,* die 3 Millionen Jahre alt sind. Die ältesten, die je gefunden wurden, sind nur etwa 2 Millionen Jahre alt. Niemand läßt sich einreden, daß es 3 Millionen Jahre alte *Equus*-Zähne gibt. Nun glaubte Harris, er müßte irgendwo welche finden. Ich nehme an, er hat gehofft, hier auf solche Zähne zu stoßen.«

»Und deshalb die Frage nach dem Ektostylid?«

»Richtig. Sie haben heute unsere Basaltschicht gesehen. Maurice hat ihnen die geologischen Verhältnisse erläutert. Sie wissen, unsere Pferde sind 3 Millionen Jahre alt. Jetzt müssen sie nur noch eines ohne Ektostylide finden, und schon haben sie ein 3 Millionen Jahre altes *Equus,* und das brauchen sie sehr dringend. John hat nur versucht, Richard über eine Hürde hinwegzuhelfen.«

»Warum hat er das nicht deutlicher gesagt?«

»Das ist ein zu heikles Thema.«

Es war in der Tat sehr heikel – eine der ganz entscheidenden ungelösten paläoanthropologischen Fragen dieses Jahrzehnts, denn das Alter des von Richard gefundenen Schädels 1470 konnte nur mit Hilfe des Alters des KBS-Tuffs bestimmt werden, und mit dem Alter des Schädels 1470 war ein ganzes Netz von Schlußfolgerungen über die verwandtschaftlichen Beziehungen zwischen *Homo* und *Australopithecus* verknüpft.

Richard brachte die Angelegenheit nach dem Abendessen noch einmal zur Sprache. Er schob seinen Stuhl zurück, steckte sich die kleine gebogene Pfeife an, die er zu rauchen pflegt, und sagte: »Don, ich möchte Sie etwas fragen. Wie alt ist der KBS-Tuff?«

»Ich würde ihn auf 1,8 Millionen Jahre schätzen«, antwortete ich.

»Und wie wollen Sie das begründen?«

»Vor allem mit den Untersuchungen der Schweinefossilien von Basil Cooke. Das sind die Schweinefossilien am Omo und bei Koobi Fora, aber auch die Schweinefossilien, die wir hier gefunden haben. Es geht aber auch um Antilopen und Elefanten. Über das ganze Rift Valley hinweg deutet alles in eine Richtung.« Dann wandte ich mich an Harris: »Und was nun die Pferdezähne betrifft, John: Sie können ein 3 Millionen Jahre altes *Hipparion* nicht in ein 2 Millionen Jahre altes *Equus* verwandeln, weil Ihnen das gerade so paßt.«

In diesem Punkt mußte Harris nachgeben, aber er sagte, einzelne Spezies könnten sich in verschiedenen Gegenden wegen der unterschiedlichen klimatischen Verhältnisse verschieden rasch entwickelt haben. Er wies darauf hin, daß die Umwelt am Omo, eine Fluß- und Waldlandschaft, sich von der trockenen Savanne bei Koobi Fora unterschied, und das hätte das Tempo evolutionärer Veränderungen genügend beeinflussen können, um bei den Fossilien deutlich erkennbare Abweichungen zu verursachen.

»Lassen Sie uns die Sache nicht zu sehr komplizieren«, sagte ich. »Wir brauchen diese komplexen Spekulationen nicht, denn wir besitzen die gesicherten Daten für eine große Zahl von Fossilien, die sehr eindeutige Aussagen machen.«

Hier schaltete sich Richard ein: »Aber wie steht es mit dem Einwand von John? Glauben Sie, daß die Umweltbedingungen am Omo, die sich von denen bei Koobi Fora unterscheiden, auf das Tempo der Evolution eine Auswirkung gehabt haben könnten?«

Ich sagte, es habe, was die Umwelt anginge, vielleicht über sehr kurze Perioden geringe Unterschiede gegeben, die den Evolutionsdruck verstärkten.

»Das stimmt«, sagte Mary Leakey. »Lassen Sie sich nicht durch ihn verwirren. Er redet ebenso wie Louis. Er wird mit Ihnen streiten und versuchen, Sie in eine Falle zu locken.«

Dieser Einwurf ermutigte mich. Ich sagte, unsere Datierungsmethoden seien noch viel zu grob, als daß wir solche Auswirkungen an den Fossilien feststellen könnten. »Wir können unsere Fossilien nicht auf einige Dutzend Jahre genau datieren. Wir sprechen hier von Zehntausenden Jahren oder sogar von Hunderttausenden, und in diesem Rahmen haben wir ein sehr überzeugendes Gesamtbild gewonnen.«

»Ein sehr interessanter Abend«, sagte Richard. Er klopfte seine Pfeife aus und ging zu Bett. Der Schädel 1470, der hinter dem ganzen Problem stand, war nicht erwähnt worden. Am folgenden Morgen reisten die Leakeys ab.

Ich hatte jetzt eine Menge Stoff zum Nachdenken. Sie hatten meine Vermutung bestätigt, daß die von uns gefundenen Kieferknochen Merkmale des *Homo* zeigten. Mehr als das; sie hatten diese meine Vermutungen wesentlich verstärkt. Ich würde das alles in einem wissenschaftlichen Bericht niederschreiben müssen. Ich hatte diese Arbeit bisher immer wieder aufgeschoben, weil ich mich nur ungern festlegen wollte. Aber als ich an diesem Morgen aufwachte, wußte ich, was ich tun würde. Ich würde die Kieferknochen unter gewissen Vorbehalten der Gattung *Homo* zuordnen. Dabei wollte ich darauf hinweisen, daß sie ungewöhnlich primitive Merkmale zeigten. Wenn sie zur

Gattung *Homo* gehörten, dann wären sie die ältesten bisher gefundenen Fossilien des *Homo,* alt genug, um auch noch gewisse Kennzeichen des Menschenaffen bewahrt zu haben, von dem diese Individuen abstammten. Das war durchaus in Ordnung, ja man mußte es sogar erwarten. Wenn man 3 Millionen Jahre zurückging, dann wäre es verwunderlich, wenn man nicht auf bestimmte Merkmale stieße, die an den Menschenaffen erinnern. Ich mußte hier – gewissermaßen augenzwinkernd – zugeben, daß ich ebenso wie andere Anthropologen vor mir an dem Punkt angekommen war, wo jeder von uns sich die alte Frage stellt: Wo muß man die Trennungslinie ziehen?

Bisher hatte ich mir diese Frage nicht stellen müssen. Ich hatte noch keine Fossilien gefunden, die sie mir aufzwangen. Jetzt wurde ich mir zum erstenmal bewußt, welches Problem es für andere bedeutet haben mochte, wenn die für den Menschen charakteristischen Merkmale immer verschwommener wurden, bis schließlich nichts Menschliches mehr an den Fossilien zu entdecken war. Es konnten emotionale, aber auch wissenschaftliche Probleme sein. Der Forscher geriet dabei immer weiter in die Vergangenheit und über die Ursprünge des Menschen hinaus, konnte aber doch den Zusammenhang mit dem Menschen nicht aufgeben. Immer wieder würde man auf einen Vorfahren des Menschen stoßen; immer wieder würde er ein wenig älter, ein wenig primitiver – aber trotzdem irgendwie menschlich sein.

Ich befreite mich von diesem Gedanken. Ich wollte es nicht zulassen, mich in Emotionen zu verlieren, denn ich wußte, daß solche Gefühle meine Urteilsfähigkeit negativ beeinflussen würden. Waren diese Kieferknochen nun wirklich die eines menschlichen Wesens?

Waren sie es? Schließlich war ich es, der sich für eine klare Antwort entscheiden mußte. Es würde vielleicht zu einem Urteilsspruch kommen, bei dem ein einziges menschliches Merkmal die Entscheidung erzwang, das sich in einer Fülle von für den Menschenaffen typischen Kennzeichen erkennen ließ. Ich sah mir die Kieferknochen noch einmal an. Dabei fiel mir ein sehr primitiv aussehender Prämolar auf, der an einen menschenähnlichen Molar anschloß. Er hatte einen recht dünnen Zahnschmelz und war im Vergleich mit den Vorderzähnen klein. Er glich nicht den Molaren der südafrikanischen Australopithecinen, so viel war gewiß. Und das genügte. Die Entscheidung, die ich beim Aufwachen getroffen hatte, war richtig. Es war ein *Homo*.

Nach diesem Entschluß sah ich mir meinen Arbeitstisch an. Hier häuften sich Stöße von Papier; Briefe, die beantwortet werden mußten und wegen der Besucher vom äthiopischen Ministerium liegengeblieben waren. Hier lagen unbezahlte Rechnungen, die wir nun begleichen konnten, nachdem wir das Geld von der Leakey Foundation bekommen hatten. Das alles mußte sofort erledigt werden, aber auch der Bericht über die Kieferknochen drängte. Nach dem Frühstück wollte ich mich an die Arbeit machen.

Ich ging zum Küchenzelt und ließ mir eine Tasse Kaffee geben. Während ich den Kaffee trank, spürte ich ein starkes Bedürfnis, die schriftlichen Arbeiten auf einen späteren Zeitpunkt zu verschieben und zuerst auf Fossiliensuche hinauszugehen. Ich wußte, daß das eigentlich nicht richtig war. Aber im gleichen Augenblick kam Gray herein und fragte mich, wo sich die Fundstelle 162 befände. Damit war die Entscheidung gefallen. Der Papierkram konnte warten. Gray und ich setzten uns in den Wagen und fuhren aus dem Lager. Zwei Stunden später hatten wir Lucy gefunden.

Dieser Fund hat uns alle im wahrsten Sinne des Wortes aufgeschreckt; anders kann man das nicht beschreiben. Im Lager ging alles drunter und drüber. Was wir hier gefunden hatten, war in jeder Hinsicht sensationell. Die Wissenschaftler, die es mit eigenen Augen sehen konnten, hielten es für geradezu unglaublich, daß fast die Hälfte eines kompletten Skeletts auf dem Tisch des Anthropologiezelts lag, nachdem die einzelnen Bruchstücke sortiert und an den richtigen Stellen eingepaßt worden waren.

Aber ebenso erstaunlich war das Lebewesen selbst, dessen Knochengerüst wir zusammengefügt hatten. Es war kaum mehr als 105 Zentimeter hoch, hatte ein sehr kleines Gehirn, ging aber dennoch aufrecht. Der Kieferknochen hatte eine V-Form und war vorne nicht so abgerundet wie einige der anderen Unterkiefer, aber er war viel kleiner. Außerdem hatte der erste Prämolar nur einen einzigen Höcker. Die größeren Kieferknochen hatten Prämolare mit zwei Höckern. Da die Molare mit einem Höcker die primitiveren und die mit zwei Höckern die menschlicheren sind, kam ich zunächst zu dem Schluß, daß sich Lucy von dem Typus mit den größeren Kieferknochen unterschied. Während ich die Fossilien untersuchte, hatte ich den Eindruck, daß die von Alemayehu gefundenen Kieferknochen von einem sehr alten *Homo*-Typus stammten, wie es auch die Leakeys vermutet hatten, daß Lucy jedoch einem anderen Typus zuzurechnen sei. Sie war vielleicht ein sehr früher Vertreter der Australopithecinen.

Wenn es nur wenige fossile Knochen gibt, kann man über sie so gewagte Spekulationen anstellen, wie man will, und niemand kann einem widersprechen. Wenn man mehr Knochen findet, wenn also das erste Fossil durch eine größere Anzahl von Fragmenten ergänzt wird, die von mehreren Exemplaren stammen, dann machen diese Fragmente Aussagen über diese Spezies, die bis dahin angestellte Vermutungen widerlegen. Die bloße Zunahme unseres Wissens schränkt die Anzahl der Möglichkeiten ein, von welchen Lebewesen sie abstammen oder was sie bedeuten. Andere Spekulationen werden jedoch durch eine größere Zahl von Fossilien bestätigt. Da solche Spekulationen jetzt durch viele Beispiele gestützt werden, kommt man von Vermutungen zu logischen Wahrscheinlichkeiten. Nur in ganz seltenen Fällen erhält man durch die Entdeckung mehrerer fossiler Knochen des gleichen Lebewesens eine Gewißheit.

Lucy hat uns eine solche Gewißheit verschafft. Vermutungen darüber, ob es zu so früher Zeit schon aufrecht gehende Wesen gegeben hat, und die Streitfragen über die Art der Fortbewegung des *Australopithecus africanus* – ob er watschelte oder einen schleppenden Gang hatte –, das alles wurde jetzt mit unwiderlegbarer Sicherheit beantwortet. Hier hatten wir ein kleines Lebewesen mit einem Affengehirn gefunden, dessen Becken- und Beinknochen in ihrer Funktion fast identisch mit denen des heutigen Menschen waren. Ich mußte daran denken, wie vorsichtig ich mich im vergangenen Jahr zu dem damals gefundenen Kniegelenk geäußert hatte und wie erleichtert ich war, als Owen Lovejoy mir bestätigte, daß es einem menschlichen Knie sehr ähnlich war. Jetzt wußte ich, daß Hominiden schon vor 3 Millionen Jahren aufrecht gegangen waren, und dieses ungewöhnliche Fossil hatte mir die Gewißheit gegeben. Noch überraschender war die Tatsache, daß diese Hominiden aufrecht gegangen waren, noch bevor sich bei ihnen ein größeres Gehirn entwickelt hatte. Diese Tatsache konnte jetzt nicht mehr bestritten werden, und es gab auch keine Diskussion mehr darüber, ob ein gewisser Beinknochen und ein gewisser Schädel vom gleichen Individuum stammten oder nicht. Hier waren alle diese Knochen in einem einzigen, uns geradezu unglaublich anmutenden Skelett vereinigt.

Aber wie alle Fossilien, die uns Gewißheit verschaffen, warf auch dieses neue Fragen auf. Eine dieser Fragen verlangte dringend nach einer Antwort. Wenn die Fähigkeit, aufrecht zu gehen, schon voll ausgebildet war, bevor sich ein größeres Gehirn entwickelt hatte, was hatte das Aufrechtgehen veranlaßt? Seit vielen Jahren hatte man vermutet, eine Kombination aus manueller Geschicklichkeit, zunehmender Verwendung von Werkzeugen und einer Weiterentwicklung des Gehirns habe gewisse Menschenaffen gezwungen, sich aufzustellen, weil sie zunehmend darauf angewiesen waren, Gegenstände in die Hände zu nehmen. Wenn sie auf den Hinterbeinen gingen, dann konnten sie immer mehr Gegenstände in die Arme nehmen und mit sich herumtragen. Diese Auffassung ist besonders überzeugend von Sherwood Washburn von der University of California vertreten worden. Er hatte in den 1960er Jahren argumentiert, die Verwendung von Werkzeugen und die Weiterentwicklung des Gehirns seien dem aufrechten Gang vorausgegangen und wahrscheinlich die Ursache für diese Entwicklung gewesen.

Lucy widerlegte diese These. Ich mußte nun darüber nachdenken, welche Theorie an ihre Stelle treten sollte. Diese Frage würde Owen Lovejoy sicherlich während der folgenden zwei Jahre beschäftigen. Ich konnte es kaum erwarten, ihm Lucy zu zeigen. Ich hätte gern selbst mehr Zeit dafür gehabt, mich mit dem aufrechten Gang zu beschäftigen, aber wir erwarteten den Besuch von Aronson in Hadar, und ich dachte, einen großen Teil meiner Zeit mit ihm zubringen zu müssen. Außerdem mußte ich meine Außenarbeiten fortsetzen, für die Äthiopier eine Presseerklärung über Lucy entwerfen und sie dann selbst in Addis Abeba vorlegen.

Aronson traf im Dezember ein und verbrachte zwei Wochen damit, geologische Untersuchungen anzustellen und Bodenproben zu nehmen. Nach seiner Abreise wandte ich mich wieder dem Problem zu, die Fossilien in die Vereinigten Staaten zu bringen.

Edgar Morin

Meuterer der Wälder, Mutierender der Savannen

Unendlich kleine Störungen im uhrwerksmäßigen Lauf der Erde um die Sonne führen zu Revolutionen in der ganzen belebten Welt. Die Ökosysteme verändern sich. Arten sterben aus, andere gehen auf die Wanderschaft, andere treten neu auf und entfalten sich. Aufgrund der Trockenheit weicht gegen Ende des Tertiärs der Wald zurück, und in riesigen Gebieten breitet sich die Savanne aus. Die ersten Hominiden, deren Fossilien man in den damaligen Dürrgebieten findet, sind afrikanische Primaten, die, von den Bäumen verlassen, die Bäume verlassen und sich in der Savanne einrichten.

Die für den weiteren Verlauf der Menschwerdung entscheidenden Dinge müssen sich zwischen Wald und Savanne abgespielt haben – dort, wo der ökologische Druck die Dürre fortschreiten ließ, dort, wo der demographische Druck im Inneren des immer spärlicher werdenden Waldes eine immer mehr anwachsende Überbevölkerung an den Rand drängte, dort, wo die sozialen Spannungen zwischen Erwachsenen und Jungen, aber auch die forschende Neugier Jugendlicher kleine Gruppen von Verbannten aus Zwang, aber auch aus Neigung dazu brachten, ein Überleben im Grasland zu versuchen.

Ökologischer und demographischer Druck sowie die strukturellen Gegensätze, welche die komplexe Gesellschaft der

Anthropoiden auszeichnen, haben also den endgültigen Auszug einer mutierenden Gruppe gefördert, die durch die Zweifüßigkeit in die Lage versetzt war, die grundlegenden Probleme des Überlebens in der Savanne auf eine gegenüber den Pavianen neuartige Weise zu meistern. Das Vorspiel zur Menschwerdung besteht also in einem ökologischen Unglück, einer genetischen Abweichung, einer soziologischen Abspaltung, und das heißt auch: einer Veränderung in der Selbstreproduktion des Ökosystems (Wald wird zu Savanne); einer Veränderung in der genetischen Selbstreproduktion bei einem hochentwickelten Primaten (Mutation); einer Veränderung im Verlaufe einer soziologischen Selbstreproduktion, d. h. der Abspaltung einer jugendlichen Gruppe, die eine extraterritoriale Kolonie begründet. Es hat also doch den Anschein, als seien die Anomalen, die Zurückgewiesenen, die Heimatlosen, die Abenteurer und Rebellen die Initiatoren der Hominiden-Revolution. Der Mutant der Savannen setzt den Meuterer der Wälder voraus. Dieser mußte sich jedoch, um die revolutionierende Lösung zu finden, in den Mutanten der Savannen verwandeln.

Die zunehmende Vertauschung des schützenden und nährenden Waldes gegen die aggressive und grausame Savanne spornt den Prozeß der Menschwerdung an und lenkt ihn. Mit all den Nöten und Gefahren, die sie bereit hält, schafft die Savanne die Bedingungen der Vollbeschäftigung für die zweifüßigen, zweihändigen und zerebralen Fertigkeiten. Das neue Ökosystem bringt nämlich seine Zwänge, seine Orientierungen und seine Gefahren mit, und sie wirken als Stimuli für die Entwicklung der vielfältigsten Fähigkeiten, die bereits beim Vorfahren der Wälder existierten, der – ein Verwandter des Schimpansen – mit einem flinken Hirn, einem scharfen Blick, einem Allesfresser-Appetit ausgestattet, bereits imstande war, einen Zweig in einen Knüppel und einen Kieselstein in ein Wurfgeschoß zu verwandeln und gemeinsam auf kleine Säugetiere Jagd zu machen. Mit dem Verschwinden der Bäume wird den Gefahren der Savanne ein Wesen ausgesetzt, bei dem sich Geschlecht und Bauch dem Prankenhieb und dem Fanggebiß des Räubers darbieten; die Suche nach Nahrung wird gefährlich und darüber hinaus schwierig, wenn es sich um ein seltenes oder flüchtiges Beutetier handelt. Wachsamkeit, Aufmerksamkeit, List werden zu lebenswichtigen Eigenschaften; man muß die schwächsten Bewegungen und die feinsten Spuren als Hinweise deuten können, man muß – individuell und kollektiv – zur Verteidigung und – wenn es um die Jagd geht – zum Angriff bereit sein.

Dies sind die Bedingungen, unter denen sich in der Savanne kleine Gruppen ausbreiten, die – wahrscheinlich aus ein und demselben Ursprung hervorgegangen – sich im Laufe von Hunderttausenden, ja Millionen von Jahren genetisch differenzieren, doch zugleich miteinander koexistieren und anfangs die gleiche Lebensweise praktizieren, die von ihrer Zweifüßigkeit, ihrer manuellen Geschicklichkeit und ihrer Intelligenz bestimmt ist und die Verwendung von Knüppeln und Steinen zur Verteidigung wie zum Angriff sowie die Errichtung von rudimentären Unterkünften einschließt. Diejenigen unter ihnen, die infolge genetischer Mutationen über die größten Fähigkeiten (Gegenüberstellung von Daumen und Zeigefinger, vollständige Aufrichtung des Körpers, Steigerung des Umfangs und damit der Komplexität des Gehirns) verfügen, erweitern sodann das Abenteuer durch die Entwicklung der Jagd.

Möglicherweise waren es anfangs die schwerfälligen, vegetarisch lebenden Vertreter des *Australopithecus robustus,* die für sich die kaum im Überfluß vorhandene pflanzliche Nahrung monopolisiert und damit die feingliedrigen, allesfresserischen Mutanten gezwungen haben, sich stärker der tierischen Nahrung zuzuwenden, vielleicht der Suche nach Aas, vor allem aber der Jagd nach kleinen Beutetieren. Damit setzt bei diesen feingliedrigen Wesen sofort ein Selektionsdruck ein, der alles das begünstigt, was die Gewandtheit, die Geschicklichkeit und die Technik, also jene Merkmale steigert, die sie dem Hominiden immer stärker annähern. Sehr viel stärker als bei den Vegetariern entwickelt sich die Beweglichkeit der Füße und die Ausdauer im Laufen, also die Fähigkeit, Erkundungszüge zu unternehmen und um sein Leben zu laufen, sei es in der Verfolgung oder in der Flucht, während die schwerfälligen Vegetarier es nicht nötig haben, sich zu zerstreuen, um ihr Leben zu rennen, sich Hals über Kopf in Sicherheit zu bringen. Bei dem kleinen

Jäger und Gejagten entwickeln sich alle die anatomischen Merkmale und die entsprechenden Fähigkeiten, die es ihm gestatten, nicht nur schnell und ausdauernd zu laufen, sondern auch zu flüchten, gleichzeitig eine Beute festzuhalten oder zu verfolgen und gleichzeitig einen Knüppel oder einen Stein zu schwingen. Verstärkt prägt sich die Gegenüberstellung von Daumen und Zeigefinger bei *Homo habilis* und »Man 1470« aus, und damit entwickelt die Hand eine größere Kraft und Geschicklichkeit im Erfassen von Gegenständen, die aufgelesen oder gehandhabt, vor allem aber bearbeitet werden können. Von nun an ist die Hand auf die vielfältigste Weise ständig in Aktion; die Technik, die beim Schimpansen, dem Hippie der Wälder, nur stellenweise auftrat und beim schwerfälligen Vegetarier überwiegend Verteidigungsbedürfnisse befriedigte, wird zu einem dauerhaften Merkmal des grazilen Hominiden und kann sich von nun an gleichzeitig mit der Jagdpraxis entwikkeln.

Die kleinen Hominiden – unter ihnen besonders der eine –, die anfänglich schwächer sind als die Robusten, werden in genetischer, anatomischer, technischer und praktischer Hinsicht behender, geschickter und intelligenter als diese und sind ihnen schließlich überlegen. Sicher werden beide lange Zeit in mehr oder weniger friedlicher Koexistenz nebeneinander gelebt haben, solange es genügend Nahrung für beide gab beziehungsweise solange sie sich unterschiedlich ernährten. Sobald es jedoch – sei es unter dem Druck der wachsenden Bevölkerung, sei es unter den Auswirkungen der zunehmenden Trockenheit – zur Konkurrenz kam, werden diejenigen, die am stärksten hominisiert waren, die anderen verdrängt haben: Vielleicht haben sie sie in immer unfruchtbarere Gebiete abgedrängt, vielleicht haben sie sie auch als Beute gejagt; von diesem Punkt an werden die anderen durch jene verdrängt worden sein, die unter den Feingliedrigen die stärkste Gehirnentwicklung und vielleicht deshalb gerade den geringsten Körperwuchs aufwiesen.

Es ist also die Savanne, das neue Ökosystem, das die (zugleich phänomenale und genetische) Dialektik von Fuß, Hand und Gehirn ausgelöst hat und zum Ursprung der Technik und aller übrigen Entwicklungen wurde. In der Folge hat das neue

Ökosystem jede Steigerung der Vorzüge und Fähigkeiten des Jägers und Gejagten begünstigt und die Bedingungen geschaffen, unter denen die zunächst koexistierenden Arten in eine Konkurrenz traten, aus der schließlich allein der Hominide mit dem am stärksten entwickelten Gehirn als Sieger hervorging.

Es entsteht eine immer engere und komplexere Wechselbeziehung zwischen dem Ökosystem und dem Hominiden. Für den Jäger und Gejagten, der ständig auf der Lauer liegt, sendet das Ökosystem eine Vielzahl von Informationen aus, die dieser immer deutlicher zu entziffern vermag; insofern ist das Ökosystem ein Mit-Erzeuger und Mit-Organisator der Jagd, einer *Praxis,* die ihrerseits erzeugend und organisierend in hohem Maße die physische, zerebrale, technische, kooperative und soziale Entwicklung stimulieren wird.

Niko Tinbergen

Auf der Suche nach den Wurzeln menschlichen Verhaltens im Tierreich

Wollen wir die Verhaltensweisen von Menschen und Tieren vergleichen, so müssen wir uns zuerst auf eine gemeinsame Sprache einigen; denn wie schon gesagt, besteht die Umgangssprache aus einem Gemisch von Worten, die teils objektiv beschreibend sind, teils subjektive Deutungen und Zielvorstellungen enthalten. Dies ist tatsächlich ein entscheidender Grund unserer Unkenntnis.

Wir müssen also mit folgenden Schwierigkeiten rechnen: Die einzig brauchbare Methode, das Vergleichen, kann nur zu indirekten Schlüssen führen.

Der Abstand des Menschen von Tieren ist so groß, daß man oft nicht einmal erraten kann, was und wo etwas »im Tierreich wurzelt«. Wir müssen zwischen echten Übereinstimmungen aufgrund gleicher Herkunft und konvergenten, voneinander unabhängig entstandenen Ähnlichkeiten unterscheiden. Wir haben noch keine Fachsprache für die Beschreibung menschlichen Verhaltens entwickelt.

Und wo fangen wir an? Es ist ganz außerordentlich schwierig zu entscheiden, welche Verhaltensweisen für unsere Art besonders kennzeichnend und damit zur Untersuchung geeignet sind. Das Beste ist noch, einige Gesichtspunkte auszuwählen, über die wenigstens einigermaßen einheitliche Vorstellungen herrschen. Da wir aber noch gar so sehr im Dunkeln tasten, wäre es sinnlos, menschliche Verhaltensweisen zu besprechen, deren Ursprung wir nicht einmal ahnen. Ich habe mich deshalb für einige Fragen entschieden, die Ihnen vielleicht etwas langweilig, jedenfalls nicht gerade brennend wichtig erscheinen. Es kommt mir aber nicht so sehr darauf an zu zeigen, daß es solche Vorstufen tatsächlich gibt; ich möchte vielmehr davon sprechen, wie wir *methodisch* vorgehen könnten und sollten.

Nehmen wir uns zuerst etwas verhältnismäßig Einfaches vor: Es wird immer wieder darauf hingewiesen, daß der Mensch, nachdem er sich ähnlich wie alle anderen Tiere allmählich durch anpassende genetische Veränderungen zu seiner Art entwickelt hat, jetzt in eine neue Phase eingetreten sei, die Huxley als die »psycho-soziale Evolution« bezeichnet. Ich sage lieber »kulturelle« Evolution. Sie beruht auf der Weitergabe angesammelten Wissens und dadurch bedingter phänotypischer, d. h. aus individueller Erfahrung erworbener Verhaltensänderungen durch die Generationen. Vom Cro-Magnon-Menschen unterscheiden wir uns deutlich durch unsere heutige Lebensweise. Aber genetisch haben wir uns kaum verändert; fast alle neueren Errungenschaften verdanken wir der Tradition. Wir können nicht nur jeder für sich mehr lernen als Tiere, sondern dieses ständig anwachsende Wissensgut in der Generationenfolge speichern. Wieviel sind wir Tieren in dieser Hinsicht voraus?

Viel wissen wir darüber noch nicht, doch immerhin soviel, daß Affen und Menschenaffen, unsere nächsten Verwandten, neu erworbene Verhaltensweisen anderen überliefern. Schimpansen wissen meistens nicht, wie man eine Kokosnuß öffnet; doch Elder beobachtete, daß manche sie auf harter Unterlage zerschmettern und daß unerfahrene Artgenossen es ihnen absehen können. Entsprechende, sehr eingehende Beobachtungen wurden an japanischen Rotgesichtmakaken gemacht, bei denen man sogar von »Subkulturen« spricht. Bemerkenswert ist vor allem, daß keineswegs jeder von jedem etwas anzunehmen bereit ist. Kinder lernen mehr von ihren Müttern und Rangniedere mehr von Ranghohen als umgekehrt. Und wie steht es bei uns? Lernen wir von jedem und zu jeder Zeit gleich gut? Schulbuben, die ihren Lehrer nicht achten und nicht leiden mögen, wollen von ihm nichts lernen, und Sprachforscher haben herausgefunden, daß Wandlungen der Sprachen und andere Kultureinflüsse sich um Machtzentren herum auszubreiten pflegen, im Mittelalter von großen Städten ausgehend und heutzutage von überlegenen Nationen.

Das Verhalten der Primaten ist uns leider noch ziemlich fremd (manche Insekten, Fische und Vögel kennen wir viel besser), und es ist mühsam, verläßliche Angaben über Vorstufen der Kultur zu erhalten. Deshalb können wir noch nicht ermessen, wie weit die psycho-soziale Evolution bei nichtmenschlichen Primaten fortgeschritten ist. Da wir aber nun von ihr wissen, ist es wohl möglich, daß wir noch mehr Formen menschenähnlicher Traditionen bei Tieren und andererseits noch mehr einfache Vorbedingungen des Lernens auch bei uns selber finden.

Überlieferungen gibt es jedoch nicht nur bei Affen, sondern auch bei den verschiedensten tieferstehenden Tieren. Z. B. müssen manche Vögel den Artgesang vom Vater lernen. Dafür gibt es ein lustiges, sicher belegtes Beispiel: Ein Dompfaff, der von einem Paar Kanarienvögel aufgezogen wurde, machte sich den Kanariengesang zu eigen. Er lebte später außer Hörweite von seinen Pflegeeltern, verpaarte sich mit einem Dompfaffweibchen, und alle seine Söhne sangen wie Kanarienvögel, ebenso die Enkel, die einer dieser Söhne aufzog, obwohl weder sie noch ihr Vater jemals einen Kanarienvogel hatten singen hören. Auch dies ist Tradition, nur mit dem Unterschied, daß sich bei Tieren der Wissensstoff nicht ansammeln kann wie bei uns.

Graugänse bleiben fast ein Jahr lang als Familie beisammen, bis eine neue Brut beginnt. Wenn die Alten einmal irgendwo einem Fuchs begegnet sind, locken sie fortan ihre Jungen von solchen Plätzen fort. Lorenz schützte sie in der Nähe seines

Instituts durch einen Zaun, der jeden Fuchs fernhielt. Aber die Gänse, deren Urahnen einmal unliebsame Erfahrungen gemacht hatten, hüteten noch viele Generationen lang ihre Jungen vor der vermeintlichen Gefahr.

Man muß sich fragen, inwieweit das Lernvermögen des Menschen sich von dem der Tiere wirklich unterscheidet. Sie können und müssen ja zum Teil sehr vieles lernen; manche suchen oder schaffen sich sogar durch dafür bestimmte Verhaltensweisen erst die Gelegenheit, das Nötige zu erfahren. Sie sind »neugierig«, d. h. sie beschäftigen sich mit gewissen Dingen, Raumverhältnissen oder anderen Tieren in einer Weise, die ihnen wichtige Sinneseindrücke darüber vermittelt, kurz gesagt, sie erkunden. Sobald sie dann Bescheid wissen, können sie etwas anderes tun. Ratten erkunden sehr ausgiebig. Sie machen sich mit jeder Veränderung ihrer Umgebung vertraut. Artgenossen, die als Gruppenmitglieder oder Geschlechtspartner einander begegnen, lernen sich kennen, und danach richten sie sich fernerhin in ihrem Verhalten. Bienen und Wespen machen »Orientierungsflüge«, wenn sie ihr Nest oder ihre Höhle verlassen, und prägen sich dabei die räumlichen Beziehungen zwischen diesem Ort und auffälligen Punkten in der Umgebung ein, nach denen sie heimfinden können.

Manche Tiere geben das, was sie erkundet haben, an Jungtiere oder Gruppenmitglieder weiter, doch wiederum ohne daß sich diese Überlieferung ständig vermehrt.

Es ist also durchaus berechtigt zu fragen, ob und in welchem Maße unser eigenes Erkundungsverhalten bis hinauf zu seiner höchsten Form, der wissenschaftlichen Forschung, wirklich etwas Neues sei oder nur eine Steigerung einfacherer Formen der Neugier. Wie jeder weiß, läßt die Neigung zu erkunden mit dem Älterwerden nach, wahrscheinlich nicht weil die Leistungsfähigkeit des Gehirns sich so stark vermindert, sondern weil der Antrieb, Neues zu erfahren, schwindet.

Inwiefern unser Verhalten durch die Gesellschaft geformt wird und wie stark sich erbliche Anlagen in der psycho-sozialen Entwicklung durchzusetzen vermögen, das alles sollten wir neu überdenken. Viele von Ihnen werden in der Tageszeitung *The Observer* die Antwort-Zuschriften auf den Newsom-Brief gelesen haben, in dem eigene Erziehungswege für Frauen vorgeschlagen wurden. Newsoms Antrag ging von den Überlegungen aus, daß die Gesellschaft sicherlich an Frauen andere Anforderungen zu stellen habe als an Männer und daß beide Geschlechter wahrscheinlich nicht nur körperlich, sondern auch in ihrem Verhalten einschließlich der Lernfähigkeit erblich verschieden sind; die besonderen Interessen von Buben und Mädchen könnten durchaus auf genetische Unterschiede zurückzuführen sein. Wenn das zutrifft, sollte man sie verschieden erziehen, damit sie sich voll entfalten und innerhalb der Gesellschaft zufriedene, innerlich ausgefüllte Menschen werden können.

Die Ansichten der Briefschreiber führten weit auseinander. Das Beunruhigende daran war, daß man von ungeklärten Voraussetzungen ausging und nach Gutdünken oder sogar gefühlsbetont Stellung nahm. Wir müssen aber erst einmal wissen, in welchem Ausmaß und in welchen Hinsichten wir mit erblich verschiedenen Lernbereitschaften bei Kindern rechnen müssen. Da wir das aus ethischen Gründen an Menschen nicht untersuchen können, sollte man Tiere unter genau gleichartigen Bedingungen aufwachsen lassen und prüfen, ob sich die Lernleistungen von Männchen und Weibchen unterscheiden. Klinische Befunde lassen jedoch schon jetzt darauf schließen, daß es solche Unterschiede bei Jungen und Mädchen tatsächlich gibt.

Wie mir scheint, stehen wir hier vor einer wichtigen Aufgabe, die schon in naher Zukunft zu weitreichenden Entscheidungen führen kann; doch die nötigen Kenntnisse fehlen uns noch. Nur wenige haben bisher die Folgerung daraus gezogen, daß wir diesen Teil des menschlichen Verhaltens erst erforschen müssen, ehe wir versuchen, darauf einzuwirken.

Wir gehen jetzt zu etwas anderem über. Viele Menschen glauben, Tiere seien inneren wie äußeren Reizen gewissermaßen ausgeliefert und nicht imstande, die Beziehung zwischen Ursache und Wirkung zu erfassen. Es lohnt sich, einmal darüber nachzudenken, ob sie nicht doch einfache Zusammenhänge erkennen und was im einzelnen uns Menschen veranlaßt, solche Beziehungen zu sehen.

Lassen wir einmal geistreiche wissenschaftliche Kausalbetrachtungen beiseite und überlegen, wie wir alltäglich zu solchen Folgerungen kommen. Wenn ein Ereignis A immer dem Ereignis B vorausgeht und B niemals eintritt, ohne daß A stattgefunden hat, dann schließen wir daraus, daß A die Ursache von B ist. Doch der Zufall kann täuschen. Dagegen schützen wir uns in der Wissenschaft, indem wir solche Folgen viele Male nacheinander beobachten. Im Alltag sind wir nicht so vorsichtig; schon wenige A-B-Folgen genügen, manchmal sogar eine einzige, um uns von ihrem ursächlichen Zusammenhang zu überzeugen.

Dazu folgende Geschichte: Konrad Lorenz und ich sahen zu, wie meine dreijährige Tochter sich abmühte, ihren kleinen Roller gegen die Wand zu lehnen. Beim ersten Versuch kippte er um, ebenso beim zweiten und dritten. Dann richtete sie ihn noch einmal auf, gab ihm, ungeduldig geworden, ärgerlich einen Stoß – und er stand! Sie hätten das strahlende Gesichtchen sehen müssen: Mit dem *Stoß* hatte sie es geschafft! Ich konnte meinem Freund gegenüber die Bemerkung nicht unterdrücken: »Siehst du, sie ist genauso dumm wie ... wie ein Erwachsener.« Ich glaube, Sie verstehen, worauf es hier ankommt.

Mancher von Ihnen wird sich gleich mir erinnern, wie viele Menschen das Radio für die (angebliche) Verschlechterung des Wetters verantwortlich machten; dann war das Fernsehen, noch später die Atombombe schuld. Alle diese Behauptungen, ob sie nun berechtigt waren oder nicht, bezogen sich bestenfalls auf so etwas wie einen Schritt von A nach B, auf ein zufälliges und meistens ein besonders einprägsames Zusammentreffen.

Selbst in der Forschung gehen wir oft von solchen Ereignisfolgen aus, doch wir achten darauf, die Beobachtungen unter gleichmäßigen Bedingungen mehrmals zu wiederholen und Zufälle auszuschließen.

Daß Tiere auf A reagieren, weil sie danach B erwarten, ist vielfach erwiesen; denn genau das geschieht bei einer Konditionierung nach Pawlow: Wenn man regelmäßig, kurz bevor ein Hund gefüttert wird, z. B. eine Glocke läutet, dann antwortet er schon bald auf diesen »bedingten Reiz« ebenso wie auf die Reize, die vom Futter selbst ausgehen. Er benimmt sich genau wie ein Mensch, der aus mehrfacher Beobachtung der Folge A-B gelernt hat, daß B die Wirkung von A bzw. A die Ursache von B ist. Können wir das mit unserer »Einsicht« in solche Zusammenhänge vergleichen? Es ist gut denkbar, daß auch hierbei die verschiedene Redeweise grundlegende Übereinstimmungen verschleiert. Würden wir unser eigenes Verhalten oder, einfacher, das unserer Mitmenschen mit denselben Worten beschreiben wie das des Hundes, anstatt durch subjektive Begriffe wie Wissen oder Einsicht, dann schiene uns der Abstand nicht so groß. Jedenfalls sollte man auch hier fragen: Ist unser Verhalten im Grunde dasselbe wie das von Tieren, wenn es sich auch auf einer anderen Ebene abspielt, oder ist es grundsätzlich anders? Ich will nicht behaupten, daß man den Übergang leicht finden kann; ich möchte nur immer wieder betonen, wie dringend wir zuverlässige Vergleiche und eine gemeinsame Fachsprache brauchen.

Noch etwas anderes gilt weithin als ein entscheidender Unterschied. Man sagt: Tiere handeln blindlings, zwangsläufig, in Antwort auf innere und äußere Zustände und Reize, durch die ihre Antworten unmittelbar ausgelöst werden. Der Mensch dagegen handle nach Voraussicht und nach freiem Willen. Gibt es Entsprechendes bei Tieren? Wie jeder von sich selber weiß, können wir, ehe wir etwas tun, uns vorstellen, was sich im einen oder anderen Falle daraus ergibt. Wir brauchen unseren Vorsatz nicht auszuführen, um zu wissen, was er für Folgen haben wird; wir können es uns vorher denken und aufgrund unserer Erwartung beschließen, was geschehen soll. Welchen Mechanismen wir diese Fähigkeit verdanken, ist unbekannt, aber die Tatsache steht außer Frage. Auch »Erwartung« ist jedoch ein subjektiver Ausdruck. Läßt er sich in sichtbares Verhalten übersetzen?

Erste Schritte in dieser Richtung sind getan, und ich möchte einige Beobachtungen schildern, die hierzu etwas aussagen können.

Viele Insekten verfügen über die sogenannte optomotorische Reaktion. Wenn sie stillsitzen und ihre Umgebung sich bewegt, im Versuch etwa ein drehbarer Pappzylinder mit senkrechten schwarzen und weißen Streifen, dann drehen sie sich mit, so daß sie ihre Stellung in bezug auf ihre sichtbare Umgebung beibehalten. Auf diese Weise sind z. B. Fluginsekten wie Schwebfliegen imstande, selbst bei starkem Wind auf der Stelle zu bleiben. Der entscheidende Reiz ist die Verschiebung des Abbildes der Umwelt auf der Netzhaut des Auges. Wenn umgekehrt in ruhender Umgebung das Tier sich selber in Bewegung setzt, erzeugt dies eine Bildverschiebung in entgegengesetzter Richtung. Die optomotorische Reaktion müßte es nun gleich zur Umkehr zwingen. Das geschieht aber nicht. Das Tier kann sich trotz dieser Wahrnehmungen frei bewegen, nach früherer Meinung, weil bei Eigenbewegungen diese Reaktion unterdrückt wird. Wie v. Holst und Mittelstaedt zeigten, ist das jedoch nicht richtig. Sie drehten den Kopf einer Fliege 180° um die Längsachse des Tieres (was die Fliege ohne Schaden selbst tun kann) und befestigten ihn in dieser Lage. Nun verschiebt sich das Netzhautbild genau entgegengesetzt zur vorgesehenen Richtung, und sooft das Tier sich bewegt, fängt es wild an zu kreiseln. Das heißt, es reagiert optomotorisch, jedoch in der verkehrten Richtung, so daß sich die Bildverschiebung nicht aufhebt, sondern verstärkt, und alles nur um so schlimmer wird. Wenn aber die Optomotorik nicht unterdrückt wird, wie kann das Insekt sich dann normalerweise frei bewegen? Die einzig mögliche Erklärung lautet, daß es bei Eigenbewegungen die Bildverschiebung erwartet, aber nicht registriert, solange deren Richtung und Geschwindigkeit dazu passen. Die ruhende Fliege ist »darauf eingestellt«, am Ort zu bleiben und ihre Lage zu korrigieren, falls das Netzhautbild wandert; die andere ist »darauf eingestellt«, ihre Lage oder besser ihre Bewegung nicht zu korrigieren, solange die Rückmeldungen von der Außenwelt besagen: Bildverschiebung im »erwarteten« Sinne. Auf welche Weise diese Einstellung oder Erwartung im Zentralnervensystem zustande kommt, können wir bisher nur vermuten, doch offensichtlich gibt es sie.

Dieses Beispiel mag im Vergleich zum Menschen weit hergeholt scheinen, weil unsere Erwartungen viel mehr umfassen und weit in die Zukunft reichen. Aber das Folgende wird Sie vielleicht überzeugen.

Eine führende Glucke, die am Boden pickt, veranlaßt ihre Küken, ebenfalls zu picken und Futter aufzunehmen. Dasselbe erreicht ein Hühnerkopf aus Pappe, der Pickbewegungen ausführt. Der englische Zoologe Turner dressierte ein Küken, in einer Ecke A seines Auslaufs verstecktes Futter zu suchen. Danach ließ er in einer anderen Ecke B eine Hühnerkopfattrappe picken, und zwar nach zwei Sorten Körnern, braunen und grünen. Wenn sie nach den braunen pickte, lief das Küken zur Ecke A und suchte sich dort aus einer Futtermischung die braunen Körner heraus; es hatte gelernt, bei A solche Körner zu »erwarten«; anders ausgedrückt, es war durch Reize, die es bei der Mutterattrappe wahrgenommen hatte, darauf »eingestellt«, bei A nach braunen Körnern zu suchen und sie zu verzehren. Es mußte sich demnach im Inneren des Kükens irgend etwas ereignet haben, das es veranlaßte, im Hinblick auf Zukünftiges zu handeln, mit bestimmten Folgen seines Tuns zu rechnen. Dies ist durchaus kein Einzelfall; man könnte viele ähnliche Beispiele nennen. Freilich bleibt auch hierbei offen, ob unsere Erwartungsfähigkeit aus solchen Anfängen entstanden ist, und wiederum muß ich darauf verweisen, daß wir zum unmittelbaren Vergleich das Verhalten von Menschen und Tieren einheitlich beschreiben müssen.

Wir können dasselbe von der anderen Seite betrachten und uns fragen, was »überlegt« und was automatisch als Antwort auf Innen- und Außenreize getan wird, inwieweit wir selber nach kühler Voraussicht die Folgen unseres Handelns abzuschätzen pflegen. Den Ursprung finden wir vielleicht am besten dort, wo Menschen »gegen besseres Wissen« etwas tun, was von vornherein nicht gut ausgehen kann. Unter einem starken Drang, der mit dem Verstande nicht zu zügeln ist, können Menschen jeglicher Einsicht entgegen handeln. Als Insasse eines Gefangenenlagers habe ich erlebt, daß unter normalen Umständen moralisch sehr hochstehende Männer bei verzehrendem Hunger ihren ebenso hungernden Kameraden Lebensmittel stahlen. Und wir brauchen nur Kriminologen zu fragen, um zu erfahren, wieviel Verbrechen aus sexuellen Motiven begangen werden, oft mit verheerenden Folgen für den Täter, und zwar nicht nur unter solchem Zwang im engsten Sinne, sondern auch schon in dem übermäßigen Verlangen, einer Frau Eindruck zu machen.

Das alles mag alltägliches Gerede sein. Ist aber die Bedeutung solcher Tatsachen in vollem Umfange klar? Unter den unbewußten Antrieben ist wohl der gefährlichste die Kampfbereitschaft, mit der wir uns deshalb etwas näher befassen wollen. Aggressionen werden oft – und wenn es um die Ordnung des menschlichen Zusammenlebens geht, mit Recht – als etwas Unsoziales, Verderbliches angesehen. Aber das ist, wenigstens bei Tieren, nur die eine Seite. Kampfverhalten in den verschiedensten Formen gehört zur normalen Ausstattung sehr vieler Tiere. Es sprechen außerdem viele Anzeichen dafür, daß es »angeboren« ist, derart daß es sich auch bei solchen Tieren normal entwickelt, die in ihrer Jugend keinerlei Möglichkeit hatten, es zu erlernen. Wie Untersuchungen der biologischen Bedeutung der Angriffsbereitschaft ergeben haben, dient sie stets der Erhaltung der Art. Sie ist zweifellos nützlich, z. B. als ein Mittel (zugleich mit ihrem Widerpart, der *Furcht* des Angegriffenen), die Siedlungsdichte zu regeln und Übervölkerung zu verhindern, wobei häufig abgegrenzte Reviere als Eigenbesitz eine Rolle spielen. Bei den meisten territorialen Arten werden diese Reviere von Einzeltieren oder Brutpaaren verteidigt, bei anderen, wie etwa Wölfen und ihren Verwandten oder bei manchen Primaten, von Gruppen oder Sippen, die sie gemeinsam bewohnen.

Es ist aber dafür gesorgt, daß innerhalb einer Art das Kämpfen nur ausnahmsweise zum Tode und selten zu Verletzungen führt, und zwar zum Teil durch ein wohlausgewogenes Angriffs- und Fluchtsystem. Oft zieht sich ein Tier schon zurück oder hält den nötigen Abstand, wenn es angegriffen oder bedroht wird, anstatt auch seinerseits zu kämpfen. Als eine weitere Sicherung dienen bestimmte Haltungen, durch die ein unterlegenes oder in die Enge getriebenes Tier seine Unterwürfigkeit kundtut, sogenannte Demutsgebärden. Das Erstaunliche daran ist, daß sie das Angriffsverhalten unmittelbar hemmen, den Angreifer also besänftigen oder beschwichtigen können.

Vergleichende Verhaltensforscher sind nicht bereit zu glauben, der Mensch habe keine ererbten Neigungen zu kämpfen, und sie sind nicht davon überzeugt, daß man durch geeignete Erziehung vollkommen friedfertige Wesen heranbilden kann. Wir sollten diese Frage eingehend prüfen. Einstweilen nehmen wir an, daß der Mensch gleich seinen nächsten Verwandten ein ursprüngliches, unbewußtes Bedürfnis hat, Gruppenreviere zu verteidigen und sich für einen Partner oder für Rang und Ansehen mit seinesgleichen auseinanderzusetzen.

Ehe wir daran denken können, Aggressionen zu dämpfen und in ungefährliche Bahnen zu lenken, ist es von größter Wichtigkeit festzustellen, wie tief sie im menschlichen Wesen verankert sind. Bei Tieren, zu deren Normalverhalten das Kämpfen gehört, läßt es sich vorübergehend unterdrücken. Doch mit der Zeit staut es sich auf und kann zu wütenden Ausbrüchen führen: Sie kämpfen sich selbst zu Tode oder morden Ehepartner und Junge.

Außer Beschwichtigung gibt es noch weitere Mittel, die Angriffslust unschädlich zu machen. Oft läßt ein Tier, das einen überlegenen Gegner vor sich hat, seine Kampferregung an etwas anderem aus, nicht nur an den noch Schwächeren (wie mancher heimkehrende Familienvater nach Ärger mit dem Chef an Frau und Kindern), sondern auch an leblosen Dingen, an Holz oder Laub. Wir sollten festzustellen versuchen, in welchem Maße wir unsere Aggressionen umlenken und sogar höheren Zwecken dienstbar machen können, z. B. durch gemeinsame »Angriffe« auf die Natur: Überwindung des Meeres (wie etwa in Holland), Eroberung des Weltraums, Kampf gegen Krankheit und Zerstörung.

Unsere Angriffsbereitschaft ist deshalb so gefährlich geworden, weil man die Menschen gruppenweise aufhetzt, sie mancherlei Bewährungsproben aussetzt, um ihre Angst zu verringern, und auch, weil man ihnen einreden kann, was Schlimmeres geschehen würde, wenn sie sich nicht wehrten. Das alles wird durch Massenmedien enorm begünstigt. Außerdem haben weitreichende Waffen das Beschwichtigungsverhalten unwirksam gemacht. Es ist viel leichter, vom Flugzeug aus eine Atombombe abzuwerfen oder eine Rakete zu zünden als einen Mann oder ein Kind mit eigener Hand zu erwürgen; man erlebt ja nicht unmittelbar, was für Unheil dadurch geschieht.

Ich bin auf diese Frage etwas ausführlicher eingegangen, weil sie uns so dringend angeht. Doch was geschieht? Warum setzen wir nicht mehr Kräfte ein, um auf breiter Front die Aggression wissenschaftlich zu erforschen? Warum versuchen wir nicht einmal, die bescheidenen Kenntnisse, die wir haben, anzuwenden?

Solche Untersuchungen sollten wirklich in großem Umfang durchgeführt werden; denn unsere Unwissenheit ist erschrekkend. Lorenz hat die Meinung geäußert, selbst wenn es uns gelingen sollte, ganz und gar friedfertige Menschen heranzuziehen, dann sei damit überhaupt nichts gewonnen. Im Tierreich ist nämlich mit der Kampfbereitschaft, vor allem von Gruppen, etwas sehr Wertvolles verbunden: Echte Freundschaft scheint sich hauptsächlich in Gesellschaften auszubilden, die gemeinsam anderen Gruppen feindlich gegenüberstehen. In welchem Maße sind Angriffslust und die Neigung, freundschaftliche Bande zu knüpfen, miteinander verwoben? Wir wissen es nicht, sollten aber versuchen, es zu ergründen. Ich selbst vermute, daß Lorenz mit einem kühnen Satz von einer Stufe, der genetischen, zu einer anderen übergesprungen ist, zu phänotypischer Kontrolle.

Sie haben, wie ich hoffe, meine bescheidenen Ausführungen nicht mißverstanden. Alles, was als höchste Leistungen allein des Menschen geschätzt wird, Sprache, Kunstempfinden, Ethik und Religion, habe ich beiseite gelassen, nicht weil ich glaube, daß sich hierfür keine Vorstufen im Tierreich fänden, sondern weil unsere Vorstellungen von ihrer Herkunft noch ungewisser sind als bei den Fähigkeiten, von denen wir sprachen. Es liegen jedoch einleuchtende Ansichten über die Ursprünge auch dieser höchsten Leistungen vor. Mein Hauptziel war, unsere erschreckende Unkenntnis in vollem Umfange vor Ihnen auszubreiten und gleichzeitig darzustellen, daß die Biologie aussichtsreiche *Methoden* für ein vergleichendes Studium des menschlichen Verhaltens anbieten kann. Um unser Erbe aus dem Tierreich zu begreifen – das wir mitbekommen haben müssen, da wir aus Tieren entstanden sind –, ist es notwendig, in der Humanethologie dieselben Verfahren anzuwenden, die sich in der Verhaltensforschung an Tieren längst bewähren. Die Abneigung dagegen ist sicherlich in unserer tief eingewurzelten Scheu davor zu suchen, uns selber der wissenschaftlichen

Betrachtung zu unterziehen. Bei voller Anerkennung dessen, was schon vorliegt, ist jedoch nicht zu bestreiten, daß die biologische Erforschung des menschlichen Verhaltens einstweilen nicht mehr ist als ein Programm; doch es ist durchführbar, und es eilt.

Alfred Gierer

Der Mensch – objektiv betrachtet

Seit vor etwa fünf bis fünfzehn Millionen Jahren die Linie, die zur Evolution des Menschen führte, von der anderer Primaten abzweigte, war die weitere Entwicklung vorwiegend durch die Ausbildung geistiger Fähigkeiten charakterisiert. Das Volumen des Gehirns nahm weiter zu, die sozialen Beziehungen wurden reicher, Flexibilität und Lernfähigkeit größer. Schon vor einigen Millionen Jahren verwendeten Vormenschen künstliche Werkzeuge, wie etwa behauene Steine mit scharfen Kanten. Auch der Gebrauch des Feuers ist seit mehr als einer Million Jahren verbürgt. Diese Fertigkeiten sind keine angeborenen »Instinkte«, sie müssen vielmehr über viele Generationen hinweg durch Nachahmung und Belehrung weitergegeben werden. Dies setzt vermutlich wenigstens die Anfangsformen der menschlichen Sprache voraus. Schon vor mehreren hunderttausend Jahren bemalten und schmückten Vormenschen ihre Toten. Das Bewußtsein des Todes deutet auf ein Verhältnis zur Zukunft über die ganze Lebensspanne hin, weit über den Alltag oder das Jahr hinaus.

Die heutige Menschenart, der sogenannte Cro-Magnon-Typ, ist vermutlich keine 100000 Jahre alt und herrscht seit etwa vierzigtausend Jahren vor. Seither hat es keine sehr ausgeprägten, für uns erkennbaren Änderungen der Biologie des Menschen mehr gegeben, die seine elementaren Fähigkeiten wesentlich erweitert hätten. Seit vierzigtausend Jahren hinterläßt der gegenwärtige Menschentyp Zeugnisse der Religion, der Kunst und der Weiterentwicklung technischer Fähigkeiten. Ursprünglich lebte er vom Jagen und Sammeln; er jagte in der

Gruppe, baute Fallen, verwendete Stein- und Knochenwerke zum Zerlegen der Tiere und für andere Zwecke, legte Kleidung an, baute Hütten. Die bekanntesten Kunstwerke sind die Höhlenmalereien der europäischen Eiszeit. Sie dienten kultischen Zwecken und zeigen Tiere, seltener Menschen, oft aber auch abstrakte, für uns nicht mehr entzifferbare Zeichen.

Vor zehntausend Jahren wurde die Landwirtschaft erfunden. Die Menschen hielten Haustiere, brannten Waldstücke nieder und säten Samen von Gräsern aus in der Erwartung, mehr zu ernten, als sie gesät hatten. Viel mehr als das Dreifache wird es zu Beginn nicht gewesen sein; dennoch dachten sie so stark »strategisch« in die Zukunft, daß auch in Hungerjahren das Saatgut nicht gegessen wurde – andernfalls wäre die Landwirtschaft schnell zu Ende gewesen. Mit dieser »neolithischen Revolution« entstanden neue, mehr an der Fruchtbarkeit als am Jagdglück orientierte Kulte, geschlossene Siedlungen, immer bessere Techniken der Herstellung und des Gebrauchs von Werkzeugen sowie ein Fernhandel mit Steinen für Klingen und für Schmuck. Das Ergebnis der »neolithischen Revolution« war eine Bevölkerungsexplosion, bei der sich die Weltbevölkerung mindestens verzehnfacht hat.

Vor fünftausend Jahren entstanden die ersten Hochkulturen mit einer universellen Schrift, städtischen Siedlungen, Arbeitsteilung und einem ausgebildeten Rechts- und Herrschaftssystem. Damit endet die Vorgeschichte, und es beginnt die geschriebene Geschichte.

Diese ganze Kulturentwicklung setzt die Fähigkeit des modernen Menschentyps voraus, komplizierte Erfindungen, Neuerungen und Erfahrungen von einer Generation auf die nächste zu übertragen und auf diese Weise nahezu unbegrenzt zu tradieren. Sie beruht darauf, daß der Mensch abstrakte allgemeine Zusammenhänge erkennt, sich bis in die frühe Kindheit erinnert und mit anderen so gut kommunizieren kann, daß er aus *deren* Erfahrung lernt; er schließt eine die ganze Lebenszeit umfassende Zukunft in das planende Denken ein und teilt sich in einer Sprache, in der man fast alles sagen kann, seiner Umwelt, besonders der nachfolgenden Generation mit. All dies setzt Eigenschaften des menschlichen Gehirns voraus, die sich im Laufe der biologischen Evolution entwickelt haben. Zwar können schon manche Arten höherer Tiere einfache Erfahrungen an Artgenossen weitergeben, und Vormenschen besaßen die Fähigkeit des Tradierens bereits in erheblichem Ausmaß – zunächst zur Unterhaltung des Feuers, später auch hinsichtlich ritueller Handlungen. Möglicherweise hatten sie sogar eine Kulturgeschichte in dem Sinne, daß sich ihre Fähigkeiten durch Lernen und Tradition von Generation zu Generation ständig verbesserten. Aber auch wenn es schon früh solche Vorformen kultureller Entwicklung gegeben hat, so wurden sie jedenfalls immer noch von der biologischen Evolution durch Mutation, Rekombination, Selektion überholt: nämlich durch die Entstehung des biologisch neuen, heutigen Menschentyps, der sich in Folge seiner erblich verankerten Eigenschaften in der Population vor etwa vierzigtausend Jahren durchsetzte, weil sein Gehirn *noch* größere Fähigkeiten des Lernens, Tradierens und Planens hatte. Seitdem aber dominiert umgekehrt die Kulturgeschichte über alle biologischen Veränderungen. Kulturen entstehen und verändern sich in dramatisch kurzen Zeiträumen, oft in wenigen Generationen, in denen eine nennenswerte biologische Evolution gar nicht möglich wäre.

Der Behauptung, daß die biologisch begründeten Fähigkeiten des heutigen Menschentyps sich in den letzten vierzigtausend Jahren *nicht* wesentlich geändert haben, stehen scheinbar die großen technischen Fortschritte der historischen Epochen im Vergleich zur vorgeschichtlichen Zeit entgegen. Dies ist aber ein zweifelhaftes Argument. In den ersten dreißigtausend der vierzigtausend Jahre, in denen der moderne Menschentyp die Erde bewohnte, lebte er vom Jagen und Sammeln; die gesamte Weltbevölkerung war damals vermutlich nicht größer als einige Millionen. In diesen dreißigtausend Jahren lebten etwa tausend Generationen und daher insgesamt einige Milliarden Menschen, nicht viel mehr als allein in unserem Jahrhundert. Die begrenzte Zahl von Menschen vollbrachte unter widrigen Umständen ungeheure Leistungen. Sie besiedelten die Trokkenzonen und den Wald, die Eisregion und die Tropen; erfanden ständig neue Techniken, entwickelten viele ausgebildete

Kulte und Kunstformen; und schließlich erfanden sie die Landwirtschaft, die größte aller menschlichen Leistungen, solche der Neuzeit eingeschlossen. Nichts deutet darauf hin, daß dazu weniger Geist gehörte als für die moderne Technik.

Die Fähigkeit, komplexe neue Kenntnisse und Fertigkeiten annähernd unbegrenzt zu tradieren, ist eine objektive Eigenschaft, fast eine Definition der Gattung Mensch, die sie von anderen Formen des Lebens unterscheidet. Zu ihrer Entwicklung trug sicher die große quantitative Erweiterung des Repertoires für Abstraktion, Kommunikation und Planung bei, die die Evolution des Menschen charakterisiert. Denkbar ist, daß darüber hinaus auch qualitativ neue Verschaltungsmuster im Gehirn, durch Mutationen erzeugt und durch Selektion erprobt, für die Menschwerdung bedeutsam waren. Diese Annahme ist beim gegenwärtigen Kenntnisstand über die Evolution des Menschen zwar nicht notwendig, aber auch nicht ausgeschlossen, und sie ist unter Gesichtspunkten der Entwicklungsbiologie des Nervensystems durchaus plausibel: Relativ einfache Mutationsschritte könnten unter Umständen ausreichen, um neue Verschaltungen im Nervensystem zu erzeugen, durch die der analytische Apparat des zentralen Nervensystems auf sich selbst anwendbar wird. Gerade damit aber könnten besondere Fähigkeiten der Selbstanalyse und hochgradiger Abstraktion begründet werden. Wie dem auch sei – erst die Verbindung aller Merkmale ergibt die Systemeigenschaften der Gattung »Mensch«, die ihn von den höheren Tieren unterscheiden.

Biologisch gesehen beruhen die Fähigkeiten, die den Menschen charakterisieren, zu einem wesentlichen Teil auf Eigenschaften seines Großhirns. Das läßt sich besonders gut für solche Funktionen nachweisen, die bevorzugt in einer der beiden Hälften des Großhirns lokalisiert sind. Erfahrungen mit Unfallopfern und anderen Hirngeschädigten zeigen, daß Schäden in der linken Hälfte oft andere Folgen haben als Schädigungen in der rechten. Aufschlußreich sind auch Untersuchungen von Patienten, bei denen aus therapeutischen Gründen die direkten Nervenverbindungen zwischen den beiden Großhirnhälften getrennt wurden; Fähigkeiten der beiden Gehirnhälften erweisen sich dabei als verschieden. Psychophysische Untersuchungen an normalen Menschen ergaben ähnliche Resultate. Es zeigte sich, daß höhere menschliche Fähigkeiten in gewissem Maße unsymmetrisch im Gehirn angelegt sind. Räumliche Vorstellungen und bildliche Darstellungen werden vorwiegend von der rechten Hälfte beeinflußt, während sprachliche Ausdrücke in der linken Hälfte erzeugt und verstanden werden. Schädigungen der Sprachfähigkeit können sehr unterschiedlicher Art sein und den Redefluß, die Grammatik, die Bezeichnung oder den Sinnzusammenhang betreffen. Allgemein scheint die linke Gehirnhälfte mehr die analytischen, die rechte mehr die intuitiven Fähigkeiten des Gehirns hervorzubringen.

Schädigungen in »Assoziationsbereichen« des Großhirns haben oft negative Folgen für *komplexes* menschliches Verhalten. Manche Patienten können nicht Figuren zeichnen, manche vernachlässigen eine Seite des Sehfeldes oder gar des eigenen Körpers. Es gibt Patienten, die sich nicht mehr situationsgerecht verhalten (z. B. Heiterkeit bei einer Beerdigung zeigen) oder ihre Bewegungen im Raum nicht regeln. Manche verwechseln zeitliche Reihenfolgen, können nicht planen, manche vermögen nicht Einsichten und Absichten in Taten umzusetzen, andere lernen zwar eine Strategie des Verhaltens gut, ändern sie dann aber nicht mehr, selbst wenn sie völlig versagt. Dies beobachtet man besonders nach Verletzungen am vorderen Teil des Großhirns.

Seit einiger Zeit ist es möglich, von außen – ohne chirurgische Eingriffe – biochemische Aktivitäten verschiedener Hirnbereiche zu messen; dabei zeigen sich ebenfalls enge Zusammenhänge zwischen der Aktivität in Teilregionen der vorderen Großhirnrinde des Menschen einerseits und »höheren« Funktionen andererseits, insbesondere bei Vorgängen wie Denken, Wahrnehmen, willentlichen Handlungen, Erinnern, Rechnen, Unterscheiden, Lernen, Sprechen. Unter gleichen Umweltbedingungen werden verschiedene Hirnbereiche aktiv, je nachdem, worauf man gerade seine Aufmerksamkeit richtet. Der vordere Teil des Großhirns ist an der internen Organisation der Gehirnfunktionen insgesamt beteiligt; er ist wesentlich für die Vorbereitung und zeitliche Ordnung zielgerichteter

Handlungen – allgemein gesagt, für geplantes, situationsgerechtes Verhalten.

In Zusammenhang mit unseren wissenschaftsphilosophischen Überlegungen geht es weniger um die Details der Forschungsergebnisse auf diesem rasch fortschreitenden Gebiet der Hirnforschung, sondern in erster Linie um eine allgemeine Erkenntnis, die sich dabei immer mehr verdichtet und konkretisiert: Auch die »höheren« Fähigkeiten des Menschen sind an physikalische Strukturen des Gehirns, ihre Integrität und Funktionsfähigkeit gebunden. Nirgendwo gibt es einen Hinweis, daß bei Prozessen im Nervensystem die Physik nicht gilt. Im Gegenteil, unzählige Untersuchungen der molekularen, elektrophysiologischen und anatomischen Eigenschaften sowohl menschlicher als auch tierischer Nervensysteme lassen die Gültigkeit der physikalisch-chemischen Gesetze für Gehirnprozesse inzwischen schon fast als selbstverständlich erscheinen. Es ist zu erwarten, daß auch geistige Fähigkeiten aufgrund von physikalischen Prozessen der Informationsverarbeitung im Nervensystem erklärbar sind – jedenfalls soweit sie sich überhaupt formal beschreiben lassen. Offen bleibt allerdings die Frage, ob es Eigenschaften des Menschen und seines Gehirns gibt, die sich einer vollständigen formalen Analyse entziehen; dieses Problem wird für die Diskussion des Bewußtseins eine Rolle spielen.

Irenäus Eibl-Eibesfeldt

Die Erhaltung der evolutiven Potenz

Dank seiner Universalität hat der Mensch nicht allein die Fähigkeit, sich wechselnden Verhältnissen anzupassen. Er hat auch die Begabung, sich Ziele zu setzen und danach seine Gesellschaftsordnung auszurichten. Das eröffnet bisher nie dagewesene Chancen, aber auch Gefahren. Die Zielsetzungen, wie immer sie auch aussehen mögen, bestimmen den weiteren Kurs der kulturellen Entwicklung und damit letztlich auch die weitere biologische Evolution.

Es gilt daher, Tendenzen der Gegenwart zu deuten, und zwar im Hinblick auf ihre Auswirkungen: die evolutive Potenz, die den Menschen – seine Chancen auf Höherentwicklung – betrifft. Bekanntlich haben Universalisten im allgemeinen bessere Aussichten, sich wandelnd im Lebensstrom zu erhalten, als Spezialisten. Die Aussichten für uns Menschen, in direkten Nachkommen auch noch in Millionen Jahren zu leben, auf kulturell und biologisch fortgeschrittenem Stande, der uns Gegenwärtigen den Rang des »missing link« zuweisen würde, sind keineswegs schlecht – vorausgesetzt, wir überleben die Krisen der Gegenwart.

Es gibt allerdings kulturelle Entwicklungen, die diese Potenzen einengen könnten. Sie wurden in den utopischen Romanen von G. Orwell (1949) und A. Huxley (1981) treffend geschildert. In beiden Modellen verliert der einzelne seine Individualität. Er geht in einem Staatsganzen auf. Er wird verwaltet, und sein Handeln wird von fremdem Willen bestimmt. In beiden Gesellschaftsformen wird ferner die persönliche Bindung, also das, was wir Liebe nennen, abgeschafft. Ehe, Familie und Freundesbindungen sind verpönt. Es gibt nur die Loyalität und Bindung an die Gemeinschaft, vertreten durch Repräsentanten der Regierungsgewalt und durch Symbole. Technische Mittel überwachen das Privatleben und damit die Einhaltung der Verordnungen. Und diese Mittel stehen im Dienste der ideologischen Indoktrination, die suggeriert, daß man das alles gerne aus freiem Willen befolge.

In den weiteren Einzelheiten divergieren die Modelle von Orwell und Huxley. Keines ist jedoch wirklichkeitsfremd. Orwells Modell liegt die Herrschaft eines Parteiapparates unter der Führung des »Großen Bruders« zugrunde, einer tyrannischen Vaterfigur, die Liebe, Ehrfurcht und Gehorsam abfordert. Die Pflege von Feindbildern und dauernder Krieg bewirken Solidarisierung der Massen und bekräftigen den Gefolgsgehorsam. Den Alltag bestimmen puritanische Ideale.

Ansätze zu solchen Entwicklungen gab und gibt es. Wegen der Neigung des Menschen, sich bei Angst infantil zu gebärden und sich starken Führungspersönlichkeiten anzuvertrauen (siehe Angstbindung), entwickeln sich solche Verhältnisse vor allem in Notzeiten. Und es ist sicherlich kein Zufall, daß gerade diese Systeme – aber keineswegs nur sie – über das propagandistische Suggerieren vermeintlicher Bedrohungen diese Angstmotivation zu erhalten trachten. Allerdings scheint es schwer, den Menschen dauernd gewaltsam und über die Angst zu beherrschen. Die Geschichte lehrt, daß er dagegen rebelliert.

Viel gespenstischer, weil wirklichkeitsnäher, ist das Modell des totalitären Staates, das A. Huxley in seiner »Schönen Neuen Welt« zeichnet. Hier nützt die Staatsführung das Glücksstreben des Menschen und erfüllt dessen Lustmechanismen so perfekt, daß er zuletzt über seinen Hedonismus entmündigt wird. Er sinkt auf die Entwicklungsstufe des abhängigen, zufriedenen, weil der Sorgen enthobenen Kindes. Bereits während ihrer künstlichen Aufzucht werden die Menschen so indoktriniert, daß sie für die jeweilige Rolle, in der sie leben werden, emotionell programmiert sind. Sie entwickeln einen Klassenstolz und verrichten freudig die Arbeiten, für die sie herangezogen wurden. Neben der direkten Beeinflussung der physiologisch-körperlichen Entwicklung erfolgt die prägende Indoktrination durch Dauerberieselung mit Phrasen, Slogans und Liedern unter Einsatz aller technischen Raffinessen. Das Leben des einzelnen ist im übrigen lustvoll. Er ist stolz auf seine Stellung, liebt seine Arbeit, die ihn nicht überanstrengt, da die Arbeitszeiten kurz sind. Für die Unterhaltung in der Freizeit wird vom Staat gesorgt. Man kann Sport treiben, auf Reisen gehen, man ist immer in lustiger Gesellschaft und beteuert in Gesängen bei verdummenden Massenritualen, wie glücklich man ist. Unterhaltung raffiniertester Art wird geboten – auch über Drogen, die nicht gesundheitsschädlich sind und nur glücklich machen. Sexuelle Freiheit ist gestattet, vorausgesetzt, man wechselt immer wieder den Partner, denn Liebe ist verpönt. Huxley zeichnet das Bild einer durch und durch hedonistischen Gesellschaft, die von einer Elite über die Lustmechanismen der einzelnen gegängelt wird. Dem Leser wird auffallen, daß Entwicklungen in dieser Richtung schon weit gediehen sind. Wir leben in einer Wohlfahrtsgesellschaft, die den einzelnen durch freundliches Umsorgen in ein soziales Netz einhüllt, ihn infantilisiert und dadurch abhängig und leitbar macht.

Besonders weit scheint diese Entwicklung in Schweden gediehen zu sein. Im »Spiegel« (43/1983) erschien ein sehr aufschlußreicher Artikel von Wulf Küster, der geradezu Erstaunliches über die Bevormundung durch die Verwaltung, insbesondere die Fürsorge, berichtet. Unter anderem wird aus dem Recht der Frau auf Arbeit über die Besteuerung ein emanzipationsfördernder Zwang gemacht. Auch wenn die Frau gar nicht will, wird sie auf den Arbeitsmarkt gedrängt; denn es ist unmodern und unwürdig, als Hausfrau und Mutter zu leben. In Wirklichkeit steckt das Eigenleben eines Apparates dahinter, der mit all seinen Fürsorgeeinrichtungen beschäftigt sein will. Was würde man mit den Kindertagesheimen und all den Pädagogen und Sozialfürsorgern machen, wenn die Mütter selbst für ihre Kinder sorgten? Auch hier wieder ein Zuviel des Guten. Erschreckend ist, daß die Regierung sich dem Problem verschließt und es nicht wahrhaben will, auch wenn man sie darauf hinweist, wie das »Spiegel«-Interview mit Olof Palme in der gleichen Nummer der Zeitschrift lehrt. Erst diese selbstgerechte Verhärtung macht das Ganze zu einem Problem – die mangelnde Bereitschaft, aus Fehlern zu lernen.

Differenzierung bedeutet in der organischen Entwicklung immer Integration und Unterordnung von Teilen; auf die Entwicklung der Massengesellschaften übertragen, bedeutet dies Integration und Unterordnung des einzelnen innerhalb eines Staatsapparates. Wahrscheinlich dürfte eine Kombination der von Huxley und Orwell geschilderten Herrschaftsstrategien unter Betonung des hedonistischen Elements am effektivsten sein. Wie auch immer sich diese Integration des einzelnen in den totalitären Staat vollziehen mag: Bewährt sie sich, dann handelt es sich um einen Anpassungsvorgang. Und warum sollte es uns verwehrt sein, uns zu perfekten Großverbänden unter Aufgabe der Individualität zusammenzuschließen, wenn das unsere Eignung fördert?

Selbst wenn wir die bestmögliche Anpassung an jeweils gegebene Umweltbedingungen ins Auge fassen, können wir dagegen schwer mehr sagen, als daß uns solche Entwicklungen – weil wir eben noch Individuen sind – gefühlsmäßig zuwider sind. Wenn aber das absolute Aufgehen des Individuums in der größeren Gemeinschaft zu einer besseren Angepaßtheit der Menschen führt und zugleich der Harmonsierung zwischenmenschlichen Zusammenlebens dient, dann, so könnte man argumentieren, müßten sich eben auch unsere Wertvorstellungen mit dieser Entwicklung wandeln, denn diese sind ja gewiß zunächst einmal an den gegenwärtigen Zustand angepaßt. Evolution besteht jedoch nicht einfach im konservativen Beharren, sondern in steter Neuanpassung.

Das ist durchaus richtig. Aber ebenso richtig ist, daß Verhaltensweisen und Zielvorstellungen Schrittmacher der Evolution sind und daß wir über entsprechende Zielvorstellungen unsere Zukunft entscheidend mitgestalten können. Dabei sollten wir die Erhaltung der weiteren evolutiven Potenz im Auge behalten. Allzu großes Spezialistentum – auch wenn es zum Zeitpunkt des Entstehens bestangepaßt ist – kann sich evolutionistisch als Sackgasse erweisen, indem es die Möglichkeit weiteren Artenwandels und damit von Neuanpassung einengt. Nun liegen die evolutionistischen Chancen des Menschen in seiner Universalität begründet, und diese wiederum basiert auf der Gemeinschaft relativ autonomer Individuen. Die Erhaltung der Individualität und damit der schöpferischen Vielfalt von einzelnen sollte daher eine Zielvorstellung bleiben. Nur mit ihrer Hilfe dürfte es gelingen, sich der systemimmanenten Automatik der Großgesellschaften entgegenzustellen, die das Individuum einzuschmelzen droht. Sicher könnte es auch einem Großprimaten gelingen, seine Individualität nach dem Vorbild der Insektenstaaten völlig aufzugeben – und das kann durchaus bestangepaßt sein. Wir sollten es nur nicht wollen, denn eine solche Entwicklung würde unsere evolutiven Chancen einengen. Eine Großgesellschaft verantwortlicher Individuen kann gewiß ebenso gut funktionieren.

Das in der modernen Massengesellschaft entwickelte antiindividualistische Sozialethos preist Tugenden an, die zur Untugend würden, ginge darüber das Individuum zugrunde. Nach William Whyte (1958) sind die Schlagworte dieser neuen Ethik Anpassung, Einordnung, sozialgerichtetes Verhalten, Teamwork, Gruppenloyalität, Gruppendynamik, Gruppendenken, dynamische Konformität und anderes mehr. Sie erfüllen ihre gemeinschaftsbindende Funktion im positiven Sinne, wenn daneben auch die individualistischen Werte bestehen bleiben. Wird der einzelne über eine solche Indoktrination entmachtet, dann ist die Entwicklung bedenklich.

Die anonyme Gesellschaft neigt dazu, eine Gesellschaft ohne Liebe zu sein. Sie richtet sich gegen persönliche Beziehungen und setzt an ihre Stelle das Kollektiv. Dem frühen Sozialismus waren persönliche Beziehungen verdächtig. Aus diesem Grunde versuchte man u. a. auch die Familie abzuschaffen und durch die größere Gemeinschaft zu ersetzen. Man wollte nicht diskriminieren, sondern jedermann gleich verbunden sein. Diese Experimente glückten jedoch bisher nicht, und eine Rückbesinnung auf die Familie findet statt. Die familiale Veranlagung des Menschen steht einem Leben ohne enge persönliche Beziehungen zu wenigen Personen entgegen. Aber repressive Ideologien könnten sie letztlich zerbrechen. Es ist in diesem Zusammenhang bemerkenswert, daß die sonst wesentlich unterschiedenen totalitären Utopien von G. Orwell und A. Huxley in einem Punkt übereinstimmen: Dauerhafte heterosexuelle Liebesbeziehungen gelten als verpönt.

Die anonyme Gesellschaft belastet den Menschen mit vielen Problemen. Bringt er die Anlagen mit, um diese zu bewältigen? K. Lorenz meint, daß der heutige Mensch zwar die Forderung, seinen ihm unbekannten Mitmenschen so zu lieben wie sich selbst, verstandesmäßig als richtig erkennen würde, daß er jedoch seiner Anlage gemäß nur jene aus vollem Herzen lieben könne, die er auch kenne. Man müsse daher zunächst auf die biologische Evolution des neuen Menschen warten. Nun stimmt es sicher, daß wir jene, die wir persönlich kennen, in besonderem Maße lieben und schätzen lernen. Haben wir aber im individualisierten Verband die Fähigkeit zur Nächstenliebe voll entwickelt, dann können wir über Identifikation durchaus auch zu den uns unbekannten Gruppenmitgliedern eine emotionelle Bindung herstellen. Diese Fähigkeit hat ja mit zunehmender Kommunikation auch zur Entwicklung einer neuen Humanität geführt. Aber nur Menschen, die in persönlichen Bindungen geborgen leben, sind solcher Nächstenliebe fähig. Mit anderen Worten – individualistische Werte und persönliche

Bindungen stehen der Loyalität zur anonymen Großgemeinschaft keineswegs entgegen. Sie sind vielmehr die Voraussetzung dafür.

Wolfgang Wickler
Warum die Natur für uns kein Vorbild ist

»Nichts macht in der Natur Sinn außer im Lichte der Evolution«, hat der berühmte Genetiker Th. Dobzhansky einmal gesagt. Wir müssen Kausalforschung treiben, wenn wir die Mechanismen, die das Verhalten steuern, kennenlernen und gegebenenfalls beeinflussen wollen. Wenn wir aber verstehen wollen, warum so geartete Mechanismen überhaupt existieren, dann müssen wir die Konsequenzen des Verhaltens untersuchen, die Auswirkungen, die es auf das Erhaltenbleiben der Verhaltensprogramme hat.

Verhaltensprogramme können angeboren oder erworben sein. Es ist unsinnig, zu behaupten, das Erworbene müsse notwendig dem Angeborenen unterliegen. (Das steckt in der alten Behauptung, gegen einen angeborenen Aggressionstrieb sei der Mensch machtlos.) Den Gegenbeweis liefern alle diejenigen, die sich um einer Überzeugung willen zu Tode hungern, und zwar gegen den mit Sicherheit angeborenen Nahrungstrieb.

Die Ausbreitung und Vervollkommnung von Verhaltensprogrammen ist ein Vorgang der Evolution, ihr gegenseitiges Konkurrieren ein Vorgang der Selektion. Dabei breitet sich tradiertes Wissen nach ähnlichen Gesetzmäßigkeiten aus wie die im Erbgut kodierte Information. Es gewinnt an Bedeutung, je mehr Träger es findet. Gegen konkurrierendes Wissen (wie etwa andere Lehrmeinungen oder Weltanschauungen) setzt es sich um so leichter durch, je mehr die Träger der gleichen Traditionsinhalte, also die Anhänger der gleichen Lehre, sich gegenseitig unterstützen. Das ist wieder der schon erörterte Gesichtspunkt der Verwandten-Selektion; genetisches wie geistiges Erbe breitet sich aus, wenn die leiblichen oder geistigen Verwandten stärker miteinander als mit anderen kooperieren.

Die übliche Bezeichnung Bundes-»Bruder« oder »Bruder« im Geiste trifft genau den Kern dieses Arguments, und die alte Forderung, vor allem den Glaubensgenossen Gutes zu tun, ist die zwangsläufige Weisung einer geistigen Verwandten-Selektion im Bereich der Evolution von Tradiertem. So wie es für die Ausbreitung der Gene förderlich sein kann, Brutpflege und Verwandtenhilfe bis zur Selbstaufopferung zu treiben, so kann es auch der Durchsetzung einer Lehre dienlich sein, wenn ihre Vertreter zum Martyrium bereit sind: Dann nämlich, wenn ein solches spektakuläres Opfer die Lehre bekannt macht und ihr mehr neue Anhänger verschafft als sich alte dafür opfern müssen. »Sanguis martyrum semen est christianorum« – Das Blut der Märtyrer ist Samen der Christenheit.

Freilich kann der Einzelne dann in Konflikte kommen, wenn die geforderte Bevorzugung der geistig Verwandten unvereinbar ist mit der biologisch angelegten Bevorzugung der leiblichen Verwandten. Dann wird auch hier eine Prioritätensetzung und Güterabwägung nötig, und sie wird zwangsläufig nach dem Gesichtspunkt eines größeren Nutzens erfolgen, weil wir gar kein anderes Abwägungsverfahren kennen. Solange als Nutzen – wie im Biologischen – die Anzahl der Clan-Mitglieder gilt, gelten auch die biologischen Kooperationsregeln; dem biologischen Fortpflanzungsdrang entspricht dann ein missionarischer Eifer. Da die geistigen Verwandten schneller zu vermehren sind als die leiblichen, wird dann das Fördern geistig Verwandter vorrangig werden, die biologische Familie wird im Konfliktfall geringer gewertet.

Das alles legt es vielleicht nahe, sich in den moralischen Zielvorstellungen den Evolutionsgesetzen zu unterwerfen und sich die Natur zum Vorbild zu nehmen. Wo aber kämen wir dann hin? Wir kämen nach dem natürlichen Maßstab des Erfolgs zu einem Zustand der Chancengleichheit zwischen alternativen Taktiken, auch solchen, von denen wir die eine gut, die andere böse nennen. Das habe ich am Beispiel der evolutionsstabilisierten Strategien vorgeführt, wo sich Töten und Nicht-Töten, Lügen und Nicht-Lügen oder andere Alternativen schließlich die Waage halten können. Die »gute Mutter Natur« bewertet ihre Kinder nur nach dem Erfolg, auch wenn sie ihn auf Kosten anderer erringen. Sie öffnet dem Parasiten gleiche Chancen wie seinem Wirt, und deshalb spielen sich überall in der Natur Gleichgewichte ein: zwischen Räuber und Beute, zwischen Krankheitserregern und den von ihnen Befallenen, zwischen Ehrlichen und Betrügern. Wenn wir menschliche Interessen ins Spiel bringen, Partei für uns nützliche Lebewesen ergreifen und sie hegen, so gehört das noch zum natürlichen Konkurrenzkampf. Auch die Ameisen im Garten verteidigen »ihre Blattläuse« gegen räuberische Marienkäferlarven.

Wir Menschen können aber zweierlei, was die Natur sonst nicht kann, was im Rahmen der Evolution und Selektion außerhalb des Menschen nicht vorkommt: Wir können in die Zukunft rechnen, und wir können eigene Ziele setzen. Und wir müssen beides tun, wenn wir nicht das offenbar typisch Menschliche aufgeben wollen. Das Vorausrechnen in die Zukunft kann schon helfen, auf biologischer Ebene Kosten zu sparen. Wenn Löwenmännchen die Kinder von Rivalen umbringen, wenn sich Beschädigungskämpfer zunächst ausbreiten, bis die nachteiligen Folgen den Nutzen aufheben, dann wird eben doch ein Zustand erreicht, in dem schließlich jedes Männchen auch Verluste an eigenen Kindern hinnehmen, jeder Kämpfer höhere Schäden und Risiken tragen muß. Im ersten Auftreten hat eine solche, andere schädigende Variante zwar große Vorteile, je mehr sie sich aber wegen der Anfangsvorteile ausbreitet (im Traditionsbereich: je mehr das Beispiel Schule macht), desto mehr beginnen ihre Vertreter selbst darunter zu leiden. Ihre Nachkommen oder Anhänger stehen schließlich schon nach Nutzen-Kosten-Erwägungen schlechter da als die Initiatoren dieser Taktiken. Das läßt sich in der außenmenschlichen Natur nicht verhindern, weil keine Instanz vor den späteren Folgen warnen und den Anfängen wehren kann; denn das würde bedeuten, die ersten Vertreter einer solchen Taktik zum Verzicht auf ihren großen momentanen Selektionsvorteil zu bewegen.

Der Mensch ist zur Zukunftsvision fähig; er könnte das Erfolgskorsett der natürlichen Selektion ablegen und auf einen unmittelbaren Konkurrenz-Vorteil verzichten, der immer mehr abnimmt und schließlich, gemessen am Ausgangszustand, einen Nachteil bedeutet, wenn das Rezept immer häufiger angewendet wird. »Erfolg« ist ja hier immer als Ausbreitung und Durchsetzung eines Programms oder Rezeptes verstanden. Man beachte, daß der Verzicht auf einen solchen Anfangserfolg immer noch unter dem Prinzip des Eigennutzes steht; denn es geht ja nicht darum, den Konkurrenten zu schonen, sondern die eigenen Nachkommen oder geistigen Mitbrüder vor Schaden zu bewahren. Die in der Biologie sonst unerreichbare Anhebung des Allgemeinwohls ist also ohne Änderung der biologischen Erfolgskriterien schon durch Verbessern der Methodik (Einrechnen zukünftiger Konsequenzen) möglich.

Die zweite Möglichkeit, eigene Ziele zu setzen, eröffnet ein sehr weites Feld. Das Individuum kann seine eigene Vervollkommung als oberstes Ziel nehmen und alle Zeugungs- und Überzeugungstendenzen beiseite lassen. Damit wird das biologische Erfolgskriterium ausgeschaltet. Demgegenüber behält das radikale Gebot der Nächstenliebe einschließlich der Feindesliebe das alte Erfolgskriterium – die Ausbreitung dieses Rezeptes auf möglichst viele Menschen – bei, schaltet aber die Bedeutung von Ähnlichkeiten und Unähnlichkeiten weitgehend aus. Konkurrenz und Kooperation sind ja im biologischen Bereich nach der Wahrscheinlichkeit bemessen, mit der die interagierenden Individuen das Kooperationsprogramm gemeinsam haben. Sie helfen sich um so wahrscheinlicher, je näher sie miteinander verwandt sind, und durch diese Kooperation der Programmträger genießt das Programm einen zusätzlichen Ausbreitungsvorteil gegenüber anderen Programmen, deren Träger sich nicht gegenseitig unterstützen. Wo Konkurrenz sich eingestellt hat, weil ein von allen benötigtes Gut knapp wird, halten auf biologischer Grundlage die Individuen um so fester zusammen, je näher sie verwandt sind, und stellen sich gegen die Fremden. Wenn Nächstenliebe diese Unterscheidung aufheben soll, dann muß sie sich entweder im Bereich unbegrenzter Ressourcen abspielen (z. B.: nicht nur für bestimmte Personen, sondern für die ganze Menschheit beten), oder sie muß das Vorhandene nach Bedürftigkeit, aber ohne sonstige Bevorzugungen verteilen. Wenn das nicht angeht, müßten die

Empfänger durch das Los ermittelt werden, damit alle gleiche Chancen haben. Sobald andere vernünftige Gesichtspunkte eine Rolle spielen, läßt sich eine Begünstigung von Untergruppen kaum vermeiden. (Wenn etwa verderbliche Lebensmittel sich nicht weit transportieren lassen, werden nahe beim Entstehungsort Wohnende davon profitieren, und diese sind mit hoher Wahrscheinlichkeit untereinander näher verwandt als mit der Bevölkerung auf der anderen Seite der Erdkugel.)

Gerechtigkeit für alle, Nächstenliebe ohne Ansehen der Person und ähnliche Ideale stoßen schon auf technische Hindernisse, laufen aber auch den Tendenzen zuwider, auf denen sowohl die biologische wie die kulturelle Evolution beruhen.

Die hier gewählten Extrembeispiele sollten erkennbar machen, daß unsere geläufigen Zielvorstellungen eine Abkehr von den biologischen Gesetzmäßigkeiten erfordern. Welche Zielvorstellungen richtig, gut oder akzeptabel sind, mag offen bleiben. Wichtig ist, darauf hinzuweisen, daß weder die unter natürlicher Evolution erreichten Zustände noch die Wege, auf denen sie erreicht werden, nachahmenswerte Vorbilder für das soziale Verhalten des Menschen abgeben. Wer in der außermenschlichen Natur ungetrübt den Willen Gottes am Werk sieht, muß sich damit abfinden, daß Gott dort offensichtlich solche Verhaltensweisen gewollt hat, die wir im menschlichen Bereich als unmoralisch verurteilen.

VIII VON GRIMMELSHAUSEN BIS LILIENCRON · DEUTSCHE GEDICHTE DES 17. BIS 19. JAHRHUNDERTS

1 Lust an der Natur

Friedrich Hölderlin

Des Morgens

Vom Taue glänzt der Rasen; beweglicher
Eilt schon die wache Quelle; die Buche neigt
Ihr schwankes Haupt und im Geblätter
Rauscht es und schimmert; und um die grauen

Gewölke streifen rötliche Flammen dort,
Verkündende, sie wallen geräuschlos auf;
Wie Fluten am Gestade, wogen
Höher und höher die Wandelbaren.

Komm nun, o komm, und eile mir nicht zu schnell,
Du goldner Tag, zum Gipfel des Himmels fort!
Denn offner fliegt, vertrauter dir mein
Auge, du Freudiger! zu, solang du

In deiner Schöne jugendlich blickst und noch
Zu herrlich nicht, zu stolz mir geworden bist;
Du möchtest immer eilen, könnt ich,
Göttlicher Wandrer, mit dir! – doch lächelst

Des frohen Übermütigen du, daß er
Dir gleichen möchte; segne mir lieber dann
Mein sterblich Tun und heitre wieder
Gütiger! heute den stillen Pfad mir.

Ludwig Uhland

MORGENLIED

Noch ahnt man kaum der Sonne Licht,
Noch sind die Morgenglocken nicht
Im finstern Tal erklungen.

Wie still des Waldes weiter Raum!
Die Vöglein zwitschern nur im Traum,
Kein Sang hat sich erschwungen.

Ich hab' mich längst in's Feld gemacht
Und habe schon dies Lied erdacht
Und hab' es laut gesungen.

Eduard Mörike

SEPTEMBERMORGEN

Im Nebel ruhet noch die Welt,
Noch träumen Wald und Wiesen:
Bald siehst du, wenn der Schleier fällt,
Den blauen Himmel unverstellt,
Herbstkräftig die gedämpfte Welt
In warmem Golde fließen.

AN EINEM WINTERMORGEN, VOR SONNENAUFGANG

O flaumenleichte Zeit der dunklen Frühe!
Welch neue Welt bewegest du in mir?
Was ists, daß ich auf einmal nun in dir
Von sanfter Wollust meines Daseins glühe?

Einem Kristall gleicht meine Seele nun,
Den noch kein falscher Strahl des Lichts getroffen;
Zu fluten scheint mein Geist, er scheint zu ruhn,
Dem Eindruck naher Wunderkräfte offen,
Die aus dem klaren Gürtel blauer Luft
Zuletzt ein Zauberwort vor meine Sinne ruft.

Bei hellen Augen glaub ich doch zu schwanken;
Ich schließe sie, daß nicht der Traum entweiche.
Seh ich hinab in lichte Feenreiche?
Wer hat den bunten Schwarm von Bildern und Gedanken
Zur Pforte meines Herzens hergeladen,
Die glänzend sich in diesem Busen baden,
Goldfarbgen Fischlein gleich im Gartenteiche?

Ich höre bald der Hirtenflöten Klänge,
Wie um die Krippe jener Wundernacht,
Bald weinbekränzter Jugend Lustgesänge;
Wer hat das friedenselige Gedränge
In meine traurigen Wände hergebracht?

Und welch Gefühl entzückter Stärke,
Indem mein Sinn sich frisch zur Ferne lenkt!
Vom ersten Mark des heutgen Tags getränkt,
Fühl ich mir Mut zu jedem frommen Werke.

Die Seele fliegt, so weit der Himmel reicht,
Der Genius jauchzt in mir! Doch sage,
Warum wird jetzt der Blick von Wehmut feucht?
Ists ein verloren Glück, was mich erweicht?
Ist es ein werdendes, was ich im Herzen trage?
– Hinweg, mein Geist! hier gilt kein Stillestehn:
Es ist ein Augenblick, und alles wird verwehn!

Dort, sieh, am Horizont lüpft sich der Vorhang schon!
Es träumt der Tag, nun sei die Nacht entflohn;
Die Purpurlippe, die geschlossen lag,
Haucht, halbgeöffnet, süße Atemzüge:

Auf einmal blitzt das Aug, und, wie ein Gott, der Tag
Beginnt im Sprung die königlichen Flüge!

Johann Wolfgang von Goethe

GANYMED

Wie im Morgenrot
Du rings mich anglühst,
Frühling, Geliebter!
Mit tausendfacher Liebeswonne
Sich an mein Herz drängt
Deiner ewigen Wärme
Heilig Gefühl,
Unendliche Schöne!

Daß ich dich fassen möcht'
In diesem Arm!

Ach, an deinem Busen
Lieg' ich, schmachte,

Und deine Blumen, dein Gras
Drängen sich an mein Herz.
Du kühlst den brennenden
Durst meines Busens,
Lieblicher Morgenwind,
Ruft drein die Nachtigall
Liebend nach mir aus dem Nebeltal.

Ich komme! Ich komme!
Wohin? Ach, wohin?

Hinauf, hinauf strebt's,
Es schweben die Wolken
Abwärts, die Wolken

Neigen sich der sehnenden Liebe,
Mir, mir!
In eurem Schoße
Aufwärts,
Umfangend umfangen!
Aufwärts
An deinem Busen,
Alliebender Vater!

Joseph von Eichendorff

FRISCHE FAHRT

Laue Luft kommt blau geflossen,
Frühling, Frühling soll es sein!
Waldwärts Hörnerklang geschossen,
Mut'ger Augen lichter Schein;
Und das Wirren bunt und bunter
Wird ein magisch wilder Fluß,
In die schöne Welt hinunter
Lockt dich dieses Stromes Gruß.

Und ich mag mich nicht bewahren!
Weit von euch treibt mich der Wind,
Auf dem Strome will ich fahren,
Von dem Glanze selig blind!
Tausend Stimmen lockend schlagen,
Hoch Aurora flammend weht,
Fahre zu! Ich mag nicht fragen,
Wo die Fahrt zu Ende geht!

Ludwig Christoph Heinrich Hölty

MAILIED

Der Anger steht so grün, so grün,
Die blauen Veilchenglocken blühn,
Und Schlüsselblumen drunter,

  Der Wiesengrund
  Ist schon so bunt,
Und färbt sich täglich bunter.

Drum komme, wem der Mai gefällt,
Und freue sich der schönen Welt,
Und Gottes Vatergüte,
  Die diese Pracht,
  Hervorgebracht,
Den Baum und seine Blüte.

Theodor Storm

APRIL

Das ist die Drossel, die da schlägt,
Der Frühling, der mein Herz bewegt;
Ich fühle, die sich hold bezeigen,
Die Geister aus der Erde steigen.
Das Leben fließet wie ein Traum –
Mir ist wie Blume, Blatt und Baum.

Ludwig Uhland

FRÜHLINGSGLAUBE

Die linden Lüfte sind erwacht,
Sie säuseln und weben Tag und Nacht,
Sie schaffen an allen Enden.
O frischer Duft, o neuer Klang!
Nun, armes Herze, sei nicht bang!
Nun muß sich alles, alles wenden.

Die Welt wird schöner mit jedem Tag,
Man weiß nicht, was noch werden mag,
Das Blühen will nicht enden.
Es blüht das fernste, tiefste Tal:
Nun, armes Herz, vergiß der Qual!
Nun muß sich alles, alles wenden.

Joseph von Eichendorff

DURCHEINANDER

Spatzen schrein und Nachtigallen,
Nelke glüht und Distel sticht,
Rose schön durch Nesseln bricht,
Besser noch hat mir gefallen
Liebchens spielendes Augenlicht;
Aber fehlte auch nur Eins von allen,
's wär eben der närrische Frühling nicht.

Detlev von Liliencron

ZWEI MEILEN TRAB

Es sät der Huf, der Sattel knarrt,
Der Bügel jankt, es wippt der Bart
In immer gleichem Trabe.

Auf stillen Wegen wiegt mich längst
Mein alter Mecklenburger Hengst
Im Trab, im Trab, im Trabe.

Der sammetweichen Sommernacht
Violenduft und Blütenpracht
Begleiten mich im Trabe.

Ein grünes Blatt, ich nahm es mit,
Das meiner Stirn vorüberglitt
Im Trabe, Trabe, Trabe.

Hut ab, ich nestle wohlgemut,
Hut auf, schon sitzt das Zweiglein gut,
Ich blieb im gleichen Trabe.

Bisweilen hätschelt meine Hand
Und liebkost Hals und Mähnenwand
Dem guten Tier im Trabe.

Ich pfeif aus Flick und Flock ihm vor,
Er prustet, er bewegt das Ohr,
Und sing ihm eins im Trabe.

Ein Nixchen, das im nahen Bach
Sich badet, plantscht und spritzt mir nach
Im Trabe, Trabe, Trabe.

Und wohlig weg im gleichen Maß,
Daß ich die ganze Welt vergaß
Im Trabe, Trabe, Trabe.

Und immer fort, der Fackel zu,
Dem Torfahrtslicht der ewigen Ruh,
Im Trabe, Trabe, Trabe ...

Paul Gerhardt

SOMMERLIED

Geh aus, mein Herz, und suche Freud
In dieser lieben Sommerzeit
An deines Gottes Gaben;
Schau an der schönen Gärten Zier
Und siehe, wie sie mir und dir
Sich ausgeschmücket haben.

Die Bäume stehen voller Laub,
Das Erdreich decket seinen Staub
Mit einem grünen Kleide.
Narzissen und die Tulipan,
Die ziehen sich viel schöner an
Als Salomonis Seide.

Die Lerche schwingt sich in die Luft,
Das Täubchen fleucht aus seiner Kluft
Und macht sich in die Wälder.
Die hochgelobte Nachtigall
Ergötzt und füllt mit ihrem Schall
Berg, Hügel, Tal und Felder.

Die Glucke führt ihr Küchlein aus,
Der Storch baut und bewohnt sein Haus,
Das Schwälblein speist die Jungen;
Der schnelle Hirsch, das leichte Reh
Ist froh und kommt aus seiner Höh
Ins tiefe Gras gesprungen.

Die Bächlein rauschen in dem Sand
Und malen sich in ihrem Rand
Mit schattenreichen Myrthen;
Die Wiesen liegen hart dabei
Und klingen ganz von Lustgeschrei
Der Schaf und ihrer Hirten.

Die unverdroßne Bienenschar
Fleucht hin und her, sucht hier und dar
Ihr edle Honigspeise;
Des süßen Weinstocks starker Saft
Bringt täglich neue Stärk und Kraft
In seinem schwachen Reise.

Ich selber kann und mag nicht ruhn,
Des großen Gottes großes Tun
Erweckt mir alle Sinnen;
Ich singe mit, wenn alles singt,
Und lasse, was dem Höchsten klingt,
Aus meinem Herzen rinnen.

Ach, denk ich, bist du hier so schön
Und lässest uns so lieblich gehn
Auf dieser armen Erden,
Was will doch wohl nach dieser Welt
Dort in dem festen Himmelszelt
Und güldnen Schlosse werden.

O wär ich da! o stünd ich schon,
Ach, süßer Gott, vor deinem Thron
Und trüge meine Palmen;
So wollt ich nach der Engel Weis
Erhöhen deines Namens Preis
Mit tausend schönen Psalmen.

Theodor Storm

ABSEITS

Es ist so still; die Haide liegt
Im warmen Mittagssonnenstrahle,
Ein rosenrother Schimmer fliegt
Um ihre alten Gräbermale;
Die Kräuter blühn; der Haideduft
Steigt in die blaue Sommerluft.

Laufkäfer hasten durchs Gesträuch
In ihren goldnen Panzerröckchen,
Die Bienen hängen Zweig um Zweig
Sich an der Edelhaide Glöckchen,
Die Vögel schwirren aus dem Kraut –
Die Luft ist voller Lerchenlaut.

Ein halbverfallen niedrig Haus
Steht einsam hier und sonnbeschienen;
Der Käthner lehnt zur Tür hinaus,
Behaglich blinzelnd nach den Bienen;
Sein Junge auf dem Stein davor
Schnitzt Pfeifen sich aus Kälberrohr.

Kaum zittert durch die Mittagsruh
Ein Schlag der Dorfuhr, der entfernten,
Dem Alten fällt die Wimper zu,
Er träumt von seinen Honigernten.
– Kein Klang der aufgeregten Zeit
Drang noch in diese Einsamkeit.

Annette von Droste-Hülshoff

ALLES still ringsum –
Die Zweige ruhen, die Vögel sind stumm.
Wie ein Schiff, das im vollen Gewässer brennt,
Und das die Windsbraut jagt,
So durch den Azur die Sonne rennt
Und immer flammender tagt.

Natur schläft – ihr Odem steht,
Ihre grünen Locken hangen schwer,
Nur auf und nieder ihr Pulsschlag geht

Ungehemmt im heiligen Meer.
Jedes Räupchen sucht des Blattes Hülle,
Jeden Käfer nimmt sein Grübchen auf;
Nur das Meer liegt frei in seiner Fülle
Und blickt zum Firmament hinauf.

Ludwig Uhland

EINKEHR

Bei einem Wirte, wundermild,
Da war ich jüngst zu Gaste;
Ein goldner Apfel war sein Schild
An einem langen Aste.

Es war der gute Apfelbaum,
Bei dem ich eingekehret;
Mit süßer Kost und frischem Schaum
Hat er mich wohl genähret.

Es kamen in sein grünes Haus
Viel leichtbeschwingte Gäste;
Sie sprangen frei und hielten Schmaus
Und sangen auf das beste.

Ich fand ein Bett zu süßer Ruh
Auf weichen, grünen Matten;
Der Wirt, er deckte selbst mich zu
Mit seinem kühlen Schatten.

Nun fragt' ich nach der Schuldigkeit,
Da schüttelt er den Wipfel.
Gesegnet sei er allezeit
Von der Wurzel bis zum Gipfel!

Johann Wolfgang von Goethe

AUF DEM SEE

Und frische Nahrung, neues Blut
Saug' ich aus freier Welt;
Wie ist Natur so hold und gut,
Die mich am Busen hält!
Die Welle wieget unsern Kahn
Im Rudertakt hinauf,
Und Berge, wolkig himmelan,
Begegnen unserm Lauf.

Aug', mein Aug', was sinkst du nieder?
Goldne Träume, kommt ihr wieder?
Weg, du Traum, so gold du bist:
Hier auch Lieb' und Leben ist.

Auf der Welle blinken
Tausend schwebende Sterne,
Weiche Nebel trinken
Rings die türmende Ferne;
Morgenwind umflügelt
Die beschattete Bucht,
Und im See bespiegelt
Sich die reifende Frucht.

Conrad Ferdinand Meyer

SCHWARZSCHATTENDE KASTANIE

Schwarzschattende Kastanie,
Mein windgeregtes Sommerzelt,
Du senkst zur Flut dein weit Geäst,
Dein Laub, es durstet und es trinkt,
Schwarzschattende Kastanie!
Im Porte badet junge Brut
Mit Hader oder Lustgeschrei.
Und Kinder schwimmen leuchtend weiß
Im Gitter deines Blätterwerks,
Schwarzschattende Kastanie!
Und dämmern See und Ufer ein
Und rauscht vorbei das Abendboot,
So zuckt aus roter Schiffslatern
Ein Blitz und wandert auf dem Schwung
Der Flut, gebrochnen Lettern gleich,
Bis unter deinem Laub erlischt
Die rätselhafte Flammenschrift,
Schwarzschattende Kastanie!

Friedrich Hebbel

HERBSTBILD

Dies ist ein Herbsttag, wie ich keinen sah!
Die Luft ist still, als atmete man kaum,
und dennoch fallen raschelnd, fern und nah,
die schönsten Früchte ab von jedem Baum.

O stört sie nicht, die Feier der Natur!
Dies ist die Lese, die sie selber hält;
denn heute löst sich von den Zweigen nur,
was vor dem milden Strahl der Sonne fällt.

Joseph von Eichendorff

DER ABEND

Schweigt der Menschen laute Lust:
Rauscht die Erde wie in Träumen
Wunderbar mit allen Bäumen,
Was dem Herzen kaum bewußt,
Alte Zeiten, linde Trauer,
Und es schweifen leise Schauer
Wetterleuchtend durch die Brust.

Detlev von Liliencron

SOMMERNACHT

An ferne Berge schlug die Donnerkeulen
ein rasch verrauschtes Nachmittagsgewitter.
Die Bauern zogen heim auf müden Gäulen,
und singend kehrten Winzervolk und Schnitter.
Auf allen Dächern qualmten blaue Säulen
genügsam himmelan, ein lustig Gitter.
Nun ist es Nacht, es geistern schon die Eulen,
einsam aus einer Laube klingt die Zither.

Joseph von Eichendorff

TODESLUST

Bevor er in die blaue Flut gesunken,
Träumt noch der Schwan und singet todestrunken;
Die sommermüde Erde im Verblühen
Läßt all ihr Feuer in den Trauben glühen;
Die Sonne, Funken sprühend, im Versinken,
Gibt noch einmal der Erde Glut zu trinken,
Bis, Stern auf Stern, die Trunkne zu umfangen,
Die wunderbare Nacht ist aufgegangen.

DER ALTE GARTEN

Kaiserkron' und Päonien rot,
Die müssen verzaubert sein,
Denn Vater und Mutter sind lange tot,
Was blühn sie hier so allein?

Der Springbrunnen plaudert noch immerfort
Von der alten schönen Zeit,
Eine Frau sitzt eingeschlafen dort,
Ihre Locken bedecken ihr Kleid.

Sie hat eine Laute in der Hand,
Als ob sie im Schlafe spricht,
Mir ist, als hätt' ich sie sonst gekannt –
Still, geh vorbei und weck' sie nicht!

Und wenn es dunkelt das Tal entlang,
Streift sie die Saiten sacht,
Da gibt's einen wunderbaren Klang
Durch den Garten die ganze Nacht.

Eduard Mörike

UM MITTERNACHT

Gelassen stieg die Nacht ans Land,
Lehnt träumend an der Berge Wand,
Ihr Auge sieht die goldne Waage nun
Der Zeit in gleichen Schalen stille ruhn;
Und kecker rauschen die Quellen hervor,
Sie singen der Mutter, der Nacht, ins Ohr
Vom Tage,
Vom heute gewesenen Tage.

Das uralt alte Schlummerlied,
Sie achtets nicht, sie ist es müd;
Ihr klingt des Himmels Bläue süßer noch,
Der flüchtgen Stunden gleichgeschwungnes Joch.
Doch immer behalten die Quellen das Wort,
Es singen die Wasser im Schlafe noch fort
Vom Tage,
Vom heute gewesenen Tage.

Joseph von Eichendorff

MONDNACHT

Es war, als hätt der Himmel
Die Erde still geküßt,
Daß sie im Blütenschimmer
Von ihm nun träumen müßt.

Die Luft ging durch die Felder
Die Ähren wogten sacht,
Es rauschten leis die Wälder,
So sternklar war die Nacht.

Und meine Seele spannte
Weit ihre Flügel aus,
Flog durch die stillen Lande,
Als flöge sie nach Haus.

Novalis

HYMNE AN DIE NACHT

Muß immer der Morgen wiederkommen?
Endet nie des Irdischen Gewalt?
Unselige Geschäftigkeit verzehrt
den himmlischen Anflug der Nacht?
Wird nie der Liebe geheimes Opfer
ewig brennen?
Zugemessen ward
dem Lichte seine Zeit
und dem Wachen –
aber zeitlos ist der Nacht Herrschaft,
ewig ist die Dauer des Schlafs.
Heiliger Schlaf!
Beglücke zu selten nicht
der Nacht Geweihte –
in diesem irdischen Tagwerk.
Nur die Toren verkennen dich
und wissen von keinem Schlafe
als den Schatten
den du mitleidig auf uns wirfst
in jener Dämmrung
der wahrhaften Nacht.
Sie fühlen dich nicht
in der goldnen Flut der Trauben,
in des Mandelbaums
Wunderöl
und im braunen Safte des Mohns.
Sie wissen nicht

daß du es bist
der des zarten Mädchens
Busen umschwebt
und zum Himmel den Schoß macht –
ahnden nicht
daß aus alten Geschichten
du himmelöffnend entgegentrittst
und den Schlüssel trägst
zu den Wohnungen der Seligen,
unendlicher Geheimnisse
schweigender Bote.

Friedrich Hölderlin

DA ICH EIN KNABE WAR . . .

Da ich ein Knabe war,
  Rettet' ein Gott mich oft
    Vom Geschrei und der Rute der Menschen,
      Da spielt ich sicher und gut
        Mit den Blumen des Hains,
          Und die Lüftchen des Himmels
            Spielten mit mir.

Und wie du das Herz
Der Pflanzen erfreust,
Wenn sie entgegen dir
Die zarten Arme strecken,

So hast du mein Herz erfreut
Vater Helios! und, wie Endymion,
War ich dein Liebling,
Heilige Luna!

O all ihr treuen
Freundlichen Götter!

Daß ihr wüßtet,
Wie euch meine Seele geliebt!

Zwar damals rieff ich noch nicht
Euch mit Nahmen, auch ihr
Nanntet mich nie, wie die Menschen sich nennen
Als kennten sie sich.

Doch kannt ich euch besser,
Als ich je die Menschen gekannt.
Ich verstand die Stille des Aethers
Der Menschen Worte verstand ich nie.

Mich erzog der Wohllaut
Des säuselnden Hains
Und lieben lernt ich
Unter den Blumen.

Im Arme der Götter wuchs ich groß.

Novalis

DER ABEND

Glühend verbirgt sich nun die müde Sonne
Nach der mächtigen Laufbahn in die Meere
Suchet Ruhe, Dämmerung senkt sich nieder
  Auf die Gefilde

Dämmerung mit dem feinsten grauen Fittich
Keine Röthe des Abends weilt am Himmel
Welcher unbewölket in dunkles Azur
  Prächtig sich kleidet.

Und die Gestirne blinken nieder fernher
Lächelnd sieht mich der Abendstern so funkelnd

Lächelt aus den seligen Wonnegefilden
  Ruhe ins Herz mir

Lispelnder wehn die Zephyrs in den Büschen
Die die Nachtigall klagend noch belebt
Und aus jenem Waizengefilde hör ich
  Schlagen die Wachtel.

Ländliche Glocken rufen helles Tones
Aus dem Felde die müden Schnitter wieder
Alles suchet Ruhe und heitrer sah ich
  Nie noch den Abend.

Wär doch auch einst der Abend meines Lebens
Das so lachend mir anfieng zwischen Rosen
Heiter, froh und ruhiger noch als dieser
  Abend der Landschaft.

Möchte zu ewgen Frieden, meine Seele
Auch so lieblich hinüberschlummern, wie jezt
In der Hütte müde der Landmann zu dem
  Morgenden Tage.

Gottfried Keller

ABENDLIED

Augen, meine lieben Fensterlein,
Gebt mir schon so lange holden Schein,
Lasset freundlich Bild um Bild herein:
Einmal werdet ihr verdunkelt sein!

Fallen einst die müden Lider zu,
Löscht ihr aus, dann hat die Seele Ruh;
Tastend streift sie ab die Wanderschuh',
Legt sich auch in ihre finstre Truh.

Noch zwei Fünklein sieht sie glimmend stehn,
Wie zwei Sternlein innerlich zu sehn,
Bis sie schwanken und dann auch vergehn,
Wie von eines Falters Flügelwehn.

Doch noch wandl' ich auf dem Abendfeld,
Nur dem sinkenden Gestirn gesellt;
Trinkt, o Augen, was die Wimper hält,
Von dem goldnen Überfluß der Welt!

2 Sehnsucht, Trost in der Natur

Friedrich Hölderlin

ABENDPHANTASIE

Vor seiner Hütte ruhig im Schatten sitzt
Der Pflüger, dem Genügsamen raucht sein Herd.
Gastfreundlich tönt dem Wanderer im
Friedlichen Dorfe die Abendgloke.

Wohl kehren itzt die Schiffer zum Hafen auch,
In fernen Städten, fröhlich verrauscht des Markts
Geschäftger Lärm; in stiller Laube
Glänzt das gesellige Mahl den Freunden.

Wohin denn ich? Es leben die Sterblichen
Von Lohn und Arbeit; wechselnd in Müh und Ruh
Ist alles freudig; warum schläft denn
Nimmer nur mir in der Brust der Stachel?

Am Abendhimmel blühet ein Frühling auf;
Unzählig blühn die Rosen und ruhig scheint
Die goldne Welt; o dorthin nimmt mich
Purpurne Wolken! und möge droben

In Licht und Luft zerrinnen mir Lieb und Leid! –
Doch, wie verscheucht von töriger Bitte, flieht
Der Zauber; dunkel wirds und einsam
Unter dem Himmel, wie immer, bin ich –

Komm du nun, sanfter Schlummer! zu viel begehrt
Das Herz; doch endlich, Jugend! verglühst du ja,
Du ruhelose, träumerische!
Friedlich und heiter ist dann das Alter.

Johann Wolfgang von Goethe

AN DEN MOND

Füllest wieder Busch und Tal
Still mit Nebelglanz,
Lösest endlich auch einmal
Meine Seele ganz;

Breitest über mein Gefild
Lindernd deinen Blick,
Wie des Freundes Auge mild
Über mein Geschick.

Jeden Nachklang fühlt mein Herz
Froh- und trüber Zeit,
Wandle zwischen Freud' und Schmerz
In der Einsamkeit.

Fließe, fließe, lieber Fluß!
Nimmer werd' ich froh,
So verrauschte Scherz und Kuß,
Und die Treue so.

Ich besaß es doch einmal,
Was so köstlich ist!
Daß man doch zu seiner Qual
Nimmer es vergißt!

Rausche, Fluß, das Tal entlang,
Ohne Rast und Ruh,
Rausche, flüstre meinem Sang
Melodien zu,

Wenn du in der Winternacht
Wütend überschwillst,
Oder um die Frühlingspracht
Junger Knospen quillst.

Selig, wer sich vor der Welt
Ohne Haß verschließt,
Einen Freund am Busen hält
Und mit dem genießt,

Was, von Menschen nicht gewußt
Oder nicht bedacht,
Durch das Labyrinth der Brust
Wandelt in der Nacht.

Clemens Brentano

ABENDSTÄNDCHEN

Hör', es klagt die Flöte wieder,
Und die kühlen Brunnen rauschen.

Golden wehn die Töne nieder,
Stille, stille, laß uns lauschen!

Holdes Bitten, mild Verlangen,
Wie es süß zum Herzen spricht!

Durch die Nacht, die mich umfangen,
Blickt zu mir der Töne Licht.

Hans Jakob Christoffel von Grimmelshausen

KOMM TROST DER NACHT, O NACHTIGALL

Komm Trost der Nacht, o Nachtigall!
Laß deine Stimm mit Freudenschall
Aufs lieblichste erklingen
Komm, komm und lob den Schöpfer dein,
Weil andre Vöglein schlafen sein
Und nicht mehr mögen singen:
  Laß dein Stimmlein
  Laut erschallen; denn vor allen
  Kanstu loben
Gott im Himmel hoch dort oben.

Obschon ist hin der Sonnenschein,
Und wir im Finstern müssen sein,
So können wir doch singen
Von Gottes Güt und seiner Macht,
Weil uns kann hindern keine Nacht,
Sein Lob zu vollenbringen.
  Drum dein Stimmlein
  Laß erschallen; denn vor allen
  Kanstu loben
Gott im Himmel hoch dort oben.

Echo, der wilde Widerhall,
Will sein bei diesem Freudenschall
Und lässet sich auch hören,
Verweist uns alle Müdigkeit,
Der wir ergeben allezeit,
Lehrt uns den Schlaf betören.
  Drum dein Stimmlein
  Laß erschallen; denn vor allen
  Kanstu loben
Gott im Himmel hoch dort oben.

Die Sterne, so am Himmel stehn,
Sich lassen zum Lob Gottes sehn
Und Ehre ihm beweisen;
Die Eul auch, die nicht singen kann,
Zeigt doch mir ihrem Heulen an,
Daß sie Gott auch tu preisen.
  Drum dein Stimmlein
  Laß erschallen; denn vor allen
  Kanstu loben
Gott im Himmel hoch dort oben.

Nur her, mein liebstes Vögelein,
Wir wollen nicht die Fäulsten sein
Und schlafend liegen bleiben;
Vielmehr, bis daß die Morgenröt
Erfreuet diese Wälder öd,
In Gottes Lob vertreiben.
  Laß dein Stimmlein
  Laut erschallen; denn vor allen
  Kanstu loben
Gott im Himmel hoch dort oben.

Joseph von Eichendorff

SEHNSUCHT

Es schienen so golden die Sterne,
Am Fenster ich einsam stand
Und hörte aus weiter Ferne
Ein Posthorn im stillen Land.
Das Herz mir im Leib entbrennte,
Da hab ich mir heimlich gedacht:
Ach, wer da mitreisen könnte
In der prächtigen Sommernacht!

Zwei junge Gesellen gingen
Vorüber am Bergeshang,
Ich hörte im Wandern sie singen
Die stille Gegend entlang:
Von schwindelnden Felsenschlüften,
Wo die Wälder rauschen so sacht,
Von Quellen, die von den Klüften
Sich stürzen in die Waldesnacht.

Sie sangen von Marmorbildern,
Von Gärten, die überm Gestein
In dämmernden Lauben verwildern,
Palästen im Mondenschein,
Wo die Mädchen am Fenster lauschen,
Wann der Lauten Klang erwacht
Und die Brunnen verschlafen rauschen
In der prächtigen Sommernacht. –

DER EINSIEDLER

Komm, Trost der Welt, du stille Nacht!
Wie steigst du von den Bergen sacht,
Die Lüfte alle schlafen,
Ein Schiffer nur noch, wandermüd,
Singt übers Meer sein Abendlied
Zu Gottes Lob im Hafen.

Die Jahre wie die Wolken gehn
Und lassen mich hier einsam stehn,
Die Welt hat mich vergessen,
Da tratst du wunderbar zu mir,
Wenn ich beim Waldesrauschen hier
Gedankenvoll gesessen.

O Trost der Welt, du stille Nacht!
Der Tag hat mich so müd gemacht,
Das weite Meer schon dunkelt,

Laß ausruhn mich von Lust und Not,
Bis daß das ew'ge Morgenrot
Den stillen Wald durchfunkelt.

NACHTS

Ich stehe in Waldesschatten
Wie an des Lebens Rand,
Die Länder wie dämmernde Matten,
Der Strom wie ein silbern Band.

Von fern nur schlagen die Glocken
Über die Wälder herein,
Ein Reh hebt den Kopf erschrocken
Und schlummert gleich wieder ein.

Der Wald aber rühret die Wipfel
Im Traum von der Felsenwand.
Denn der Herr geht über die Gipfel
Und segnet das stille Land.

Matthias Claudius

ABENDLIED

Der Mond ist aufgegangen,
Die goldnen Sternlein prangen
  Am Himmel hell und klar;
Der Wald steht schwarz und schweiget,
Und aus den Wiesen steiget
  Der weiße Nebel wunderbar.

Wie ist die Welt so stille,
Und in der Dämmrung Hülle
  So traulich und so hold!

Als eine stille Kammer,
Wo ihr des Tages Jammer
Verschlafen und vergessen sollt.

Seht ihr den Mond dort stehen? –
Er ist nur halb zu sehen,
Und ist doch rund und schön!
So sind wohl manche Sachen,
Die wir getrost belachen,
Weil unsre Augen sie nicht sehn.

Wir stolze Menschenkinder
Sind eitel arme Sünder,
Und wissen gar nicht viel;
Wir spinnen Luftgespinste
Und suchen viele Künste,
Und kommen weiter von dem Ziel.

Gott, laß uns dein Heil schauen,
Auf nichts Vergänglichs trauen,
Nicht Eitelkeit uns freun!
Laß uns einfältig werden,
Und vor dir hier auf Erden
Wie Kinder fromm und fröhlich sein!

Wollst endlich sonder Grämen
Aus dieser Welt uns nehmen
Durch einen sanften Tod!
Und wenn du uns genommen,
Laß uns in Himmel kommen,
Du unser Herr und unser Gott!

So legt euch denn, ihr Brüder,
In Gottes Namen nieder;
Kalt ist der Abendhauch.
Verschon uns, Gott! mit Strafen,
Und laß uns ruhig schlafen!
Und unsern kranken Nachbar auch.

Friedrich Hölderlin

DIE HEIMAT

Froh kehrt der Schiffer heim an den stillen Strom,
Von Inseln fernher, wenn er geerntet hat;
So käm auch ich zur Heimat, hätt ich
Güter so viele, wie Leid, geerntet.

Ihr teuern Ufer, die mich erzogen einst,
Stillt ihr der Liebe Leiden, versprecht ihr mir,
Ihr Wälder meiner Jugend, wenn ich
Komme, die Ruhe noch einmal wieder?

Am kühlen Bache, wo ich der Wellen Spiel,
Am Strome, wo ich gleiten die Schiffe sah,
Dort bin ich bald; euch traute Berge,
Die mich behüteten einst, der Heimat

Verehrte sichre Grenzen, der Mutter Haus
Und liebender Geschwister Umarmungen
Begrüß ich bald und ihr umschließt mich,
Daß, wie in Banden, das Herz mir heile,

Ihr treugebliebnen! aber ich weiß, ich weiß,
Der Liebe Leid, dies heilet so bald mir nicht,
Dies singt kein Wiegensang, den tröstend
Sterbliche singen, mir aus dem Busen.

Denn sie, die uns das himmlische Feuer leihn,
Die Götter schenken heiliges Leid uns auch,
Drum bleibe dies. Ein Sohn der Erde
Schein ich; zu lieben gemacht, zu leiden.

Nikolaus Lenau

DER KRANICH

Stoppelfeld, die Wälder leer,
Und es irrt der Wind verlassen,
Weil kein Laub zu finden mehr,
Rauschend seinen Gruß zu fassen.

Kranich scheidet von der Flur,
Von der kühlen, lebensmüden,
Freudig ruft ers, daß die Spur
Er gefunden nach dem Süden.

Mitten durch den Herbstesfrost
Schickt der Lenz aus fernen Landen
Dem Zugvogel seinen Trost,
Heimlich mit ihm einverstanden.

O wie mag dem Vogel sein,
Wenn ihm durch das Nebeldüster
Zückt ins Herz der warme Schein,
Und das ferne Waldgeflüster!

Hoch im Fluge übers Meer
Stärket ihn der Duft der Auen;
O wie süß empfindet er
Ahndung, Sehnsucht und Vertrauen!

Nebel auf die Stoppeln taut;
Dürr der Wald; – ich duld es gerne,
Seit gegeben seinen Laut
Kranich, wandernd in die Ferne.

Hab ich gleich, als ich so sacht
Durch die Stoppeln hingeschritten,
Aller Sensen auch gedacht,
Die in's Leben mir geschnitten;

Hab ich gleich am dürren Strauch
Andres Welk bedauern müssen,
Als das Laub, vom Windeshauch
Aufgewirbelt mir zu Füßen:

Aber ohne Gram und Groll
Blick ich nach den Freudengrüften,
Denn das Herz im Busen scholl,
Wie der Vogel in den Lüften;

Ja, das Herz in meiner Brust
Ist dem Kranich gleich geartet,
Und ihm ist das Land bewußt,
Wo mein Frühling mich erwartet.

Annette von Droste-Hülshoff

IM GRASE

Süße Ruh', süßer Taumel im Gras,
Von des Krautes Arome umhaucht,
Tiefe Flut, tief tief trunkne Flut,
Wenn die Wolk' am Azure verraucht,
Wenn aufs müde, schwimmende Haupt
Süßes Lachen gaukelt herab,
Liebe Stimme säuselt und träuft
Wie die Lindenblüt' auf ein Grab.

Wenn im Busen die Toten dann,
Jede Leiche sich streckt und regt,
Leise, leise den Odem zieht,
Die geschloßne Wimper bewegt,
Tote Lieb', tote Lust, tote Zeit,
All die Schätze, im Schutt verwühlt,
Sich berühren mit schüchternem Klang
Gleich den Glöckchen, vom Winde umspielt.

Stunden, flüchtger ihr als der Kuß
Eines Strahls auf den trauernden See,
Als des ziehenden Vogels Lied,
Das mir nieder perlt aus der Höh',
Als des schillernden Käfers Blitz,
Wenn den Sonnenpfad er durcheilt,
Als der heiße Druck einer Hand,
Die zum letzten Male verweilt.

Dennoch, Himmel, immer mir nur
Dieses Eine mir: für das Lied
Jedes freien Vogels im Blau
Eine Seele, die mit ihm zieht,
Nur für jeden kärglichen Strahl
Meinen farbig schillernden Saum,
Jeder warmen Hand meinen Druck,
Und für jedes Glück meinen Traum.

3 Natur und Liebe

Johann Wolfgang von Goethe

NÄHE DES GELIEBTEN

Ich denke dein, wenn mir der Sonne Schimmer
  Vom Meere strahlt;
Ich denke dein, wenn sich des Mondes Flimmer
  In Quellen malt.

Ich sehe dich, wenn auf dem fernen Wege
  Der Staub sich hebt;
In tiefer Nacht, wenn auf dem schmalen Stege
  Der Wandrer bebt.

Ich höre dich, wenn dort mit dumpfem Rauschen
  Die Welle steigt.
Im stillen Haine geh' ich oft zu lauschen,
  Wenn alles schweigt.

Ich bin bei dir, du seist auch noch so ferne,
  Du bist mir nah!
Die Sonne sinkt, bald leuchten mir die Sterne.
  O wärst du da!

Friedrich Hölderlin

AN DIOTIMA

Schönes Leben! du lebst, wie die zarten Blüten im Winter,
In der gealterten Welt blühst du verschlossen, allein.
Liebend strebst du hinaus, dich zu sonnen am Lichte des Frühlings,
Zu erwarmen an ihr, suchst du die Jugend der Welt.
Deine Sonne, die schönere Zeit, ist untergegangen
Und in frostiger Nacht zanken Orkane sich nun.

Joseph von Eichendorff

ABENDSTÄNDCHEN

Schlafe, Liebchen, weil's auf Erden
Nun so still und seltsam wird!
Oben gehn die goldnen Herden,
Für uns alle wacht der Hirt.

In der Ferne ziehn Gewitter;
Einsam auf dem Schifflein schwank,
Greif ich draußen in die Zither,
Weil mir gar so schwül und bang.

Schlingend sich an Bäum und Zweigen,
In dein stilles Kämmerlein
Wie auf goldnen Leitern steigen
Diese Töne aus und ein.

Und ein wunderschöner Knabe
Schifft hoch über Tal und Kluft,
Rührt mit seinem goldnen Stabe
Säuselnd in der lauen Luft.

Und in wunderbaren Weisen
Singt er ein uraltes Lied,
Das in linden Zauberkreisen
Hinter seinem Schifflein zieht.

Ach, den süßen Klang verführet
Weit der buhlerische Wind,
Und durch Schloß und Wand ihn spüret
Träumend jedes schöne Kind.

Theodor Storm

DIE NACHTIGALL

Das macht, es hat die Nachtigall
Die ganze Nacht gesungen;
Da sind von ihrem süßen Schall,
Da sind in Hall und Wiederhall
Die Rosen aufgesprungen.

Sie war doch sonst ein wildes Kind;
Nun geht sie tief in Sinnen,
Trägt in der Hand den Sommerhut
Und duldet still der Sonne Gluth
Und weiß nicht, was beginnen.

Das macht, es hat die Nachtigall
Die ganze Nacht gesungen;
Da sind von ihrem süßen Schall,
Da sind in Hall und Wiederhall
Die Rosen aufgesprungen.

Heinrich Heine

Und wüßtens die Blumen, die kleinen,
Wie tief verwundet mein Herz,
Sie würden mit mir weinen,
Zu heilen meinen Schmerz.

Und wüßtens die Nachtigallen,
Wie ich so traurig und krank,
Sie ließen fröhlich erschallen
Erquickenden Gesang.

Und wüßten sie mein Wehe,
Die goldnen Sternelein,
Sie kämen aus ihrer Höhe,
Und sprächen Trost mir ein.

Die alle könnens nicht wissen,
Nur Eine kennt meinen Schmerz:
Sie hat ja selbst zerrissen,
Zerrissen mir das Herz.

Nikolaus Lenau

Auf dem Teich, dem regungslosen,
Weilt des Mondes holder Glanz,
Flechtend seine bleichen Rosen
In des Schilfes grünen Kranz.

Hirsche wandeln dort am Hügel,
Blicken in die Nacht empor;
Manchmal regt sich das Geflügel
Träumerisch im tiefen Rohr.

Weinend muß mein Blick sich senken;
Durch die tiefste Seele geht

Mir ein süßes Deingedenken,
Wie ein stilles Nachtgebet!

Eduard Mörike

FRÜH IM WAGEN

Es graut vom Morgenreif
In Dämmerung das Feld,
Da schon ein blasser Streif
Den fernen Ost erhellt;

Man sieht im Lichte bald
Den Morgenstern vergehn,
Und doch am Fichtenwald
Den vollen Mond noch stehn:

So ist mein scheuer Blick,
Den schon die Ferne drängt,
Noch in das Schmerzensglück
Der Abschiedsnacht versenkt.

Dein blaues Auge steht,
Ein dunkler See vor mir,
Dein Kuß, dein Hauch umweht,
Dein Flüstern mich noch hier.

An deinem Hals begräbt
Sich weinend mein Gesicht,
Und Purpurschwärze webt
Mir vor dem Auge dicht.

Die Sonne kommt; – sie scheucht
Den Traum hinweg im Nu
Und von den Bergen streicht
Ein Schauer auf mich zu.

Ludwig Uhland

DER SOMMERFADEN

Da fliegt, als wir im Felde gehen,
Ein Sommerfaden über Land,
Ein leicht und licht Gespinst der Feen,
Und knüpft von mir zu ihr ein Band.
Ich nehm' ihn für ein günstig Zeichen,
Ein Zeichen, wie die Lieb' es braucht.
O Hoffnungen der Hoffnungsreichen,
Aus Duft gewebt, von Luft zerhaucht!

Theodor Storm

HYAZINTHEN

Fern hallt Musik; doch hier ist stille Nacht,
Mit Schlummerduft anhauchen mich die Pflanzen;
Ich habe immer, immer dein gedacht;
Ich möchte schlafen, aber du mußt tanzen.

Es hört nicht auf, es rast ohn Unterlaß;
Die Kerzen brennen und die Geigen schreien,
Es theilen und es schließen sich die Reihen,
Und Alle glühen; aber du bist blaß.

Und du mußt tanzen; fremde Arme schmiegen
Sich an dein Herz; o leide nicht Gewalt!
Ich seh dein weißes Kleid vorüberfliegen
Und deine leichte, zärtliche Gestalt. – –

Und süßer strömend quillt der Duft der Nacht
Und träumerischer aus dem Kelch der Pflanzen.
Ich habe immer, immer dein gedacht;
Ich möchte schlafen, aber du mußt tanzen.

4 Natur, Einsamkeit und Vergänglichkeit

Ludwig Tieck

TRAUER

Wie schnell verschwindet
So Licht als Glanz,
Der Morgen findet
Verwelkt den Kranz,

Der gestern glühte
In aller Pracht,
Denn er verblühte
In dunkler Nacht.

Es schwimmt die Welle
Des Lebens hin,
Und färbt sich helle,
Hat's nicht Gewinn;

Die Sonne neiget,
Die Röte flieht,
Der Schatten steiget
Und Dunkel zieht:

So schwimmt die Liebe
Zu Wüsten ab,
Ach! daß sie bliebe
Bis an das Grab!

Doch wir erwachen
Zu tiefer Qual;
Es bricht der Nachen,
Es löscht der Strahl,

Vom schönen Lande
Weit weggebracht
Zum öden Strande,
Wo um uns Nacht.

Clemens Brentano

Was heut noch grün und frisch da steht,
Wird morgen schon hinweggemäht,
Die edlen Narzissen,
Die Zierden der Wiesen,
Die schön Hiazinthen,
Die türkischen Binden.
Hüte dich schöns Blümelein!

Viel hunderttausend ungezählt,
Was nur unter die Sichel fällt,
Ihr Rosen, ihr Lilien!
Euch wird man austilgen,
Auch die Kaiserkronen
Wird man nicht verschonen,
Hüte dich schöns Blümelein! –

Das himmelfarbne Ehrenpreis,
Die Tulipane gelb und weiß,
Die silbernen Glocken,
Die goldnen Flocken,
Sinkt alles zur Erden,
Was wird daraus werden?
Hüte dich schöns Blümelein!

Ihr hübsch Lavendel, Rosmarin,
Ihr vielfarbige Röselin,
Ihr stolze Schwerdlilgen,
Ihr krause Basilgen,
Ihr zarte Violen,

Euch wird man bald holen. –
Hüte dich schöns Blümelein! –

Heinrich Heine

Aus alten Märchen winkt es
Hervor mit weißer Hand,
Da singt es und da klingt es
Von einem Zauberland:

Wo große Blumen schmachten
Im goldnen Abendlicht,
Und zärtlich sich betrachten
Mit bräutlichem Gesicht; –

Wo alle Bäume sprechen
Und singen wie ein Chor,
Und laute Quellen brechen
Wie Tanzmusik hervor; –

Und Liebesweisen tönen,
Wie du sie nie gehört,
Bis wundersüßes Sehnen
Dich wundersüß betört!

Ach, könnt ich dorthin kommen,
Und dort mein Herz erfreun,
Und aller Qual entnommen,
Und frei und selig sein!

Ach! jenes Land der Wonne,
Das seh ich oft im Traum;
Doch kommt die Morgensonne,
Zerfließts wie eitel Schaum.

Annette von Droste-Hülshoff

DIE TOTE LERCHE

Ich stand an deines Landes Grenzen,
An deinem grünen Saatenwald,
Und auf des ersten Strahles Glänzen
Ist dein Gesang herabgewallt.
Der Sonne schwirrtest du entgegen,
Wie eine Mücke nach dem Licht,
Dein Lied war wie ein Blütenregen,
Dein Flügelschlag wie ein Gedicht.

Da war es mir, als müsse ringen
Ich selber nach dem jungen Tag,
Als horch ich meinem eignen Singen
Und meinem eignen Flügelschlag;
Die Sonne sprühte glühe Funken,
In Flammen brannte mein Gesicht,
Ich selber taumelte wie trunken,
Wie eine Mücke nach dem Licht.

Da plötzlich sank und sank es nieder,
Gleich toter Kohle in die Saat,
Noch zucken sah ich kleine Glieder
Und bin erschrocken dann genaht;
Dein letztes Lied, es war verklungen,
Du lagst, ein armer kalter Rest,
Am Strahl verflattert und versungen
Bei deinem halbgebauten Nest.

Ich möchte Tränen um dich weinen,
Wie sie das Weh vom Herzen drängt,
Denn auch mein Leben wird verscheinen,
Ich fühl's, versungen und versengt;
Dann du, mein Leib, ihr armen Reste!
Dann nur ein Grab auf grüner Flur,
Und nah nur, nah bei meinem Neste,
In meiner stillen Heimat nur!

Joseph von Eichendorff

ELDORADO

Es ist von Klang und Düften
Ein wunderbarer Ort,
Umrankt von stillen Klüften,
Wir alle spielten dort.

Wir alle sind verirret,
Seitdem so weit hinaus,
Unkraut die Welt verwirret,
Findt keiner mehr nach Haus.

Doch manchmal taucht's aus Träumen,
Als läg' es weit im Meer,
Und früh noch in den Bäumen
Rauscht's wie ein Grüßen her.

Ich hört den Gruß verfliegen,
Ich folgt ihm über Land,
Und hatte mich verstiegen
Auf hoher Felsenwand.

Mein Herz ward mir so munter,
Weit hinten alle Not,
Als ginge jenseits unter
Die Welt in Morgenrot.

Der Wind spielt' in den Locken,
Da blitzt' es drunten weit,
Und ich erkannt erschrocken
Die alte Einsamkeit.

Nun jeden Morgenschimmer
Steig ich ins Blütenmeer,
Bis ich Glücksel'ger nimmer
Von dorten wiederkehr.

Nikolaus Lenau

STIMME DES WINDES

In Schlummer ist der dunkle Wald gesunken,
Zu träge ist die Luft, ein Blatt zu neigen,
Den Blütenduft zu tragen, und es schweigen
Im Laub die Vögel und im Teich die Unken.

Leuchtkäfer nur, wie stille Traumesfunken
Den Schlaf durchgaukelnd, schimmern in den Zweigen,
Und süßer Träume ungestörtem Reigen
Ergibt sich meine Seele, schweigenstrunken.

Horch! überraschend saust es in den Bäumen
Und ruft mich ab von meinen lieben Träumen,
Ich höre plötzlich ernste Stimmen sprechen;

Die aufgeschreckte Seele lauscht dem Winde
Wie Worten ihres Vaters, der dem Kinde
Zuruft, vom Spiele heimwärts aufzubrechen.

Joseph von Eichendorff

IN DER FREMDE

Ich hör die Bächlein rauschen
Im Walde her und hin,
Im Walde in dem Rauschen
Ich weiß nicht, wo ich bin.

Die Nachtigallen schlagen
Hier in der Einsamkeit,
Als wollten sie was sagen
Von der alten, schönen Zeit.

Die Mondesschimmer fliegen,
Als säh ich unter mir
Das Schloß im Tale liegen,
Und ist doch so weit von hier!

Als müßte in dem Garten,
Voll Rosen weiß und rot,
Meine Liebste auf mich warten,
Und ist doch lange tot.

Johann Wolfgang von Goethe

EIN GLEICHES

Über allen Gipfeln
Ist Ruh,
In allen Wipfeln
Spürest du
Kaum einen Hauch;
Die Vögelein schweigen im Walde.
Warte nur, balde
Ruhest du auch.

Theodor Storm

MEERESSTRAND

Ans Haff nun fliegt die Möve,
Und Dämmrung bricht herein;
Über die feuchten Watten
Spiegelt der Abendschein.

Graues Geflügel huschet
Neben dem Wasser her;
Wie Träume liegen die Inseln
Im Nebel auf dem Meer.

Ich höre des gärenden Schlammes
Geheimnißvollen Ton,
Einsames Vogelrufen –
So war es immer schon.

Noch einmal schauert leise
Und schweiget dann der Wind;
Vernehmlich werden die Stimmen,
Die über der Tiefe sind.

Ludwig Uhland

ABENDWOLKEN

Wolken seh' ich abendwärts
Ganz in reinste Glut getaucht,
Wolken ganz in Licht zerhaucht,
Die so schwül gedunkelt hatten.
Ja! mir sagt mein ahnend Herz:
Einst noch werden, ob auch spät,
Wann die Sonne niedergeht,
Mir verklärt der Seele Schatten.

Joseph von Eichendorff

ZWIELICHT

Dämmrung will die Flügel spreiten,
Schaurig rühren sich die Bäume,
Wolken ziehn wie schwere Träume –
Was will dieses Graun bedeuten?

Hast ein Reh du lieb vor andern,
Laß es nicht alleine grasen,
Jäger ziehn im Wald und blasen,
Stimmen hin und wieder wandern.

Hast du einen Freund hienieden,
Trau ihm nicht zu dieser Stunde,
Freundlich wohl mit Aug und Munde,
Sinnt er Krieg im tück'schen Frieden.

Was heut müde gehet unter,
Hebt sich morgen neugeboren.
Manches bleibt in Nacht verloren –
Hüte dich, bleib wach und munter!

Friedrich Hölderlin

SONNENUNTERGANG

Wo bist du? trunken dämmert die Seele mir
  Von aller deiner Wonne; denn eben ists,
    Daß ich gelauscht, wie, goldner Töne
      Voll, der entzückende Sonnenjüngling

Sein Abendlied auf himmlischer Leier spielt';
  Es tönten rings die Wälder und Hügel nach.
    Doch fern ist er zu frommen Völkern,
      Die ihn noch ehren, hinweggegangen.

HÄLFTE DES LEBENS

Mit gelben Birnen hänget
Und voll mit wilden Rosen
Das Land in den See,
Ihr holden Schwäne,
Und trunken von Küssen
Tunkt ihr das Haupt
Ins heilignüchterne Wasser.

Weh mir, wo nehm ich, wenn
Es Winter ist, die Blumen, und wo
Den Sonnenschein,
Und Schatten der Erde?
Die Mauern stehn
Sprachlos und kalt, im Winde
Klirren die Fahnen.

Nikolaus Lenau

HERBSTGEFÜHL

Der Buchenwald ist herbstlich schon gerötet,
So wie ein Kranker, der sich neigt zum Sterben,
Wenn flüchtig noch sich seine Wangen färben,
Doch Rosen sinds, wobei kein Lied mehr flötet.

Das Bächlein zieht und rieselt, kaum zu hören,
Das Tal hinab, und seine Wellen gleiten,
Wie durch das Sterbgemach die Freunde schreiten,
Den letzten Traum des Lebens nicht zu stören.

Ein trüber Wandrer findet hier Genossen,
Es ist Natur, der auch die Freuden schwanden,
Mit seiner ganzen Schwermut einverstanden,
Er ist in ihre Klagen eingeschlossen.

Friedrich Nietzsche

DER HERBST

Dies ist der Herbst: der – bricht dir noch das Herz!
Fliege fort! fliege fort! –
Die Sonne schleicht zum Berg
Und steigt und steigt
Und ruht bei jedem Schritt.

Was ward die Welt so welk!
Auf müd gespannten Fäden spielt
Der Wind sein Lied.
Die Hoffnung floh –
Er klagt ihr nach.

Dies ist der Herbst: der – bricht dir noch das Herz!
Fliege fort! fliege fort! –
Oh Frucht des Baums,
Du zitterst, fällst?
Welch ein Geheimniß lehrte dich
Die Nacht,
Da eis'ger Schauer deine Wange
Die Purpur-Wange deckt? –
Du schweigst, antwortest nicht?
Wer redet noch? – –

Dies ist der Herbst: der – bricht dir noch das Herz.
Fliege fort! fliege fort! –
»Ich bin nicht schön
– so spricht die Sternenblume –,
Doch Menschen lieb' ich
Und Menschen tröst' ich –
Sie sollen jetzt noch Blumen sehn,
Nach mir sich bücken
Ach! und mich brechen –
In ihrem Auge glänzet dann
Erinnrung auf,

Erinnerung an Schöneres als ich: –
– ich seh's ich seh's – und sterbe so!« –

Dies ist der Herbst: der – bricht dir noch das Herz!
Fliege fort! fliege fort.

VEREINSAMT

Die Krähen schrein
Und ziehen schwirren Flugs zur Stadt:
Bald wird es schnein –
Wohl dem, der jetzt noch – Heimat hat.

Nun stehst du starr,
Schaust rückwärts ach! wie lange schon!
Was bist du Narr
Vor Winters in die Welt – entflohn?

Die Welt – ein Thor
Zu tausend Wüsten stumm und kalt!
Wer das verlor,
Was du verlorst, macht nirgends Halt.

Nun stehst du bleich,
Zur Winter-Wanderschaft verflucht,
Dem Rauche gleich,
Der stets nach kältern Himmeln sucht.

Flieg, Vogel, schnarr'
Dein Lied im Wüsten-Vogel-Ton! –
Versteck', du Narr,
Dein blutend Herz in Eis und Hohn!

Die Krähen schrein
Und ziehen schwirren Flugs zur Stadt:
Bald wird es schnein –
Weh dem, der keine Heimat hat!

5 Gedanken zur Natur

Johann Wolfgang von Goethe

GESANG DER GEISTER ÜBER DEN WASSERN

Des Menschen Seele
Gleicht dem Wasser:
Vom Himmel kommt es,
Zum Himmel steigt es.
Und wieder nieder
Zur Erde muß es.
Ewig wechselnd.

Strömt von der hohen,
Steilen Felswand
Der reine Strahl,
Dann stäubt er lieblich
In Wolkenwellen
Zum glatten Fels,
Und leicht empfangen
Wallt er verschleiernd,
Leisrauschend
Zur Tiefe nieder.

Ragen Klippen
Dem Sturz entgegen,
Schäumt er unmutig
Stufenweise
Zum Abgrund.

Im flachen Bette
Schleicht er das Wiesental hin,
Und in dem glatten See

Weiden ihr Antlitz
Alle Gestirne.

Wind ist der Welle
Lieblicher Buhler;
Wind mischt vom Grund aus
Schäumende Wogen.

Seele des Menschen,
Wie gleichst du dem Wasser!
Schicksal des Menschen,
Wie gleichst du dem Wind!

Johann Gottfried Herder

DIE NATUR

Hast du, hast du nicht gesehn,
Wie sich alles drängt zum Leben?
Was nicht Baum kann werden,
Wird doch Blatt;
Was nicht Frucht kann werden,
Wird doch Keim.

Hast du, hast du nicht gesehn,
Wie von Leben alles voll ist?
Schon im Blatt des Baumes
Hoher Bau;
Schon im Keim der Früchte
Volle Kraft.

Lebend Weben der Natur,
Ewger Frühling junger Keime,
Wenn sie *mir* verwelken,
Starben sie?
Sind sie, *mir* verschwunden,
Nirgend mehr?

Selig, selig, wo ihr seid,
In des Ewgen Paradiese.
Hier am Lebensbaume
Blüten nur;
Dort am Lebensbaume
Früchte schon.

Selig, selig, der ich bin
In der Welt voll Leben Gottes!
Meine Adern wallen
Seinen Strom;
Meine Seele trinket
Gottes Licht.

Achim von Armin

WENN DIE VÖGEL AUFWÄRTS STEIGEN

Wenn die Vögel aufwärts steigen,
Da verschwindet ihr Gesang.
Meint ihr, daß sie droben schweigen?
Wir nur hören nicht den Klang.
Unsere freudigen Gebete,
Sel'ge Blicke, Herzensbeben,
Was vom Himmel liebend wehte,
Wollen sie zum Himmel heben,
Von der Liebe singt ihr Chor
An dem goldnen Himmelstor.

Wenn die Vögel aufwärts steigen,
Da verschwindet ihr Gesang.
Meint ihr, daß sie droben schweigen?
Wir nur hören nicht den Klang.
Ihre Klagen, unsre Tränen
Um die früh entführte Blüte,
Aller Herzen stummes Sehnen

Nach der Schönheit, nach der Güte
Singt ihr leiser Trauerchor
An dem goldnen Himmelstor.

Friedrich Hebbel

AUF DAS TIER

Du bist der arme Kaliban der Welt,
  Du hast dem Menschen jede Frucht gezeigt,
Die auf der Erde Saft und Mark enthält,
  Und dich ihm stumm, als deinem Gott, geneigt,
Dir dankt ers selbst, daß er die Quelle kennt,
  Worin er sich den Leib verjüngen kann,
Doch seit ihm deine heilge Leuchte brennt,
  Verhängt er über dich den Todesbann,
Und das Geschöpf, das gleich verloren war,
  Wenn du es nicht geleitet durch die Nacht,
Bringt dir den Dank durch alle Martern dar,
  Wozu der Trieb in seiner Brust erwacht.

Novalis

Wenn nicht mehr Zahlen und Figuren
Sind Schlüssel aller Kreaturen,
Wenn die, so singen oder küssen,
Mehr als die Tiefgelehrten wissen,
Wenn sich die Welt ins freie Leben,
Und in die Welt wird zurück begeben,
Wenn dann sich wieder Licht und Schatten
Zu echter Klarheit werden gatten,
Und man in Märchen und Gedichten
Erkennt die wahren Weltgeschichten,
Dann fliegt vor einem geheimen Wort
Das ganze verkehrte Wesen fort.

IX VERANTWORTUNG FÜR DIE NATUR · ÖKOLOGIE

Konrad Lorenz

Verwüstung des Lebensraums

Es ist ein weitverbreiteter Irrglaube, daß »die Natur« unerschöpflich sei. Jede Tier-, Pflanzen- oder Pilzart – denn alle drei Sorten von Lebewesen gehören zum großen Räderwerk – ist an ihre Umgebung angepaßt, und zu dieser Umgebung gehören selbstverständlich nicht nur die anorganischen Bestandteile einer bestimmten Örtlichkeit, sondern ganz ebenso alle ihre anderen lebenden Bewohner. Alle Lebewesen eines Lebensraumes sind also *aneinander* angepaßt. Dies gilt auch für jene, die einander scheinbar feindlich gegenüberstehen, wie etwa das Raubtier und seine Beute, der Fresser und der Gefressene. Bei näherer Betrachtung stellt sich heraus, daß diese Wesen, als Arten und nicht als Individuen gesehen, einander nicht schaden, ja manchmal sogar eine Interessengemeinschaft bilden. Ganz selbstverständlich hat der Fresser ein brennendes Interesse am Weiterleben der Art von Beute, von der er lebt, sei es Tier oder Pflanze. Je ausschließlicher er auf eine einzige Nahrungs-Art spezialisiert ist, desto größer ist notwendigerweise dieses Interesse. Das Raubtier kann in solchen Fällen sein Beutetier niemals ausrotten; das letzte Paar der Räuber würde schon lange verhungert sein, ehe es dem letzten Paar der Beute-Art auch nur begegnet wäre. Wenn die Populationsdichte der Beute gewisse Maße unterschreitet, geht der Räuber zugrunde, so wie es zum großen Glück die meisten Walfangunternehmungen getan haben. Als der Dingo, ursprünglich ein Haushund, nach Australien kam und dort verwilderte, rottete er keines der Beutetiere aus, von denen er lebte, wohl aber die beiden großen Beutelraubtiere, den Beutelwolf, Thylacinus, und den Beutelteufel, Sarcophilus. Diese mit geradezu fürchterlichem Gebiß ausgestatteten Beuteltiere wären zwar im Kampfe dem Dingo um ein Vielfaches überlegen, aber mit ihrem primitiveren Gehirn benötigen sie eine weit größere Bevölkerungsdichte der Beutetiere als der klügere Wildhund. Sie wurden von diesem nicht totgebissen, sondern tot-konkurrenziert und verhungerten.

Es kommt nur selten vor, daß die Vermehrung eines Tieres unmittelbar von der Menge der vorhandenen Nahrung geregelt wird. Dies wäre nämlich sowohl im Interesse des Ausbeutenden wie in dem des Ausgebeuteten gleicherweise unökonomisch. Ein Fischer, der vom Ertrage eines Gewässers lebt, wird klug daran tun, dieses stets nur so weit auszufischen, daß die überlebenden Fische eben noch das Maximum an Nachkommenschaft hervorbringen, das die abgefischte Menge wieder ergänzt. Wo dieses Optimum liegt, ist nur durch eine recht komplizierte Maximum-Minimum-Rechnung zu ermitteln. Fischt man zu wenig, so bleibt der See übervölkert, und es wächst nicht viel Fischbrut nach, überfischt man, so bleiben zu wenig Zuchtfische, um jene Menge von Nachkommenschaft zu erzeugen, die das Gewässer wohl ernähren und heranwachsen lassen könnte. Eine analoge Art von Ökonomie betreiben, wie V. C. Wynne-Edwards gezeigt hat, sehr viele Tierarten. Neben der Abgrenzung von Territorien, die ein zu dichtes Beieinanderwohnen verhindert, sind es noch verschiedene andere Verhaltensweisen, die eine Über-Exploitation des zur Verfügung stehenden Unterhaltes verhindern.

Es kommt gar nicht selten vor, daß die gefressene Art von der sie fressenden ausgesprochene Vorteile hat. Es ist nicht nur die Vermehrungsziffer der Nahrungstiere oder Pflanzen auf den Konsum durch einen Verbraucher eingestellt, so daß Unordnung in ihrem Lebensgleichgewicht entstehen würde, wenn dieser Faktor ausfiele. Die großen Zusammenbrüche der Population, die man an rasch sich vermehrenden Nagetieren unmittelbar nach dem Erreichen höchster Bevölkerungsdichte verzeichnen kann, sind für das Bestehen der Art sicher gefährlicher als die ausgewogene Erhaltung eines Mittelmaßes, wie sie der »Abruf« der Überzähligen durch Raubtiere sichert. Sehr oft geht die Symbiose zwischen Gefressenem und Fresser sehr viel weiter. Es gibt viele Grasarten, die ausgesprochen darauf »konstruiert« sind, von großen Huftieren dauernd kurzgehalten und auch getrampelt zu werden, was man beim Kunstrasen durch dauerndes Mähen und Walzen nachahmen muß. Wenn diese Faktoren ausfallen, werden diese Gräser alsbald von anderen verdrängt, die eine solche Behandlung nicht aushalten, in anderen Hinsichten aber durchschlagskräftiger sind. Kurzum, zwei Lebensformen können in einem sehr ähnlichen Abhängigkeitsverhältnis zueinander stehen wie der Mensch zu seinen Haustieren und Kulturpflanzen. Die Gesetzlichkeiten, die solche Wechselwirkungen beherrschen, sind denn auch denen der menschlichen Ökonomie oft recht ähnlich, was sich auch in dem Terminus ausdrückt, den die biologische Wissenschaft für die Lehre von diesen Wechselwirkungen geprägt hat: Sie heißt *Ökologie. Ein* ökonomischer Begriff, der uns hier noch beschäftigen wird, kommt in der Ökologie der Tiere und Pflanzen allerdings nicht vor, es ist der des *Raubbaues*.

Die Wechselwirkungen im Gefüge der vielen Tier-, Pflanzen- und Pilzarten, die gemeinsam einen Lebensraum bewohnen und zusammen die Lebensgemeinschaft oder *Biozönose* ausmachen, sind ungeheuer vielfältig und komplex. Die Anpassung der verschiedenen Arten von Lebewesen, die im Laufe von Zeiträumen stattgefunden hat, deren Größenordnung der Geologie und nicht der menschlicher Geschichte entspricht, hat zu einem ebenso bewunderungswürdigen wie leicht störbaren Gleichgewichtszustand geführt. Viele Regulationsvorgänge sichern diesen gegen die unvermeidlichen Störungen durch Wetter und dergl. Alle langsam sich vollziehenden Veränderungen, wie die durch Evolution der Arten oder allmähliche Veränderung des Klimas hervorgerufenen, können das Gleichgewicht eines Lebensraumes nicht gefährden. Plötzliche Einwirkungen aber, auch wenn sie scheinbar nur geringfügig sind, können unerwartet große, ja katastrophale Wirkungen haben. Das Einschleppen einer scheinbar ganz harmlosen Tierart kann weite Länderstrecken im buchstäblichen Sinne des Wortes verwüsten, wie dies in Australien durch das Kaninchen geschehen ist. Dieser Eingriff in das Gleichgewicht eines Biotops ist durch den Menschen verursacht worden. Gleiche Wirkungen sind aber prinzipiell auch ohne sein Eingreifen denkbar, wenn auch seltener.

Die Ökologie des Menschen verändert sich um ein Vielfaches schneller als die aller anderen Lebewesen. Das Tempo wird ihr vom Fortschritt seiner Technologie vorgeschrieben, die sich ständig und in geometrischer Proportion verschnellert.

Daher kann der Mensch nicht umhin, tiefgreifende Veränderungen und allzuoft den totalen Zusammenbruch der Biozönosen zu verursachen, in und von denen er lebt. Eine Ausnahme hiervon machen nur ganz wenige »wilde« Stämme, wie z. B. gewisse Urwaldindianer Südamerikas, die als Sammler und Wildbeuter leben, oder die Bewohner mancher ozeanischer Inseln, die ein wenig Ackerbau treiben und im wesentlichen von Kokosnüssen und Meerestieren leben. Solche Kulturen beeinflussen ihren Biotop nicht anders, als Populationen einer Tierart es tun. Dies ist die eine theoretisch mögliche Art, in welcher der Mensch mit seinem Biotop im Gleichgewicht leben kann; die andere besteht darin, daß er sich als Ackerbauer und Viehzüchter eine neue, ganz auf seine Bedürfnisse zugeschnittene Biozönose *schafft*, die im Prinzip genausogut auf die Dauer existenzfähig sein kann wie eine ohne sein Zutun entstandene. Dies gilt für manche alte Bauernkulturen, in denen Menschen viele Generationen lang auf demselben Land sitzen, es lieben und auf Grund ihrer recht guten, in der Praxis erworbenen ökologischen Kenntnisse der Scholle zurückgeben, was sie von ihr empfingen.

Der Bauer weiß nämlich etwas, was die gesamte zivilisierte Menschheit vergessen zu haben scheint, nämlich daß die Lebensgrundlagen des ganzen Planeten *nicht unerschöpflich* sind. Nachdem in Amerika weite Landstriche durch Bodenerosion, die dem Raubbau folgte, von Ackerland zur Wüste wurden, nachdem große Gebiete durch Abholzen verkarstet und unzählige nützliche Tierarten ausgestorben sind, sind diese Tatsachen allmählich aufs neue erkannt worden, vor allem deshalb, weil große industrielle Unternehmungen der Agrikultur, der Fischerei und des Walfangs ihre Auswirkungen in kommerzieller Hinsicht schmerzlich zu spüren bekamen. Allgemein anerkannt und ins Bewußtsein der Öffentlichkeit gedrungen sind sie indessen noch immer nicht!

Die Hast der heutigen Zeit, von der im nächsten Kapitel die Rede sein soll, läßt den Menschen keine Zeit, zu prüfen und zu überlegen, ehe sie handeln. Dann sind die Ahnungslosen noch stolz darauf, »doers«, Täter zu sein, während sie zu Untätern an der Natur und an sich selbst werden. Untaten geschehen heute allenthalben in der Anwendung chemischer Mittel, z. B. bei der Insektenvernichtung in der Landwirtschaft und im Obstbau, aber fast ebenso kurzsichtig in der Pharmakopöe. Die Immunbiologen erheben ernste Bedenken gegen allgemein übliche Medikamente. Die Psychologie des »Sofort-haben-Müssens«, auf die ich im IV. Kapitel zurückkommen werde, macht manche Sparten der chemischen Industrie geradezu verbrecherisch leichtsinnig, was den Vertrieb von Mitteln anlangt, deren Wirkung auf längere Sicht überhaupt nicht absehbar ist. Was die ökologische Zukunft des Ackerbaus betrifft, aber auch in Hinsicht auf medizinische Belange, herrscht eine schier unglaubliche Bedenkenlosigkeit. Warnende, die gegen die unbedachte Verwendung von Giften auftraten, wurden in der infamsten Weise diskreditiert und mundtot gemacht.

Indem die zivilisierte Menschheit die lebende Natur, die sie umgibt und erhält, in blinder und vandalischer Weise verwüstet, bedroht sie sich mit ökologischem Ruin. Wenn sie diesen erst einmal ökonomisch zu fühlen bekommt, wird sie ihre Fehler vielleicht erkennen, aber sehr wahrscheinlich wird es dann zu spät sein. Am wenigsten aber merkt sie, wie sehr sie im Verlaufe dieses barbarischen Prozesses an ihrer Seele Schaden nimmt. Die allgemeine und rasch um sich greifende Entfremdung von der lebenden Natur trägt einen großen Teil der Schuld an der ästhetischen und ethischen Verrohung der Zivilisationsmenschen. Woher soll dem heranwachsenden Menschen *Ehrfurcht* vor irgend etwas kommen, wenn alles, was er um sich sieht, Menschenwerk, und zwar sehr billiges und häßliches Menschenwerk ist? Selbst der Blick auf das gestirnte Firmament ist dem Städter durch Hochhäuser und chemische Atmosphärentrübung verhüllt. So nimmt es denn kaum wunder, wenn das Vordringen der Zivilisation mit einer so bedauernswerten Verhäßlichung von Stadt und Land einhergeht. Man vergleiche sehenden Auges das alte Zentrum irgendeiner deutschen Stadt mit ihrer modernen Peripherie oder auch diese sich schnell ins umgebende Land hineinfressende Kulturschande mit den von ihr noch nicht angegriffenen Ortschaften. Dann vergleiche man ein histologisches Bild von irgendeinem normalen Körpergewebe mit dem eines bösartigen Tumors: Man wird erstaunliche Analogien finden! Objektiv betrachtet und vom Ästhetischen ins Zählbare übersetzt, beruht dieser Unterschied im wesentlichen auf einem *Verlust von Information*.

Die Zelle des bösartigen Tumors unterscheidet sich von der normalen Körperzelle vor allem dadurch, daß ihr jene genetische Information abhanden gekommen ist, die sie braucht, um ihre Rolle als nützliches Glied in der Interessengemeinschaft des Körpers zu spielen. Sie benimmt sich daher wie ein einzelliges Tier oder, noch besser gesagt, wie eine junge embryonale Zelle. Sie entbehrt der besonderen Strukturen und teilt sich maß- und rücksichtslos, so daß das Tumorgewebe infiltrierend in das noch gesunde Nachbargewebe hineinwächst und dieses zerstört. Die augenfälligen Analogien zwischen dem Bild des Stadtrands und dem des Tumors liegen darin, daß bei diesem wie bei jenem im noch gesunden Raume eine Vielzahl sehr verschiedener, aber fein differenzierter und einander ergänzender Baupläne verwirklicht waren, die ihr weises Ebenmaß einer Information verdankten, die in langer historischer Entwicklung gesammelt worden war, während in dem vom Tumor oder von der modernen Technologie verwüsteten nur ganz wenige, aufs äußerste vereinfachte Konstruktionen das Bild beherrschen. Das histologische Bild der völlig uniformen, strukturarmen Tumorzellen hat eine verzweifelte Ähnlichkeit mit einer Luftaufnahme einer modernen Vorstadt mit ihren Einheits-Häusern, die von kulturverarmten Architekten ohne viel Vorbedacht und in eiligem Wettbewerb entworfen wurden. Die im nächsten Abschnitt zu besprechenden Vorgänge des Wettlaufs der Menschheit mit sich selbst üben auf den Wohnungsbau eine vernichtende Wirkung aus. Nicht nur die kommerzielle Erwägung, daß massenhaft herstellbare Bauteile billiger kommen, sondern auch die alles nivellierende Mode führen dazu, daß an allen Stadträndern aller zivilisierten Länder Massenbehausungen zu Hunderttausenden entstehen, die nur an ihren Nummern voneinander unterscheidbar sind und den Namen »Häuser« nicht verdienen, da sie bestenfalls Batterien von Ställen für Nutzmenschen sind, um dieses Wort einmal in Analogie zu der Bezeichnung »Nutztiere« zu prägen.

Leghornhennen in Batterien zu halten gilt mit Recht als Tierquälerei und Kulturschande. Analoges Menschen zuzumuten wird als völlig erlaubt angesehen, obwohl gerade der Mensch eine solche im wahrsten Sinne des Wortes menschenunwürdige Behandlung am allerwenigsten verträgt. Die Selbstbewertung des normalen Menschen fordert mit vollem Recht die Behauptung seiner Individualität. Der Mensch ist nicht, wie eine Ameise oder eine Termite, von seiner Phylogenese so konstruiert, daß er es erträgt, ein anonymes und durchaus austauschbares Element unter Millionen völlig gleichartiger zu sein. Man betrachte einmal offenen Auges eine Siedlung von Schrebergärtnern und beobachte, welche Auswirkungen der Drang des Menschen nach Ausdruck seiner Individualität dort hervorbringt. Dem Bewohner der Nutzmenschenbatterie steht nur ein Weg zur Aufrechterhaltung seiner Selbstachtung offen: Er besteht darin, die Existenz der vielen gleichartigen Leidensgenossen aus dem Bewußtsein zu verdrängen und sich vom Nächsten fest abzukapseln. Bei sehr vielen Massenwohnungen sind zwischen die Balkone der Einzelwohnungen Trennwände eingeschoben, die den Nachbarn unsichtbar machen. Man kann und will nicht »über den Zaun« mit ihm in sozialen Kontakt treten, denn man fürchtet allzusehr, das eigene verzweifelte Bild in ihm zu erblicken. Auch auf diesem Wege führt Vermassung zur Vereinsamung und zur Teilnahmslosigkeit am Nächsten.

Ästhetisches und ethisches Empfinden sind offenbar sehr eng miteinander verknüpft, und Menschen, die unter den eben besprochenen Bedingungen leben müssen, erleiden ganz offensichtlich eine Atrophie beider. Schönheit der Natur und Schönheit der menschengeschaffenen kulturellen Umgebung sind offensichtlich beide nötig, um den Menschen geistig und seelisch gesund zu erhalten. Die totale Seelenblindheit für alles Schöne, die heute allenthalben so rapide um sich greift, ist eine Geisteskrankheit, die schon deshalb ernst genommen werden muß, weil sie mit einer Unempfindlichkeit gegen das ethisch Verwerfliche einhergeht.

Bei denen, die darüber zu entscheiden haben, ob eine Straße, ein Kraftwerk oder eine Fabrik gebaut wird, wodurch die Schönheit eines ganzen, weiten Landstriches für immer zerstört wird, spielen ästhetische Erwägungen überhaupt keine Rolle. Vom Gemeinderatsvorsteher einer kleinen Ortschaft bis zum Wirtschaftsminister eines großen Staates besteht völlige Einheit der Meinung darüber, daß der Naturschönheit keine wirtschaftlichen – oder gar politischen – Opfer gebracht werden dürfen. Die wenigen Naturschützer und Wissenschaftler, die offene Augen für das hereinbrechende Unglück haben, sind völlig machtlos. Einige der Gemeinde gehörige Parzellen oben am Waldrand erhalten erhöhten Verkaufswert, wenn eine Straße zu ihnen führt, also wird das reizende Bächlein, das sich durchs Dorf schlängelt, in Röhren gefaßt, begradigt und überwölbt, und schon ist aus einer wunderschönen Dorfstraße eine scheußliche Vorstadtstraße geworden.

Irenäus Eibl-Eibesfeldt

Naturschutz – Luxus oder Verpflichtung?

Die Störung des biologischen Gleichgewichtes auf den Galápagos-Inseln durch den Menschen und durch eingeführte Haustiere bedroht die weitere Existenz vieler sehr merkwürdiger Geschöpfe. Was sich hier in der kleinen Welt der Galápagos-Inseln abspielt, ist der Ausklang einer unerbittlichen Auseinandersetzung der zahlenmäßig lawinenartig anschwellenden Menschheit mit der umgebenden Natur. Vor 8000 Jahren lebten etwa 10 Millionen Menschen auf unserer Erde. Es dauerte weitere 3000 Jahre, bis sie sich auf das Doppelte vermehrt hatten. Aber mit der Zunahme der Bevölkerung wuchs die jährliche Zuwachsrate. 1950 bevölkerten bereits 2500 Millionen Menschen die Erde, und im Jahre 2000 werden es 7000 Millionen sein.

Diese Menschen brauchen Raum und Nahrung für sich und ihre Weidetiere. Wildtiere waren Konkurrenz und boten sich zugleich als Nahrung an, und so mußten sie in dem Ausmaß weichen, in dem der Mensch sich ausbreitete. Es litt vor allem das Großwild, aber auch eine Reihe kleinerer Wildtiere, denen durch die Kultivierung des Landes, das Abforsten der Wälder oder das Trockenlegen der Sümpfe die Lebensmöglichkeit genommen wurde. In Europa verschwanden in den letzten vierhundert Jahren unter anderem Auerochs, Tarpan und Bison, während eine ganze Reihe von Wildtieren in kleine Rückzugsgebiete verdrängt wurde und daher für weite Gebiete als ausgestorben gelten muß, wie etwa die Störche in der Schweiz.

Zu diesen verdrängten Arten gehören bei uns Bär, Luchs, Biber, Fischotter, Wildkatze, Alpensteinbock, Elch, Uhu, Kranich, Schwarzstorch, Steinadler, Kolkrabe, Lämmergeier, Kormoran, Graureiher, Fischadler, Seeadler und viele andere mehr. Ähnliches spielte sich in Nordamerika ab, dessen Fauna ja derjenigen Eurasiens ähnelt. Wir brauchen nur an das große Bisonsterben, an die Massenabschlachtung der Wandertaube und den Abschuß der Schreikraniche zu erinnern. In Afrika begann die Ausrottung der eingeborenen Tiere bereits in der Römerzeit. Die nordafrikanischen Elefanten mußten damals als Kriegselefanten und in der Arena ihr Leben lassen. Der Wildesel der Atlasländer folgte. Geradezu verheerend wirkte sich schließlich der Einbruch der mit Feuerwaffen ausgerüsteten Europäer aus. 1783 wurde der Blaubock ausgerottet. 1873 schoß man das letzte Quagga, eine Zebra-Art, die nur vorne gestreift ist und in Transvaal und im Kapland in riesigen Herden lebte. Man schoß sie zu Tausenden, da Getreidesäcke aus ihrer Haut billiger als Jutesäcke waren! Das letzte Burchell-Zebra starb 1906 im Londoner Zoo. Vom Bergzebra überleben noch etwa sechzig Tiere. Südafrikanische Kuhantilope, Kap-Warzenschwein, Berber- und Kaplöwe sind ausgerottet und wahrscheinlich auch die rote Gazelle. Bläßbock und Buntbock verschwanden aus freier Wildbahn. Ebenfalls nur mehr in Schutzparks leben das Weißschwanzgnu und das Breitmaulnashorn. Und fahren wir nach Asien, so bietet sich uns dort das gleiche traurige Bild. Das indische, javanische und das Sumatra-Nashorn, Yak, Banteng, malaiischer und ceylonesischer Elefant, der Orang-Utan, eine Reihe von Großkatzen werden neben vielen anderen Tierarten mehr und mehr eingekreist. Vom asiatischen Löwen lebten 1956 noch etwa achtzig Stück in Kathiawar; vom Java-Nashorn gibt es dreißig bis vierzig Individuen. In Australien exportierte man noch 1924 zwei Millionen

Felle des kleinen Koala-Bären, der das Vorbild unseres Teddybären ist. Drei Jahre später entdeckte man mit Erstaunen, daß man die Tiere fast ausgerottet hatte. Bei Sydney versucht man, einen kleinen Bestand zu erhalten.

Wir können die Reihe noch um viele andere neuseeländische und australische Tiere bereichern, aber daß die Tierwelt durch den Menschen gelitten hat, ist ja allgemein bekannt. Und wer daran noch zweifelt, braucht nur durch unsere verarmten Wälder zu wandern.

Die Entwicklung nach dem Zweiten Weltkrieg beweist, daß die Gefahr für die Wildtiere keineswegs kleiner geworden ist. Man plündert unseren Planeten nach wie vor. In weiten Teilen Tansanias hat man z. B. durch Schützenketten systematisch alles Wild abgeschossen, um Erdnußplantagen anzulegen. Man beseitigte Busch und Gestrüpp, die den Boden schützten, und pflanzte Erdnüsse, die der Erosion keinen Widerstand boten. Trotzdem werden allein in Senegal jährlich weitere 25 000 Hektar Land neu »kultiviert« und bleiben als Wüste zurück!

Es müßte sich mittlerweile auch beim Einfältigsten herumgesprochen haben, daß die Wachstumsideologie die Vernichtung unserer eigenen Lebensbasis in erschreckender Weise beschleunigt. Rohstoffe, die unersetzlich sind, werden verschleudert, und auf der Verbrennung der fossilen Vorräte wurde ein Bevölkerungsüberhang aufgebaut, dem eines Tages zu Zusammenbruch folgen muß, es sei denn, wir schrumpfen uns global gesund. In den Entwicklungsländern sinkt die Lebensmittelproduktion. Der Kunstdünger wurde wegen Erdölpreiserhöhungen zu teuer. Zwischen 1882 und 1952 wuchsen die Wüsten der Erde durch Abholzung der Wälder, Brandrodung und Überweidung von 12 auf 26 Millionen Quadratkilometer. Gleichzeitig schrumpften die Reserven an Brachland von 18 auf 2,7 Millionen Quadratkilometer. Mittlerweile sind sie aufgebraucht, und die Wüsten haben sich in den letzten 25 Jahren noch erschreckender ausgebreitet. Nun sind die Regenwälder der Tropen dran. Aber wie können wir auf Vernunft hoffen, wo doch in einem Land mit relativ hohem Bildungsniveau eine Diskussion um Geschwindigkeitsbegrenzungen der Automobile zum Politikum wird.

Im tropischen Afrika überträgt die Tsetse-Fliege die Nagana-Seuche auf das Nutzvieh des Menschen. Haustiere sterben an der Erkrankung, während das eingeborene Wild unter den Erregern nicht weiter leidet. An einigen Orten ist man nun auf eine schreckliche Methode verfallen, diese Tsetse-Fliege auszurotten. Man schießt ganz einfach jede Gazelle, jede Giraffe, jedes Nashorn, kurz alles ab, was der Tsetse-Fliege als Nahrung dienen könnte. So hat man allein im Sambesi-Tal Rhodesiens von 1948 bis 1951 über hunderttausend Stück Wild niedergemetzelt – ohne daß die Tsetse-Fliege deshalb seltener geworden wäre. Trotzdem schießt man eifrig weiter. Über den Schießer-Tourismus klagt der französische Jagdexperte Lucien Blancou in der Zeitschrift »African Wildlife« (Band 13, 1959), daß die Zahl der europäischen Sportsleute in Französisch-Äquatorialafrika immer mehr zunimmt. Die Jagdführer würden die zugänglicheren Gegenden bald leerschießen lassen, oft unter äußerst unsportlichen Bedingungen, und sie brechen die Gesetze, vielleicht gerade wegen ihrer Strenge. Das Beispiel der Jäger ist außerdem ein gefährliches Vorbild für die eingeborene Bevölkerung.

Nun könnte jemand einwenden, wir wären eben die Herren der Schöpfung, alles wäre uns untertan, kurzum, wir könnten vertreiben und schießen, was immer wir wollten.

Was können wir dagegen ins Feld führen?

G. Steiner hat eine Schrift für den Naturschutz (Der mathematische und naturwissenschaftliche Unterricht, Band 11, 1958) mit den Worten eingeleitet: »In einer Welt der Nützlichkeit und der Zweckmäßigkeit, in einer Zeit ohne verbindliche Normen für das Schöne, und in einer Spätkultur, in der alle ethischen Begriffe mehr oder minder relativiert zu werden drohen, kann man eine Sache erfolgreich nur mit den Argumenten der Nützlichkeit verfechten. Das klingt nicht sehr froh, aber es entspricht den Gegebenheiten.«

Betrachten wir also zunächst einmal das wirtschaftliche und das mit ihm eng verknüpfte wissenschaftliche Argument. Beide haben zweifellos stärkstes Gewicht, denn es leuchtet ein, daß es nicht gerade zweckmäßig ist, den Ast abzusägen, auf dem man sitzt. Wenn wir ohne Vorsorge Wälder abholzen, dann entstehen Wüsten und Einöden, wie uns unter anderem die Geschichte der Mittelmeerländer lehrt. Deshalb ist Waldraubbau unzweckmäßig und wird heute im allgemeinen auch durch Forstschutz vermieden. Aus dem gleichen Grund schützt man bisweilen selbst Tiere. So schonte man im allerletzten Augenblick die wirtschaftlich wertvolle Pelzrobbe der Pribilow-Inseln. Es gelang, den Bestand dieses wertvollen Pelzträgers wieder auf die ursprünglichen Millionen zu bringen, so daß er wieder wirtschaftlich genutzt werden kann. Die Pelzjäger stellen heute vor allem den abseits der Herden lebenden Junggesellen nach, so daß die Art nicht weiter unter der Verfolgung leidet. Weniger erfreulich ist die Situation der Wale. Man hat zwar eingesehen, daß eine unkontrollierte Bejagung die Lebensbasis der Walfang-Industrie zerstört, und eine internationale Kommission kontrolliert den Fang, aber leider sind nicht alle Walfang-Nationen dieser Konvention beigetreten.

Zu den wirtschaftlich wichtigen Naturschutzmaßnahmen gehört also auch die Erhaltung wirtschaftlich wichtiger Tierarten, aber wer kann heute sagen, welche Arten in Zukunft wichtig sein werden? Eine ganz unscheinbare Tierart kann für die Grundlagenforschung der Biologie ein außerordentlich günstiges Objekt sein, ohne daß wir es heute wissen. Und da letzten Endes die Millionen Menschen, die heute unseren Planeten bevölkern und leider verwüsten, den naturwissenschaftlichen Erkenntnissen überhaupt erst ihre Existenz verdanken – ohne die Erkenntnisse der Biologie, der Medizin, der Physik, der Chemie und der aus diesen Wissensgebieten abgeleiteten Technik gäbe es heute nicht 5 Milliarden Menschen –, dürfen wir Naturwissenschaftler schon ein paar Worte mitreden, wenn es um Fragen wie die der Erhaltung der Arten geht. Wir nehmen dabei letztlich auch die Interessen jener Kreise wahr, die selbst zu kurzsichtig sind, die Verluste zu erkennen, die ihre Gewinnsucht und Dummheit heraufbeschwören.

Und schließlich möchten wir für den Naturschutz auch heute noch ethische und ästhetische Gesichtspunkte ins Feld führen. Alle großen Religionen lehren uns, daß diese Welt die Schöpfung eines Gottes sei, mit allen ihren Blumen und Tieren. Ergibt sich daraus nicht geradezu selbstverständlich, daß wir diese

Schöpfung achten müssen, daß wir diesen bunten Garten nicht barbarisch zertrampeln dürfen? Nicht gegen die Nutzung der Tier- und Pflanzenwelt wollen wir uns stemmen, aber wir sollten uns doch bewußt werden, daß es sich um kostbare Geschenke handelt und daß jede Ausrottung einer Tierart Mord ist. Der Frankfurter Zoologe Bernhard Grzimek hat im Kommentar zu seinem Film »Serengeti darf nicht sterben« betont, daß die letzten Reste der afrikanischen Tierwelt ein kultureller Gemeinbesitz der gesamten Menschheit seien, genauso wie unsere Kathedralen und antiken Bauten. Es ist ein trauriges Symptom unserer Zeit, daß sich einige Beauftragte der Länderkultusminister an dieser Symbolik stießen. Sie empfanden es als unangemessen, die Erhaltung der Zebraherden mit der Erhaltung der Akropolis oder der Peterskirche in Beziehung zu setzen, und wurden sich gar nicht bewußt, daß sie dabei in maßloser Selbstüberschätzung Menschenwerk über Gottes Schöpfung setzen.

Schließlich muß jeder nicht ausgesprochen blinde Mensch auch den ästhetischen Wert unberührter Natur gelten lassen. Blühende Alpenwiesen, unberührte Moor- und Seelandschaften mit ihrer reichen Vogelwelt oder eine mit Großwild bevölkerte Steppe, das alles ist nun einmal schön und bietet manch einem Erholung. Auch in diesem Sinne kann man Nationalparks wohl kaum als Luxus bezeichnen.

Wir werden vom Lebensstrom getragen, der sich vielfach verzweigt und in unzähligen Organismen seinen Ausdruck findet. Aber so verschieden sie alle auch aussehen mögen, die Muschel, der Tannenbaum oder der Eichelhäher, sie alle teilen mit uns den gleichen Aufbau, die Schreibweise des genetischen Codes, den komplizierten Mechanismus der Chromosomen, der Zellteilung und der Reifeteilung, die Fabriken der Mitochondrien, die meisten biochemischen Prozesse und noch viel anderes mehr. Es ist gemeinsames Erbe, das uns verbindet, und sollte uns nachdenklich stimmen. Wir Menschen – das Leben wurde sich in uns wohl zum erstenmal seiner selbst bewußt – betrachten erstaunt die bunte Entfaltung lebendigen Seins, die Blumen, die emsigen Käfer und die Vögel in der Luft. Im freudigen Staunen nehmen wir diese Welt in uns auf und fragen nach einem Sinn, ohne ihn auch nur zu erahnen. Woher der Lebensstrom kommt, wohin er uns alle trägt, wir wissen es nicht. Aber wir wissen heute immerhin eines. Wo immer unsere Sonden im All unsere weitere Nachbarschaft erkundeten, sie fanden bisher nur trostlose Wüsten. Einzig unser Planet leuchtet wie ein blaues Juwel in dieser grenzenlosen Öde, bereit, noch für viele Millionen Jahre die Entfaltung weiteren Lebens zu ermöglichen – eine Entfaltung, wie wir hoffen, zu höherer Geistigkeit und größerem Glück.

Manfred Eigen / Ruthild Winkler

Grenzen

Der Mensch hat mit seiner Technologie das Gleichgewicht in der Natur vielfach empfindlich gestört. Der von der Natur gespeicherte Vorrat an fossilen Brennstoffen – angereicherter Sonnenenergie – wird in absehbarer Zeit erschöpft sein. Kohle und Öl sind nicht-ersetzbare Rohstoffe für die chemische Industrie. Lange wird man es sich nicht mehr leisten können, diese einfach zu verbrennen, zumal sie als Brennmaterial substituierbar sind. Bei vielen Rohstoffen wird die Wirtschaft sich auf einen Kreislauf einstellen müssen. Doch dazu bedarf es einer weiteren Erhöhung des Energieumsatzes.

Die Menschheit steht am Scheidewege.

Will sie in Zukunft ihren Energiebedarf (im wesentlichen) aus der Sonnenenergie decken, dann muß sie sich auf den Dauerzustand einer Flußbegrenzung mit all seinen Stabilitätsrisiken einlassen.

Oder soll der Mensch – wie Mihailo Mesarović und Eduard Pestel es nennen – den faustischen Pakt mit der Kernenergie eingehen? Er würde sich damit von allen Vorratssorgen befreien, müßte dafür allerdings einige Imponderabilien in Kauf nehmen.

Die Sonne strahlt eine Leistung von 1.3 Kilowatt auf jeden Quadratmeter der äußeren Erdatmosphäre. Davon erreicht nur etwa die Hälfte die Erdoberfläche, der Rest wird schon in der Atmosphäre diffus gestreut und reflektiert oder zur Unterhaltung atmosphärischer Strömungen verbraucht. Mittelt man über die Tages- und Jahreszeiten, so bleibt unter günstigen Voraussetzungen – etwa in den großen Wüstenregionen – nur eine Leistung von ca. 250 Watt pro Quadratmeter der Erdoberfläche zur Nutzung übrig. In der Bundesrepublik liegt bei einer mittleren Sonnenscheindauer, die nur 30 bis 40 % der gesamten Einstrahlungszeit beträgt, dieser Wert noch bedeutend niedriger. Der Wirkungsgrad der Umwandlung in eine »transportfähige« Energieform wäre vielleicht mit 10–20 % realistisch eingeschätzt. Um für jeden der 50 Millionen Bürger der Bundesrepublik im Durchschnitt eine Leistung von zwei Kilowatt – das ist etwa die Hochrechnung des Pro-Kopf-Bedarfs für das Jahr 1980 und entspricht einer Gesamtleistung von 100 Millionen Kilowatt – zur Verfügung zu haben, müßte man also 2 % der Fläche der Bundesrepublik lückenlos mit einem Auffangssystem für die Sonnenenergie überziehen. Denken wir an den erhöhten Bedarf, den eine Kreislaufwirtschaft in Anspruch nehmen müßte, so wäre bald schon ein Areal vonnöten, das der gesamten gegenwärtig *bebauten* Fläche der Bundesrepublik (ca. 7 %) entspricht. Die Autoren des Berichts an den »Club of Rome« schlagen daher auch vor, diese Einrichtungen in den großen Wüstengürteln der Erde zu installieren. Dann aber würde der Energietransport über weite Entfernungen und über Ländergrenzen neue Probleme aufwerfen, ganz zu schweigen von der Tatsache, daß das Funktionieren derartiger globaler Maßnahmen weitgehend von einer globalen Machtkontrolle abhängig wäre.

Wo immer solch ein Projekt realisierbar ist, sollte man nicht zögern, es zu verwirklichen. Angesichts der gigantischen Dimensionen und der vielen noch ungelösten Probleme scheint uns aber ein Abraten vom »faustischen Pakt« im gegenwärtigen Zeitpunkt weder geboten noch überhaupt verantwortbar zu sein. Die mit Rohstoffen keineswegs reichlich gesegneten europäischen Staaten jedenfalls würden mit einer derartigen »Askese« sich ihr Todesurteil als Industrienationen sprechen.

Es ist heute so viel die Rede von den Risiken und Gefahren, die aus einer Nutzung der Kernenergie erwachsen. Diese sollen und dürfen nicht herabgespielt werden. Die Bedrohung liegt in der durch einen Unfall ausgelösten möglichen Kontaminierung unserer Umwelt. Ein Risiko besteht in der Erzeugung von »Bombenmaterial«, das mißbraucht werden könnte. Dieses entsteht vor allem im schnellen Brüter, der allein die ökonomische Nutzung der Kernenergievorräte verspricht. Ob es wirklich einmal notwendig sein wird, auf den gesamten Vorrat an radioaktivem »Brennstoff« zurückzugreifen, hängt allein davon ab, ob es gelingt, den ungefährlicheren Fusionsreaktor zur technischen Reife zu bringen. Materialsorgen gäbe es für diesen kaum, aber frei von Risiken wäre man auch dann noch nicht. Ein ganz wesentliches Umweltproblem ergibt sich für jede Art von Energieerzeugung aus der Tatsache, daß die gesamte Energie letztlich in Wärme umgewandelt wird und als solche von der Natur aufgenommen und verkraftet werden muß. All dies sind ernstzunehmende, doch lösbare Probleme.

Dagegen ist zu fragen: Welche Gefahren werden heraufbeschworen, wenn wir die Entwicklung und Erprobung von Atomkraftwerken zurückstellen oder gar unterlassen? Es geht nicht darum, *ob* es ein Risiko gibt, sondern *welches Risiko größer* ist: das zu handeln, oder das, *nicht* zu handeln. Die Folgen muß in jedem Falle eine andere Generation tragen. Unsere Fehler, unsere Unterlassungen sind dann kaum oder nur schwer wiedergutzumachen.

Eine absolut risikofreie Zukunft wird es niemals geben. Es wäre eine Illusion zu glauben, daß eine nach Milliarden zählende Weltbevölkerung – selbst als »Mangelgesellschaft« – risikofrei dahinleben könnte. Es läßt sich ja auch nicht ausschließen, daß die Erde noch einmal von einem riesigen Meteor getroffen und dadurch in eine Katastrophe vom Ausmaß eines Atomkrieges gerissen wird. Diese Gefahr ist – wie Wolfgang Gentner berichtet – verschwindend klein, aber eben doch nicht gleich Null. Auch der große Reaktorunfall – so rechnen uns die Experten vor – käme im Mittel nicht öfter als einmal in Millionen Jahren vor.

Schließlich sollte noch ein Wort zu den verschiedenen, im Lauf der letzten Jahre – vor allem auf Initiative des »Club of Rome« – ausgearbeiteten Projektstudien gesagt werden. Hervorzuheben sind die Modelluntersuchungen, die Jay W. Forrester und seine Mitarbeiter am Massachusetts Institute of Technology ausführten und die die Grundlage der von Dennis L. und Donella H. Meadows veröffentlichten »ersten« Wachstumsstudie bilden, sowie der sogenannte »zweite«, von Mihailo Mesarović und Eduard Pestel verfaßte Bericht an den »Club of Rome«. Den Autoren dieser Publikationen kommt – ohne Einschränkung – das Verdienst zu, die Weltöffentlichkeit erreicht und aus ihrer Lethargie gerissen zu haben. Allerdings vermögen die Autoren dieser Berichte selber auch nicht zu sagen, was nun eigentlich zu tun sei, *ohne daß dabei die Stabilität des Gesamtsystems in Gefahr gerät*.

Viel wärc gewonnen, wenn die genannten Berichte der jungen Generation klar vor Augen führten,

- wie wichtig es ist, sich mit diesen Fragen sachlich und im Detail auseinanderzusetzen,
- welche Fülle aufregender Probleme hier auf eine Lösung wartet – wobei neue Ideen benötigt werden und nicht lediglich Computer mit Daten zu füttern sind, und schließlich,
- wie wenig damit geholfen ist, mit Schlagworten auf der Bühne der Politik zu erscheinen, ständig Begrenzungen zu fordern, ohne zu wissen wo der Hebel sachgerecht anzusetzen ist, und damit die Stabilität des gesamten menschlichen Öko- und Sozialsystems leichtfertig aufs Spiel zu setzen.

Immer wieder wird auf die natürliche Regelung im ökologischen Bereich verwiesen. Man übersieht dabei nur gar zu oft, wie komplex bereits die Lösungen von relativ einfachen ökologischen Sachverhalten aussehen und wie wenig erstrebenswert – weil inhuman – ihre Konsequenzen sind. Wenn wir eine rein ökologische Regelung anstreben wollten, brauchen wir nur den Dingen ihren Lauf zu lassen. Das sich von selbst einstellende Gleichgewicht würde jedoch nicht das sein, was wir als menschenwürdiges Dasein bezeichnen.

Eine pauschale Betrachtung des Problems der Wachstumsbegrenzung ist nicht angemessen, wenn es sich um so verschiedenartige Phänomene wie

- Bevölkerungszunahme
- Energiedissipation
- Kapitalinvestition

- Güterproduktion
- Umweltbelastung

usw. handelt. Wir müssen differenzieren.

Auch in einer Prioritätenliste würde »Populationskontrolle« – wir wählen mit Absicht diesen, dem englischen Schlagwort »population control« am nächsten kommenden Ausdruck – an erster Stelle stehen. Sie enthält den Schlüssel zur Lösung all der anderen Probleme. Das sollten wir klar erkennen. Man macht es sich zu leicht, wenn man die Umweltmisere – beispielsweise – einfach auf eine überhandnehmende Technisierung und Industrialisierung abschiebt. Hat man sich einmal überlegt, welchen Umweltproblemen eine Millionenstadt gegenüberstände, wenn alle, die heute mit ihrem Auto zur Arbeit fahren, mit dem Pferd vorgeritten kämen? Wenn überhaupt, so kann *nur* die Technik der steigenden Umweltverschmutzung Einhalt gebieten. Technik ist hier in weitestem Sinne zu verstehen; sie mag durchaus (vom Menschen gesteuerte) biologische und ökologische Kontrollverfahren einschließen.

Auch bei totalem Stop des Bevölkerungswachstums blieben wir eine Mangelgesellschaft. Im gegenwärtigen Zeitpunkt könnte sich die menschliche Gesellschaft in ihrer Gesamtheit keinesfalls einen Investitionsstop oder gar eine Reduzierung des Energieverbrauchs leisten. Das wäre nur bei drastischer Reduzierung der Erdbevölkerung möglich – angesichts der Wirklichkeit eine reine Utopie. Paradiesische Zustände werden kaum je wiederkehren. Diese Einsicht beginnt auch bei denen zu dämmern, die von der klassenlosen Gesellschaft träumen. Eine Mangelgesellschaft kann aber allenfalls ihre Klassen*einteilung* ändern – denn sie wird weiterhin Leistungsgesellschaft bleiben müssen.

Und hier kommen wir zu einem weiteren Problem, das uns nicht nur mittelbar tangiert: Wachstum von Macht. Machtausbreitung ist ein eigengesetzlicher Vorgang, nicht etwa weil Macht, wie Jakob Burckhardt es ausdrückte, »ihrem Wesen nach böse sei« – sie ist gerade dann am gefährlichsten, wenn ihre Anhänger sich von idealistischen Vorstellungen leiten lassen –, sondern weil Macht schlichtweg autokatalytischer Natur ist: Je mehr Kräfte sie in sich vereint, um so schneller breitet sie sich weiter aus, um so stabiler wird sie. Hat sie sich erst einmal durchgesetzt, so sorgt sie für ihre Erhaltung, ähnlich wie die etablierte Kugelverteilung im »Alles-oder-Nichts«-Spiel.

Überzeugung basiert auf einem mentalen Optimierungsprozeß. Man hält die eigenen Meinungen und Entscheidungen für die besten, sonst hätte man sich nicht mit ihnen identifiziert. Das bedeutet aber auch, daß man die eigenen Ansichten höher bewertet als den *Mittelwert* aller übrigen Meinungen. Und hier liegt die Gefahr für die Demokratie, die aus einer Mittelwertbildung resultiert.

Der Mittelwert einer Zahlenreihe ist zwar immer größer als ihr kleinster, aber auch kleiner als ihr größter Wert. Demokratie gründet nicht auf der Überzeugung, daß ihre Entscheidungen die besten aller möglichen sind, sondern auf der Disziplin, die aus der Einsicht resultiert, daß *subjektives* menschliches Beurteilungsvermögen *objektiv begrenzt* ist. Beim Machtstreben ist es gerade umgekehrt. Macht ist vor allem deshalb autokatalytisch, weil ihre Adepten subjektiv von der Lauterkeit ihrer Motive überzeugt sind – unabhängig davon, ob diese objektiv gut oder schlecht sind.

Ein demokratischer Staat darf seinen Bürgern alle Freiheit zugestehen – man sehe uns diese Übertreibung nach – bis auf die eine, die seine Existenz in Frage stellt. Seine Gesetze müssen Freiheit und Spielraum des einzelnen schützen und dürfen keiner organisierten Machtausbreitung Vorschub leisten.

Ralf Dieter Brunowsky / Lutz Wicke

Die Zielsetzung des ÖKO-Plans

Mit unserem ÖKO-Plan wollen wir versuchen, uns in die Lage von Politikern zu versetzen, denen die in den vorangegangenen Kapiteln dargestellte Programmatik einleuchtet, die nun aber praktische Handlungsanweisungen verlangen.

Das ist sicherlich ein kühnes Vorhaben, wenn wir bedenken, wie viele Ideen schon in den Mühlen der Expertendiskussionen zermahlen worden sind. Wir wollen deshalb keinen Utopien das Wort reden, sondern wesentlich mehr Umweltschutz mit realistischen und machbaren Vorschlägen erreichen.

Die »Philosophie« aller dieser Vorschläge dabei lautet stets: die soziale Marktwirtschaft in den Dienst des Umweltschutzes zu stellen, die Umwelt zu sanieren und damit auch das verlorene Vertrauen in die Marktwirtschaft als wirtschafts- und gesellschaftspolitisches Programm zurückzugewinnen, damit wir alle, vor allem aber die nächsten Generationen, eine Perspektive haben.

In den sechziger Jahren kannten die Amerikaner nur ein Ziel: die Landung auf dem Mond, um damit Erfolge der sowjetischen Weltraumfahrt in den Schatten zu stellen. Der Schock über den ersten Satelliten Sputnik und über den ersten Weltraumflug des Russen Jurij Gagarin war so groß, daß US-Präsident John F. Kennedy zu einer großen nationalen Kraftanstrengung aufrief: In zehn Jahren müsse als erster Mensch ein Amerikaner auf dem Mond gelandet sein. Das kaum für möglich gehaltene Vorhaben glückte sogar früher als erwartet.

Nun kann man sich über den Sinn und Unsinn einer Mondlandung streiten. Tatsache ist, daß sich aus der Weltraumforschung eine ungeheure technologische Dynamik entwickelt hat, die in alle Wirtschaftsbereiche ausstrahlt. Also warum nicht erst recht: in zehn Jahren die Umwelt sanieren? Die technologischen Effekte werden ähnlich sein. Nur ist das Ziel wohl jedem Bürger besser zu vermitteln als eine Mondlandung. Der Kraftakt wird ähnliche Anstrengungen und finanzielle Mittel erfordern wie der Sprung ins Weltraumzeitalter. Die Gefahren der Umweltzerstörung sind real. Wir wissen, daß wir ohne diesen Kraftakt keine Zukunft haben. Die Angst vor diesen Gefahren wird andererseits auch die notwendige Mobilisierung ermöglichen. Eine Mobilisierung, die nur ein Ziel kennt: die Umweltsünden der Vergangenheit in Ordnung zu bringen, umweltfreundliche Arbeitsplätze zu schaffen und damit einen qualitativen Wachstumsschub zu erreichen, der unserer Existenz neue Grundlagen gibt. Wir können einen derartigen Plan nur beispielhaft skizzieren – aber dies möglichst konkret. Demnächst will die Bundesregierung ihr neues Umweltprogramm vorlegen, das von einer Vielzahl von spezialisierten Experten vorbereitet und in der Öffentlichkeit sicherlich intensiv diskutiert wird. Und wir hoffen, daß unser Buch möglichst vielen Lesern Anregungen für diese Diskussion gibt.

Unser ÖKO-Plan nimmt sich sieben Bereiche vor:

A Luftreinhaltung
B Gewässerschutz
C Bodenschutz
D Lärmbekämpfung
E Energieeinsparung
F Übergreifende Maßnahmen (z. B. Umweltförderprogramm, Haftung, Entbürokratisierung)
G Beschäftigungs- und finanzpolitische Bewertung des ÖKO-Plans.

Wir nennen so beispielhaft, wie wir uns eine rationale Umweltpolitik vorstellen, Probleme, Ziele, Schwerpunkte und Maßnahmen sowie die geeigneten Instrumente. Wenn dem Leser dabei immer wieder Gedanken aus den ersten Kapiteln begegnen, so ist das gewollt. Dann ist die gedankliche Verbindung zur Praxis geglückt und sorgt vielleicht für zusätzliche Ideen, Vorschläge und Erkenntnisse, auf die wir nicht gekommen sind.

Iring Fetscher

Die Gefahr der Phantasielosigkeit und das Argument des Utopismus

Warum können westliche Experten und östliche Planer so wenig Phantasie entwickeln? Warum können sie sich eine *qualitativ entscheidend veränderte Zukunftsgesellschaft* nicht vorstellen? Ich vermute, vor allem weil beide so viel Macht haben oder sich so vollständig mit ihren Machthabern identifizieren, daß ihre Phantasie darunter notwendig leiden mußte. Macht und Phantasie, so sagte ich schon, gehen offenbar selten zusammen. Phantasielosigkeit ist aber kein ungefährlicher Mangel. Er wird dann gefährlich, wenn die phantasie- und gedankenlose Verlängerung »naturwüchsiger« (und nach dem Muster naturwüchsiger Entwicklung geplanter) Entwicklung zu katastrophalen Folgen führen muß, eine alternative Entwicklung aber – weil man sie sich einfach nicht vorzustellen vermag – für unmöglich gehalten und dementsprechend nicht gefördert wird.

Ökonomen sagen uns immer wieder, daß ohne quantitatives Wirtschaftswachstum unser Wohlstand nicht gehalten und Vollbeschäftigung nicht garantiert werden könne. Wachstum aber – so lautet der logisch nächste Gedankenschritt – ist nur unter der Voraussetzung gesteigerter Energieversorgung zu gewährleisten. Zusätzliche Energie in ausreichendem Maße und zu erträglichen Kosten kann nur durch Kernreaktoren (und schnelle Brüter) gewonnen werden, wenigstens während einer Übergangsperiode von 20 bis 30 Jahren, bevor wir imstande sein werden, durch Kernfusion Energie zu erzeugen. Unsere Experten geben auch zu, daß mit dieser Entwicklung einige Risiken verbunden sind, behaupten aber, sie seien im Grunde nicht größer als die Risiken von Technologie überhaupt und könnten unter Kontrolle gehalten werden. Hinter dieser Argumentationskette aber steht die unerschütterliche These: Eine von der Bevölkerung akzeptierbare Alternative zu dieser Entwicklung gibt es nicht, und das erhöhte Risiko sei daher der Preis, den alle für die Sicherung künftigen Wohlstands zu zahlen hätten.

Phantasielosigkeit (Mangel an Einfallsreichtum) zeigt sich an solchen Thesen an mehr als einer Stelle:

1. Klaus Meyer-Abich hat unlängst nachgewiesen, daß selbst bei Annahme eines ständig wachsenden Bedarfs an Wohnungswärme und heißem Wasser dieser Bedarf durchaus auch mit geringerem oder höchstens gleichbleibendem Heiz-Energieaufwand befriedigt werden könnte, wenn alle vorhandenen Möglichkeiten sparsameren und effektiveren Energieeinsatzes für Heizzwecke und alle Chancen besserer Wärmedämmung genützt würden. Die erste Phantasielosigkeit besteht also darin, zu unterstellen, daß ein nachgefragtes Gut in einer bestimmten Menge – hier z. B. Wohnungswärme und warmes Ba-

dewasser – nur mit dem *gegenwärtig* zu seiner Bereitstellung *notwendigen Energieaufwand* beschafft werden könnte. Exakte Untersuchungen haben die Unhaltbarkeit dieser (stillschweigend von Statistikern, die den »künftigen Bedarf« errechnet haben, unterstellten) Annahme erwiesen.

2. Zweite Phantasielosigkeit: Fast alle Studien über den künftigen Energiebedarf gehen davon aus, daß bisher nicht genützte und erschlossene Energiequellen – wie Wind- und Sonnenenergie, geothermische Energie, Biogasenergie usw. – nur marginal und in völlig unzulänglichem Umfang herangezogen werden könnten. Da derartige Technologien bisher nur wenig entwikkelt sind, können sich offenbar viele Ökonomen einen erhöhten Beitrag dieser Techniken zur allgemeinen Energiebeschaffung einfach nicht vorstellen. Ihre Kostenberechnungen sind im übrigen in der Regel schon allein deshalb defizient, weil sie die Kosten, die durch die Notwendigkeit der Beseitigung von Umweltschäden bei den bisher benützten Energiearten auftauchen, gar nicht oder nur ungenügend berücksichtigen. Würde man nämlich diese – im allgemeinen von Einzelunternehmungen auf die Öffentlichkeit abgewälzten – Kosten in die Kalkulation einbeziehen, würde sich das Bild zugunsten alternativer Energieträger (die umweltfreundlich sind) ganz erheblich verschieben und damit auch deren Rentabilität in einem ganz anderen Lichte erscheinen lassen. Die von K. William Kapp (1910–1976) schon seit vielen Jahren hervorgehobene Unzulänglichkeit betriebswirtschaftlicher Rentabilitätsberechnungen ist noch längst nicht allgemein akzeptiert. »Obwohl die Beweise überall herum zu sehen waren, haben wenige Sozialwissenschaftler, einschließlich der Ökonomen, uns vor den Gefahren gewarnt, die der Tatsache innewohnen, daß Produktion und Wirtschaftswachstum besonders unter dem Einfluß moderner Technologien dazu neigen, soziale Kosten hervorzurufen, welche in den privatwirtschaftlichen Ausgaben nicht verbucht sind.«

3. Die dritte Phantasielosigkeit – sie erscheint mir die größte – besteht in der Annahme, daß unsere *Lebensgewohnheiten* und im Zusammenhang mit ihnen die ständig wachsende Nachfrage nach immer mehr Waren und warenförmigen (oder auch staatlich verteilten) Dienstleistungen in ihrer heutigen Tendenz

unveränderbar seien. Damit kombiniert ist die – eigentlich durch Erhebungen über wachsende Neurotisierung und zunehmendes Unbehagen trotz erhöhter Konsummöglichkeiten widerlegte – Erwartung, daß diese Trends dem Streben nach dem »guten Leben« oder dem »größtmöglichen Glück der größtmöglichen Zahl« (Bentham) entsprechen. Man könnte die hierin zum Ausdruck kommende Phantasielosigkeit als die Unfähigkeit zur Unterscheidung zwischen Konsumsteigerung und Glück kennzeichnen.

Die »Macht«, die zu dieser offensichtlichen Verblendung geführt hat, kann aber nicht vordergründig personal zugerechnet werden. Auch wird es kaum möglich sein, sie durch moralische Appelle allein zu überwinden. Es handelt sich nämlich um strukturelle Zwänge, die den Reproduktionsmechanismen einer warenproduzierenden und auf ständiges Wachstum angewiesenen Wirtschaft entspringen. Fred Hirsch hat in seiner wichtigen Arbeit »The Social Limits to Growth« nachgewiesen, daß bestimmte, von einer warenproduzierenden Konsumgesellschaft erzeugte Glückserwartungen (und -verheißungen) mit absoluter Notwendigkeit immer wieder frustriert werden müssen, ja daß diese stets mitproduzierte Versagung (Enttäuschung) gleichsam den wichtigsten Motor für die ungeheure Dynamik dieses Wirtschaftssystems darstellt.

Er unterscheidet, um diesen Zusammenhang klarzumachen, zwei Arten von Gütern: *materielle* Güter und *positionelle*. Als materielle Güter bezeichnet er diejenigen, die der Befriedigung direkt-materieller Bedürfnisse dienen. Positionelle Güter dagegen dienen – auch wenn sie zum erheblichen Teil gleichfalls »materiell« sind – in erster Linie der Befriedigung von »Prestige«, der Steigerung des gedrückten Selbstgefühls, der Erringung von Anerkennung, von Ansehen und Bewunderung. Während nun bei der ersten Art von Gütern durch Hebung der Produktivität der Wirtschaft relativ bald eine gewisse Sättigung erreicht werden kann, ist das bei der zweiten Art *prinzipiell* (nicht nur aufgrund des »Mangels«) unmöglich. Das »positionelle Gut« ist genau *so viel* für den einzelnen wert, als es ihm einen *Vorsprung* gegenüber anderen verschafft. Da in einer hierarchisch strukturierten Gesellschaft real hoher sozialer Status notwendig immer nur einer Minderheit vorbehalten sein kann, wird in ihr – besonders dann, wenn die Rangstufen als prinzipiell für alle *erreichbar* gelten – bei der großen Mehrheit der Bevölkerung ein hoher Bedarf an *Status-Surrogaten* in Warenform entstehen. Derartige Status-Surrogate und -Symbole können große Autos, luxuriöse Wohnungen, teure Fernreisen, elegante modische Anzüge und Kleider usw. sein. Der Wert dieser Status-Symbole und -Surrogate ist aber umgekehrt proportional zu ihrer Erreichbarkeit: Je mehr Personen sich ein Gut »leisten« können, desto tiefer fällt der positionelle Wert, um dessentwillen das Gut ja gerade in erster Linie erstrebt worden war. Der von der Werbung ständig weiter angeheizte und von entsprechenden Waren »versprochene« Erfolg im Wettlauf nach dem für die eigene niedrige »Rangstufe« *kompensierenden* Gut muß daher notwendig scheitern. Ähnlich wie dem Hasen in seinem Wettlauf mit der Igel-Familie ergeht es dem durch Prestigekonsum »nach oben Strebenden«. Wann und wo immer er ankommt, sein »Vordermann« war schon vor ihm da (und ist inzwischen längst anderswohin unterwegs).

Ein besonders perverses Resultat dieses allgemeinen Wettlaufs nach »positionellen Gütern« wird von Fred Hirsch beschrieben: Je größer der Wohlstand einer Gemeinde in den USA, desto größer auch der organisierte Widerstand gegen jeden Einkommenstransfer zugunsten benachteiligter sozialer Schichten. Das heißt: Gerade dort, wo der Abstand gegenüber dem lebensnotwendigen Einkommensminimum am größten ist, ist die Bereitschaft zu altruistischer Hilfe (zu »Solidarität«) am geringsten. »This resistance to redistribution in itself can be considered perverse, since in western civilization *one would not expect either altruism or concern for the community to be inferior goods, diminishing in demand as income rises*. Common observation of the frequency of laments for the decline of both these attitudes suggests they are not.« Ursache dieses Phänomens ist, ebenfalls nach Fred Hirsch, »*intensified competition for positional goods* and privatization of common access facilities«. Je mehr jemand hat, um so brennender empfindet er offenbar das Bedürfnis, es den »noch mehr Besitzenden« gleichzutun, desto größer daher sein Bedarf an zusätzlichen privaten Mitteln für die Beschaffung immer neuer »positioneller Güter«.

Eine wichtige Konsequenz dieses endlosen Wettlaufs um positionelle Güter ist die zunehmende *Umweltzerstörung* wie die mit ihr gleichzeitig einhergehende *seelische Schädigung*. Die Gesellschaft als ganze (und in ihr wiederum vermehrt die sozial Schwachen) muß die Lasten tragen, die aus dem überhandnehmenden Primat der Kommerzialisierung aller Güter und Dienstleistungen und der ständig sich steigernden Suche nach »positionellen Gütern« resultieren. »The perverse result is to encourage further the expansion of material production, while worsening the environmental conditions in which the products are used.« Dieser Zusammenhang kann am einleuchtendsten am Exempel des Wechselspiels von zunehmendem Straßenbau und wachsender Motorisierung der Bevölkerung illustriert werden: Straßen und Autobahnen, die zur Bewältigung des wachsenden Verkehrsaufkommens notwendig sind, verringern die Lebensqualität für Bewohner von Vororten, Dörfern und sonstige Anrainer. Damit werden Nichtmotorisierte vermehrt motiviert, ihrerseits sich des Autos zu bedienen, um wenigstens in der weiteren Umgebung noch Erholungsgebiete bequem erreichen zu können, und vielleicht auch, um die neuen Kommunikationsmöglichkeiten zu nützen. Nach einer Weile wiederholt sich dann in dieser Umgebung – jedenfalls an Sonn- und Feiertagen – das gleiche Schauspiel. Eine weitere Welle von Verkehrsgeschädigten wird in ihrer Lebensqualität beeinträchtigt und in die »Flucht getrieben«. Die Zunahme der Ferienfernreisen kann man – zumindest auch (abgesehen von dem gewiß überwiegenden Prestigegesichtspunkt) – auf das Bedürfnis nach »unberührter Natur«, stiller, erholsamer Umgebung zurückführen. Freilich ist diese kaum noch dort zu finden, wo der Massentourismus mit seinen Jumbojets landet.

Wer außerstande ist, sich einen anderen »Lebensstil« vorzustellen, andere Formen der Glückssuche als die gegenwärtigen, der ist offenbar unlösbar an dieses soziale und ökonomische System mitsamt seinen Perversitäten gebunden. Dem erscheinen notwendig alle »alternativen Entwürfe« als ebenso viele unrealistische »Utopien«, als sinnlose Ausgeburten der realitätsblinden Einbildungskraft hoffnungsloser Außenseiter.

Joachim Illies

Die Noosphäre der Hoffnung

Die *biologische Krise*, wie wir sie nennen wollen, weil sie tief in die menschlichen Lebensfunktionen eingreift, stellt einen Nebeneffekt der technischen und naturwissenschaftlichen Entwicklung dar. Die großartigen Fortschritte der Medizin, die in den letzten Jahrzehnten intensiver Forschungen und Entdekkungen errungen wurden, schienen zunächst die erfreulichste und positivste Seite der neuen Technik zu sein. Jeder Sieg über Krankheit und Tod war ein Triumph des forschenden Menschengeistes, und die Erhöhung der durchschnittlichen Lebenserwartung um mehrere Jahre schien jedem einzelnen von uns als echter technisch-biologischer Zugewinn anstrengungslos in den Schoß zu fallen. Darüber hinaus aber machte die fortschrittliche Biotechnik eine weitreichende Manipulation der Lebensvorgänge selbst möglich, wofür vor allem die hormonellen Ovulationshemmer – die Anti-Baby-Pillen – zum Symbol wurden. Scheinbar also ein Mehr an Lebensqualität, an Verfügung über das eigene biologische Schicksal und damit die Traumerfüllung utopischer Hoffnungen.

Aber sehr bald schon zeigte sich gerade hier im biotechnischen Bereich, wo die größten Hoffnungen auf manipulierbares Glück lagen, die größten Enttäuschungen. Medizinische Überversorgung läßt den Ruf nach einem naturgemäßen und chancengerechten Lebensbeginn laut werden, der durch die Hospitalisierung der Säuglinge und durch die Mechanisierung ihrer Versorgung und Ernährung bedroht wird. Angst bricht auf vor den Mühlen der klinischen und chirurgischen Medizin, in die niemand geraten möchte, der im verlängerten Sterben auf Intensivstationen um sein Recht auf einen Tod in Würde bangt. An die Stelle des Vertrauens auf die Helferpersönlichkeit des Arztes tritt in vielen Fällen die allzeit unsichere Hoffnung auf das richtige Funktionieren von komplizierten Apparaten für Diagnose und Therapie. Am Ende der Entwicklung zeichnet sich der überlastete Gesundheitsingenieur ab, der gegenüber den maßlos gesteigerten Erwartungen seiner Patienten achselzuckend auf die Begrenztheit seines Maschinenparks hinweist. Hoffnungen auf Herzverpflanzung, Hormonkuren, Wunderpillen und Wunderapparate nähren den utopischen Anspruch auf eine staatlich und wissenschaftlich garantierte ewige Gesundheit, während gleichzeitig die Zivilisationsschäden, Drogenmißbrauch, Streß und ungesunde Lebensweise den biologischen Zustand des einzelnen zunehmend verschlechtern. So stellt sich denn heute bereits der Katzenjammer ein: die Lebenserwartung – weiter denn je davon entfernt, die alten Normen zu überspringen – sinkt trotz wachsender medizinischer Technik gegenwärtig ab.

Aber das eigentliche Kerngebiet der biologischen Krise liegt nicht in der medizinischen Situation des einzelnen, sondern in den in greifbare Nähe gerückten utopischen Möglichkeiten der Biotechnik. Schon die Geburtenbeschränkung in ihrem völlig unausgewogenen Verhältnis zur Geburtenlawine ist eine solche Gefahr. Viel größer aber ist das Reservoir tiefgreifender Gefährdung für die Menschheit, das heute noch halb verborgen, morgen aber schon deutlich für jedermann in den Möglichkeiten der Manipulation an Genen und Embryonen liegt. Gewiß – noch kann man sich nicht »klonen« lassen (wie gegenwärtig als neueste Sensation von einem Amerikaner behauptet wird), noch also nicht aus eigenen Körperzellen einen künstlichen Nachkommen züchten: aber bei Fröschen gelingt es der Wissenschaft bereits. Noch kann man sich nicht einfrieren lassen, um nach hundert Jahren aus der Tiefkühltruhe aufgeweckt zu werden, aber gerade in diesen Tagen melden englische Wissenschaftler aus London, daß sie dreitägige Mäuseembryonen fünf Jahre lang in flüssigem Stickstoff aufbewahrten – also bei minus 196° Celsius –, sie dann Mäuseweibchen einpflanzten, die sie nun austrugen und normal zur Welt brachten.

Solche Meldungen hören sich an wie gruselige Sensationen aus dem Schreckenskabinett – man möchte sie nicht ernst nehmen. Aber sie sind ernst zu nehmen, sie sind – was die Frösche und Mäuse betrifft – ebenso wie viele weitere Experimente der Biotechnik wissenschaftlich einwandfrei als realisierbar erwiesen, und der Versuch ihrer Übertragung auf den Menschen bedürfte nur eines entschlossenen Pioniers, einer gewissen Entwicklungszeit und der nötigen Geldmittel. Was bei Fröschen und Mäusen möglich ist, müßte, biologisch gesehen, auch beim Menschen möglich sein – das ist das Fazit der Physiologie!

Die Gefahren der biologischen Krise liegen in diesen ungeheuerlichen Möglichkeiten der Manipulation des eigenen und fremden Lebens, die sich heute schon abzeichnen. Und wie stets bei entscheidenden neuen Möglichkeiten der Technik werden sich auch Motivationen finden, die das Ungeheuerliche einer solchen Neuerung für einen guten Zweck einzusetzen versuchen. Bleiben wir noch einen Moment bei den tiefgekühlten Mäuseembryonen. Könnte man nicht eines Tages auch folgern: Wenn schon Millionen Kinder in unserer Gesellschaft als Embryonen legal abgetrieben werden – sollten wir diese Embryonen dann nicht wenigstens tiefgekühlt aufbewahren, statt sie zu vernichten? Könnte man sie (da sie natürlich nicht nur über fünf, sondern auch über fünfhundert Jahre in ihrer tiefgekühlten Form aufzubewahren wären) nicht späteren Generationen übergeben, damit sie eines besseren Tages doch noch ausgetragen werden und leben dürfen? Ja, wäre eine solche Reserve nicht angesichts der genetischen Schäden in einem eventuellen Atomkrieg eine Chance, um danach eine neue Generation genetisch gesunder Menschen aufzubauen?

Nicht aus Lust am Fabulieren und auch nicht, um Schrecken zu verbreiten, haben wir die biotechnischen Möglichkeiten der reversiblen Tiefkühlung hier einmal im Sandkasten der menschlichen Zukunft durchgespielt, sondern um bewußt zu machen, in welche Tiefen die biologische Krise der Menschheit uns noch führen kann. Wer hier den Kopf in den Sand steckt, macht sich mitschuldig an einer Entwicklung, für die doch das gleiche gilt wie für die technische Krise: nur ein Verzicht auf beliebige Weiterentwicklung, nur ein rechtzeitiges, asketisches »Nein« kann uns davor bewahren, daß wir wie der Zauberlehrling eines Tages vor Kräften stehen, die wir zwar angestoßen haben, denen wir aber nicht mehr gewachsen sind.

An welcher Stelle wir die Grenzmarke unseres »Nein« errichten, wird im Einzelfall genau und sachgerecht zu prüfen sein, aber *daß* eine solche Grenze zum Schutz der Kultur errichtet werden muß, ist klar. Hier, wo der technische Fortschritt unmittelbar in die biologischen Gesetze des menschlichen Lebens eingreift – und zwar in die des Einzelnen sowohl wie in die der ganzen Art Mensch –, kann es leicht zu einer Verschiebung der naturgesetzlichen Grundwerte kommen, die tödliche Folgen hätte. Wesentlich geringere biologische Verschiebungen, als wir sie heute ermöglichen könnten, haben schon zum Aussterben von ganzen Arten geführt. Gerade weil wir die letzten Zusammenhänge zwischen Lebensalter, Fortpflanzungsrate, Manipulation und zeitlicher Verschiebung in den biologischen Funktionen noch gar nicht wissenschaftlich überblicken, ist äußerste Zurückhaltung geboten, wo diese Grundsätze des Seins angerührt werden.

Es gehört zur Aufgabe der geistigen Bewältigung unserer technischen Möglichkeiten, diese Zurückhaltung als hohe Tugend zu erlernen und zu kultivieren. Ansätze zu dieser im tiefsten und rettenden Sinne gesunden Reaktion gibt es in der Tat: Aus Mißtrauen gegen unüberschaubare Spätfolgen wächst der Hang zu »natürlicher Lebensweise«, zu körperlicher Fitness statt ungehemmtem Medikamentengebrauch, zum Boykott der »Pille«. Auch gibt es bereits erste Gesetze – vorläufig allerdings nur in wenigen Universitätsstädten der Welt –, die der Forschung an Viren gewisse Grenzen setzen: Ein hoffnungsvolles Zeichen im Sinne des kulturellen Urmotivs des »Wir dürfen nicht alles, was wir können«, dem sich auch schon einzelne Wissenschaftler mit dem Verzicht auf bestimmte, besonders gefährliche Untersuchungsgebiete angeschlossen haben. So könnte also auch die biologische Krise als eine »Kinderkrankheit« der Noosphäre überwunden werden, wenn es der Menschheit nur rechtzeitig bei ihrer »Gottähnlichkeit bange wird«.

Die *ökologische Krise* ist mit der biologischen eng verbunden, denn sie ergibt sich aus dem Einwirken der menschlichen Technik auf das lebendige Ökosystem der Biosphäre. Es bedurfte freilich eines erheblichen Fortschritts der Wissenschaft, ehe die Umweltkrise überhaupt erkannt werden konnte. Zu selbstverständlich erschien es noch unseren Vätern, daß die Natur unerschöpflich sei und daß der menschliche Eingriff in ihre Kreisläufe sich von selbst reguliere.

Daß aber der Mensch eine »Hautkrankheit der Erde« ist – wie es der pessimistische Eduard von Hartmann einmal formulierte –, daß der »stumme Frühling« auf einem »geplünderten Planeten« droht, wurde erst in den letzten Jahrzehnten deutlich. Als heilsamer Schock kann hier die Studie »Grenzen des Wachstums« des Club of Rome gelten, denn wie ein warnendes Menetekel zeichnete sich nun erstmals im Bewußtsein der Menschheit die allgemeine Katastrophengefahr ab, die unserer Zivilisation bei ungehemmter Weiterentwicklung der technischen und biologischen Ausbeutung der Erde droht. Die moderne Ökologie als neue und grundlegende Wissenschaft von den Umweltbeziehungen zeigt, daß das ausgewogene Gleichgewicht eines Ökosystems – und der Mensch mit der Erdoberfläche bildet ein solches System – unheilbar gestört werden kann, wenn gegen seine Stabilitätsgesetze verstoßen wird. Weder Sauerstoff zum Atmen noch Wasser zum Trinken, weder Nahrung noch Rohstoffe stehen in beliebigen Mengen zur Verfügung, und einseitig belastete Kreisläufe auf der Erde müssen schließlich zusammenbrechen. Hinzu kommt, daß die Verunreinigungen des Meeres, des Landes und des Süßwassers schon bald zu einer Vergiftung unseres Lebensraums führen müssen, wenn die bisherige Praxis der ungehemmten Emission weitergeht.

Wiederum in der Krise, hat die Noosphäre – die Gesamtheit der denkenden und vernünftig handelnden Menschen unserer Zeit – nur eine Überlebenschance, wenn in Demut die Lektion gelernt wird, die uns die geschändete Natur erteilt: wir haben in Verantwortung und als Gärtner diese Erde zu bestellen und können nur in dem Maße frei sein, in dem wir die Naturgesetze der Biosphäre respektieren. Weder atomare noch nichtatomare Verseuchung der Atmosphäre und der Erdoberfläche dürfen wir uns als ungedeckte Wechsel auf die Zukunft leisten, wenn wir den kommenden Generationen einen Lebensraum hinterlassen wollen, in dem sich die Natur nicht nur ihrer selbst im Menschen bewußt geworden ist, sondern sich auch an der

Schönheit dieser Welt erfreuen kann und die Freiheit des Geistes in seiner harmonischen Einbindung in die Biosphäre genießt. Es mehren sich die Zeichen, daß solche asketische Bescheidung gegenüber den Gesetzen der Natur als Rettung aus der ökologischen Krise erkannt wird, so daß noch rechtzeitig genug, wenn auch im letzten Moment, die große Ökokrise vermieden wird. Nach neuesten Meldungen gibt es wieder Fische in Rhein und Themse, und in Athen sinkt der Schwefelgehalt der Luft, so daß die Akropolis nicht länger gefährdet ist, zur Mahnung an unsere Zeit, in der verpesteten Luft zerfressen zu werden.

Konrad Lorenz

Erreichbare Ziele der Erziehung

Wenn man versucht, heranwachsenden Menschen die Schönheit und Größe dieser Welt anschaulich zu machen, hofft man wohl auch, ihr Interesse an deren inneren Zusammenhängen zu erwecken. Der Wunsch, den Faust in die Worte zusammenfaßt: ». . . daß ich erkenne, was die Welt im Innersten zusammenhält«, drückt ein allgemein menschliches Bedürfnis aus, das bei dem einen stärker, bei dem anderen schwächer sein mag. (Beim Naturforscher wird es zum lebensbeherrschenden Motiv.) Das völlige Fehlen von Neugier bedeutet eine Abnormität.

Ich hege die Vermutung, daß die Erweckung der Neugier möglicherweise auch zu einer Revitalisierung verlorengegangenen zwischenmenschlichen Anteilnehmens führen könnte. Im Parzival-Epos und in den ihm zugrundeliegenden Sagen wird es dem Helden als schwere Sünde angerechnet, daß er die Leiden des Amfortas mit ansieht, aber nicht nach ihrer Ursache fragt. Vielleicht liegt diesem Bild eine Ahnung des Zusammenhanges zugrunde, der zwischen dem menschlichen Interesse für die Welt im allgemeinen und seiner Anteilnahme für die Mitmenschen besteht. Vielleicht ist es möglich, durch das Erwecken des Interesses für die großen Zusammenhänge in der Natur auch die Anteilnahme am Leben des Mitmenschen wachzurufen.

Um dem jungen Menschen die großartige Mannigfaltigkeit der organischen Schöpfung und gleichzeitig ihre Regelhaftigkeit zu offenbaren, sollte man ihn mit irgendeiner größeren Tier- oder Pflanzengruppe innig vertraut machen. Das heute vielerorts so verachtete Sammeln und Beschreiben ist meiner Überzeugung nach der beste Weg zur Erkenntnis des Kosmos. Kinder sammeln gern; das Gesammelte verlangt ganz automatisch danach, eingeordnet zu werden, und wenn dann tatsächlich eine Ordnung entsteht, so verlangt diese nach einer Erklärung, und so folgt wie in der Entwicklung jeder Naturwissenschaft das systematische Stadium auf das deskriptive und das nomothetische Stadium auf das systematische.

Allem Lebendigen eignet eine – im Sinne Nicolai Hartmanns – kategorial höhere Form des Seins als jeglicher Art von nichtlebendiger Materie. Dennoch hat es die Existenz dieser Form von Materie zur Voraussetzung. Da alle lebenden Systeme dauernd von Störungen bedroht sind, die sowohl von innen wie von außen kommen können, ist alles Leben von Krankheit und Tod bedroht. Weil wir uns, wie alle anderen Organismen, dauernd gegen Bedrohungen aller Art wehren müssen, sind wir so programmiert, daß wir uns vor dem Tode fürchten, und zwar sicherlich stärker, als es der wahren Schrecklichkeit unseres Erlöschens entspricht. Es bedarf großen Mutes, um »nach jenem engen Durchgang hinzustreben, um dessen Mund die ganze Hölle flammt, zu diesem Schritt sich heiter zu entschließen, und sei es mit Gefahr, ins Nichts dahinzufließen«.

Obwohl das Dahinfließen ins Nichts für den, der nicht an ein Jenseits glaubt, völlig unvermeidlich ist, sind wir doch bestrebt, es möglichst weit hinauszuschieben. Unseren Mitmenschen gegenüber verpflichtet uns Ärzte sogar der hippokratische Eid dazu, dies zu tun. Damit sind wir verpflichtet, Krankheiten möglichst früh zu erkennen. Die kognitive Leistung aber, die uns dazu befähigt, ist identisch mit jener schon besprochenen, die uns die großen Harmonien zugänglich macht, nämlich mit der Gestaltwahrnehmung.

So vertraut uns der Begriff Krankheit ist, kann er doch nicht leicht definiert werden. Sagt man, die Krankheit sei eine Störung der normalen Harmonie eines lebendigen Systems, so wirkt diese Definition insofern unbefriedigend, als sich »normal« und »gestört« nur in Beziehung auf eine ganz bestimmte Umweltsituation definieren lassen. Ich erinnere an die erbliche Anomalie der roten Blutkörperchen, die sogenannte Sichelzellenanämie. In Gambia muß man, oder genauer gesagt, mußte man früher diese Erbkrankheit haben, um »gesund« zu bleiben. Dasselbe Prinzip kann man auf die verschiedensten Lebensräume übertragen.

Ungeachtet dieser Einschränkung unserer Begriffsbildung weiß und empfindet doch jeder von uns ziemlich genau und richtig, was ein gesundes und was ein krankes lebendes System ist. Die Fähigkeit zur Wahrnehmung der Skala, die vom Gesunden zum Kranken führt, hat ebenso wie die schon besprochene Wahrnehmung musikalischer Harmonien zur Voraussetzung, daß vorbereitend ein beträchtlicher Schatz von Datenmaterial eingespeist wird. Bei der hier in Rede stehenden Funktion tritt besonders eindrucksvoll die wunderbare Fähigkeit der Gestaltwahrnehmung zutage, eine unglaublich große Anzahl von Einzeldaten und gleichzeitig eine Unzahl der zwischen diesen bestehenden Beziehungen zu sammeln und auf sehr lange Zeit zu bewahren. Die Fähigkeit des Arztes, die Kunst des Tierpflegers und die wesentlichste Fähigkeit des Landschaftsökologen liegen darin, einem lebenden System rein empfindungsmäßig und zunächst unreflektiert anzusehen, daß in ihm »etwas nicht stimmt«. Eben diese Leistung ist als der »klinische Blick« des erfahrenen Arztes bekannt. Einer der größten Schäden, die das szientistische Denken über die Menschheit gebracht hat, liegt darin, daß in der heutigen Erziehung des Arztes zu wenig Gewicht auf die Entwicklung des »klinischen Blicks« gelegt werden kann. Es ist eine trügerische Hoffnung, daß man diese Leistung unserer Wahrnehmung durch die große Menge der erhobenen Daten und deren Verrechnung durch Computer ersetzen könne.

Auch der Erfolg des Tierpflegers ist zum allergrößten Teil davon abhängig, daß er kleinste, allerkleinste Veränderungen im Befinden seiner Pfleglinge wahrnimmt und imstande ist, sie mit ebensolchen Veränderungen seiner Pflegemaßnahmen in Zusammenhang zu bringen. Diese Leistung des »In-Zusammenhang-Bringens« ist selbstverständlich wiederum eine nichtrationale Leistung der Gestaltwahrnehmung.

Es müßte doch möglich sein, auch in Großstädten geborenen und heranwachsenden Kindern die Gelegenheit zu verschaffen, ihre Fähigkeit zur Wahrnehmung der Harmonie und Disharmonie lebender Systeme zu entfalten – und sei es anhand eines Aquariums. Ein Aquarienpfleger lernt nämlich ganz zwangsläufig, ein Wirkungsganzes in seiner Harmonie und Disharmonie richtig zu erfassen, das aus sehr vielen, teils zusammenwirkenden, teils antagonistischen Systemen, aus Tieren, Pflanzen, Bakterien und einer ganzen Reihe anorganischer Gegebenheiten, zusammengesetzt ist. Er lernt, wie empfindlich das Gleichgewicht eines solchen künstlichen Ökosystems ist. »In vitro« stellt das Aquarium ein Modell natürlicher Lebensräume dar und kann so den Sinn für die Zusammenhänge lebender Systeme erwecken.

Die Erziehung zur Wahrnehmung von Schönheit und Harmonie, zum Erkennen der Disharmonie kranker Systeme und zur Abneigung gegen Indoktrinierung ist sicher eine wirksame Maßnahme gegen die zunehmende Dehumanisierung der westlichen Zivilisation. Wichtiger noch erscheint mir das Erwecken von Mitgefühl für unsere Mitlebewesen. Mitgefühl motiviert zu jener Liebe zu allem, was da lebt, der Albert Schweitzer so ergreifenden Ausdruck verliehen hat.

Franz Alt

Schluß mit dem atomaren Glücksspiel

Offener Brief an Helmut Kohl

Lieber Helmut Kohl,
als Antwort auf die Katastrophe von Tschernobyl haben Sie vor dem Bundestag gesagt, die Nutzung der Kernenergie sei »ethisch zu verantworten«. Sie übernehmen hier – scheinbar – eine Verantwortung, die kein Mensch übernehmen kann. Oder wie sollte denn die Übernahme Ihrer Verantwortung praktisch und konkret aussehen, wenn im nächsten Jahrzehnt gesund-

heitliche und im nächsten Jahrhundert genetische Spätfolgen deutlich werden durch Tschernobyl oder einen weiteren Unfall? Wie wollen Sie praktisch Verantwortung tragen für die psycho-sozialen Schäden an Millionen Kindern, die in diesen Wochen in Angst und Schrecken leben?

Ich weiß, wie sehr Sie die hohen Abtreibungszahlen in unserem Lande belasten. Aber wie soll denn die »ethische Verantwortung« des Politikers Helmut Kohl konkret aussehen gegenüber jenen Ungeborenen, die in diesen Tagen deshalb abgetrieben werden, weil ihre Eltern nach der Bewußtseinsdämmerung der atomaren Gefahr von abgrundtiefen Ängsten und von Verzweiflung gepeinigt werden? Wie lange wollen Sie eine zivile und militärische Atompolitik ethisch verantworten, die im Katastrophenfall die Abtreibung von Millionen Geborener bedeuten kann? Je länger wir jetzt noch Atompolitik betreiben, desto schlechter steht es mit der Glaubwürdigkeit der Unionspolitik für die Ungeborenen. Wer gegen Abtreibung ist, darf nicht die möglich gewordene atomare Abtreibung der ganzen Welt in Kauf nehmen. Immer mehr Menschen, vor allem Frauen, empfinden Atompolitik als lebensbedrohlich. Hätten Frauen jetzt im Bundestag die Mehrheit, es wäre rasch zu Ende mit dem atomaren Hochmut.

Wir haben bis jetzt Glück gehabt. Aber das atomare Glücksspiel treiben wir nicht ungestraft auf Dauer. Die atomare Wolke von Tschernobyl war lediglich eine Giftwolke – die nächste Atomwolke könnte für Millionen ein Leichentuch am Himmel sein. Wir können nur ernten, was wir säen. Alle Unfälle, die möglich sind, werden irgendwann passieren, wenn wir die Voraussetzungen für mögliche Unfälle nicht beseitigen. Tschernobyl ist die vielleicht letzte Chance zum Umdenken.

Jedes wirkliche Um-Denken setzt ein Um-Fühlen voraus. Wären uns das Gefühl und der innere Instinkt für die Gefahr verlorengegangen, wir wären im Atomzeitalter endgültig verloren. Erst wenn wir in die Grube gefallen sind, erkennen wir offenbar die Notwendigkeit und die Chance, wieder herauszuklettern. Doch manche beginnen schon, sich in der atomaren Grube einzurichten. Dort kann jedoch kein menschenwürdiges

Leben wachsen. Ein atomarer Unfall verletzt tief die Würde des Menschen.

Lieber Herr Bundeskanzler, ich höre in diesen Tagen Parteifreunde sagen, ohne Atomstrom kämen wir nicht mehr aus. Besitzen wir die Atomkraft, oder sind wir bereits besessen von ihr? Wenn wir die Geister, die wir riefen, nicht mehr loswürden, dann wäre dies die moralische Bankrotterklärung atomarer Politik. Der Diagnose atomarer Besessenheit liegt keine Verteufelung der Kernenergie zugrunde, aber die Erkenntnis unserer Lern- und Umkehrunfähigkeit.

Wer nach Tschernobyl noch Atomkraftwerke bauen will, begründe dies bitte ehrlich mit den ökonomischen Interessen der Atomwirtschaft, aber nicht mit moralischen Ansprüchen. Moralisieren geht immer zu Lasten der Moral.

Das auch bei uns verbleibende Restrisiko haben Sie »theoretisch« genannt und »für uns alle vertretbar«. Diese Argumentation ist unredlich und nach allem, was wir wissen, wissenschaftlich unhaltbar. Tschernobyl hat auch mich gelehrt, daß das, was gestern noch für unmöglich gehalten wurde, sehr wohl möglich ist. Spätestens jetzt dürfen wir nicht länger das Undenkbare mit dem Unmöglichen verwechseln. Diese Verwechslung war die schrecklichste Sünde im Atomzeitalter. Was würden Sie als Kanzler den Betroffenen, uns allen, sagen, wenn hier etwas passiert?

Die Industriegesellschaften in Ost und West haben die Risiken der zivil-atomaren Entwicklung noch länger verdrängt als die der militärisch-atomaren Entwicklung. Bis jetzt haben nur Minderheiten protestiert. Auch ich hatte mich in Wort und Schrift nie am Protest gegen Atomkraftwerke beteiligt. Doch jetzt ist bewiesen, daß es keine friedliche Nutzung der Kernenergie gibt. Und danach fällt erst so richtig auf, daß die Technokraten in Ost und West die Gefahren mit denselben Argumenten zu verniedlichen suchen. Wir haben heute eine blocküberschreitende atomare Internationale.

Das christliche Menschenbild unserer Partei kennt nicht jenen neuen perfekten Menschen, der für die totale Sicherheit atomarer Großtechnologie notwendig wäre. Er ist ein technokratisches Hirngespinst. Der Fortbestand menschlicher und technischer Fehler macht das Atomzeitalter um vieles gefährlicher als voratomare Zeiten. Atomar sind wir Weltmeister, aber menschlich dieselben Sünder geblieben. Ich begreife nicht, warum heute gerade Konservative auf jeden technokratischen Zug zu springen versuchen, selbst dann noch, wenn dieser gerade entgleist ist.

Wir leben nicht vom Atomstrom, sondern von reiner Luft, sauberem Wasser, strahlender Sonne, gesunden Böden und genießbaren Pflanzen. Die Theologie der Schöpfung lehrt uns: Gott schläft in den Steinen, atmet in Pflanzen, träumt in Tieren und will in uns Menschen erwachen. Gottvertrauen oder Atomvertrauen? Worauf setzen wir?

Auf Gott vertrauende Menschen sollten leichten Sinnes Politik machen, aber nicht leichtsinnige Politik. Wir können nicht zwei Herren dienen. Die alten religiösen Fragen haben eine ganz neue Dimension. Religiös sein heißt heute, die Heiligkeit der Schöpfungsordnung achten – privat und politisch. Die alten konservativen Worte und Werte bekommen im Angesicht der Gefahr eine ganz aktuelle Bedeutung. Ach, wären die Konservativen doch endlich konservativ anstatt atomare Revolutionäre! Die Erhaltung des Lebens und der Lebensgrundlagen ist eine urkonservative Aufgabe, nachdem die Welt am atomaren Abgrund angekommen ist.

Harrisburg, das Challenger-Unglück, Tschernobyl: das sind keine »Heimsuchungen«, wie Sie sagen, Herr Bundeskanzler, und schon gar keine gottgewollten Schicksalsschläge. Das ist Menschenwerk. *Wir* haben Fehler gemacht. *Wir* verwechseln Mut mit Hochmut und Angst mit Feigheit. Nur ein blinder Optimismus kann jetzt noch das Sinken und das Eintrüben des ethischen Grundwasserspiegels in unserer Politik übersehen. Sie hatten doch eine moralische Wende versprochen!

Die wichtigste Aufgabe des deutschen Kanzlers ist heute, das atomare Glücksspiel beenden zu helfen. Atomare Großtechnologie ist nicht oder noch nicht sozial verträglich. Wir brauchen keine neue Moral, wohl aber die Rückbesinnung auf alte Werte, eine Ökologie der Bescheidenheit statt eine Ökonomie der Verschwendung. Tschernobyl hat eine Bewußtseinsdämmerung bewirkt, weit mehr bei den Wählern als bei den Gewählten. Deshalb wird man beim nächsten Unglück kaum noch von »Heimsuchung« oder vom »technischen Versagen« sprechen können, wahrscheinlich aber von charakterlichem Versagen derer, die nicht zu radikalen Konsequenzen bereit waren – falls man überhaupt noch sprechen kann.

Geistige Führung der Politik ist jetzt gefragt. Sie ist überlebensnotwendig. Wählermehrheiten sind heute möglich für Politiker, die von den Reicheren einen etwas bescheideneren Lebensstandard fordern, einen geringen Anstieg der Energiekosten nicht ausschließen und Energiesparen als Tugend preisen. Vernünftige Menschen bringen lieber materielle Opfer, bevor sie selbst geopfert werden. Es gibt zwar keine Rache des Schöpfers, aber eine Rache der Schöpfung.

Lieber Helmut Kohl, Rüdiger Altmann hat im SPIEGEL Ihre Ablösung gefordert. Das ist Personalkosmetik. Mir geht es um die Rückbesinnung auf urchristliches Gedankengut, das in der Ur-CDU nach 1945 noch zu spüren war. Atomarer Fortschritt erweist sich als tödlich. Wir brauchen eine Ethik des Lebens. Zum Glück ist auch heute noch in der CDU-Spitze davon etwas zu spüren. Richard von Weizsäcker fordert ein »Innehalten«, Kurt Biedenkopf und der saarländische CDU-Chef einen Umstieg und die baden-württembergische CDU den »Abbau der Kernenergie«. Lothar Späth hatte eine weise Entscheidung getroffen, als er Wyhl nicht bauen ließ.

Auf Dauer ist auch wirtschaftlicher Fortschritt nur mit der Natur denkbar. Die Mißachtung dieser Zusammenhänge zerstört Fortschritt und Freiheit. Das CDU-Grundsatzprogramm definiert Freiheit nicht als grenzenlose, sondern als »verantwortete Freiheit«. Der einzig ethisch verantwortbare Sachzwang heißt jetzt: keine neuen Kernkraftwerke, rascher Abbau der Kernenergie.

In diesem Sinne
Ihr Franz Alt

[illegible]

[illegible] CDU [illegible] 1945 [illegible]

[illegible]

[illegible]

X VON ARNO HOLZ BIS LUDWIG FELS · DEUTSCHE GEDICHTE DES 20. JAHRHUNDERTS

Arno Holz

ES VERDREUSST IHM!

Ode Trochaica.

Tulpen blühen und Narzissen/
Tellus stikkt ihr Hochzeits-Kissen.
Kleine blaue Veilgens drin
machen/ daß ich frölig bin.

Klükkernd mit den göldnen Glökkgen/
springen bundte Zihgen-Bökkgen.
Vatter *Pan*/ der auch darbey/
bläst auff seiner Dideldumdey.

Unter einem Rohsen-Wölckgen
buhlt im Baum ein Vogel-Völckgen.
Mars in Waffen/ *Venus* nakkt/
beyde dantzen drümb im Takkt.

Harffen-Zupffen/ Lauten-Schlagen
ist jetzt rächt mein Wohlbehagen.
Dihß nur macht mir vihl Verdruß/
daß ich eintzel schlaffen muß!

ER SPAZZIRT MIT IHR DURCH EINEN SCHÖNEN SOMMER-TAG.

Ode Trochaica.

Weil die schönen Sommer-Wochen
wihderümb herfür gekrochen/
bün ich gleichsahm wie entzükkt

wenn betaut von Pärlen-Kräntzen
der saffirnen Felder Gläntzen
fast mich auß mir sälbst entrükkt!

Morgends schon in aller Frühe
dreibt *Melampus* seine Kühe/
Titan sälbst ist kaum schon wach/
und sie hängen ihre Eutter
Bluhmen-käuend in die Kreutter/
blanck vorüber rauscht der Bach.

Zwischen grünen Amaranthen/
zwischen feisten Alakanten/
wo die dikksten Spindeln stehn/
unter Wolcken-hohen Eichen/
die fast an die Sterne streichen/
laß uns itzt spazziren gehn!

Wo die weissen Lämmer grahsen/
stört uns kein Trompeten-Blahsen/
Mars lihgt itzt der *Venus* bey.
Weil ihn ihre Brüste pressen/
hat er gantz und gar vergessen
Trummel-Schlag und Feld-Geschrey.

Mit Frau *Florens* bundter Waare/
kräntzt er ihr die göldnen Hahre/
daß das Hertz ihr lacht und springt/
biß sie wie zwey Reben-Trauben
zahrt sich durcheinander schrauben/
worzu süß ein Vogel singt.

Sih auß spihlenden Opalen
dort den Regen-Bogen strahlen –
fort die Grillen-Fängerey!
Hindter unbeschnittnen Myrthen
blahsen durchauß ferne Hirten/
niemand/ der nicht frölig sey!

Itzt mit Dünnen/ wie mit Dikken/
schlägt sich mancher in die Wikken/
oder auch ins Rokken-Feld;
überall auff allen Trifften
hört man nichts wie Heyrath stifften/
klar-blau blizzt das Götter-Zelt.

Dort in jene kühle Grotte
schlipffte eben Marmelotte/
sollte drin nicht Strephon seyn?
Laß die Frevel-Mäuler schwezzen!
Wenn sie sich nur rächt ergezzen!
Wer wird gleich Lamento schreyn?

Auß verguldeten Narzissen/
gantz auff Ueppigkeit beflissen/
kukk/ Mirtillchen und Mirtill!
Zwo bewegliche Korallen
üben sich auff ihm mit Knallen/
wie ein Lämmgen hält er still.

Nicht doch/ nicht doch/ lihbes Kindgen/
nicht doch/ nicht doch/ kreischt Dorindgen/
doch es ist bereits geschehn/
und ihr zu verlihbtes Bübgen
küzzelt sie schon in das Grübgen –
kom/ wir wollen weiter gehn!

Denn auch wir sind keine Engel/
pfiff der kleine Galgen-Schwengel
uns nicht dihse gantze Nacht?
Unter dausend süssen Schertzen
lagen wir uns Hertz am Hertzen/
ach/ hat mich das froh gemacht!

Jenes angenehme Jükken
fühlen sälbst die Mammelükken/

drümb so laß sie gantz allein;
wo zwey Lihbste und mit Lachen
durchauß Gribbes-Grabbes machen/
darff man niemahls *Argus* seyn!

ER BRINGT IHR EIN NACHT-MUSIKGEN.

Ode Dactylo-Trochaica.

Titan schloß sein Wogen-Hauß/
Morfeus sät die Sterne auß/
die wie kleine göldne Flekken
gantz den Horizont bedekken.
Alles schläfft itzt nach Gebühr.
Drümb bey so bestellten Dingen
laß mich hihr für deiner Thür
dir ein Nacht-*music*gen bringen.
Hesper geusst schon Silber dreyn
und man hört die Fröschgens schreyn.
O formosissima/
veni/ puella!
Prata mollissima
visita/ bella!
Luna nos invitat/
hic spatiari.
Cor meum palpitat/
eheu/ amari!

Itzt ist Alles wihder stumm/
Tellus dreht sich noch mahl um/
durch die ungemeine Stille
zahrt und zihrlich zirpt die Grille.
Weiß/ wo sich *Diana* wusch/
hipfft und plättschert die Fontehne
und auß jedem Rohsen-Pusch
haucht ein *Zefir*: Aramene!
Leise rauscht in deinen Traum
der ümbgläntzte Mandel-Baum.

O formosissima /
veni / puella!
Prata mollissima
visita / bella!
Luna nos invitat /
hic spatiari.
Cor meum palpitat /
eheu / amari!

Itzt vom *Indus* biß zum Nil
geht ein süsses Bossen-Spihl.
Mit nur ungezihmbten Sachen
weiß man sich vergnügt zu machen.
Venus schleicht sich zum *Adon*
nakkend unter dikken Mirthen /
ümb den angenehmsten Lohn
ringen Hirtinnen mit Hirten.
Ach / man bringt sich gantz und gar
in die eusserste Gefahr!
O formosissima /
veni / puella!
Prata mollissima
visita / bella!
Luna nos invitat /
hic spatiari.
Cor meum palpitat /
eheu / amari!

Hercules / der tummpe Tapps /
kricht itzt manch verlihbten Klapps.
Zwey ambrirte Zokker-Dinger
füllen ihm darfor die Finger.
Auch waß ich hihr nicht benannt /
weil mir solches nicht verläubt ist /
nimbt er gantz in seine Hand /
biß er fast darvon betäubt ist.
Drümb so kan man itzt allein
gantz ohnmüglich frölig seyn.

O formosissima /
veni / puella!
Prata mollissima
visita / bella!
Luna nos invitat /
hic spatiari.
Cor meum palpitat /
eheu / amari!

Aramene / wehrtes Licht /
hörstu mich noch ümmer nicht?
Merckstu nicht / gelihbte Seele /
wie ich mich hihr for dir qwehle?
Eh mein Hoffnungs-Wacks zerrinnt /
schlinge ümb mich deine Ketten /
sonst so bün ich nicht gesinnt
dir mehr ins Gesicht zu tretten.
Laß mich nicht noch lenger stehn /
denn sonst muß ich schlaffen gehn.
O formosissima /
veni / puella!
Prata mollissima
visita / bella!
Luna nos invitat /
hic spatiari.
Cor meum palpitat /
eheu / amari!

ER FREUT SICH/ DASS ES HERBST IST.

Ode Jambica.

Der flekkichte Oktober
hat alles bundt vermahlt/
mit Öpffeln auß Zinober
die reiffe *Ceres* brahlt.
Sylvan füllt seine Schläuche/
Mercur mänckt Pflaumen-Brey/
schon schallt durch Pusch und Sträuche
*Dian*ens Jagd-Geschrey.

In solchen süssen Tagen/
Hertz-werthe Brüder ihr/
füllt man sich biß zum Kragen
die Haut voll Malvasir.
Das Mässergen kricht Scharten
und fast geht man entzwey
bey Schweinernem mit Schwarten/
bei Stokk-Fisch und Salbey.

Mirtyllgen/ süsse Taube/
kom/ däkke uns den Disch
in dihser Purpur-Laube/
noch sind wir jung und frisch.
Noch krächtzen nicht die Raben/
wormit *Saturn* uns dräut/
noch kräfftgen uns die Gaben/
die uns *Vertumnus* beut.

*Lyä*ens Trauben blincken/
kein Finger dhut uns weh
bey schön beräuchten Schincken/
darzu waß Späkk-Gelee.
Fast mehr alß *Flor*ens Rohsen
erfreun itzt unsern Sinn
*Pomon*ens Appelkosen
mit ihren Grübgens drin!

Wir lassen nichts verderben/
wir geben kein Qwartir
und frölig müssen sterben
drey Gläsgens oder vier.
Und brommts uns gleich im Köpffgen/
daß ist uns einerley/
nur bitte ja kein Tröpffgen
Maul-ab und neben-bey!

Moseller und Veltliner/
zu allem jauchtz ich Ja/
Rosazer/ Marziminer/
Tokan und Mallaga.
Nur blohß kein Knikke-Peter/
wenn alle *Vivat* schreyn/
zu *Liber*s Sauff-Corneter
würd ich wie paßlich seyn!

Bald ist itzt wohl gelitten
die göldne Märtens-Gantz/
Oliwckens/ Kappern/ Qwitten
stopfft man ihr untern Schwantz.
For Wilt-Prätt und Basteten
ist dan die rächte Zeit –
laßt andre knien und beten/
ich daumle allbereit!

Christian Morgenstern

WINTER

Der Fjord mit seinen Inseln liegt
wie eine Kreidezeichnung da;
die Wälder träumen schnee-umschmiegt,
und alles scheint so traulich nah.

So heimlich ward die ganze Welt ...
als dämpfte selbst das herbste Weh
aus stillem, tiefem Wolkenzelt
geliebter, weicher, leiser Schnee.

BERGZIEGEN

Vor dem Abendhimmel gehen
längs der Felsen schärfsten Kanten
ein – (da bin ich schon gesehen!)
Bock und seine Geißtrabanten.

Und nun spähen sie herunter,
stehen, wie aus Stein geschnitten.
Aber blitzschnell sind sie munter,
bin ich meines Wegs geschritten!

Und in weiten Sätzen eilt die
Herde, mich ins Dorf zu bringen:
bleib ich stehen, so verweilt sie,
geh ich, hör ich's wieder springen.

Endlich sprech ich Donnerstrophen,
wende mich an ihre Bärte:
»Laßt des Philosophen Fährte!
Seid doch selber Philosophen!«

Feierlich und fragend schauen
lang wir einer auf den andern ...
Und mit hochgezognen Brauen
lassen sie mich endlich wandern.

DES GALGENBRUDERS GEBET UND ERHÖRUNG

(Ein Nachtlied, im Jenseits vorzusingen)

Die Mond-Uhr wies auf halber ilf,
da rief ich laut: Gott hilf, Gott hilf!
Wie singt im nahen Röhricht
die Unke gar so töricht!

U u, u u, u u, u u –
So geht es immer und immerzu!
Ich kann solch lautes Grübeln
der Kröte nur verübeln.

So schweig doch still, verruchtes Maul!
Sonst freß dich gleich der Silbergaul!
Er frißt dich auf wie Hafer –
drum werde stiller, braver! ...

– – – – – – – – – – – –
– – – – – – – – – – – –
– – – – – – – – – – – –
– – – – – – – – – – – –

Die Mond-Uhr wies dreiviertel ilf,
verweht war mein: Gott hilf, Gott hilf! –
Im nahen Röhricht aber
erschien der Silbertraber.

DAS ÄSTHETISCHE WIESEL

Ein Wiesel
saß auf einem Kiesel
inmitten Bachgeriesel.

Wißt ihr,
weshalb?

Das Mondkalb
verriet es mir
im Stillen:

Das raffinier-
te Tier
tats um des Reimes willen.

IGEL UND AGEL

Ein Igel saß auf einem Stein
und blies auf einem Stachel sein.
Schalmeiala, schalmeialü!
Da kam sein Feinslieb Agel
und tat ihm schnigel schnagel
zu seinen Melodein.
Schnigula schnagula
schnaguleia lü!

Das Tier verblies sein Flötenhemd …
»Wie siehst du aus so furchtbar fremd!?«
Schalmeiala, schalmeialü –.
Feins-Agel ging zum Nachbar, ach!
Den Igel aber hat der Bach
zum Weiher fortgeschwemmt.
Wigula wagula
waguleia wü
tü tü …

DAS GEIERLAMM

Der Lämmergeier ist bekannt,
das Geierlamm erst hier genannt.

Der Geier, der ist offenkundig,
das Lamm hingegen untergrundig.

Es sagt nicht hu, es sagt nicht mäh
und frißt dich auf aus nächster Näh.

Und dreht das Auge dann zum Herrn.
Und alle habens herzlich gern.

DAS EINHORN

Das Einhorn lebt von Ort zu Ort
  nur noch als Wirtshaus fort.

Man geht hinein zur Abendstund
  und sitzt den Stammtisch rund.

Wer weiß! Nach Jahr und Tag sind wir
  auch ganz wie jenes Tier

Hotels nur noch, darin man speist –
  (so völlig wurden wir zu Geist).

Im »Goldnen Menschen« sitzt man dann
  und sagt sein Solo an ...

DAS MONDSCHAF

Das Mondschaf steht auf weiter Flur.
Es harrt und harrt der großen Schur.
  Das Mondschaf.

Das Mondschaf rupft sich einen Halm
und geht dann heim auf seine Alm.
  Das Mondschaf.

Das Mondschaf spricht zu sich im Traum:
»Ich bin des Weltalls dunkler Raum.«
  Das Mondschaf.

Das Mondschaf liegt am Morgen tot.
Sein Leib ist weiß, die Sonn ist rot.
  Das Mondschaf.

Beginn der Anmerkungen: J. Mueller

Mondschaf = Mundschaf = etwa: Sancta Simplicitas *.

steht: Hier soviel wie träumt.

auf weiter Flur: bedeutet das unabsehbare Gefilde des Menschlichen.

harrt und harrt: Man beachte den unwillkürlichen Gleichklang mit hart (durus), wodurch die Unabwendbarkeit des Wartens phonisch illustriert erscheint.

der großen Schur: Schur = jour **: dies irae, dies illa ***.

rupft sich einen Halm: Der Mensch bescheidet sich in Resignation. Vgl. das klassische Wort von dem Jüngling, der mit tausend Masten in See sticht usw. Man könnte auch sagen: »Entsagen sollst du, sollst entsagen.«

und geht dann heim auf seine Alm: Es geht. Es läuft nicht, noch springt es. Darin liegt, wie in dem weichen, innigen »heim« – ein Wort, das nur der Deutsche hat – eine wehmütige Ergebenheit ohne Groll. Alm weist darauf hin, daß die Heimat des Verzichtenden wohl und immerhin doch in einer mäßigen Höhe zu denken ist.

Das Mondschaf spricht: Es spricht. Zu singen hat es doch wohl die rechte Frische nicht mehr. »Spricht« ist feierlich, dumpf; aber noch immer stark und bewußt.

zu sich: Nicht zu andern. Es ist einsamen Geistes und verrät dies auch im Traum.

---

* Heilige Einfalt.

** Tag (franz.).

*** Tag des Zorns, Tag des Gerichts.

im Traum: Der Traum ist dem Mondschaf dasjenige Element, was dem Fisch die Flut.

Ich bin des Weltalls dunkler Raum: Das Mondschaf vergißt in seiner Schwermut ganz die Sterne. Sein Denken verschwägert sich schon langsam der andämmernden Todesnacht.

liegt: Es ist bereits umgesunken, vielleicht zwischen zwei und fünf Uhr morgens.

Sein Leib ist weiß: Es ist unschuldig geblieben wie Schnee. Fromm und mild hat es sein Geschick getragen und geendet.

Die Sonn ist rot: Was kümmert den Sonnenball das Mondschaf? Er behält seine roten Backen. Seine brutale Gesundheit triumphiert in gleichgültiger Grausamkeit über das weiße Weh der geknickten Menschenseele. Vgl. auch Goethe: Seele des Menschen usw.

LUNOVIS

Lateinische Übertragung

Lunovis in planitie stat
cultrumque magn' exspectitat.
  Lunovis.

Lunovis herba rapta it
in montes, unde cucurrit.
  Lunovis.

Lunovis habet somnium:
Se culmen rer' ess' omnium.
  Lunovis.

Lunovis mane mortuumst.
Sol ruber atque ips' albumst.
  Lunovis.

DAS GEBET

Die Rehlein beten zur Nacht,
hab acht!

Halb neun!

Halb zehn!

Halb elf!

Halb zwölf!

Zwölf!

Die Rehlein beten zur Nacht,
hab acht!
Sie falten die kleinen Zehlein,
die Rehlein.

Reh: Cervus capreolus L., aus der Familie der Hirsche, 1,25 m lang, bis 30 kg schwer, in Europa bis 58 nördlicher Breite, auch in Asien. Vgl. Dombrowski (1876), Eulefeld (1896).

DER MOND

Als Gott den lieben Mond erschuf,
gab er ihm folgenden Beruf:

Beim Zu- sowohl wie beim Abnehmen
sich deutschen Lesern zu bequemen,

ein 𝔞 – formierend und ein 𝔷 –
daß keiner groß zu denken hätt.

Befolgend dies, ward der Trabant
ein völlig deutscher Gegenstand.

Man nimmt sogar an, unsere Vorfahren hätten unser ganzes Alphabet auf diese Weise erfunden: indem sie nämlich den leeren Raum zwischen dem ihnen von Gottes Hand (vergleiche oben) gegebenen a und dem ihnen ebenso gegebenen z einfach in dreiundzwanzig Teile teilten und sodann jeden derselben mit einem andern Buchstaben zwischen A und Z ausfüllten.

DER RABE RALF

Der Rabe Ralf
    will will hu hu
dem niemand half
    still still du du
half sich allein
am Rabenstein
    will will still still
        hu hu

Die Nebelfrau
    will will hu hu
nimmts nicht genau
    still still du du
sie sagt nimm nimm
's ist nicht so schlimm
    will will still still
        hu hu

Doch als ein Jahr
    will will hu hu
vergangen war
    still still du du
da lag im Rot
der Rabe tot
    will will still still
        du du

In diesem Gedicht wird die Sozialdemokratie charakterisiert bzw. ihr Übergang von lasalleschen zu marxistischen Ideen.

MÖWENLIED

Die Möwen sehen alle aus,
als ob sie Emma hießen.
Sie tragen einen weißen Flaus
und sind mit Schrot zu schießen.

Ich schieße keine Möwe tot,
ich laß sie lieber leben –
und füttre sie mit Roggenbrot
und rötlichen Zibeben.

O Mensch, du wirst nie nebenbei
der Möwe Flug erreichen.
Wofern du Emma heißest, sei
zufrieden, ihr zu gleichen.

Zeile 1 und 2: Eine Erfahrung, die sich jedem aufdrängt, sobald er eine Möwe daraufhin betrachtet.

Zeile 9 und 10: Man wende hier um Himmels willen nicht das Luftschiff ein. Höchstens den – Engel.

Karl Valentin

DER MASKENBALL DER TIERE

Die Tiere auf der Erde all,
die hielten einen Maskenball.

Die Schildkröte, die Schildkröte
blies im Orchester Trompete.

’s Chamäleon, ’s Chamäleon,
das blies den dicken Bombardon.

Die Läuse, die Läuse,
die machten ein Gesäuse.

Die Hummel, die Hummel,
die schlug die große Trummel.

Der Pinguin, der Pinguin,
der spielte erste Violin.

Die Kröte, die Kröte
blies Piccolo und Flöte.

Der Marabu, der Marabu
gab zum Konzert den Takt dazu.

Der Aal, der Aal,
der schwänzelt durch den Saal.

Der Leopard, der Leopard,
der hat auf seine Gattin gwart.

Der Flamingo, der Flamingo,
der sucht nen Platz sich irgendwo.

Der Esel, der Esel
saß hinten im Klubsessel.

Der Schwan, der Schwan,
sah sich im Spiegel an.

Das Nilpferd, das Nilpferd
benahm sich wirklich ganz geschert.

Der Elefant, der Elefant,
der war, wie immer, sehr galant.

Das Schwein, das Schwein,
das war auch hier ein Schwein.

Der Büffel, der Büffel
scherzt mit der Gans, der Schlüffel.

Der Feuersalamander
rutscht übers Stiegenglander.

Die Fliege, die Fliege
stand draußen auf der Stiege.

Der Papagei, der Papagei,
der schrie fortwährend: 1 – 2 – 3.

Der Panther, der Panther,
vom Luchs war's ein Verwandter.

Die Störche, die Störche,
die warn maskiert als Lerche.

Die Wölfe, die Wölfe,
die warn maskiert als Zwölfe.

Der Löwe, der Löwe,
der war maskiert als Göwe.

Die Wanzen, die Wanzen,
die fingen an zu tanzen.

Der Adler, der Adler,
der tanzte den Schuhpladler.

Die Ameise, die Ameise,
die tanzte nur den Française.

Die Flöhe, die Flöhe,
die hupften in die Höhe.

Da plötzlich wurd's ganz still im Saal,
sie saßen alle jetzt beim Mahl.

Der Rabe, der Rabe,
fraß d' Suppn mit der Gabe.

Der Jaguar, der Jaguar
fand in der Suppe drin ein Haar.

Die Giraffe, die Giraffe,
die fraß a Schokoladwaffe.

Die Schlange, die Schlange
aß eine Blutorange.

Das Eidachsel, das Eidachsel,
das fraß a abbräunts Schweinshaxel.

Das Gnu, das Gnu,
das hatte schon genu.

Der Auerochs, der Auerochs,
der aß nicht auf und frug: »Wer mog's?«

Das Dromedar, das Dromedar
aß zur Verstärkung Kaviar.

Die Schnepfe, die Schnepfe,
die hat die größte Hepfe.

Das Lama, das Lama,
das fraß zuletzt alls zamma.

Daß der Gesang nur Unsinn war,
das wird zum Schlusse jedem klar.

Georg Trakl

AN MAUERN HIN

Es geht ein alter Weg entlang
An wilden Gärten und einsamen Mauern.
Tausendjährige Eiben schauern
Im steigenden fallenden Windgesang.

Die Falter tanzen, als stürben sie bald,
Mein Blick trinkt weinend die Schatten und Lichter.
Ferne schweben Frauengesichter
Geisterhaft ins Blau gemalt.

Ein Lächeln zittert im Sonnenschein,
Indes ich langsam weiterschreite;
Unendliche Liebe gibt das Geleite,
Leise ergrünt das harte Gestein.

IN EINEM VERLASSENEN ZIMMER

Fenster, bunte Blumenbeeten,
Eine Orgel spielt herein.
Schatten tanzen an Tapeten,
Wunderlich ein toller Reihn.

Lichterloh die Büsche wehen
Und ein Schwarm von Mücken schwingt.
Fern im Acker Sensen mähen
Und ein altes Wasser singt.

Wessen Atem kommt mich kosen?
Schwalben irre Zeichen ziehn.
Leise fließt im Grenzenlosen
Dort das goldne Waldland hin.

Flammen flackern in den Beeten.
Wirr verzückt der tolle Reihn
An den gelblichen Tapeten.
Jemand schaut zur Tür herein.

Weihrauch duftet süß und Birne
Und es dämmern Glas und Truh.
Langsam beugt die heiße Stirne
Sich den weißen Sternen zu.

DIE SONNE

Täglich kommt die gelbe Sonne über den Hügel.
Schön ist der Wald, das dunkle Tier,
Der Mensch; Jäger oder Hirt.

Rötlich steigt im grünen Weiher der Fisch.
Unter dem runden Himmel
Fährt der Fischer leise im blauen Kahn.

Langsam reift die Traube, das Korn.
Wenn sich stille der Tag neigt,
Ist ein Gutes und Böses bereitet.

Wenn es Nacht wird,
Hebt der Wanderer leise die schweren Lider;
Sonne aus finsterer Schlucht bricht.

DER GEWITTERABEND

O die roten Abendstunden!
Flimmernd schwankt am offenen Fenster
Weinlaub wirr ins Blau gewunden,
Drinnen nisten Angstgespenster.

Staub tanzt im Gestank der Gossen.
Klirrend stößt der Wind in Scheiben.
Einen Zug von wilden Rossen
Blitze grelle Wolken treiben.

Laut zerspringt der Weiherspiegel.
Möven schrein am Fensterrahmen.
Feuerreiter sprengt vom Hügel
Und zerschellt im Tann zu Flammen.

Kranke kreischen im Spitale.
Bläulich schwirrt der Nacht Gefieder.
Glitzernd braust mit einem Male
Regen auf die Dächer nieder.

SOMMER

Am Abend schweigt die Klage
Des Kuckucks im Wald.
Tiefer neigt sich das Korn,
Der rote Mohn.

Schwarzes Gewitter droht
Über dem Hügel.
Das alte Lied der Grille
Erstirbt im Feld.

Nimmer regt sich das Laub
Der Kastanie.
Auf der Wendeltreppe
Rauscht dein Kleid.

Stille leuchtet die Kerze
Im dunklen Zimmer;
Eine silberne Hand
Löschte sie aus;
Windstille, sternlose Nacht.

ZU ABEND MEIN HERZ

Am Abend hört man den Schrei der Fledermäuse.
Zwei Rappen springen auf der Wiese.
Der rote Ahorn rauscht.
Dem Wanderer erscheint die kleine Schenke am Weg.
Herrlich schmecken junger Wein und Nüsse.
Herrlich: betrunken zu taumeln in dämmernden Wald.
Durch schwarzes Geäst tönen schmerzliche Glocken.
Auf das Gesicht tropft Tau.

MELANCHOLIE DES ABENDS

– Der Wald, der sich verstorben breitet –
Und Schatten sind um ihn, wie Hecken.
Das Wild kommt zitternd aus Verstecken,
Indes ein Bach ganz leise gleitet

Und Farnen folgt und alten Steinen
Und silbern glänzt aus Laubgewinden.
Man hört ihn bald in schwarzen Schlünden –
Vielleicht, daß auch schon Sterne scheinen.

Der dunkle Plan scheint ohne Maßen,
verstreute Dörfer, Sumpf und Weiher,
Und etwas täuscht dir vor ein Feuer.
Ein kalter Glanz huscht über Straßen.

Am Himmel ahnet man Bewegung,
Ein Heer von wilden Vögeln wandern
Nach jenen Ländern, schönen, andern.
Es steigt und sinkt des Rohres Regung.

VERKLÄRTER HERBST

Gewaltig endet so das Jahr
Mit goldnem Wein und Frucht der Gärten.
Rund schweigen Wälder wunderbar
Und sind des Einsamen Gefährten.

Da sagt der Landmann: Es ist gut.
Ihr Abendglocken lang und leise
Gebt noch zum Ende frohen Mut.
Ein Vogelzug grüßt auf der Reise.

Es ist der Liebe milde Zeit.
Im Kahn den blauen Fluß hinunter
Wie schön sich Bild an Bildchen reiht –
Das geht in Ruh und Schweigen unter.

VERFALL

Am Abend, wenn die Glocken Frieden läuten,
Folg ich der Vögel wundervollen Flügen,
Die lang geschart, gleich frommen Pilgerzügen,
Entschwinden in den herbstlich klaren Weiten.

Hinwandelnd durch den dämmervollen Garten
Träum ich nach ihren helleren Geschicken
Und fühl der Stunden Weiser kaum mehr rücken.
So folg ich über Wolken ihren Fahrten.

Da macht ein Hauch mich von Verfall erzittern.
Die Amsel klagt in den entlaubten Zweigen.
Es schwankt der rote Wein an rostigen Gittern,

Indes wie blasser Kinder Todesreigen
Um dunkle Brunnenränder, die verwittern,
Im Wind sich fröstelnd blaue Astern neigen.

SEELE DES LEBENS

Verfall, der weich das Laub umdüstert,
Es wohnt im Wald sein weites Schweigen.
Bald scheint ein Dorf sich geisterhaft zu neigen.
Der Schwester Mund in schwarzen Zweigen flüstert.

Der Einsame wird bald entgleiten,
Vielleicht ein Hirt auf dunklen Pfaden.
Ein Tier tritt leise aus den Baumarkaden,
Indes die Lider sich vor Gottheit weiten.

Der blaue Fluß rinnt schöner hinunter,
Gewölke sich am Abend zeigen;
Die Seele auch in engelhaftem Schweigen.
Vergängliche Gebilde gehen unter.

HERBSTLICHE HEIMKEHR

2. Fassung

Erinnerung, begrabene Hoffnung
Bewahrt dies braune Gebälk
Darüber Georginen hangen,
Immer stillere Heimkehr,
Der verfallne Garten dunklen Abglanz
Vergangner Jahre,
Daß von blauen Lidern Tränen stürzen
Unaufhaltsam.
O Geliebtes!
Schon tropft vom rostigen Ahorn
Laub, hinüberschimmern der Schwermut
Kristallne Minuten
Zur Nacht.

UNTERGANG

5. Fassung

An Karl Borromaeus Heinrich

Über den weißen Weiher
Sind die wilden Vögel fortgezogen.
Am Abend weht von unseren Sternen ein eisiger Wind.

Über unsere Gräber
Beugt sich die zerbrochene Stirne der Nacht.
Unter Eichen schaukeln wir auf einem silbernen Kahn.

Immer klingen die weißen Mauern der Stadt.
Unter Dornenbogen
O mein Bruder klimmen wir blinde Zeiger gen Mitternacht.

Georg Heym

LAUBENFEST

Schon hängen die Lampions wie bunte Trauben
An langen Schnüren über kleinen Beeten,
Den grünen Zäunen, und von den Staketen
Der hohen Bohnen leuchtend in die Lauben.

Gesumm von Stimmen auf den schmalen Wegen.
Musik von Trommeln und von Blechtrompeten.
Es steigen auf die ersten der Raketen,
Und platzen oben in den Silberregen.

Um einen Maibaum dreht sich Paar um Paar
Zu eines Geigers hölzernem Gestreich,
Um den mit Ehrfurcht steht die Kinderschar.

Im blauen Abend steht Gewölke weit,
Delphinen mit den rosa Flossen gleich,
Die schlafen in der Meere Einsamkeit.

AUTUMNUS

Der Schwäne Schneeweiß. Glanz der blauen Flut.
Des breiten Strandes Gelb, das flach verläuft.
Gelärm der Badenden und Freude laut
Der braunen schlanken Leiber, die mit Zweigen
Sich peitschen blankes Wasser auf das Haupt.

Doch aufwärts steigt der Wald in blauen Farben
Des Nachmittags. Sein breites grünes Haupt
Ist sanft gerundet in den blassen Himmel
Der zitternd ausstreut frühen Herbstes Licht.

Weit an dem Stromtal zieht das Hügelland
Sich fern hinab, mit bunten Wäldern voll

Und voll von Sonne, bis es hinten weit
Verschwimmend tief in blaue Schatten taucht.

DER ABEND

Versunken ist der Tag in Purpurrot,
Der Strom schwimmt weiß in ungeheurer Glätte.
Ein Segel kommt. Es hebt sich aus dem Boot
Am Steuer groß des Schiffers Silhouette.

Auf allen Inseln steigt des Herbstes Wald
Mit roten Häuptern in den Raum, den klaren.
Und aus der Schluchten dunkler Tiefe hallt
Der Waldung Ton, wie Rauschen der Kitharen.

Das Dunkel ist im Osten ausgegossen,
Wie blauer Wein kommt aus gestürzter Urne.
Und ferne steht, vom Mantel schwarz umflossen,
Die hohe Nacht auf schattigem Kothurne.

HERBST

Die Faune treten aus den Wäldern alle,
Des Herbstes Chor. Ein ungeheurer Kranz.
Die Hände haltend, springen sie zum Schalle
Der Widderhörner froh zu Tal im Tanz.

Der Lenden Felle schüttern von dem Sturze,
Die weiß und schwarz wie Ziegenvließ gefleckt.
Der starke Nacken stößt empor das kurze
Gehörn, das sich aus rotem Weinlaub streckt.

Die Hufe schallen, die vom Horne starken.
Den Thyrsus haun sie auf die Felsen laut.
Der Paian tönt in die besonnten Marken,
Der Brustkorb bläht mit zottig schwarzer Haut.

Des Waldes Tiere fliehen vor dem Lärme
In Scharen flüchtig her und langem Sprung.
Um ihre Stirne fliegen Falterschwärme,
Berauscht von ihrer Kränze Duft und Trunk.

Sie nahn dem Bache, der von Schilf umzogen
Durch Wiesen rauscht. Das Röhricht läßt sie ein.
Sie springen mit den Hufen in die Wogen
Und baden sich vom Schlamm der Wälder rein.

Das Schilfrohr tönt vom Munde der Dryaden,
Die auf den Weiden wohnen im Geäst.
Sie schaun herauf. Ihr Rücken glänzt vom Baden
Wie Leder braun und wie von Öl genäßt.

Sie brüllen wild und langen nach den Zweigen.
Ihr Glied treibt auf, von ihrer Gier geschwellt.
Die Elfen fliegen fort, wo noch das Schweigen
Des Mittagstraums auf goldnen Höhen hält.

DER TOD DER LIEBENDEN

Durch hohe Tore wird das Meer gezogen
Und goldne Wolkensäulen, wo noch säumt
Der späte Tag am hellen Himmelsbogen
Und fern hinab des Meeres Weite träumt.

»Vergiß der Traurigkeit, die sich verlor
Ins ferne Spiel der Wasser, und der Zeit
Versunkner Tage. Singt der Wind ins Ohr
Dir seine Schwermut, höre nicht sein Leid.

Laß ab von Weinen. Bei den Toten unten
Im Schattenlande werden bald wir wohnen
Und ewig schlafen in den Tiefen drunten,
In den verborgenen Städten der Dämonen.

Dort wird uns Einsamkeit die Lider schließen.
Wir hören nichts in unserer Hallen Räumen,
Die Fische nur, die durch die Fenster schießen,
Und leisen Wind in den Korallenbäumen.

Wir werden immer beieinander bleiben
Im schattenhaften Walde auf dem Grunde.
Die gleiche Woge wird uns dunkel treiben,
Und gleiche Träume trinkt der Kuß vom Munde.

Der Tod ist sanft. Und die uns niemand gab,
Er gibt uns Heimat. Und er trägt uns weich
In seinem Mantel in das dunkle Grab,
Wo viele schlafen schon im stillen Reich.«

Des Meeres Seele singt am leeren Kahn.
Er treibt davon, ein Spiel den tauben Winden
In Meeres Einsamkeit. Der Ozean
Türmt fern sich auf zu schwarzer Nacht, der Blinden.

In hohen Wogen schweift ein Kormoran
Mit grünen Fittichs dunkler Träumerei.
Darunter ziehn die Toten ihre Bahn.
Wie blasse Blumen treiben sie vorbei.

Sie sinken tief. Das Meer schließt seinen Mund
Und schillert weiß. Der Horizont nur bebt
Wie eines Adlers Flug, der von dem Sund
Ins Abendmeer die blaue Schwinge hebt.

DER HERBSTLICHE GARTEN

Der Ströme Seelen, der Winde Wesen
Gehet rein in den Abend hinunter,
In den schilfigen Buchten, wo herber und bunter
Die brennenden Wälder im Herbste verwesen.

Die Schiffe fahren im blanken Scheine,
Und die Sonne scheidet unten im Westen,
Aber die langen Weiden mit traurigen Ästen
Hängen über die Wasser und Weine.

In der sterbenden Gärten Schweigen,
In der goldenen Bäume Verderben
Gehen die Stimmen, die leise steigen
In dem fahlen Laube und fallenden Sterben.

Aus gestorbener Liebe in dämmrigen Stegen
Winket und wehet ein flatterndes Tuch,
Und es ist in den einsamen Wegen
Abendlich kühl, und ein welker Geruch.

Aber die freien Felder sind reiner
Da sie der herbstliche Regen gefegt.
Und die Birken sind in der Dämmerung kleiner,
Die ein Wind in leiser Sehnsucht bewegt.

Und die wenigen Sterne stehen
Über den Weiten in ruhigem Bilde.
Laßt uns noch einmal vorübergehen,
Denn der Abend ist rosig und milde.

FRÜHJAHR

(Reinschrift, in Entwurf übergehend)

Die Winde bringen einen schwarzen Abend.
Die Wege zittern mit den kalten Bäumen
Und in der leeren Flächen später Öde
Die Wolken rollen auf die Horizonte.

Der Wind und Sturm ist ewig in der Weite,
Nur spärlich, daß ein Sämann schon beschreitet
Das ferne Land, und schwer den Samen streuet,
Den keine Frucht in toten Sommern freuet.

Die Wälder aber müssen sich zerbrechen
Mit grauen Wipfeln in den Wind gehoben,
Die quellenlosen, in der langen Schwäche
Und nicht mehr steigt das Blut in ihren Ästen.

Der März ist traurig. Und [die Tage schwanken
Voll Licht] und Dunkel auf der stummen Erde.
Die Ströme aber und die Berge decket
Der Regenschild. [Und alles ist verhangen.]

Die Vögel aber werden nicht mehr kommen.
Leer wird das Schilf und seine Ufer bleiben,
Und große Kähne in der Sommerstille
In grüner Hügel toten Schatten treiben.

UND DIE HÖRNER DES SOMMERS VERSTUMMTEN ...

Und die Hörner des Sommers verstummten im Tode der Fluren,
In das Dunkel flog Wolke auf Wolke dahin.
Aber am Rande schrumpften die Wälder verloren,
Wie Gefolge der Särge in Trauer vermummt.

Laut sang der Sturm im Schrecken der bleichenden Felder,
Er fuhr in die Pappeln und bog einen weißen Turm.
Und wie der Kehricht des Windes lag in der Leere
Drunten ein Dorf, aus grauen Dächern gehäuft.

Aber hinaus bis unten am Grauen des Himmels
Waren aus Korn des Herbstes Zelte gebaut,
Unzählige Städte, doch leer und vergessen.
Und niemand ging in den Gassen herum.

Und es sank der Schatten der Nacht. Nur die Raben noch irrten
Unter den drückenden Wolken im Regen hin,
Einsam im Wind, wie im Dunkel der Schläfen
Schwarze Gedanken in trostloser Stunde fliehn.

SPITZKÖPFIG KOMMT ER . . .

Spitzköpfig kommt er über die Dächer hoch
Und schleppt seine gelben Haare nach,
Der Zauberer, der still in die Himmelszimmer steigt
In vieler Gestirne gewundenem Blumenpfad.

Alle Tiere unten im Wald und Gestrüpp
Liegen mit Häuptern sauber gekämmt,
Singend den Mond-Choral. Aber die Kinder
Knien in den Bettchen in weißem Hemd.

Meiner Seele unendliche See
Ebbet langsam in sanfter Flut.
Ganz grün bin ich innen. Ich schwinde hinaus
Wie ein gläserner Luftballon.

Peter Huchel

DIE STERNENREUSE

Daß du noch schwebst, uralter Mond?
Als jung noch deine Scheibe schwebte,
hab ich an einem Fluß gewohnt,
wo nur das Wasser mit mir lebte.
Das Wasser scholl, es war Gesang,
ich schöpfte und mein Atem lauschte,
wie es um Steine tönend sprang
und schäumend schoß und niederrauschte.

Zwei Felsen, wie bestäubt von Ruß
und steil und schmal wie eine Schleuse,
umstanden damals noch den Fluß.
Im Wasser hing die Sternenreuse.
Ich hob die Reuse aus dem Spalt,
es flimmerten kristallne Räume,
es schwamm der Algen grüner Wald,
ich fischte Gold und flößte Träume.

O Schlucht der Welt, des Wassers Schwall
kam wie Gesang: war es mein Leben?
Damals sah ich im dunkeln All
ganz nah die Sternenreuse schweben.

VORFRÜHLING

Blumen blühn aus Schnee und Feuer.
Sonne streift das dunkle Tor,
wo am kalkigen Gemäuer
sich der Reif der Nacht verlor.

Teiche atmen nebelfreier.
Knospen starren braun und blind.
Und es harkt die weißen Schleier
von den Pappeln fort der Wind.

Licht der Frühe! Bald wird wieder
heilig nisten das Geschwälb,
stäubt das Gold der Büsche nieder,
blüht der Mauerpfeffer gelb.

DER ZAUBERER IM FRÜHLING

Der in der Weidenhöhle wohnt,
er schreitet im Nachmittagsmond,
wenn leis die Flußmusik ertönt
und den verschilften Weg verschönt.

Er schleift im Kreis den langen Rock,
die Hand am krummen Wurzelstock,
und wippt und wirft vom weidnen Ast
die zeisiggrüne Vogellast.

Wie Hagel durch die Hecken klirrt,
von blitzenden Libelln umschwirrt,
steigt er durch Lattich und Geäst,
die Enten jagend aus dem Nest.

Den Stock stößt er ins Muschelweiß,
die Unke ruft im Wasserkreis.
Die Fische ziehn um seine Hand,
löst er die Algen aus dem Sand.

Er bläst auf Gras, sein Lockruf schnalzt,
im Rohr die Bekassine balzt.
Er hebt die Trommel aus dem Arm
und paukt empor den Vogelschwarm.

Die Schritte tönen grillenlaut,
und wiesenblütig raucht das Kraut,
die Mückenwolke summt am Hang,
wiegt er sich im Windzaubergang.

Um totes Holz geht er und pocht,
die Grube alter Früchte kocht.
Die Wespen singen drüber wild,
bis Harz und Honig süßer quillt.

Er teilt das Schilf, das Zittergras
und schwingt den Mond, die Sichel blaß,
und schlägt die Flamme der Salbei
blau brennend in den Kuckucksschrei.

Zerstöbert weht das Blätterdach.
Die grüne Echse raschelt nach.
Ins Weidicht steigt er, wo er haust,
laut paukend, daß der Wind erbraust.

SOMMER

O Nüstern des Staubs!
Feuerschlund August,
Teiche schlürfend!

Die schartige Sense
des Winds
glüht im Rohr.

Im knisternden Schatten
brütender Garben
hockt der Sommer,
den nackten Fuß
von Stoppeln rissig.

Dich will ich rühmen,
Erde,
noch unter dem Stein,
dem Schweigen der Welt
ohne Schlaf und Dauer.

KREUZSPINNE

Noch webt die Spinne an der Wand
dem Licht die leise Fessel.
Umschleiert steht der Strauch im Sand,
am Zaun die braune Nessel.

Die Spinne seilt das Feuer fest,
wenn sie den Faden wendet.
Der Herbst duckt sich ins Ödgeäst
und dunkelt, bis sie endet.

Noch hält das Netz der Träume dicht,
mag auch die Mauer dunkeln.
Die Spinne trägt ihr Kreuz ins Licht
und alle Fäden funkeln.

Erst wenn sie immer müder kreist
in immer kältre Räume,
erst wenn ihr leises Seil zerreißt,
durchweht es kahl die Bäume.

FRÜHE

Wenn aus den Eichen
der Tau der Frühe leckt,
knarren die Türen, rädern die Speichen
vom Schrei der Hähne geweckt.

Noch unterm Laken
des Mondes schlafen die Wiesen, kühl und hell.
Die Sumpffeuer blaken,
die Frösche rühren ihr Paukenfell.

Mondhörnig schüttelt
sein Haupt das Rind
und weidet dunkel am Bach.

Der Habicht rüttelt
im stürzenden Wind
die Helle der Lerchen wach.

HAVELNACHT

Hinter den ergrauten Schleusen,
nur vom Sprung der Fische laut,
schwimmen Sterne in die Reusen,
lebt der Algen Dämmerkraut.

Lebt das sanfte Sein im Wasser,
grün im Monde, unvergilbt,
wispern nachts die Büsche blasser,
rauscht das Rohr, ein Vogel schilpt.

Nah dem Geist, der nachtanbrausend
noch in seinem Flusse taucht,
in dem Schilf der Schleusen hausend,
wo der Fischer Feuer raucht:

Duft aus wieviel alten Jahren
neigt sich hier ins Wasser sacht.
Wenn wir still hinunter fahren,
weht durch uns der Trunk der Nacht.

Die vergrünten Sterne schweben
triefend unterm Ruder vor.
Und der Wind wiegt unser Leben,
wie er Weide wiegt und Rohr.

AM BEIFUSSHANG

Hier lief ich barfuß einst als Kind
und trug den braunen Kaffeekrug
zur Vesper im Lupinenwind.
Der Beifuß meine Füße schlug.

Hier hielt ich oft am Roggen Rast,
zog Blüten vom Akazienast,
die schmeckten wie der Juni wild.

Und schlief im mittagsblauen Kraut,
das zitterte von Hummeln laut,
von Lerchen überschrillt.

Es rauschte aus dem Klee der Schlaf
und Beifuß meine Füße traf.
Kratzdistel stäubte blind.

Und aus dem Schlaf, der Duft annahm
vom Wind, der aus dem Sommer kam,
und aus dem Schlaf wuchs hoch der Traum
wie Beifuß aus dem Ackersaum.

Musik scholl aus dem Heidekrug.
Und Knecht und Magd, im Sensenzug,
sie zogen durch das Erntetor.
Den Strohkranz hielt ein Kind empor.

Durchs Tor fuhr auch der Bindebaum,
der trug das wilde Gras vom Traum.

Im Gras saß ich, mit müdem Haar,
das gelb verschlafen von Lupinen war.

OKTOBERLICHT

Oktober, und die letzte Honigbirne
hat nun zum Fallen ihr Gewicht,
die Mücke im Altweiberzwirne
schmeckt noch wie Blut das letzte Licht,
das langsam saugt das Grün des Ahorns aus,
als ob der Baum von Spinnen stürbe,
mit Blättern, zackig wie die Fledermaus,
gesiedet von der Sonne mürbe.

Durchsüßt ist jedes Sterben von der Luft,
vom roten Rauch der Gladiolen,
bis in den Schlaf der Schwalben wird der Duft
die Traurigkeit des Lichts einholen,
bis in den Schlaf der satten Ackermäuse
poltert die letzte Walnuß ein,
die braun aus schwarzgrünem Gehäuse
aus Licht sprang als ein süßer Stein.

Oktober, und den Bastkorb voll und pfündig
die Magd in Spind und Kammer trägt,
der Garten, nur von ihrem Pflücken windig,
hat sich ins müde Laub gelegt,
und was noch zuckt im weißen Spinnenzwirne,
es flöge gern zurück ins Licht,
das sich vom Ast die letzte Birne,
den süßen Gröps des Herbstes bricht.

WILDE KASTANIE

Nicht eßbar, doch voll braunem Knallen,
wenn sie die Magd ins Feuer drückt,
die liebste Beere wohl von allen,
nach der das Kind im Herbst sich bückt:
sie hängt in rauher Stachelschale
und unterm breiten Blätterstern,

zu groß für eine Amselkralle
und für die kleine Hand zu fern.

Doch wenn der Sturm der roten Blätter
bis in die alten Wipfel stößt,
im raschelnden Oktoberwetter
die Spinne aus dem Netz sich löst,
dann springen braun Kastanienbälle
von allen Ästen der Allee,
sie rollen, von des Windes Kelle
getrieben hin auf der Chaussee.

KRÄHENWINTER

Über Luch und Rohr und Seen
schickt der Winter Nebelkrähen,
Schatten überm blanken Eise
rudern sie im Winde leise.

Licht der Erde, du wirst arm,
landen sie im harten Schwarm,
scharren sie im Schnee der Wege,
liegt der Wind am Hügel träge.

Schwarzes Laub, das flatternd schreit,
säumen sie die Dunkelheit,
flügeltief geduckt den Nacken,
plumpt der Schnee vom Eichenzacken.

Dorf der Armen, magre Kost,
drahtig hängt das Netz im Frost.
Dunst der Nacht verwischt die Schneisen,
klagt ein Wild im Tellereisen.

NÄCHTLICHES EISFENSTER

Starb sie verschneit,
die sandlose Hand,
die euch verpflanzte
ins eisige Fenster?
Blumen der Toten
aus kälterem Land,
Bäume der Geister,
Laub der Gespenster?

Wäre mein Hauchen
ein Schwanken der Luft,
Farne, wie rauschtet
ihr blühend gebogen!
Über der Moose
verblichenen Duft
käme vielleicht
ein Vogel gezogen.

Geht dort ein Jäger
im weißen Gefild,
dunkel die Winter
der Fenster zu streifen?
Jagen dort Pfeile
das scheuere Wild,
Schatten, die Flüsse
und Klippen durchschweifen?

Unter dem Himmel,
dem Brunnen vom All,
leben gewaltig
die reißenden Bäche,
wälzender Wolken
Donner und Schall,
Echo der Geister
auf felsiger Fläche.

Aber dein Himmel,
du Fenster voll Wald,
ist wie gemauert
auf eisigen Heiden,
ödester Brunnen,
rauschlos und kalt,
rissig durchwachsen
von frostigen Weiden.

Nur deine Schatten
ertauen im Mond.
Heben dort an
die steinigen Felder,
wo unser Schatten
noch düsterer wohnt
hinter dem Dickicht
der helleren Wälder?

Blumen der Toten
aus kälterem Land,
eisige Flammen
im Wasser der Scheiben –
euch hat das Feuer
der Sterne gesandt,
nächtige Blüten
und Blätter zu treiben.

ZWÖLF NÄCHTE

Zwölf Nächte nahen weiß verhüllt,
aus Urnen stäubt der Schnee.
Die geisterhafte Asche füllt
den nebelgrauen See.

Die Elster flattert schwarz und weiß
im schattenlosen Wind.
Zerfetzte Kiefern knarrn im Eis,
das Land liegt maulwurfsblind.

Nicht ruhn bei Münzen, Ring und Krug
die Toten unterm Stein.
Der Mond weht wie ein weißer Spuk.
Die Öde hüllt sie ein.

Die Dämmerung von Stimmen hallt,
die nie ein Ohr erlauscht.
Die Toten gehn, wo überm Wald
die kalte Asche rauscht.

Und gräbst du durch das Eis der Nacht,
wie es der Spruch gewollt,
dein Spaten schürft und hebt im Schacht
der Fäulnis fahles Gold.

Du findest nur den Schmerz der Zeit,
die Erde feucht vom Blut,
Und unterm Schutt, zum Biß bereit,
der Schlangen nackte Brut.

Zertritt ihr Haupt und scheu den Biß.
Horch in den Wind, bleib stumm.
Noch herrscht der Glanz der Finsternis,
noch geht der Würger um.

Doch nicht erstickt der Nacht Gewalt
der Seele stilles Licht.
Weht auch der Hauch der Asche kalt,
die Finsternis zerbricht.

Franz Tumler

Abendluft jetzt und die sich längenden Schatten
zu Bändern ausgerollt von den Baumstämmen her
und in Pfeilen aufschießend aus dunklen Sonnen
die durch das Gras strahlten

Kreppbänder aus Schatten geknittert drüben im Garten
und das Gras von Schattenpfeilen durchschossen
aus einer Schattensonne auseinandergestrahlt –

und Schattenzungen die herüberleckten in den Hof
über das Pflaster gingen und abknickten
und auf der Mauer heraufwuchsen
bis auf den Balkon und höher –

so hoch jetzt wie wir beim Ballspielen den Ball
werfen konnten

und wohin wir nicht mehr kamen
und weiter von Stockwerk zu Stockwerk
und deutlich zuletzt

in dem Augenblick ehe sie weggingen weil das Licht wegging
erkennbar dieselben Umrisse

bauchig fiederig fertig jetzt als Schatten auf der Mauer
wie drüben die wirklichen Bäume.

Oda Schaefer

OKTOBER

O Ahornflamme, Pflaumenblau,
Großer Monat Oktober –
Den Morgen birgt noch ungenau
Ein Nebelflor, ein trübes Grau,
Der Tag steht in Zinnober

Und gelber Sonne Löwenkraft,
Safranfeuer erglühen –
In Keltern schwimmt der dunkle Saft,
Dem süßen Fleisch der Frucht entrafft
Aus sommerlichem Blühen.

O Georgina, Asternstern,
Schwere, welkende Namen –
Der Dahlien Abschied leuchtet fern,
Es senkt der Sonnenblumenkern
Ins Nächste schon den Samen.

HOLUNDER

Sitze ich im Dunkelgrün
Träumend an der grauen Rinde
Eingewiegt vom Sommerwinde –
Sehe ich dein helles Blühn
Überall im Dunkelgrün,
Sehe still dein Wunder,
Sterniger Holunder.

Blätter spielen über mir
Fingergleich mit Licht und Schatten
Auf den zarten Phloxrabatten,
Und ich ruhe ganz im Hier,
Glut und Mittag über mir,

Lausche deinem Wunder,
Sterniger Holunder.

Wie die Zeit vergessen lehnt
Drüben an der weißen Mauer –
Bin ich's selber, ohne Trauer,
Ohne Seele, die sich sehnt,
Und am Stamm vergessen lehnt
Tief in deinem Wunder,
Sterniger Holunder ...

DIE VERZAUBERTE

Den grünen Leib der Libelle,
Das Auge der Unke dazu,
So treibe ich über der Welle,
Dem murmelnden Mund der Quelle,
Die strömt aus dem dunklen Du.

Hörst du mich?
Siehst du mich?
Ach, ich bin unsichtbar
Im weißen Spinnenhaar,
Im wirren Gräsergarn,
Unter Dorn und Farn.

Alles, was flüstert und schäumt,
Alles, was schauert und bebt,
Bin ich, die einsam träumt
Und im Entschweben lebt.

Im Schilf, im Ried
Singt ein Vogel mein Lied,
Liegt das Schwanenkleid
Meiner Flucht bereit.

Suche du mich!
Finde du mich!
Bis ich dir wiederkehr
So federleicht,
Ist alles still und leer,
Was mir noch gleicht.

SÜDLICHE GEGENWART

Mimosen duften volle Kränze,
Sie flechten Sommergelb ins Haar,
Die Zeit erblüht auf ihrer Grenze
Und tränkt mit Licht, was früher war.

Von Gegenwart betörte Stunde,
Entlaß mich leicht, lazertengleich!
Die Schatten tauchen blau zum Grunde,
Verstoßen in ihr dunkles Reich,

Das breit des Südens weiße Mauer
Vom fruchterfüllten Lande trennt.
Die Sonne steigt, es fällt die Trauer,
Wo goldner Tag im Weinstock brennt.

AMSEL IM WINTER

Du süße Kehle, grün und irrend,
Verloren tief im Nebelgrau,
Erlahmter Flügel, furchtsam schwirrend
Wie Fledermaus vor Tag und Tau,

Im Dunkel wächst der bleiche Schimmel,
Der Pelz der Nässe färbt sich schwarz,
So singe du den hellen Himmel,
Den Duft der Pappel, goldnes Harz.

Der Wind zerbricht die Blätterrippen
Und Regen tropft auf totes Gras –
Es klingt von unsichtbaren Lippen,
Die Flöte dringt durch Schleier blaß

Und schmilzt in Dämmertraum und Feuchte
Zu früh wie Weidenrohres Ton,
O Amsel klage, bis es leuchte,
Das junge Jahr vom blauen Thron.

Margot Scharpenberg

HERBST

Brandstifterzeit.
Eine Rose als Zündholz geworfen.
Nun scheint es die ganze Nacht,
Feuer in offnen Kaminen,
die Häuser
brennen schon mit.
Als Rauch
fliegt mir der Sommer davon.

PAPPELSILHOUETTE

In Gräbergärten über Beeten
voll frischem Tod
der steile Zeichenbaum:
immer Zypresse,
immer das dunkelste Laub,
versengt zum Gedächtnis der andern.
Aber sie selbst?
Unten die Pappel am Fluß
dunkelt am Abend nach,
schnell gewachsenes Holz,
hastige Ringe,
bald zum Fällen bestimmt,
nur eben,
steil und gerichtet, als Schatten
Baum des Gedächtnisses,
Grabmal,
verjüngte Zypresse.

WINTERABEND

Laß den Becher Mondmilch für das Dunkel,
noch hängt rot die letzte Frucht am Zweig.
Blauer Bergsee, unser See verweht,
und die Wimper kann den Schnee nicht kämmen.
Stummes Wort, auf Wasser Frost gefallen:
Unsre Lippen wurden Glas vorm Wind.

NACHTGEWEIH

Nachtgeweih, Zweige vorm Fenster,
lautlos verklammerte Schatten.
Am Licht kommt der Abend zu Fall,
am Dornstrauch blühender Sterne,
am weißen Einhorn des Monds.
Die Nacht äst dicht vor den Türen,
gewaltiges Haupt in der Neige.
Mit den Schaufeln stößt sie ans Haus.

STRAND

Mit Muscheln sieht das Meer, mit Algenaugen,
geblendet, flach ins Sandgesicht gelegt.
Mit Wasserblicken auf die eigne Mitte
– Pupille, Schwarzes – steil zurückgerichtet,
verstößt es Schein und klopfende Kontur.
Wer dränge ein? Der faßt auf leere Fläche,
der mit den Händen Wasserfrucht gehäutet,
ans Spiegelglas gewölkten Atem schlägt.
Versperrt die Pforte, Mauer zum Ertrinken,
ein Wellengang mit aufgemalten Schiffen,
verlorner Fracht und feuchtem Vogelflug.
Am Rand der Gischt die ungeschützten Köpfe
von Fisch und Schwimmer rund aus Kork geschnitten,
für jeden Schnabel leichtes Beutegut,
für jeden Griff. Nur Stein erklimmt die Täler

am Grund des Meers, nur Totes teilt die Wimper
und zwingt das dunkle Aug zum Gegenblick.
Mit Muscheln sieht das Meer, mit Schläferaugen
und schwarzer Perle. Blind zerfällt die Sicht.

ZU HELLE NACHT

Dreh ihn dir doch vom Finger,
Nacht, deinen Mondsteinring.
Du bist zu vielen versprochen.
Immer umwarb dich
wieder ein neuer April.

Unter dein Kissen
hast du Sterne gesammelt,
kupferne Südseemünzen
aus dem Matrosengepäck.
Du meinst, damit ließe sich leben,
später, in Zeiten der Not.

Bettlerin Nacht,
wenn du am Wasser sitzt,
komme ich über die Brücke,
und auf die blinden Münzen,
die dir keiner mehr tauschte,
leg ich ein schimmerndes Brot.

Erst wenn du hungerst, morgen.
Heute bin ich noch arm.

Ingeborg Bachmann

AN DIE SONNE

Schöner als der beachtliche Mond und sein geadeltes Licht,
Schöner als die Sterne, die berühmten Orden der Nacht,
Viel schöner als der feurige Auftritt eines Kometen
Und zu weit Schönrem berufen als jedes andre Gestirn,
Weil dein und mein Leben jeden Tag an ihr hängt, ist die
Sonne.

Schöne Sonne, die aufgeht, ihr Werk nicht vergessen hat
Und beendet, am schönsten im Sommer, wenn ein Tag
An den Küsten verdampft und ohne Kraft gespiegelt die Segel
Über dein Aug ziehn, bis du müde wirst und das letzte verkürzt.

Ohne die Sonne nimmt auch die Kunst wieder den Schleier,
Du erscheinst mir nicht mehr, und die See und der Sand,
Von Schatten gepeitscht, fliehen unter mein Lid.

Schönes Licht, das uns warm hält, bewahrt und wunderbar
sorgt,
Daß ich wieder sehe und daß ich dich wiederseh!

Nichts Schönres unter der Sonne als unter der Sonne zu sein ...

Nichts Schönres als den Stab im Wasser zu sehn und den Vogel
oben,
Der seinen Flug überlegt, und unten die Fische im Schwarm,

Gefärbt, geformt, in die Welt gekommen mit einer Sendung
von Licht,
Und den Umkreis zu sehn, das Geviert eines Felds, das
Tausendeck meines Lands
Und das Kleid, das du angetan hast. Und dein Kleid, glockig
und blau!

Schönes Blau, in dem die Pfauen spazieren und sich verneigen,
Blau der Fernen, der Zonen des Glücks mit den Wettern für
mein Gefühl,
Blauer Zufall am Horizont! Und meine begeisterten Augen
Weiten sich wieder und blinken und brennen sich wund.

Schöne Sonne, der vom Staub noch die größte Bewundrung
gebührt,
Drum werde ich nicht wegen dem Mond und den Sternen und
nicht,
Weil die Nacht mit Kometen prahlt und in mir einen Narren
sucht,
Sondern deinetwegen und bald endlos und wie um nichts sonst
Klage führen über den unabwendbaren Verlust meiner Augen.

DIE GROSSE FRACHT

Die große Fracht des Sommers ist verladen,
das Sonnenschiff im Hafen liegt bereit,
wenn hinter dir die Möwe stürzt und schreit.
Die große Fracht des Sommers ist verladen.

Das Sonnenschiff im Hafen liegt bereit,
und auf die Lippen der Galionsfiguren,
tritt unverhüllt das Lächeln der Lemuren.
Das Sonnenschiff im Hafen liegt bereit.

Wenn hinter dir die Möwe stürzt und schreit,
kommt aus dem Westen der Befehl zu sinken;
doch offnen Augs wirst du im Licht ertrinken,
wenn hinter dir die Möwe stürzt und schreit.

SCHATTEN ROSEN SCHATTEN

Unter einem fremden Himmel
Schatten Rosen
Schatten
auf einer fremden Erde
zwischen Rosen und Schatten
in einem fremden Wasser
mein Schatten

NEBELLAND

Im Winter ist meine Geliebte
unter den Tieren des Waldes.
Daß ich vor Morgen zurückmuß,
weiß die Füchsin und lacht.
Wie die Wolken erzittern! Und mir
auf den Schneekragen fällt
eine Lage von brüchigem Eis.

Im Winter ist meine Geliebte
ein Baum unter Bäumen und lädt
die glückverlassenen Krähen
ein in ihr schönes Geäst. Sie weiß,
daß der Wind, wenn es dämmert,
ihr starres, mit Reif besetztes
Abendkleid hebt und mich heimjagt.

Im Winter ist meine Geliebte
unter den Fischen und stumm.
Hörig den Wassern, die der Strich
ihrer Flossen von innen bewegt,
steh ich am Ufer und seh,
bis mich Schollen vertreiben,
wie sie taucht und sich wendet.

Und wieder vom Jagdruf des Vogels
getroffen, der seine Schwingen
über mir steift, stürz ich
auf offenem Feld: sie entfiedert
die Hühner und wirft mir ein weißes
Schlüsselbein zu. Ich nehm's um den Hals
und geh fort durch den bitteren Flaum.

Treulos ist meine Geliebte,
ich weiß, sie schwebt manchmal
auf hohen Schuh'n nach der Stadt,
sie küßt in den Bars mit dem Strohhalm
die Gläser tief auf den Mund,
und es kommen ihr Worte für alle.
Doch diese Sprache verstehe ich nicht.

Nebelland hab ich gesehen,
Nebelherz hab ich gegessen.

TAGE IN WEISS

In diesen Tagen steh ich auf mit den Birken
und kämm mir das Weizenhaar aus der Stirn
vor einem Spiegel aus Eis.

Mit meinem Atem vermengt,
flockt die Milch.
So früh schäumt sie leicht.
Und wo ich die Scheibe behauch, erscheint,
von einem kindlichen Finger gemalt,
wieder dein Name: Unschuld!
Nach so langer Zeit.

In diesen Tagen schmerzt mich nicht,
daß ich vergessen kann
und mich erinnern muß.

Ich liebe. Bis zur Weißglut
lieb ich und danke mit englischen Grüßen.
Ich hab sie im Fluge erlernt.

In diesen Tagen denk ich des Albatros',
mit dem ich mich auf-
und herüberschwang
in ein unbeschriebenes Land.

Am Horizont ahne ich,
glanzvoll im Untergang,
meinen fabelhaften Kontinent
dort drüben, der mich entließ
im Totenhemd.

Ich lebe und höre von fern seinen Schwanengesang!

DAS SPIEL IST AUS

Mein lieber Bruder, wann bauen wir uns ein Floß
und fahren den Himmel hinunter?
Mein lieber Bruder, bald ist die Fracht zu groß
und wir gehen unter.

Mein lieber Bruder, wir zeichnen aufs Papier
viele Länder und Schienen.
Gib acht, vor den schwarzen Linien hier
fliegst du hoch mit den Minen.

Mein lieber Bruder, dann will ich an den Pfahl
gebunden sein und schreien.
Doch du reitest schon aus dem Totental
und wir fliehen zu zweien.

Wach im Zigeunerlager und wach im Wüstenzelt,
es rinnt uns der Sand aus den Haaren,
dein und mein Alter und das Alter der Welt
mißt man nicht mit den Jahren.

Laß dich von listigen Raben, von klebriger Spinnenhand
und der Feder im Strauch nicht betrügen,
iß und trink auch nicht im Schlaraffenland,
es schäumt Schein in den Pfannen und Krügen.

Nur wer an der goldenen Brücke für die Karfunkelfee
das Wort noch weiß, hat gewonnen.
Ich muß dir sagen, es ist mit dem letzten Schnee
im Garten zerronnen.

Von vielen, vielen Steinen sind unsre Füße so wund.
Einer heilt. Mit dem wollen wir springen,
bis der Kinderkönig, mit dem Schlüssel zu seinem Reich im Mund,
uns holt, und wir werden singen:

Es ist eine schöne Zeit, wenn der Dattelkern keimt!
Jeder, der fällt, hat Flügel.
Roter Fingerhut ist's, der den Armen das Leichentuch säumt,
und dein Herzblatt sinkt auf mein Siegel.

Wir müssen schlafen gehn, Liebster, das Spiel ist aus.
Auf Zehenspitzen. Die weißen Hemden bauschen.
Vater und Mutter sagen, es geistert im Haus,
wenn wir den Atem tauschen.

ERKLÄR MIR, LIEBE

Dein Hut lüftet sich leis, grüßt, schwebt im Wind,
dein unbedeckter Kopf hat's Wolken angetan,
dein Herz hat anderswo zu tun,
dein Mund verleibt sich neue Sprachen ein,
das Zittergras im Land nimmt überhand,
Sternblumen bläst der Sommer an und aus,
von Flocken blind erhebst du dein Gesicht,
du lachst und weinst und gehst an dir zugrund,
was soll dir noch geschehen –

Erklär mir, Liebe!

Der Pfau, in feierlichem Staunen, schlägt sein Rad,
die Taube stellt den Federkragen hoch,
vom Gurren überfüllt, dehnt sich die Luft,
der Entrich schreit, vom wilden Honig nimmt
das ganze Land, auch im gesetzten Park
hat jedes Beet ein goldner Staub umsäumt.

Der Fisch errötet, überholt den Schwarm
und stürzt durch Grotten ins Korallenbett.
Zur Silbersandmusik tanzt scheu der Skorpion.
Der Käfer riecht die Herrlichste von weit;
hätt ich nur seinen Sinn, ich fühlte auch,
daß Flügel unter ihrem Panzer schimmern,
und nähm den Weg zum fernen Erdbeerstrauch!

Erklär mir, Liebe!

Wasser weiß zu reden,
die Welle nimmt die Welle an der Hand,
im Weinberg schwillt die Traube, springt und fällt.
So arglos tritt die Schnecke aus dem Haus!

Ein Stein weiß einen andern zu erweichen!

Erklär mir, Liebe, was ich nicht erklären kann:
sollt ich die kurze schauerliche Zeit
nur mit Gedanken Umgang haben und allein
nichts Liebes kennen und nichts Liebes tun?
Muß einer denken? Wird er nicht vermißt?

Du sagst: es zählt ein andrer Geist auf ihn ...
Erklär mir nichts. Ich seh den Salamander
durch jedes Feuer gehen.
Kein Schauer jagt ihn, und es schmerzt ihn nichts.

LANDNAHME

Ins Weideland kam ich,
als es schon Nacht war,
in den Wiesen die Narben witternd
und den Wind, eh er sich regte.
Die Liebe graste nicht mehr,
die Glocken waren verhallt
und die Büschel verhärmt.

Ein Horn stak im Land,
vom Leittier verrannt,
ins Dunkel gerammt.

Aus der Erde zog ich's,
zum Himmel hob ich's
mit ganzer Kraft.

Um dieses Land mit Klängen
ganz zu erfüllen,
stieß ich ins Horn,
willens im kommenden Wind
und unter den wehenden Halmen
jeder Herkunft zu leben!

DAS ERSTGEBORENE LAND

In mein erstgeborenes Land, in den Süden
zog ich und fand, nackt und verarmt
und bis zum Gürtel im Meer,
Stadt und Kastell.

Vom Staub in den Schlaf getreten
lag ich im Licht,
und vom ionischen Salz belaubt
hing ein Baumskelett über mir.

Da fiel kein Traum herab.

Da blüht kein Rosmarin,
kein Vogel frischt
sein Lied in Quellen auf.

In meinem erstgeborenen Land, im Süden
sprang die Viper mich an
und das Grausen im Licht.

O schließ
die Augen schließ!
Preß den Mund auf den Biß!

Und als ich mich selber trank
und mein erstgeborenes Land
die Erdbeben wiegten,
war ich zum Schauen erwacht.

Da fiel mir Leben zu.

Da ist der Stein nicht tot.
Der Docht schnellt auf,
wenn ihn ein Blick entzündet.

ARIA I

Wohin wir uns wenden im Gewitter der Rosen,
ist die Nacht von Dornen erhellt, und der Donner
des Laubs, das so leise war in den Büschen,
folgt uns jetzt auf dem Fuß.

Wo immer gelöscht wird, was die Rosen entzünden,
schwemmt Regen uns in den Fluß. O fernere Nacht!
Doch ein Blatt, das uns traf, treibt auf den Wellen
bis zur Mündung uns nach.

Großer Bär, komm herab, zottige Nacht,
Wolkenpelztier mit den alten Augen,
Sternenaugen,
durch das Dickicht brechen schimmernd
deine Pfoten mit den Krallen,
Sternenkrallen,
wachsam halten wir die Herden,
doch gebannt von dir, und mißtrauen
deinen müden Flanken und den scharfen
halbentblößten Zähnen,
alter Bär.

Ein Zapfen: eure Welt.
Ihr: die Schuppen dran.
Ich treib sie, roll sie
von den Tannen im Anfang
zu den Tannen am Ende,
schnaub sie an, prüf sie im Maul
und pack zu mit den Tatzen.

Fürchtet euch oder fürchtet euch nicht!
Zahlt in den Klingelbeutel und gebt
dem blinden Mann ein gutes Wort,
daß er den Bären an der Leine hält.
Und würzt die Lämmer gut.

's könnt sein, daß dieser Bär
sich losreißt, nicht mehr droht
und alle Zapfen jagt, die von den Tannen
gefallen sind, den großen, geflügelten,
die aus dem Paradies stürzten.

DIE GESTUNDETE ZEIT

Es kommen härtere Tage.
Die auf Widerruf gestundete Zeit
wird sichtbar am Horizont.
Bald mußt du den Schuh schnüren
und die Hunde zurückjagen in die Marschhöfe.
Denn die Eingeweide der Fische
sind kalt geworden im Wind.
Ärmlich brennt das Licht der Lupinen.
Dein Blick spurt im Nebel:
die auf Widerruf gestundete Zeit
wird sichtbar am Horizont.

Drüben versinkt dir die Geliebte im Sand,
er steigt um ihr wehendes Haar,
er fällt ihr ins Wort,
er befiehlt ihr zu schweigen,
er findet sie sterblich
und willig dem Abschied
nach jeder Umarmung.

Sieh dich nicht um.
Schnür deinen Schuh.
Jag die Hunde zurück.
Wirf die Fische ins Meer.
Lösch die Lupinen!

Es kommen härtere Tage.

FREIES GELEIT (ARIA II)

Mit schlaftrunkenen Vögeln
und winddurchschossenen Bäumen
steht der Tag auf, und das Meer
leert einen schäumenden Becher auf ihn.

Die Flüsse wallen ans große Wasser,
und das Land legt Liebesversprechen
der reinen Luft in den Mund
mit frischen Blumen.

Die Erde will keinen Rauchpilz tragen,
kein Geschöpf ausspeien vorm Himmel,
mit Regen und Zornesblitzen abschaffen
die unerhörten Stimmen des Verderbens.

Mit uns will sie die bunten Brüder
und grauen Schwestern erwachen sehn,
den König Fisch, die Hoheit Nachtigall
und den Feuerfürsten Salamander.

Für uns pflanzt sie Korallen ins Meer.
Wäldern befiehlt sie, Ruhe zu halten,
dem Marmor, die schöne Ader zu schwellen,
noch einmal dem Tau, über die Asche zu gehn.

Die Erde will ein freies Geleit ins All
jeden Tag aus der Nacht haben,
daß noch tausend und ein Morgen wird
von der alten Schönheit jungen Gnaden.

Hilde Domin

IMMER MIT DEN VOLLEN HÄNDEN

Immer mit den vollen Händen
es wachsen auf ihnen
es verdorren auf ihnen
und säen sich neu
Wiesen
Wälder Tiere
wachsen und leben dort
leben und sterben und werden geboren
auf meinen Händen
die gesamte Natur
vor der Erschaffung des Menschen

Ich staune sie an diese Landschaft
ich bewässere sie
mit dem gedeihlichen Wasser
mit Tränen

Immer den Kopf geneigt
einer Stimme entgegen
von der ich schon weiß
ich werde sie nie
hören

Gert Kalow

RABEN

spreusand am himmel
die wäßrige herbstluft
zu trocknen daß
die sonne
nicht ausrutscht
der wind hat
federweißen getrunken
torkelt
als baum
übers feld

Klaus Konjetzky

MECKLENBURG SENTIMENTALISCH

Wenn über Himbeersträuchern
am zerbrochnen Hügelgrab
drüben hinterm Rübenfeld,
zwischen zwei politischen Schildern,
im Fensterglas eines Wohnwagens
die schwarze Mitte
des Auges des Bezirkssekretärs
eine Schneise spiegelt,
ins Landesinnere
geschlagen für einen Schlot,
denke ich: gut, daß muß sein.

(Nicht zu vergessen ist nämlich,
was Mecklenburg war
vor hundert Jahren und davor
und noch nach dem letzten Krieg:
schön
für den wandernden Dichter,
aber ärmer als schön.)

Denk ich an Mecklenburg,
wollen mir FDGB-Heime nicht in den Sinn
und nicht die Zeltdörfer der Pimpfe.
Die neuen Bauern aus Dobbertin,
die Samstag zum Kaffee nach Rostock ziehn
oder ins Ostseebad Wustrow am Bodden,
rühren mich nicht wie die alten.

Aber wo Rapsfelder morgens ins Auto blühn,
wo dunkle Seen sich weiten
und Störche in den Wiesen stehn,
wo ein Fontanedorf
sich in den Sommer duckt,
lasse ich mich

auf der Terrasse am See
nachmittags gerne bedienen.

SCHOTTISCHES HOCHLAND

Kenmore liegt eine Stunde zurück.

Die Postkartengrüße
nach Dillingen
sind gegenstandslos geworden.

Wo die Augen keine Spuren
finden vom Odenwald,
trifft kühler dich der Wind.

Ein Hochplateau geht auf.

Hinter der Steinwüste
steigen neue Monde
zu fernen Steinnebelwänden.

Das Schaf wurde gerissen.
So tot sah ich noch keins.
Vielleicht gibts doch einen Gott.

Barbara Maria Kloos

SPINNENNETZE

Das Fenster ist dein kostenloser Fernsehschirm. Du hast einen Dachdecker im Visier. Seine gelben Hosen flattern wie Kanarienvögel über die glatten Ziegel. Er stürzt. Es wird Zeit, ein Stofftier zu kaufen. Der Winter steht stramm vor der Stadt. Er zielt in die harten Gesichter der Arbeitslosen. Die Stunden buckeln. Sie springen erst am späten Abend auf. Der Morgen ist flüssig. Du trinkst ihn in kleinen bittren Zügen. Unter der Haut brennen die Herbstfeuer ab. Postkarten aus Italien werden selten. Sie haben helle Wasserflecken. Geduldig legt die Kälte ihre Spinnennetze in die spitzen Winkel deines Körpers. Das Fenster hat Rauhreif auf der Stirn. Sieben auf einen Streich, denkst du, und knallst die letzten Zugvögel ab.

Ludwig Fels

ATLANTIS, HIER

Wie in Atlantis jetzt
die Straße nach dem Regen
gemacht aus einem Himmel
der noch niemals heiter war.
Ich hätte Lust zum Brückenschlagen
Lust auf Kahnpartien: Taubenschwingen
wären die Segel.
Lust hätte ich auf einen Schiffbruch
auf dem Ozean des Pflasters.
Wie in Atlantis
müßten Ratten und Frösche tanzen
der Park zur Lagune werden
von Denkmälern frei.
Ich würde hinabtauchen zu den Brücken
könnte vom Geländer weg nach oben springen:
an Grabkreuzen ankernd
die Welt verstehn.

LANDSCHAFT

Wo es in die Heide geht, wo
sich Sand und Schlamm vermischen
Regennächte, Wolkenbrandung
wo kein Zug mehr hält
die Augen der Insekten liegen
ausgewaschen, ausgebrannt
wo Wüste um jeden Grashalm wächst
und der Wind kaum noch wogen kann
dort ein Gedicht übers Meer
brunnentief.

LANDSCHAFTSNARBEN

1
Sie reißen Wälder nieder
rauben Sand
für Straßen, Mauern
pferchen uns unter Dächer
laden uns Dreck ins Gemüt:
sie, die selbsternannten
Verwalter der Erde.

2
Sie nahmen uns Pflanzen und Tiere
den Pflug und den Pfeil
gaben uns die lauten Waffen
für die Jagd nach Besitz.
Diese Zeit wird noch lange dauern.
Wir werden schnell am Ende sein.

3
Endlich einmal wild, ein Wilder sein
Vögel und Fische in die Haut tätowieren
und Blumen natürlich und Bäume
das Gesicht mit Leidenschaft bestellen.

4
Wie Banditen der Revolution
verrückt vom Bewußtsein
müssen wir uns machen
jeder ein vollkommener
Gegner seinen Feinden.
Wir müssen schwarz und Indianer werden
Gefolterte, die nicht foltern
und töten und sterben fürs Leben
weitab von den Festreden wortreicher Einzelgänger.

5
Wir müssen auswandern
aus Kopf und Herz
in die Fieberstürme der Gefühle reisen
bevor wir versteinern

6
Wir brauchen Flügel
aus der Brust wie Säbel und Lanzen
einen kräftigen Rücken
mit Stirnschalen gepanzert.

7
Unsere Höflichkeit ist Teil der Angst
schalldicht der Leib
gegen die Schreie von innen.
Wir verdämmern im Abglanz der Wirklichkeit.

FLUCHTWEG

Einen Sommer lang gehn
durch Heide und über Gebirg
sich vom Wegrand ernähren
segeln durch wogendes Getreide
immer den Vögeln nach und den Sonnen
bevor sie ausgerottet sind.
Man muß erfahren haben
welche Welt vergeht.

Quellenverzeichnis

Die genannten Bücher sind, soweit der Publikationsort nicht angegeben ist, im Piper Verlag (München) erschienen.

I NATURERLEBNIS · FREUNDSCHAFT MIT TIEREN

Hans Cloos: Gespräch mit der Erde. Geologische Welt- und Lebensfahrt, 1947, S. 9–11

Paul Eipper: Die schönsten Tiergeschichten von Paul Eipper, 1963, S. 129–133

Konrad Lorenz: Er redete mit dem Vieh, den Vögeln und den Fischen, 1985 (mit freundlicher Genehmigung des Deutschen Taschenbuch Verlages), S. 123–132

Eberhard Trumler: Mit dem Hund auf du. Zum Verständnis seines Wesens und Verhaltens, 91978, S. 19–26

Max A. Zoll: Meine Nachbarn, die Affen, 1971, S. 104–108

II CHINESISCHE UND JAPANISCHE GEDICHTE

1 Chinesische Gedichte der Tang-Zeit

Du Fu, Ma Dai, Li Schang-Yin, Li Schö, Li Tai-Bo, Liu Dsung-Yüan, Liu Schen-Hü, Tsui Lu, Wang We: Herbstlich helles Leuchten überm See. Chinesische Gedichte der Tang-Zeit. Übertragen von Günther Debon, 1953

2 Japanische Gedichte

Daigobô Toshio, Ishijima Kijirô, Ishikawa Takuboku, Kaneko Kun-En, Masa-Oka Shiki, Naitô Meisetsu, Nakajima Toshi, Onoe Saishû, Shimazaki Tôson, Yosano Akiko, Yosano Tekkan: Im Schnee die Fähre. Japanische Gedichte der neueren Zeit. Übertragen von Günther Debon, 1955
Kaiserin von Nijo, Kyoboku-No-Jo, Matsuo Basho, Saka-No-Ue-No Korenori, Sarumaru Tayu, Staatsrat Yakamochi, Yamabe No Akahito, Anonymus, Nachdichtungen: Japanische Lyrik. Übertragen und herausgegeben von Julius Kurth, NA 1943

III. ABENTEUER VERHALTENSFORSCHUNG

1 Grundlagen der Ethologie

Antal Festetics: Konrad Lorenz. Aus der Welt des großen Naturforschers, 1983, S. 10–12

Erich von Holst: Zur Verhaltensphysiologie bei Tieren und Menschen. Gesammelte Abhandlungen, Bd. I, 1969, S. 249–256

Konrad Lorenz: Die Rückseite des Spiegels. Versuch einer Naturgeschichte menschlichen Erkennens, [4]1983, S. 34–39

Norbert Bischof: Das Rätsel Ödipus. Die biologischen Wurzeln des Urkonfliktes von Intimität und Autonomie, 1985, S. 291–300

Bernhard Hassenstein: Instinkt, Lernen, Spielen, Einsicht. Einführung in die Verhaltensbiologie, 1980, S. 112–119

Irenäus Eibl-Eibesfeldt: Liebe und Haß. Zur Naturgeschichte elementarer Verhaltensweisen. Zeichnungen von Hermann Kacher, [12]1985, S. 138–148

Otto Koenig: Urmotiv Auge. Neuentdeckte Grundzüge menschlichen Verhaltens, 1975, S. 96–102

2 Das Tier in seiner Welt: Feldforschung

Hans W. Fricke: Bericht aus dem Riff. Ein Verhaltensforscher experimentiert im Meer, 1976, S. 135–138

Irenäus Eibl-Eibesfeldt: Galápagos. Die Arche Noah im Pazifik, [7]1984, S. 124–128, 130–140

Konrad Lorenz: Das Jahr der Graugans, [2]1985, S. 18–28

Adolf Portmann: Vom Wunder des Vogellebens. Zeichnung von Sabine Bousani-Baur, 1984, S. 196–202

Niko Tinbergen: Das Tier in seiner Welt. Bd. 2: Laborversuche und Schriften zur Ethologie. Aus dem Englischen von Amélie Koehler, 1978, S. 120–129

Wolfgang Wickler: Die Biologie der Zehn Gebote. Warum die Natur für uns kein Vorbild ist, [6]1985, S. 99–107

Erik Zimen: Wölfe und Königspudel. Vergleichende Verhaltensbeobachtungen, 1971, S. 183–191

IV ROMANISCHE DICHTUNG

Dante Alighieri: Romanische Dichter. Deutsch von Karl Vossler, [3]1946

Luis de León: Ebd.

Lope de Vega: Wir leben in zwei Zeiten. Lieder und Romanzen. Übertragung und Nachwort von Erwin Walter Palm, 1958

Luis de Góngora: Romanische Dichter, a. a. O.

Luis de Camões: Ebd.

Stéphane Mallarmé: Gedichte und Der Nachmittag eines Fauns. Übertragen von Remigius Netzer, 1947

Paul Valéry: Im Labyrinth. Französische Lyrik nach dem Symbolismus. Herausgegeben und übersetzt von Max Hölzer, 1959

Paul Claudel: Ebd.

Salvatore Quasimodo: Ein offener Bogen. Übertragung und Nachwort von Gianni Selvani, 1963

Giuseppe Ungaretti: Die späten Gedichte. Übertragung und Nachwort von Michael Marschall von Bieberstein, 1974

Eugenio Montale, Glorie des Mittags, Bring mir die Sonnenblume, Zuerst versucht der Frosch sich in den Saiten, Die Tage von Bellosguardo, Die Arche: Glorie des Mittags. Übertragung und Nachwort von Herbert Frenzel, ²1975

Eugenio Montale, Im Parterre: Satura/Diario. Aus den späten Zyklen. Übertragung und Nachwort von Michael Marschall von Bieberstein, 1976

Pier Paolo Pasolini: Gramscis Asche. Übersetzung von Toni und Sabina Kienlechner. Nachwort von Michael Marschall von Bieberstein, ²1984

Marin Sorescu: Abendrot Nr. 15. Aus dem Rumänischen von Oskar Pastior, 1985

V BAUPLÄNE DES LEBENS

Carsten Bresch: Zwischenstufe Leben. Evolution ohne Ziel? ²1978, S. 110–117

Heinrich K. Erben: Intelligenzen im Kosmos? Die Antwort der Evolutionsbiologie, 1984, S. 181–189

Manfred Eigen / Ruthild Winkler: Das Spiel. Naturgesetze steuern den Zufall, ⁷1985, S. 96–101, 116–121

Jacques Monod: Zufall und Notwendigkeit. Philosophische Fragen der modernen Biologie. Aus dem Französischen von Friedrich Griese, ⁶1983, S. 149–152

Ilya Prigogine / Isabelle Stengers: Dialog mit der Natur. Neue Wege naturwissenschaftlichen Denkens. Aus dem Englischen von Friedrich Griese, ⁴1983, S. 171–175

Bernd-Olaf Küppers: Der Ursprung biologischer Information. Zur Naturphilosophie der Lebensentstehung, 1986, S. 248–252

VI RUSSISCHE GEDICHTE

Anna Achmatowa: Im Spiegelland. Herausgegeben von Efim Etkind, 1982

Jossif Brodskij: Einem alten Architekten in Rom. Aus dem Russischen von Karl Dedecius, Rolf Fieguth und Sylvia List, 1978
Alle anderen Autoren: Russische Lyrik. Gedichte aus drei Jahrhunderten. Ausgewählt und eingeleitet von Efim Etkind, 1981

VII LEBEN ALS ENTWICKLUNGSPROZESS

1 Evolution und evolutionäre Erkenntnistheorie

Manfred Eigen/Ruthild Winkler: A. a. O., S. 71–79

Heinrich K. Erben: Die Entwicklung der Lebewesen. Spielregeln der Evolution, 1975, S. 239–243

Alfred Gierer: Die Physik, das Leben und die Seele, ^{2}1985, S. 106–112

Konrad Lorenz: Die Rückseite des Spiegels. Versuch einer Naturgeschichte menschlichen Erkennens, ^{4}1983, S. 15–18

Rupert Riedl: Die Strategie der Genesis. Naturgeschichte der realen Welt, ^{3}1984, S. 220–226

Ilya Prigogine / Isabelle Stengers: A. a. O., S. 196–199

Karl R. Popper: Auf der Suche nach einer besseren Welt. Vorträge und Aufsätze aus dreißig Jahren, 1984, S. 16–28

2 Das Rätsel des Humanum

Donald Johanson / Maitland Edey: Lucy. Die Anfänge der Menschheit. Aus dem Amerikanischen von Hans-Jürgen Baron von Koskull, ^{3}1982, S. 211–226

Edgar Morin: Das Rätsel des Humanum. Grundfragen einer neuen Anthropologie. Aus dem Französischen von Friedrich Griese, 1974, S. 69–73

Niko Tinbergen: A. a. O., S. 172–182

Alfred Gierer: A. a. O., S. 207–213

Irenäus Eibl-Eibesfeldt: Die Biologie des menschlichen Verhaltens. Grundriß der Humanethologie, ^{2}1985, S. 814–818

Wolfgang Wickler: A. a. O., S. 151–155

Achim von Arnim: Sämtliche Werke. Herausgegeben von Wilhelm Grimm, Berlin 1839–1856

Clemens Brentano: Werke. Herausgegeben von Wolfgang Frühwald, Bernhard Gajek und Friedhelm Kemp. Band I, München 1968

Matthias Claudius: Werke. Herausgegeben von Urban Roedl, ^{6}1965

Annette von Droste-Hülshoff: Sämtliche Werke. Herausgegeben von Clemens Heselhaus, München 1952

Joseph von Eichendorff: Werke. Redaktion Jost Perfahl. Band I, München o.J.

Paul Gerhardt: Dichtung und Schriften. Herausgegeben und textkritisch durchgesehen von Eberhard von Cranach-Sichart, Münchnen 1957

Johann Wolfgang von Goethe: Werke. Hamburger Ausgabe. Textkritisch durchgesehen und kommentiert von Erich Trunz. Band I, München 1981

Hans Jakob Christoffel von Grimmelshausen: Abenteuerlicher Simplicius Simplicissimus. Bearbeitung von Engelbert Hegauer, München 1959, S. 21 f

Friedrich Hebbel: Sämtliche Werke. Herausgegeben von Richard Maria Werner. Band VI, Berlin ^{2}1904

Heinrich Heine: Sämtliche Schriften. Herausgegeben von Klaus Briegleb, München 1968

Johann Gottfried Herder: Werke. Herausgegeben von Theodor Matthias, Leipzig 1903

Friedrich Hölderlin: Werke – Briefe – Dokumente. Ausgewählt sowie mit einem Nachwort und Erläuterungen versehen von Pierre Bertaux, München o.J.

Ludwig Christoph Heinrich Hölty: Gedichte. Nebst Briefen. Herausgegeben von Karl Halm, Leipzig 1869

Gottfried Keller: Die Leute von Seldwyla – Gesammelte Gedichte. Mit Anmerkungen, einer Zeittafel und einem Nachwort von Helmuth Nürnberger, München o.J.

Nikolaus Lenau: Sämtliche Werke und Briefe. Band I, Frankfurt a.M. 1971

Detlev von Liliencron: Werke. Herausgegeben von Benno von Wiese, Frankfurt a.M. 1977

Conrad Ferdinand Meyer: Gedichte, Leipzig 1921

Eduard Mörike: Sämtliche Werke. Herausgegeben von Herbert G. Göpfert, München ^{5}1976

Friedrich Nietzsche: Werke. Erste Abteilung. Band VIII, Leipzig 1899

Novalis (eigentlich Friedrich von Hardenberg): Schriften. Herausgegeben von Paul Kluckhohn und Richard Samuel, Leipzig 1929

Theodor Storm: Sämtliche Werke. Band 7, Braunschweig [7]1902

Ludwig Tieck: Werke, Berlin 1908

Ludwig Uhland: Werke. Herausgegeben von Heinrich Brömse, Berlin o. J.

IX VERANTWORTUNG FÜR DIE NATUR · ÖKOLOGIE

Konrad Lorenz: Die acht Todsünden der zivilisierten Menschheit, [17]1984, S. 23–31

Irenäus Eibl-Eibesfeldt: Galápagos. Die Arche Noah im Pazifik, [8]1985, S. 390–396

Manfred Eigen/Ruthild Winkler: A. a. O., S. 276–280

Ralf Dieter Brunowsky/Lutz Wicke: Der ÖKO-Plan. Durch Umweltschutz zum neuen Wirtschaftswunder, 1984, S. 157–158

Iring Fetscher: Überlebensbedingungen der Menschheit. Ist der Fortschritt noch zu retten? [2]1985, S. 194–199

Joachim Illies: Kulturbiologie des Menschen. Der Mensch zwischen Gesetz und Freiheit, [2]1981, S. 190–195

Konrad Lorenz: Der Abbau des Menschlichen, [2]1983, S. 253–258

Franz Alt: Offener Brief an Helmut Kohl, »Der Spiegel« vom 2. 6. 1986

X DEUTSCHE GEDICHTE DES 20. JAHRHUNDERTS

Arno Holz: Dafnis. Lyrisches Portrait aus dem 17. Jahrhundert, 1904

Christian Morgenstern: Gesammelte Werke in einem Band. Herausgegeben von Margareta Morgenstern, [15]1984

Karl Valentin: Gesammelte Werke in einem Band, 1986

Georg Trakl: Abendländisches Lied. Gedichte. Ausgewählt und mit einem Nachwort von Jürg Amann, 1987

Georg Heym: Gedichte. Ausgewählt und mit einem Nachwort von Harald Hartung, 1986

Peter Huchel: Die Sternenreuse. Gedichte 1925–1947, [3]1981

Franz Tumler: Sätze von der Donau, 1972

Oda Schaefer: Wiederkehr. Auswahl und Nachwort von Walter Fritzsche, 1985

Margot Scharpenberg, Herbst, Pappelsilhouette, Winterabend und Nachtgeweih: Gefährliche Übung, 1957

Margot Scharpenberg, Strand und Zu helle Nacht: Spiegelschriften, 1961

Ingeborg Bachmann: Werke. Herausgegeben von Christine Koschel, Inge von Weidenbaum und Clemens Münster. Band 1, 1978

Hilde Domin: Ich will dich, ^{5}1985

Gert Kalow: Erdgaleere, 1969

Klaus Konjetzky: Die Hebriden, 1979

Barbara Maria Kloos: Solo, 1986

Ludwig Fels: Der Anfang der Vergangenheit, 1984

Konrad Lorenz

Der Abbau des Menschlichen
4. Aufl., 126. Tsd. 1986. 294 Seiten. Geb.
(Auch in der Serie Piper 489 lieferbar)

Die acht Todsünden der zivilisierten Menschheit
18. Aufl., 434. Tsd. 1985. 112 Seiten. Serie Piper 50

Er redete mit dem Vieh, den Vögeln und den Fischen
Tiergeschichten
1985. 215 Seiten mit 104 Zeichnungen des Verfassers. Geb.

Das Jahr der Graugans
2. Aufl., 36. Tsd. 1985. 200 Seiten mit 147 Farbfotos von Sybille und Klaus Kalas. Geb.

Die Rückseite des Spiegels
Versuch einer Naturgeschichte menschlichen Erkennens
4. Aufl., 105. Tsd. 1983. 353 Seiten. Geb.

So kam der Mensch auf den Hund
1986. 187 Seiten mit 110 Zeichnungen des Verfassers. Geb.

Das sogenannte Böse
Zur Naturgeschichte der Aggression
1984. 317 Seiten. Geb.

Über tierisches und menschliches Verhalten
Aus dem Werdegang der Verhaltenslehre. Gesammelte Abhandlungen
Bd. I: 18. Aufl., 153. Tsd. 1984. 412 Seiten mit 5 Abb. Serie Piper 360
Bd. II: 13. Aufl., 113. Tsd. 1984. 398 Seiten mit 63 Abb. Serie Piper 361

Piper 26/2b

PIPER

Konrad Lorenz

Das Wirkungsgefüge der Natur und das Schicksal des Menschen

Gesammelte Arbeiten
Herausgegeben und eingeleitet von Irenäus-Eibl-Eibesfeldt.
368 Seiten mit 23 Abb. Serie Piper 309

Die Evolution des Denkens

Herausgegeben von Konrad Lorenz und Franz M. Wuketits.
2. Aufl., 6. Tsd. 1984. 393 Seiten. Kt.

Konrad Lorenz / Franz Kreuzer
Leben ist Lernen

Von Immanuel Kant zu Konrad Lorenz
Ein Gespräch über das Lebenswerk des Nobelpreisträgers.
2. Aufl., 10. Tsd. 1983. 103 Seiten mit 1 Abb. Serie Piper 223

Karl R. Popper / Konrad Lorenz
Die Zukunft ist offen

Das Altenberger Gespräch
Mit den Texten des Wiener Popper-Symposiums. Hrsg. von Franz Kreuzer
2. Aufl., 18. Tsd. 1985. 143 Seiten. Serie Piper 340

Nichts ist schon dagewesen

Konrad Lorenz, seine Lehre und ihre Folgen
Die Texte des Wiener Symposiums, herausgegeben von Franz Kreuzer.
Mit Beiträgen von I. Eibl-Eibesfeldt, A. Festetics, B. Hassenstein, B. Lötsch, K. Lorenz, E. Oeser, r. Riedl, W. Schleidt, S. Sjölander, W. Wickler, F. Wuketits. 1984. 251 Seiten. Kt.

Piper 26/2c

PIPER

Irenäus Eibl-Eibesfeldt

Die Biologie des menschlichen Verhaltens

Grundriß der Humanethologie
2., überarb. Aufl., 9. Tsd. 1986. 988 Seiten mit rund 1000 Abb.
Leinen in Schuber

Der Begründer der Humanethologie legt die erste umfassende Darstellung der Biologie menschlichen Verhaltens vor.

Aus dem Inhalt: Die ethologischen Grundkonzepte – Sozialverhalten – Das innerliche Feindverhalten: Aggression und Krieg – Kommunikation – Die Entwicklung der zwischenmenschlichen Beziehungen – Der Mensch und sein Lebensraum: Ökologische Betrachtungen – Das Schöne und das Wahre – Das Gute: Der Beitrag der Biologie zur Wertlehre.

Galápagos

Die Arche im Pazifik
7., überarb. Neuauflage, 42. Tsd. 1984. 413 Seiten mit 239 farbigen und schwarzweißen Abb. Geb.

Grundriß der vergleichenden Verhaltensforschung – Ethologie

7., völlig überarb. und erweiterte Aufl., 36. Tsd. 1987. 929 Seiten, 443 Abb., Bildfolgen und Grafiken und 12 farbige Tafeln. Leinen in Schuber

Krieg und Frieden

aus der Sicht der Verhaltensforschung
3. Aufl., 29. Tsd. 1986. 329 Seiten mit Abb. Serie Piper 329

Liebe und Haß

Zur Naturgeschichte elementarer Verhaltensweisen
13. Aufl., 93. Tsd. 1987. 293 Seiten. Serie Piper 113

Die Malediven

Paradies im Indischen Ozean
2., überarb. Aufl., 8. Tsd. 1985. 324 Seiten mit 190 meist farbigen Abb. Geb.

Piper 26/2a

PIPER

Manfred Eigen / Ruthild Winkler

Das Spiel

Naturgesetze steuern den Zufall
7. Aufl., 61. Tsd. 1985. 404 Seiten
mit 68 zum Teil farbigen Abbildungen. Serie Piper 410

Alles Geschehen in unserer Welt gleicht einem großen Spiel, in dem von vornherein nichts als die Regeln festliegen.
Das Spiel ist ein Naturphänomen, das schon von Anbeginn den Lauf der Welt gelenkt hat: die Gestalten der Materie, ihre Organisation zu lebenden Strukturen wie auch das soziale Verhalten des Menschen.
Dies ist die Quintessenz des faszinierenden Buches des Göttinger Biochemikers und Nobelpreisträgers Manfred Eigen und seiner Mitarbeiterin Ruthild Winkler, das in seine subtile, aber stets praxisbezogene Untersuchung auch brisante »apokalyptische« Themen unserer Zeit, z. B. die Frage der Genmanipulation und des Wachstums in einem begrenzten Lebensraum, mit einbezieht.

»... ein Buch, aus dem der Leser höchst komplizierte Fakten und Vorgänge ›spielend‹ lernt«. Die Zeit

Vom gleichen Autor liegt vor:

Stufen zum Leben

Die frühe Evolution im Visier der Molekularbiologie
1987. 311 Seiten mit 50 zum Teil farbigen Abbildungen. Leinen

Piper 53/2 a

PIPER

Aus dem naturwissenschaftlichen Programm

Norbert Bischof
Das Rätsel Ödipus
Die biologischen Wurzeln des Urkonflikts von Intimität und Autonomie
1985. 624 Seiten. Leinen

John C. Eccles
Das Gehirn des Menschen
Sechs Vorlesungen für Hörer aller Fakultäten
Aus dem Amerikanischen von Angela Hartung.
5. Aufl., 24. Tsd. 1984. 304 Seiten mit 105 Abbildungen. Kart.

John C. Eccles / Daniel N. Robinson
Das Wunder des Menschseins
Gehirn und Geist
Aus dem Englischen von Agnes und Peter Löns.
2. Aufl., 14. Tsd. 1986. 243 Seiten. Geb.

Harald Fritzsch
Quarks
Urstoff unserer Welt
Vorwort von Herwig Schopper. 9. Aufl., 54. Tsd. 1985. 320 Seiten mit 91 Abbildungen.
Serie Piper 332

Harald Fritzsch
Vom Urknall zum Zerfall
Die Welt zwischen Anfang und Ende
4., durchges. Aufl., 45. Tsd. 1987. 351 Seiten mit 55 Abbildungen.
Serie Piper 518

Alfred Gierer
Die Physik, das Leben und die Seele
3. Aufl., 11. Tsd. 1986. 310 Seiten. Geb.

Bernhard Hassenstein
Verhaltensbiologie des Kindes
In Zusammenarbeit mit Helma Hassenstein.
4., überarb. und erweiterte Aufl., 32. Tsd. 1987. 672 Seiten. Leinen

PIPER

Aus dem naturwissenschaftlichen Programm

Bernhard Hassenstein / Helma Hassenstein
Was Kindern zusteht
2. Aufl., 14. Tsd. 1978. 188 Seiten. Serie Piper 169

François Jacob
Das Spiel der Möglichkeiten
Von der offenen Geschichte des Lebens
2. Aufl., 8. Tsd. 1984. 96 Seiten. Serie Piper 249

Bernd-Olaf Küppers
Der Ursprung biologischer Information
Zur Naturphilosophie der Lebensentstehung
Vorwort von Carl Friedrich von Weizsäcker. 1986. 312 Seiten mit 26 Abbildungen und 5 Tabellen. Geb.

Charles J. Lumsden / Edwad O. Wilson
Das Feuer des Prometheus
Wie das menschliche Denken entstand
Aus dem Amerikanischen von Hans Jürgen von Koskull.
Vorwort von Wolfgang Wickler. 1984. 299 Seiten mit zahlreichen Abbildungen. Geb.

Jacques Monod
Zufall und Notwendigkeit
Philosophische Fragen der modernen Biologie
Aus dem Französischen von Friedrich Griese. Vorwort zur deutschen Ausgabe von Manfred Eigen. 6. Aufl., 76. Tsd. 1983. XVI, 238 Seiten. Geb.

Karl R. Popper / John C. Eccles
Das Ich und sein Gehirn
Aus dem Englischen von Angela Hartung und Willy Hochkeppel, unter wissenschaftlicher Mitarbeit von Otto Creutzfeldt.
6. Aufl., 43. Tsd. 1987. 699 Seiten mit 66 Abbildungen. Kart.

Ilya Prigogine / Isabelle Stengers
Dialog mit der Natur
Neue Wege wissenschaftlichen Denkens
Aus dem Englischen von Friedrich Griese.
5., erweiterte Aufl., 28. Tsd. 1986. 314 Seiten mit 26 Zeichnungen. Geb.

PIPER

Aus dem naturwissenschaftlichen Programm

Ilya Prigogine
Vom Sein zum Werden
Zeit und Komplexität in den Naturwissenschaften
Aus dem Englischen von Friedrich Griese. 4., überarbeitete Aufl., 11. Tsd. 1985.
288 Seiten mit zahlreichen Abbildungen. Kart.

Rupert Riedl
Evolution und Erkenntnis
Antworten auf die Fragen aus unserer Zeit
2. Aufl., 12. Tsd. 1987. 360 Seiten. Serie Piper 378

Rupert Riedl
Kultur – Spätzündung der Evolution?
Antworten auf Fragen an die Evolutions- und Erkenntnistheorie.
1987. 355 Seiten. Geb.

Rupert Riedl
Die Strategie der Genesis
Naturgeschichte der realen Welt
5. Aufl., 20. Tsd. 1986. 381 Seiten mit 106 Zeichnungen. Serie Piper 290

Roger Sperry
Naturwissenschaft und Wertentscheidung
Aus dem Englischen von Juliane Gräbener.
2. Aufl., 8. Tsd. 1985. 193 Seiten. Geb.

Wolfgang Wickler
Die Biologie der zehn Gebote
Warum die Natur für uns kein Vorbild ist
6. Aufl., 31. Tsd. 1985. 181 Seiten. Serie Piper 296

Wolfgang Wickler / Uta Seibt
männlich weiblich
Der große Unterschied und seine Folgen. 2. Aufl., 9. Tsd. 1984. 182 Seiten.
Serie Piper 285

PIPER